量子力学選書

坂井典佑・筒井　泉 監修

相対論的量子力学

信州大学教授

学術博士

川村嘉春 著

裳　華　房

Relativistic Quantum Mechanics

by

Yoshiharu Kawamura, Ph. D.

SHOKABO

TOKYO

刊 行 趣 旨

現代物理学を支えている，宇宙・素粒子・原子核・物性の各分野の理論的骨組みの多くは，20 世紀初頭に誕生した量子力学によって基礎付けられているといっても過言ではありません．そして，その後の各分野の著しい発展により，最先端の研究においては量子力学の原理の理解に加え，それを十分に駆使することが必須となっています．また，量子情報に代表される新しい視点が 20 世紀末から登場し，量子力学の基礎研究も大きく進展してきています．そのため，大学の学部で学ぶ量子力学の内容をきちんと理解した上で，その先に広がるさらに一歩進んだ理論を修得することが求められています．

そこで，こうした状況を踏まえ，主に物理学を専攻する学部・大学院の学生を対象として，「量子力学」に焦点を絞った，今までにない新しい選書を刊行することにしました．

本選書は，学部レベルの量子力学を一通り学んだ上で，量子力学を深く理解し，新しい知識を学生が道具として使いこなせるようになることを目指したものです．そのため，各テーマは，現代物理学を体系的に修得する上で互いに密接な関係をもったものを厳選し，なおかつ，各々が独立に読み進めることができるように配慮された構成となっています．

本選書が，これから物理学の各分野を志そうという読者の方々にとって，良き「道しるべ」となることを期待しています．

坂井典佑
筒井　泉

はじめに

「相対論的量子力学」とは「特殊相対性理論」と「量子力学」が融合された理論で，1928年に提案されたディラック方程式を基礎方程式とする．よって，本書の主な対象は「特殊相対性理論」と「量子力学」を学んだ方である．

ただし敷居(しきい)を低くするために，また，「特殊相対性理論」と「量子力学」に関する習熟度を確認するために，これらに関する基本的な概念と本書を読むに当たって必要と思われる知識を付録Bと付録Cに記載した．したがって，上記の講義を未習であっても意欲のある学生ならば，自主学習や自主ゼミを通して読みこなせると思うので，是非，挑戦して欲しい．

本書は付録を除いて2部構成になっている．まず第I部では，相対論的量子力学の構造と特徴について学ぶ．具体的には，ディラック方程式を導出し，そのローレンツ変換性，解の性質，非相対論的極限，水素原子のエネルギー準位，負エネルギー解の解釈について考察する．

第II部では，相対論的量子力学の検証について学ぶ．具体的には，電子・陽電子などの荷電粒子と光子の絡んださまざまな過程（クーロンポテンシャルによる散乱，コンプトン散乱，電子・電子散乱，電子・陽電子散乱）に関する散乱断面積を導出し，高次の量子補正について考察する．ディラック方程式に基づく理論の構造を理解するとともに，理論が予言する物理現象の検証に注意を払いながら学習して欲しい．

相対論的量子力学は，「水素原子のエネルギー準位」と「電磁相互作用による散乱過程」を通じて検証される．実験で精密に測定される物理量が理論の正否を決める．例えば，ラムシフトや電子の異常磁気モーメントが鍵となる．実際，高次補正を取り入れることにより，測定値にかなり近い値を得ることができることを見る．つまり，相対論的量子力学の威力を知ることになる．

ただし，相対論的量子力学にも適用限界があることを忘れてはいけない．(電磁相互作用を含む) さまざまな相互作用を量子論的に扱うためには，粒子の生成・消滅を記述する場の量子論が必要不可欠となる．すなわち，相対論的量子力学は場の量子論まで行って，初めて理論的に完結する．本書のところどころで場の量子論に基づく補足説明を与えているが，進んだ内容を含むので，最初は理解できなくても深刻にならないで先に進んで欲しい．場の量子論を学んだ後に読み返していただければよいと思う．

将来，場の量子論や素粒子物理学を学ぶ際に，本書で習得した計算技法や知識・概念および物理的な考え方がいろいろな場面で大いに役立つと思う．

先を急ぐ読者を除いて，付録 A〜付録 C で復習・ウォームアップをした後，第 I 部と第 II 部を学習するとよいと思う．付録 D〜付録 F は上級者向けに設けたものである．そのわけは，そこで扱うスピノルは「特殊相対性理論」と「量子力学」の間に生まれた量子論の申し子というべき量で，本書の主役であり，それに纏わる話題は外せないと思ったからである．

正直に述べると，相対論的量子力学というタイトルの下で関連した話題をどこまで取り上げるのがよいのか，つまり，場の量子論との境界線をどこに引くのがよいのか迷った．参考にしたのは，『物理学辞典』(培風館) の「相対論的量子力学」という項目で，そこには，ポアンカレ群の表現や相対論的な一般波動方程式のことまで言及されていた．書きすぎであるというご批判は承知の上で，この辺り (＋ さまざまな時空におけるスピノル) まで盛り込むことにした．ポアンカレ群やスピノルについて，より詳しく学びたい読者はこれらの付録を読破して欲しい．

第 14 章における量子補正の具体的な計算については，付録 G で詳細に記載した．このように分離したのは，計算に気を取られて物理的な内容の把握が疎かにならないようにするためである．付録 H は，表記法や公式を手っ取り早く確認する際の便宜を図って付けた．

自主学習や自主ゼミ・輪講に対しても，本書が最適なテキストになるように努めた．また，上級者向けの一部を除いて，内容と提示の仕方が標準的なものになるように心掛けた．ただし，ものの捉え方は一意的とは限らず，独創性を養う観点からも，種々の参考文献を通して多面的に学習することをお薦めする．表面的に読むばかりではなく，実際に手を動かして，計算をチェックして欲しい．

上記のように，本書は「理論の構造（⇒第Ⅰ部（←付録B，付録C））」，「理論の検証（⇒第Ⅱ部，付録G）」，「理論の周辺（⇒付録D〜付録F）」という構成になっているので，各自の興味・目的・用途に応じて学習を進めていただければと思う．本書が輪講や講義の教材・副教材として利用され，将来，物理学の発展に寄与する人材が数多く現れれば著者として幸いである．

本書の作成に当たり，同僚の小竹悟さんには忙しい中，原稿に目を通してもらい多くの誤植を指摘していただいた．三浦貴司君と川元集太君からも有益なアドバイスをもらった．また，研究室の4年生の諸君（後藤裕平君，佐藤彰寿君，下嶋健嗣君，中尾健志君，堀越聖篤君）には，原稿を利用した輪講を通して読者の視点からさまざまな指摘をしてもらった．これらを反映して，紙面の許す限り説明および式の導出・変形過程を詳しく記載するように努めた．さらに，同僚の志水久さんにはLATEXについていろいろな相談に乗っていただいた．これらの方々に，この場をお借りして感謝致します．それから，終盤に自宅で執筆活動に明け暮れていても快く受け入れてくれた家族に感謝しています．

最後に本書の刊行に向けて，内容面で貴重なアドバイスをしていただいた監修者の坂井典佑さんと筒井泉さんに，また，筆者を励ましさまざまなアドバイスをしてくださった，裳華房の石黒浩之氏を始め出版社の方々に感謝の意を表します．

2012年秋

川村嘉春

目　　次

第Ｉ部　相対論的量子力学の構造

1．ディラック方程式の導出

2．ディラック方程式のローレンツ共変性

3．γ 行列に関する基本定理，カイラル表示

4．ディラック方程式の解

5．ディラック方程式の非相対論的極限

6．水素原子

7．空孔理論

第Ⅱ部　相対論的量子力学の検証

8．伝搬理論　— 非相対論的電子 —

9．伝搬理論　— 相対論的電子 —

10．因果律，相対論的共変性

11．クーロン散乱

12. コンプトン散乱

13. 電子・電子散乱と電子・陽電子散乱

14. 高次補正　―その1―

15. 高次補正 —その2—

付　　録

コ ラ ム

第 I 部

相対論的量子力学の構造

第1章 ディラック方程式の導出

相対論と量子論のおさらいをした後，4元運動量の関係式と，確率解釈に関する要請に基づいてディラック方程式 (Dirac equation) を導く．さらに，電磁相互作用を含むディラック方程式から，非相対論的近似の下でパウリ方程式 (Pauli equation) が導かれることを示す．

1.1 相対論と量子論

ニュートン力学 (Newtonian mechanics) は，物体の速さが大きくなった場合や微視的な世界において破綻(はたん)することが知られている．具体的には，真空中で物体の速さは**光の速さ** ($c = 3.00 \times 10^8$ m/s) を超えることはなく，その値が c に近くなったとき，特殊相対性理論がニュートン力学に取って代わる．また，系のエネルギーを振動数で割った値（あるいは作用積分の変化量，角運動量の大きさ）が，**プランク定数** (**Planck constant**) ($h = 6.63 \times 10^{-34}$ J・s) と同じ程度に小さくなったとき，量子力学がニュートン力学に取って代わる．

本書では**国際単位系** (**SI 単位系**) を使用する．物理定数の値は有効数字3桁で示す．単位系，およびギリシア文字の読み方に関しては付録Aを参照，また，特殊相対性理論および量子力学に関しては，それぞれ付録Bおよび付録 C を参照してほしい.

1.1.1 相対論

特殊相対性理論の本質は，次の 2 つの原理に集約される.

【特殊相対性原理】　あらゆる慣性系で同じ物理法則が成り立つ.

【光速度不変の原理】　あらゆる慣性系で真空中の光の速さは同一である.

ここで慣性系とは，慣性の法則「物体にはたらく力（正確には合力）がゼロの場合，物体の運動状態は変化しない」が成り立つ座標系である．慣性系同士は**ローレンツ変換**（**Lorentz transformation**）（ローレンツブースト，空間回転，空間反転，時間反転を組み合わせた変換）により結ばれているから，特殊相対性原理は「理論はローレンツ変換の下で不変である」，つまり，「方程式はローレンツ変換の下で共変である」と読み替えることができる.

ただし，空間反転や時間反転に対する物理法則の不変性を要求する必然性はない（事実，不変性が成立しない例が見つかっている）ため，「**理論は本義ローレンツ変換**[†]（**ローレンツブーストと空間回転**）**の下で不変である**」と要請するのが妥当である.

ローレンツ変換の下で世界間隔 ds は不変である．直交座標系を採用した場合，点 $x^\mu=(ct, x, y, z)$ と点 $x^\mu + dx^\mu$ との間の世界間隔の 2 乗 ds^2 は

$$\begin{aligned} ds^2 &\equiv c^2dt^2 - dx^2 - dy^2 - dz^2 \\ &= \sum_{\mu,\nu=0}^{3} \eta_{\mu\nu}\, dx^\mu dx^\nu = \eta_{\mu\nu}\, dx^\mu dx^\nu \end{aligned} \tag{1.1}$$

で定義される．ここで $\eta_{\mu\nu}$ は**計量テンソル**で，行列表示すると,

---

†　固有ローレンツ変換ともよばれるが，本書では本義ローレンツ変換という名称を用いる．英語では「proper orthochronous Lorentz transformation」で，直訳すると「固有の順時的なローレンツ変換」となり，形容詞はそれぞれ変換のパラメータ $\Lambda^\mu{}_\nu$ に関する $\det \Lambda = 1$，$\Lambda^0{}_0 \geq 1$ という性質を表している．詳しくは付録 D.1 節を参照せよ.

$$\eta_{\mu\nu} = \begin{pmatrix} 1 & 0 & 0 & 0 \\ 0 & -1 & 0 & 0 \\ 0 & 0 & -1 & 0 \\ 0 & 0 & 0 & -1 \end{pmatrix} \tag{1.2}$$

である．(1.1) の最後の表式で,「添字として同じギリシア文字が上下に現れたとき，和の記号を省く」という**アインシュタインの和の規約**（**Einstein's summation convention**）を用いている．以後，多くの場合，何の断りもなしにこの規約を用いることにする．

世界間隔の 2 乗が (1.1) により定義された空間は，**ミンコフスキー時空**（**Minkowski spacetime**）とよばれている．重力の効果を無視すると，我々は 4 次元ミンコフスキー時空に住んでいると考えられる．本書では付録 F.2 節を除いて重力を扱わないので，多くの場合，特殊相対性理論のことを単に相対性理論あるいは相対論とよぶことにする．

1.1.2　量子論

微視的な世界における物理現象は，量子力学の原理・法則に従う．量子力学の基本的な要素は「物理状態：ヒルベルト空間（Hilbert space）の元（要素）」,「物理量：エルミート演算子（Hermitian operator）」,「測定値：ある状態における物理量に関する期待値」から成り，確率解釈を伴う．

質量 m の粒子に関する，ニュートン力学に基づくハミルトニアン $H = \boldsymbol{p}^2/2m + V(\boldsymbol{x})$ $(= E)$ に対して，エネルギー E と運動量 $\boldsymbol{p}$ に関するおきかえ

$$E \;\Rightarrow\; i\hbar\frac{\partial}{\partial t}, \qquad \boldsymbol{p} \;\Rightarrow\; -i\hbar\boldsymbol{\nabla} \tag{1.3}$$

を施し，波動関数 $\psi(\boldsymbol{x}, t)$ に作用させることにより，

$$i\hbar\frac{\partial}{\partial t}\psi(\boldsymbol{x}, t) = \left(-\frac{\hbar^2}{2m}\boldsymbol{\nabla}^2 + V(\boldsymbol{x})\right)\psi(\boldsymbol{x}, t) \tag{1.4}$$

を得ることができる．ここで $\boldsymbol{x}=(x, y, z)$，$\hbar \equiv h/2\pi = 1.05\times 10^{-34}$ J·s，$\nabla^2 = \partial^2/\partial x^2 + \partial^2/\partial y^2 + \partial^2/\partial z^2$ はラプラシアン（Laplacian），$V(\boldsymbol{x})$ はポテンシャルエネルギーである．(1.4) は**シュレーディンガー方程式**（**Schrödinger equation**）とよばれる量子力学の基礎方程式である．

$\rho = |\psi(\boldsymbol{x}, t)|^2$ は，粒子が時刻 t に位置 $\boldsymbol{x}$ で観測される確率密度を表し，確率の保存を表す連続の方程式

$$\frac{\partial \rho}{\partial t} + \nabla \cdot \boldsymbol{j} = 0 \tag{1.5}$$

に従う．ここで，$\boldsymbol{j}$ は確率の流れ（正確には確率密度の流れ）で，

$$\boldsymbol{j} = -\frac{i\hbar}{2m}[\psi^*(\boldsymbol{x}, t)\nabla\psi(\boldsymbol{x}, t) - (\nabla\psi^*(\boldsymbol{x}, t))\psi(\boldsymbol{x}, t)] \tag{1.6}$$

で与えられる．(1.6) において，$*$ は複素共役を表す．実際，ポテンシャルエネルギーが実関数の場合，(1.4) に ψ^* を掛けたものから，(1.4) の複素共役に ψ を掛けたものを引くことにより (1.5) を導くことができる．

1.1.3　物理的な要請

(1.4) を基礎方程式とする量子力学は，ローレンツ変換の下での不変性を有していない．**相対性理論の物理的概念は時空構造と密接に関係していて，微視的な世界において時空構造の変革が生じない限り，相対性理論が微視的な世界においても有効であると考えるのが自然である．**

したがって，より適用範囲の広い理論を構築するために，特殊相対論的な量子力学（相対論的量子力学）を構築する必要がある．その基礎方程式（電子に関する相対論的な波動方程式）を導くために，次の要請を方程式に課す．

【要請 1】　特殊相対性原理に従う．

【要請 2】　自由粒子は**4 元運動量の関係式**（$E^2 = \boldsymbol{p}^2c^2 + m^2c^4$）に従う．

【要請 3】　非負である確率密度を与える．

【要請 4】　非相対論的な極限で，パウリ方程式に帰着する．

要請1は，より具体的には「方程式が本義ローレンツ変換の下で共変性（相対論的共変性）を有する」となる．

要請4において，**パウリ方程式**とは電磁相互作用を受けた電子に関する波動方程式

$$i\hbar\frac{\partial}{\partial t}\varphi(\boldsymbol{x},t)=\left[-\frac{\hbar^2}{2m_{\mathrm{e}}}\left(\boldsymbol{\nabla}+i\frac{e}{\hbar}\boldsymbol{A}\right)^2+\frac{e\hbar}{2m_{\mathrm{e}}}\boldsymbol{\sigma}\cdot\boldsymbol{B}-e\Phi\right]\varphi(\boldsymbol{x},t) \tag{1.7}$$

で，非相対論的な世界で現象論的に有効な方程式である．ここで，$m_{\mathrm{e}}(=9.11\times10^{-31}\,\mathrm{kg})$ は電子の質量，$e(=1.60\times10^{-19}\,\mathrm{C})$ は**電気素量**で電子の電気量（以下，電気量を電荷とよぶ）は $-e$ である．$\boldsymbol{A}=\boldsymbol{A}(\boldsymbol{x},t)$ と $\Phi=\Phi(\boldsymbol{x},t)$ はそれぞれ電磁場のベクトルポテンシャルとスカラーポテンシャルで，**電磁ポテンシャル**とよばれる4元ベクトル

$$A^\mu=\left(\frac{\Phi}{c},\boldsymbol{A}\right),\qquad A_\mu=\eta_{\mu\nu}A^\nu=\left(\frac{\Phi}{c},-\boldsymbol{A}\right) \tag{1.8}$$

を構成する．

$\boldsymbol{B}=\boldsymbol{B}(\boldsymbol{x},t)$ は磁束密度で，$\boldsymbol{A}$ を用いて $\boldsymbol{B}=\boldsymbol{\nabla}\times\boldsymbol{A}$ と表される．$\boldsymbol{\sigma}=(\sigma^1,\sigma^2,\sigma^3)=(\sigma_x,\sigma_y,\sigma_z)$ は**パウリ行列**とよばれる2行2列の行列で，

$$\sigma^1=\begin{pmatrix}0&1\\1&0\end{pmatrix},\qquad \sigma^2=\begin{pmatrix}0&-i\\i&0\end{pmatrix},\qquad \sigma^3=\begin{pmatrix}1&0\\0&-1\end{pmatrix} \tag{1.9}$$

で与えられる．$\sigma^i(i=1,2,3)$ の間には，

$$\{\sigma^i,\sigma^j\}\equiv\sigma^i\sigma^j+\sigma^j\sigma^i=2\delta^{ij} \tag{1.10}$$

$$[\sigma^i,\sigma^j]\equiv\sigma^i\sigma^j-\sigma^j\sigma^i=2i\sum_{k=1}^{3}\varepsilon^{ijk}\sigma^k \tag{1.11}$$

が成り立つ．ε^{ijk} は完全反対称で $\varepsilon^{123}=1$ である．また，$\varphi(\boldsymbol{x},t)$ は電子を記述する2成分の波動関数である．

自由粒子に関するハミルトニアン $H=\boldsymbol{p}^2/2m$ に対して，おきかえ

$$H \ \rightarrow \ H-q\Phi, \qquad \boldsymbol{p} \ \rightarrow \ \boldsymbol{p}-q\boldsymbol{A} \tag{1.12}$$

を施すことにより，電磁相互作用を受けた電荷 q の荷電粒子の運動を記述するハミルトニアンとして，

$$H=\frac{1}{2m}(\boldsymbol{p}-q\boldsymbol{A})^2+q\Phi \tag{1.13}$$

が得られる．

これを参考にして，自由粒子に関する波動方程式 $i\hbar(\partial/\partial t)\,\varphi(\boldsymbol{x},t)=-(\hbar^2/2m)\,\boldsymbol{\nabla}^2\varphi(\boldsymbol{x},t)$ に対して，(1.12) に関する量子論的なおきかえ

$$i\hbar\frac{\partial}{\partial t} \ \rightarrow \ i\hbar\frac{\partial}{\partial t}-q\Phi, \qquad -i\hbar\boldsymbol{\nabla} \ \rightarrow \ -i\hbar\boldsymbol{\nabla}-q\boldsymbol{A}=-i\hbar\left(\boldsymbol{\nabla}-i\frac{q}{\hbar}\boldsymbol{A}\right) \tag{1.14}$$

を施し，$m=m_{\mathrm{e}}$，$q=-e$ とし，さらに**パウリ項** $(e\hbar/2m_{\mathrm{e}})\,\boldsymbol{\sigma}\cdot\boldsymbol{B}$ をポテンシャルとして加えることによりパウリ方程式を得ることができる．

パウリ方程式の問題点として，相対論的共変性を有していないこと，スピンおよびパウリ項の起源が不明であることが挙げられる．

1.2　クライン - ゴルドン方程式

ディラックが，電子に関する波動方程式を導く以前にもさまざまな試みがあったが，以下のような問題が浮きぼりになっていた．

座標表示において，**4 元運動量** p^μ，$p_\mu(=\eta_{\mu\nu}p^\nu)$ に対応する演算子は

$$p^\mu=\left(\frac{E}{c},\boldsymbol{p}\right) \ \Rightarrow \ \hat{p}^\mu=i\hbar\frac{\partial}{\partial x_\mu}=\left(i\hbar\frac{\partial}{\partial(ct)},-i\hbar\boldsymbol{\nabla}\right) \tag{1.15}$$

$$p_\mu=\left(\frac{E}{c},-\boldsymbol{p}\right) \ \Rightarrow \ \hat{p}_\mu=i\hbar\frac{\partial}{\partial x^\mu}=\left(i\hbar\frac{\partial}{\partial(ct)},i\hbar\boldsymbol{\nabla}\right) \tag{1.16}$$

である．ここで，演算子であることを明確にするために p^μ や p_μ にハット

(ˆ) を付けているが，以後，紛らわしい場合を除いてハットを省略する．

質量 m の自由粒子に関する4元運動量の関係式は

$$p^2 \equiv p^\mu p_\mu = \frac{E^2}{c^2} - \boldsymbol{p}^2 = m^2c^2 \tag{1.17}$$

と表され，4元運動量の2乗に対応する演算子は

$$p^2 \equiv p^\mu p_\mu \quad \Rightarrow \quad -\hbar^2\partial^\mu\partial_\mu = -\hbar^2\left(\frac{1}{c^2}\frac{\partial^2}{\partial t^2} - \boldsymbol{\nabla}^2\right) \equiv -\hbar^2\Box \tag{1.18}$$

である．ここで，$\partial/\partial x_\mu$ を ∂^μ と $\partial/\partial x^\mu$ を ∂_μ と記した．以後も，必要に応じてこの表記法を使用する．また，$\Box$は**ダランベルシアン**（**d'Alembertian**）とよばれるローレンツ変換（$x'^\mu = \Lambda^\mu{}_\nu x^\nu$，$\eta_{\mu\nu}\Lambda^\mu{}_\alpha\Lambda^\nu{}_\beta = \eta_{\alpha\beta}$，詳しくは付録B.2節を参照せよ）の下で不変な微分演算子である．実際，$\Box' = \partial'^\mu\partial'_\mu = \partial^\mu\partial_\mu = \Box$が成立する．

$p^2 - m^2c^2 = 0$ を満たす波動方程式の候補として，

$$\left[\Box + \left(\frac{mc}{\hbar}\right)^2\right]\phi(x) = 0 \tag{1.19}$$

が考えられる．なお，場の変数である4次元座標 x^μ を簡単のために x と記した．以後も，この表記法を使用する（$\boldsymbol{x}$ の第1成分と混同しないように注意せよ）．(1.19) は，**クライン‐ゴルドン方程式**（**Klein‐Gordon equation**）とよばれる相対論的な波動方程式である．実際，$\phi(x)$ をスカラー場とするとローレンツ変換の下で不変（$\phi'(x') = \phi(x)$）であるため，(1.19) はローレンツ変換の下での不変性を有し要請1を満たす．具体的には，$[\Box' + (mc/\hbar)^2]\,\phi'(x') = 0$ が成立する．

クライン‐ゴルドン方程式の場合，確率解釈が成り立たない（要請3が満たされない）ことが以下のようにしてわかる．まず，(1.19) に ϕ^* を掛けたものから，(1.19) の複素共役に ϕ を掛けたものを引くことにより，

$$\phi^*\left[\Box + \left(\frac{mc}{\hbar}\right)^2\right]\phi - \phi\left[\Box + \left(\frac{mc}{\hbar}\right)^2\right]\phi^* = \partial^\mu(\phi^*\partial_\mu\phi - \phi\partial_\mu\phi^*) = 0 \tag{1.20}$$

のような連続の方程式を導くことができる．シュレーディンガー方程式の場合を思い起こすと，(1.20) は確率の保存則を表す方程式であると考えられる．次に，確率密度 ρ と確率の流れ $\boldsymbol{j}$ の具体形を，次元解析と物理量の実数性を用いて求めてみよう．ρ および $\boldsymbol{j}$ の次元は，それぞれ

$$[\rho] = [L^{-3}], \qquad [\boldsymbol{j}] = [L^{-2}T^{-1}] \tag{1.21}$$

で，主な物理量の次元を列挙すると，

$$\left.\begin{array}{llll} [\phi] = [L^{-3/2}], & [c] = [LT^{-1}], & [\hbar] = [ML^2T^{-1}], & [m] = [M] \\ [t] = [T], & [\boldsymbol{x}] = [L], & [\hbar/(mc)] = [L], & [ct] = [L] \end{array}\right\} \tag{1.22}$$

である．ここで，L, T, M はそれぞれ長さ，時間，質量である．

ρ および $\boldsymbol{j}$ は実数であるから，

$$\rho = \frac{i\hbar}{2mc^2}\left(\phi^*\frac{\partial}{\partial t}\phi - \phi\frac{\partial}{\partial t}\phi^*\right), \qquad \boldsymbol{j} = -\frac{i\hbar}{2m}(\phi^*\boldsymbol{\nabla}\phi - \phi\boldsymbol{\nabla}\phi^*) \tag{1.23}$$

で与えられる．ただし，係数 $\pm 1/2$ は次元解析では決まらない．(1.23) において ρ の値は非負とは限らないので，ρ を確率密度として解釈できない．例えば，ϕ がエネルギーの固有状態で負の固有値のとき ρ は負の値を取る．

クライン - ゴルドン方程式における負エネルギー解の存在は，4 元運動量の関係式に対して平方根を取ることにより，E に関する正と負の解

$$E = \pm\sqrt{\boldsymbol{p}^2c^2 + m^2c^4} \tag{1.24}$$

が導かれることから予想される．

クライン - ゴルドン方程式を基礎方程式とする理論において，確率解釈が破綻するのは時間に関する 2 階の微分方程式であることと，負エネルギー解

の存在に起因する．このような困難を避けるために，とりあえず，正エネルギー解 $E=\sqrt{\boldsymbol{p}^2c^2+m^2c^4}$ を出発点に取ることにしよう．

(1.3) のおきかえを行い，波動関数 $\psi(x)$ に作用させると，

$$i\hbar\frac{\partial}{\partial t}\psi(x)=\sqrt{-\hbar^2c^2\nabla^2+m^2c^4}\,\psi(x) \tag{1.25}$$

が導かれる．(1.25) は「演算子の平方根をどのように定義するのか」，「確率の流れ $\boldsymbol{j}$ をどのように構成するのか」という問題を含んでいる．

例えば，平方根を m^2c^4 の周りで展開した場合，空間座標に関する微分演算子として偶数次数のものが全ての次数に亘って現れ，非局所的な方程式となりそれを解析するのは困難である．また，方程式が変数 t と $\boldsymbol{x}$ を対称的な形で含んでいないため美しさを欠いている．さらに，(10.1.2 項で考察するように) 負エネルギー解を勝手に除くと相対論的な因果律が成立しなくなる．

1.3　ディラック方程式

確率密度が波動関数の絶対値の 2 乗という形を取るならば，確率解釈が可能になる．$\rho=|\psi|^2$ に対して，波動方程式を用いて連続の方程式 $\partial\rho/\partial t+\nabla\cdot\boldsymbol{j}=0$ を導くためには，波動方程式として時間に関する 1 階の微分方程式 $i\hbar\,(\partial\psi/\partial t)=H\psi$ がよいと考えられる．シュレーディンガー方程式 (1.4) の場合を思い出そう．

また，ローレンツ変換は時空座標に関する 1 次変換であるから，ローレンツ変換に対する方程式の共変性を示すためには，空間座標に関しても 1 階の微分方程式がふさわしい．このような予想の下で，

$$\left(\frac{1}{c}\frac{\partial}{\partial t}+\boldsymbol{\alpha}\cdot\nabla+i\beta\frac{m_{\mathrm{e}}c}{\hbar}\right)\psi(x)=0 \tag{1.26}$$

という形をした方程式を出発点に取る．ここで，$\boldsymbol{\alpha}=(\alpha^1,\alpha^2,\alpha^3)$ および β は x に依存しないとする．

(1.26)が，要請1「特殊相対性原理」(波動方程式の本義ローレンツ変換の下での共変性) を満たすかどうかは，次の章で考察する．要請2「4元運動量の関係式」を満たすためには，(1.26) の解がクライン - ゴルドン方程式

$$\left[\frac{1}{c^2}\frac{\partial^2}{\partial t^2} - \boldsymbol{\nabla}^2 + \left(\frac{m_{\mathrm{e}}c}{\hbar}\right)^2\right]\phi(x) = 0 \tag{1.27}$$

の解になっていればよい．

(1.26) と (1.27) を見比べると，演算子に関して，

$$\left[\frac{1}{c^2}\frac{\partial^2}{\partial t^2} - \boldsymbol{\nabla}^2 + \left(\frac{m_{\mathrm{e}}c}{\hbar}\right)^2\right] = \left(\frac{1}{c}\frac{\partial}{\partial t} - \boldsymbol{\alpha}\cdot\boldsymbol{\nabla} - i\beta\frac{m_{\mathrm{e}}c}{\hbar}\right)\left(\frac{1}{c}\frac{\partial}{\partial t} + \boldsymbol{\alpha}\cdot\boldsymbol{\nabla} + i\beta\frac{m_{\mathrm{e}}c}{\hbar}\right) \tag{1.28}$$

のような‘因数分解’が遂行できればよいことに気づく．なぜなら，(1.28) が成立するならば，(1.26) の解は自動的に (1.27) の解になるからである．

(1.28) が成り立つためには，$\alpha^i (i = 1, 2, 3)$ および β が次のような3つの関係式

$$\alpha^i\alpha^j + \alpha^j\alpha^i = 2\delta^{ij}, \qquad \alpha^i\beta + \beta\alpha^i = 0, \qquad \beta^2 = 1 \tag{1.29}$$

を同時に満たす必要がある．**(1.29) を満たす α^i および β は単なる数ではなく，「多成分に拡張された波動関数」に作用する行列と考えられる．このようにしてスピンの自由度が (自然に) 導入される．**†

ハミルトニアン H はエルミート演算子なので，α^i, β は正方のエルミート行列である．(1.29) より，α^i, β の2乗は

† (1.27) は2階の微分方程式で，(1.26) は1階である．成分 (自由度) を増加させることにより微分の階数が減少するのは，解析力学でのオイラー - ラグランジュの方程式 (Euler - Lagrange equation) からハミルトンの正準方程式 (Hamilton's canonical equations of motion) への移行や，電磁気学での電磁ポテンシャル $A^\mu(x)$ に関するマックスウェル方程式 (Maxwell equations) から電磁場の強さ $F^{\mu\nu}(x)$ に関する方程式への移行で，お馴染(なじ)みのことである．

$$(\alpha^i)^2 = I, \qquad \beta^2 = I \tag{1.30}$$

のように単位行列 I になると考えられる．任意のエルミート行列は適切なユニタリー行列により対角化され，(1.30) より，α^i および β の固有値は $+1$ あるいは -1 である．

実際，β はあるユニタリー変換により，対角型 $\beta' = V^\dagger \beta V = \mathrm{diag}(b_1, b_2, \cdots, b_n)$ に移る．ここで V はユニタリー行列 $(V^\dagger = V^{-1})$，$\mathrm{diag}(b_1, b_2, \cdots, b_n)$ は対角成分が $b_1, b_2, \cdots, b_n$ で非対角成分が全て 0 である行列を表す．$b_1, b_2, \cdots, b_n$ が β の固有値に相当する．この場合，β^2 はユニタリー変換により $\beta'^2 = V^\dagger \beta^2 V = (V^\dagger \beta V)^2 = \mathrm{diag}(b_1^2, b_2^2, \cdots, b_n^2)$ に移る．$\beta^2 = I$ より $\beta'^2 = V^\dagger V = I$ となり $b_1^2 = 1, b_2^2 = 1, \cdots, b_n^2 = 1$ が成り立ち，$b_1, b_2, \cdots, b_n$ の値が $+1$ あるいは -1 であることがわかる．α^i に関しても同様である．

また (1.29) の第 2 式より，(1.30) を用いて，

$$\alpha^i = -\beta \alpha^i \beta, \qquad \beta = -\alpha^i \beta \alpha^i \tag{1.31}$$

が導かれる．トレース（対角成分の和）に関する巡回性 $\mathrm{Tr}(ABC) = \mathrm{Tr}(CAB)$ と (1.30) と (1.31) を絡めて，

$$\mathrm{Tr}\alpha^i = \mathrm{Tr}(\alpha^i \beta^2) = \mathrm{Tr}(\beta \alpha^i \beta) = -\mathrm{Tr}\alpha^i \tag{1.32}$$

$$\mathrm{Tr}\beta = \mathrm{Tr}(\beta (\alpha^i)^2) = \mathrm{Tr}(\alpha^i \beta \alpha^i) = -\mathrm{Tr}\beta \tag{1.33}$$

つまり，$\mathrm{Tr}\alpha^i = \mathrm{Tr}\beta = 0$ が導かれる．これらの関係と α^i, β の固有値が $+1$ あるいは -1 であることから，α^i, β は偶数次元の正方行列である．実際，$\mathrm{Tr}\beta = \mathrm{Tr}(V\beta V^\dagger) = \mathrm{Tr}\beta' = b_1 + b_2 + \cdots + b_n$ が成り立ち，$\mathrm{Tr}\beta = 0$ となるためには，値が $+1$ である b_k の数と -1 である b_k の数が一致する必要があり，n は偶数であることがわかる．α^i に関しても同様である．

2 行 2 列のエルミート行列で，互いに反可換で独立な行列は 3 個（例：パウリ行列 σ^i）しかないため，質量を有する粒子に対する相対論的な波動方程式として 2 行 2 列の行列は除外される．[†]

---

† 質量 0 の粒子に関しては β を必要としないので，2 行 2 列の行列を用いた方程式（ワイル方程式 (Weyl equation)）が許される．この方程式に関しては 3.3 節を参照せよ．

電子の場合，$m_{\mathrm{e}} \neq 0$ なので，(1.29) を満たす最小次元のエルミート行列は 4 行 4 列の行列で，例として，

$$\alpha^i = \begin{pmatrix} 0 & \sigma^i \\ \sigma^i & 0 \end{pmatrix}, \qquad \beta = \begin{pmatrix} I & 0 \\ 0 & -I \end{pmatrix} \tag{1.34}$$

を挙げることができる．ここで，σ^i はパウリ行列，β の中の I は 2 行 2 列の単位行列である．(1.34) は**ディラック表示**（あるいは**標準表示**）とよばれる表示で，非相対論的な極限を考察する際に便利である．(3.1.2 項で示すように) (1.29) を満足する 4 行 4 列のエルミート行列は，(1.34) かそれにユニタリー同値なもの $(\alpha'^i, \beta') = (U^\dagger \alpha^i U, U^\dagger \beta U)$ に限る．

ここで，U はユニタリー行列 $(U^\dagger = U^{-1})$ である．つまり，物理は α^i, β の表示によらないので，対象に応じて便利な表示を用いて解析すればよい．

(1.26) に $i\hbar c$ を掛けて，第 2 項と第 3 項を右辺に移行することにより，

$$i\hbar \frac{\partial}{\partial t} \psi(x) = (-i\hbar c \boldsymbol{\alpha} \cdot \boldsymbol{\nabla} + \beta m_{\mathrm{e}} c^2)\, \psi(x) \tag{1.35}$$

を得ることができる．(1.35) は**ディラック方程式**とよばれる相対論的な波動方程式（の自由な電子に関するもの）である．ディラック表示でディラック方程式は

$$i\hbar \frac{\partial}{\partial t} \psi(x) = \begin{pmatrix} m_{\mathrm{e}} c^2 & -i\hbar c \boldsymbol{\sigma} \cdot \boldsymbol{\nabla} \\ -i\hbar c \boldsymbol{\sigma} \cdot \boldsymbol{\nabla} & -m_{\mathrm{e}} c^2 \end{pmatrix} \psi(x) \tag{1.36}$$

と書き表される．

確率解釈について考察するために，(1.35) に左から波動関数のエルミート共役 $\psi^\dagger$ を掛けたものから，(1.35) のエルミート共役に右から ψ を掛けたものを引くことにより，

$$i\hbar \psi^\dagger \frac{\partial \psi}{\partial t} + i\hbar \frac{\partial \psi^\dagger}{\partial t} \psi = -i\hbar c \sum_{k=1}^{3} \left(\psi^\dagger \alpha^k \frac{\partial \psi}{\partial x^k} + \frac{\partial \psi^\dagger}{\partial x^k} \alpha^k \psi \right) \tag{1.37}$$

が導かれ，右辺を左辺に移行して変形することにより，連続の方程式

$$i\hbar\frac{\partial}{\partial t}(\psi^\dagger\psi)+i\hbar c\sum_{k=1}^{3}\frac{\partial}{\partial x^k}(\psi^\dagger\alpha^k\psi)=0 \tag{1.38}$$

が導かれる．(1.38) が確率の保存則を表す方程式であると考えられる．

確率密度 ρ および確率の流れ $\boldsymbol{j}$ は

$$\rho=\psi^\dagger\psi=|\psi|^2, \qquad \boldsymbol{j}=c\psi^\dagger\boldsymbol{\alpha}\psi \tag{1.39}$$

で与えられ，ρ は非負の値を取るので確率解釈が可能となり，要請 3 が満たされる．(1.39) を用いて，**4 元確率の流れ** j^μ が次のように構成される．

$$j^\mu=(c\rho,\boldsymbol{j})=(c\psi^\dagger\psi,\,c\psi^\dagger\boldsymbol{\alpha}\psi) \tag{1.40}$$

j^μ のローレンツ変換性に関しては，2.2.3 項で考察する．

ディラック方程式は 1928 年にディラックにより導かれた方程式で，スピンの自由度が自動的に含まれていて，この方程式は電子以外の質量をもつスピン 1/2 のフェルミ粒子 (陽子，中性子など) にも適用される．ディラック方程式に従う粒子は一般に**ディラック粒子**とよばれる．

実際に，電子，陽子，中性子の他にも，電子の仲間であるミューオン (μ^-) やタウオン (τ^-)，陽子や中性子を構成するアップクォーク (u) やダウンクォーク (d)，およびその仲間であるチャームクォーク (c)，ストレンジクォーク (s)，トップクォーク (t)，ボトムクォーク (b) はディラック粒子である．

1.4　パウリ方程式の導出

まず，静止した自由な電子に関するディラック方程式

$$i\hbar\frac{\partial\psi}{\partial t}=\beta m_{\mathrm{e}}c^2\psi \tag{1.41}$$

について考察しよう．質量が 0 でない粒子に対しては，適切なローレンツ変換を施すことにより静止系に移ることができることを思い出そう．ディラック表示において，(1.41) は容易に解くことができて，解は

$$\left.\begin{aligned} \psi^1 &= e^{-\frac{i}{\hbar}m_e c^2 t}\begin{pmatrix}1\\0\\0\\0\end{pmatrix}, \qquad \psi^2 = e^{-\frac{i}{\hbar}m_e c^2 t}\begin{pmatrix}0\\1\\0\\0\end{pmatrix} \\ \psi^3 &= e^{+\frac{i}{\hbar}m_e c^2 t}\begin{pmatrix}0\\0\\1\\0\end{pmatrix}, \qquad \psi^4 = e^{+\frac{i}{\hbar}m_e c^2 t}\begin{pmatrix}0\\0\\0\\1\end{pmatrix} \end{aligned}\right\} \tag{1.42}$$

で与えられる．$i\hbar\,(\partial/\partial t)$ を施したとき得られる値がエネルギーなので，ψ^1 と ψ^2 はエネルギーが正の解を表し，ψ^3 と ψ^4 はエネルギーが負の解を表している．

量子論において，負エネルギー解の存在は理論にとって危険である．なぜなら，電子は自発的に光子を放出してエネルギーが低い状態に落ち込んでいく可能性があるため，物理状態の安定性が保証されない．この問題に関しては第7章で扱うことにして，ここでは正エネルギー解に着目して，その非相対論的な極限について考察する．

電磁相互作用を受けた荷電粒子に対して，量子論では E や $\boldsymbol{p}$ に対応する演算子が (1.14) のように変更される．よって，電磁相互作用を含む電子に関するディラック方程式は

$$i\hbar\frac{\partial}{\partial t}\psi(x) = \left[-i\hbar c\boldsymbol{\alpha}\cdot\left(\boldsymbol{\nabla} + i\frac{e}{\hbar}\boldsymbol{A}(x)\right) + \beta m_e c^2 - e\,\Phi(x)\right]\psi(x) \tag{1.43}$$

のようになる．$\psi(x)$ から静止エネルギー $m_e c^2$ を分離させた

$$\psi(x) = e^{-\frac{i}{\hbar}m_e c^2 t}\begin{pmatrix}\varphi(x)\\ \chi(x)\end{pmatrix} \tag{1.44}$$

を用いて，ディラック表示の下で (1.43) を変形することにより，

$$i\hbar\frac{\partial}{\partial t}\begin{pmatrix}\varphi\\ \chi\end{pmatrix} = -i\hbar c\boldsymbol{\sigma}\cdot\left(\boldsymbol{\nabla} + i\frac{e}{\hbar}\boldsymbol{A}\right)\begin{pmatrix}\chi\\ \varphi\end{pmatrix} - e\Phi\begin{pmatrix}\varphi\\ \chi\end{pmatrix} - 2m_{\mathrm{e}}c^2\begin{pmatrix}0\\ \chi\end{pmatrix} \tag{1.45}$$

が導かれる．

(1.45) において，上の 2 成分に関する方程式は

$$i\hbar\frac{\partial}{\partial t}\varphi = -i\hbar c\boldsymbol{\sigma}\cdot\left(\boldsymbol{\nabla} + i\frac{e}{\hbar}\boldsymbol{A}\right)\chi - e\Phi\varphi \tag{1.46}$$

である．下の 2 成分に関しては，非相対論的な極限で，

$$0 = -i\hbar c\boldsymbol{\sigma}\cdot\left(\boldsymbol{\nabla} + i\frac{e}{\hbar}\boldsymbol{A}\right)\varphi - 2m_{\mathrm{e}}c^2\chi \tag{1.47}$$

となる．ここで，$i\hbar(\partial/\partial t)\chi$ は静止エネルギーを差し引いた残りのエネルギーを表し，非相対論的な極限でその大きさは $2m_{\mathrm{e}}c^2\chi$ と比較して極端に小さいため無視した．また，$e\Phi\chi$ もその大きさが $2m_{\mathrm{e}}c^2\chi$ に比べて十分小さいとして無視した．

(1.47) より，

$$\chi = -\frac{i\hbar}{2m_{\mathrm{e}}c}\boldsymbol{\sigma}\cdot\left(\boldsymbol{\nabla} + i\frac{e}{\hbar}\boldsymbol{A}\right)\varphi \quad (\ll \varphi) \tag{1.48}$$

が導かれ，正エネルギー解において φ の振幅は χ の振幅に比べて極めて大きいことがわかる．(1.48) を (1.46) に代入し，パウリ行列に関する公式

$$(\boldsymbol{\sigma}\cdot\boldsymbol{a})(\boldsymbol{\sigma}\cdot\boldsymbol{b}) = (\boldsymbol{a}\cdot\boldsymbol{b})I + i\boldsymbol{\sigma}\cdot(\boldsymbol{a}\times\boldsymbol{b}) \tag{1.49}$$

を用いて変形すること ((C.83) を参照) により，パウリ方程式

$$i\hbar\frac{\partial}{\partial t}\varphi(x) = \left[-\frac{\hbar^2}{2m_{\mathrm{e}}}\left(\boldsymbol{\nabla} + i\frac{e}{\hbar}\boldsymbol{A}(x)\right)^2 + \frac{e\hbar}{2m_{\mathrm{e}}}\boldsymbol{\sigma}\cdot\boldsymbol{B}(x) - e\,\Phi(x)\right]\varphi(x)$$

を導くことができる．よって，要請 4 が満たされる．

このようにして，電磁相互作用を含む電子に関する相対論的な波動方程式は以下の

$$i\hbar\frac{\partial}{\partial t}\psi(x)=\left[-i\hbar c\boldsymbol{\alpha}\cdot\left(\boldsymbol{\nabla}+i\frac{e}{\hbar}\boldsymbol{A}(x)\right)+\beta m_{\mathrm{e}}c^{2}-e\,\Phi(x)\right]\psi(x)$$

で与えられ，この方程式（ディラック方程式）にはスピンの自由度が内蔵され，非相対論的極限において自然にパウリ項が導かれることがわかった！

ディラックの着想

ディラックの着想は奇抜すぎて現実的でないように見えるが，真実を正しく捉えていることが多い．「自然は数学により美しく記述されるに違いない」という信念に基づくものであることも印象的である．

さらに驚かされるのは，着想の多くがその後の数学および物理学の発展のなかで貴重な遺産となり，進化し続けていることである．例えば，δ関数は「超関数」を，ディラック方程式は「スピノル」を産み出し，磁気単極子は「ファイバーバンドル」を用いてエレガントに定式化され，これらは現代数学・物理学の基礎概念になっている．また，第二量子化は「場の量子論」，量子論のラグランジュ形式は「経路積分」へと進化を遂げ，現代物理学において欠かせない理論形式になっている．

もしも，世界遺産の範疇（はんちゅう）に研究遺産が存在すれば，ディラックのそれは，その登録数と内容においてアインシュタインと競い合うのではないだろうか．

第 2 章 ディラック方程式のローレンツ共変性

ディラック方程式が本義ローレンツ変換 (ローレンツブースト，空間回転)，および空間反転の下で共変性を有することを，この章にて示す．さらに，4 元確率の流れに関するローレンツ変換性について考察する．

2.1 ローレンツ共変性

2.1.1 γ 行列とディラック方程式

(1.26) に $i\hbar\beta$ を掛け，$\gamma^0 \equiv \beta$ と $\gamma^i \equiv \beta\alpha^i\,(i=1,2,3)$ をまとめて γ^μ $(\mu=0,1,2,3)$，$x^0=ct$ と x^i をまとめて $x^\mu=(ct,x,y,z)$ と記すと，ディラック方程式は

$$\left(i\hbar\gamma^\mu\frac{\partial}{\partial x^\mu}-m_{\mathrm{e}}c\right)\psi(x)=0 \tag{2.1}$$

と表される．ここで，波動関数 $\psi(x)$ の引数 x は以前と同様に x^μ を表す．

また γ^μ は，**γ 行列**とよばれる**クリフォード代数** (**Clifford algebra**) で，

$$\{\gamma^\mu,\gamma^\nu\}=2\eta^{\mu\nu}I \tag{2.2}$$

を満たす 4 行 4 列の行列である．ここで，$\{\gamma^\mu,\gamma^\nu\}\equiv\gamma^\mu\gamma^\nu+\gamma^\nu\gamma^\mu$，$I$ は 4 行 4 列の単位行列である．以後，紛らわしい場合を除いて n 行 n 列の単位行列

を表す I を省略したり (1 と表記したり)，I に関する説明を省いたりする．

β, α^i はエルミート行列であるから，γ^0 はエルミート行列，γ^i は反エルミート行列である．**反エルミート行列**とはエルミート共役を取ると元の行列と符号だけ異なる行列で，実際，γ^i に対してエルミート共役を取ると，

$$(\gamma^i)^\dagger = (\beta\alpha^i)^\dagger = (\alpha^i)^\dagger\beta^\dagger = \alpha^i\beta = -\beta\alpha^i = -\gamma^i \qquad (2.3)$$

となり，γ^i が反エルミート行列であることがわかる．ディラック表示 ((1.34) を参照) において，γ^0 および γ^i は次のようになる．

$$\gamma^0 = \begin{pmatrix} I & 0 \\ 0 & -I \end{pmatrix} = I \otimes \sigma^3, \qquad \gamma^i = \begin{pmatrix} 0 & \sigma^i \\ -\sigma^i & 0 \end{pmatrix} = \sigma^i \otimes i\sigma^2 \quad (2.4)$$

ここで ⊗ は，直積のことである．

電磁相互作用を導入した場合，エネルギーや運動量に関する微分演算子は (1.14) のように変更され，これらをまとめて 4 元ベクトルとして，

$$i\hbar\frac{\partial}{\partial x^\mu} \quad \to \quad i\hbar\frac{\partial}{\partial x^\mu} - q\,A_\mu(x) = i\hbar\left[\frac{\partial}{\partial x^\mu} + i\frac{q}{\hbar}A_\mu(x)\right] \quad (2.5)$$

のように表すことができる．よって，電子に関するディラック方程式は

$$\left[i\hbar\gamma^\mu\left(\frac{\partial}{\partial x^\mu} - i\frac{e}{\hbar}A_\mu(x)\right) - m_{\mathrm{e}}c\right]\psi(x) = 0 \qquad (2.6)$$

と書き表される．

2.1.2 ローレンツ共変性に関する条件式

ディラック方程式のローレンツ共変性について考察しよう．$i\hbar\,(\partial/\partial x^\mu)$ と $A_\mu\,(x)$ は，ローレンツ変換の下で共変ベクトルとして同じように変換するので，(2.1) に基づいてそのローレンツ変換性を考察すれば十分である．

相対性原理を要請すると，**本義ローレンツ変換** $x'^\mu = \Lambda^\mu{}_\nu x^\nu$ ($\eta_{\mu\nu}\Lambda^\mu{}_\alpha\Lambda^\nu{}_\beta = \eta_{\alpha\beta}$，$\Lambda^0{}_0 \geq 1$，$\det\Lambda = 1$，詳しくは付録 D.1 節を参照せよ) で結ばれている 2 つの慣性系 I(その座標を x^μ) と I$'$(その座標を x'^μ) にいる観測者は第 1 章の考察に基づいて，それぞれ次の形の方程式

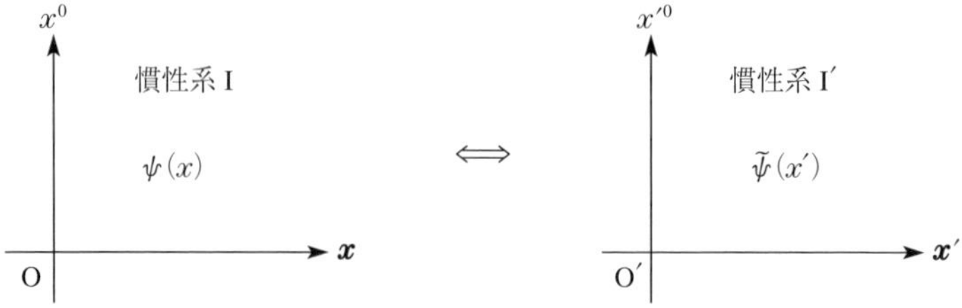

図 2.1　慣性系 I と I′ の間の関係

$$\left(i\hbar\gamma^{\mu}\frac{\partial}{\partial x^{\mu}} - m_{\mathrm{e}}c\right)\psi(x) = 0 \tag{2.7}$$

$$\left(i\hbar\gamma'^{\mu}\frac{\partial}{\partial x'^{\mu}} - m_{\mathrm{e}}c\right)\tilde{\psi}(x') = 0 \tag{2.8}$$

を書き下すことができる（慣性系 I と I′ の関係については，図 2.1 を参照せよ）．**ローレンツ変換**は本義ローレンツ変換の他に，空間反転と時間反転を含む．空間反転，時間反転に関する共変性についてはそれぞれ 2.3 節，7.3 節で考察する．ローレンツ変換は群を成し，**ローレンツ群**とよばれている．

このローレンツ群を部分群として含むポアンカレ群（Poincaré group），およびその表現に関しては付録 D を参照してほしい．

(2.8) において，γ'^{μ} は (2.2) を満たす 4 行 4 列の行列である．(2.2) を満足する任意の行列は，γ^{μ} にユニタリー変換を施したものと同値（ユニタリー同値）であるから，

$$\gamma'^{\mu} = U^{\dagger}\gamma^{\mu}U \tag{2.9}$$

が成り立つ．ここで，U はユニタリー行列（$U^{\dagger} = U^{-1}$）で全体にかかる係数を除いて一意的に決まる．(2.9) は γ 行列に関する基本定理とよばれ，その証明は 3.1.2 項で与える．(2.8) に対して，左から U を作用させて，$\psi'(x') \equiv U\tilde{\psi}(x')$ とすると (2.7) と同じ形をした方程式が導かれる．

$$\left(i\hbar\gamma^{\mu}\frac{\partial}{\partial x'^{\mu}} - m_{\mathrm{e}}c\right)\psi'(x') = 0 \tag{2.10}$$

$\psi(x)$ は本義ローレンツ変換の下で,

$$\psi'(x') = S(\Lambda)\,\psi(x) \tag{2.11}$$

のように線形に変換されると仮定しよう．(2.7) と (2.10) が同時に成り立つかが問題となる．以後，多くの場合,「本義」という言葉を省略する．ここで $S(\Lambda)$ は，4つの成分をもつ波動関数に作用する4行4列の行列で $\Lambda^{\mu}{}_{\nu}$ に依存する．ここでも，簡単のため，$\Lambda^{\mu}{}_{\nu}$ を Λ と記した．慣性系同士はローレンツ変換でつながっていて，変換は群を成し逆変換が存在する．

$S(\Lambda)$ の逆変換は，$S(\Lambda)$ の逆行列 $S^{-1}(\Lambda)$ を用いて表され

$$\psi(x) = S^{-1}(\Lambda)\,\psi'(x') = S^{-1}(\Lambda)\,\psi'(\Lambda x) \tag{2.12}$$

が成り立つ．また，ローレンツ変換 $x'^{\mu} = \Lambda^{\mu}{}_{\nu}\,x^{\nu}$ の逆変換 $x^{\mu} = (\Lambda^{-1})^{\mu}{}_{\nu}\,x'^{\nu}$ を用いて,

$$\psi(x) = S(\Lambda^{-1})\,\psi'(x') = S(\Lambda^{-1})\,\psi'(\Lambda x) \tag{2.13}$$

が成り立つ．(2.12)，(2.13) より，$S^{-1}(\Lambda) = S(\Lambda^{-1})$ が成り立つ．

ディラック方程式のローレンツ共変性を示すためには，$S(\Lambda)$ の具体形を求めて，その存在を示せばよい．$S(\Lambda)$ を求めるためにまずは，それが満たすべき条件式を導こう．慣性系 I で成立するディラック方程式 (2.7) に対して，左から $S(\Lambda)$ を施すことにより,

$$\left[i\hbar\,S(\Lambda)\,\gamma^{\mu}\,S^{-1}(\Lambda)\,\Lambda^{\nu}{}_{\mu}\frac{\partial}{\partial x'^{\nu}} - m_{\mathrm{e}}c\right]\psi'(x') = 0 \tag{2.14}$$

が導かれる．ここで，$\psi'(x') = S(\Lambda)\,\psi(x)$，$S^{-1}(\Lambda)\,S(\Lambda) = I$ および微分の変換性

$$\frac{\partial}{\partial x^{\mu}} = \frac{\partial x'^{\nu}}{\partial x^{\mu}}\frac{\partial}{\partial x'^{\nu}} = \Lambda^{\nu}{}_{\mu}\frac{\partial}{\partial x'^{\nu}} \tag{2.15}$$

を用いた．

(2.14) が (2.10) と一致するためには,

$$S(\Lambda)\,\gamma^{\mu}\,S^{-1}(\Lambda)\,\Lambda^{\nu}{}_{\mu} = \gamma^{\nu}, \text{ つまり } \Lambda^{\nu}{}_{\mu}\gamma^{\mu} = S^{-1}(\Lambda)\,\gamma^{\nu}\,S(\Lambda) \tag{2.16}$$

が成り立てばよい．(2.16)が，$S(\Lambda)$の満たすべき条件式である．$S(\Lambda)$ と $\Lambda^{\nu}{}_{\mu}$ はいずれも 4 行 4 列の行列であるが，作用する対象が異なることに注意してほしい．実際，$S(\Lambda)$ は $\psi(x)$ に，$\Lambda^{\nu}{}_{\mu}$ は 4 元ベクトルに作用する（ため可換である）．

2.1.3　ディラックスピノルのローレンツ変換性

(2.16) を満足する $S(\Lambda)$ を求めよう．任意の本義ローレンツ変換は無限小変換を繰り返し行うことにより構成されるので，無限小ローレンツ変換

$$\Lambda^{\nu}{}_{\mu} = \delta^{\nu}{}_{\mu} + \Delta\omega^{\nu}{}_{\mu} \tag{2.17}$$

について考える．ここで，$\Delta\omega^{\nu}{}_{\mu}$ は無限小パラメータで，

$$\Delta\omega^{\nu\mu} = \eta^{\mu\lambda}\Delta\omega^{\nu}{}_{\lambda} = -\Delta\omega^{\mu\nu} \tag{2.18}$$

を満たす．$\Delta\omega^{\mu\nu} = -\Delta\omega^{\nu\mu}$ は $\eta_{\mu\nu}\Lambda^{\mu}{}_{\alpha}\Lambda^{\nu}{}_{\beta} = \eta_{\alpha\beta}$ を用いて導くことができる（詳しくは，(D.18) を参照せよ）．

$S(\Lambda)$ は $\Delta\omega^{\mu\nu}$ のベキで展開され，$\Delta\omega^{\mu\nu}$ の 1 次の項まで考えると

$$S(\Lambda) = I - \frac{i}{4}\Delta\omega^{\mu\nu}\sigma_{\mu\nu}, \qquad S^{-1}(\Lambda) = I + \frac{i}{4}\Delta\omega^{\mu\nu}\sigma_{\mu\nu} \tag{2.19}$$

である．ここで，$\sigma_{\mu\nu}$ は 4 行 4 列の行列（μ，ν に関して反対称，独立なものは 6 個）で，$\sigma_{\mu\nu}$ を具体的に求めることが目標となる．(2.17) と (2.19) を (2.16) の第 2 式の左辺および右辺に代入すると，それぞれ

$$\Lambda^{\nu}{}_{\mu}\gamma^{\mu} = \gamma^{\nu} + \Delta\omega^{\nu}{}_{\mu}\gamma^{\mu} \tag{2.20}$$

$$S^{-1}(\Lambda)\,\gamma^{\nu}S(\Lambda) = \gamma^{\nu} + \frac{i}{4}\Delta\omega^{\alpha\beta}\sigma_{\alpha\beta}\gamma^{\nu} - \frac{i}{4}\gamma^{\nu}\Delta\omega^{\alpha\beta}\sigma_{\alpha\beta} \tag{2.21}$$

となり，これらを等号で結ぶことにより，

$$\Delta\omega^{\nu}{}_{\mu}\gamma^{\mu} = \frac{i}{4}\Delta\omega^{\alpha\beta}[\sigma_{\alpha\beta},\,\gamma^{\nu}] \tag{2.22}$$

が導かれる．

(2.22) を満足する $\sigma_{\alpha\beta}$ として，

$$\sigma_{\alpha\beta} = \frac{i}{2}[\gamma_\alpha,\ \gamma_\beta]$$
$$= \frac{i}{2}(\gamma_\alpha\gamma_\beta - \gamma_\beta\gamma_\alpha) = i(\gamma_\alpha\gamma_\beta - \eta_{\alpha\beta}I) \qquad (2.23)$$

が存在する．3 番目から最後の式変形の際に (2.2) を用いた．

実際，(2.22) の右辺に (2.23) を代入し変形すると，

$$\frac{i}{4}\varDelta\omega^{\alpha\beta}[\sigma_{\alpha\beta},\ \gamma^\nu] = -\frac{1}{4}\varDelta\omega^{\alpha\beta}[\gamma_\alpha\gamma_\beta,\ \gamma^\nu] = -\frac{1}{4}\varDelta\omega^{\alpha\beta}(\gamma_\alpha\gamma_\beta\gamma^\nu - \gamma^\nu\gamma_\alpha\gamma_\beta)$$
$$= -\frac{1}{4}\varDelta\omega^{\alpha\beta}[\gamma_\alpha(-\gamma^\nu\gamma_\beta + 2\delta^\nu{}_\beta I) - (-\gamma_\alpha\gamma^\nu + 2\delta^\nu{}_\alpha I)\gamma_\beta]$$
$$= -\frac{1}{4}\varDelta\omega^{\alpha\beta}2(\gamma_\alpha\delta^\nu{}_\beta - \delta^\nu{}_\alpha\gamma_\beta) = -\frac{1}{2}(\varDelta\omega^{\alpha\nu}\gamma_\alpha - \varDelta\omega^{\nu\beta}\gamma_\beta)$$
$$= -\frac{1}{2}\varDelta\omega_\alpha{}^\nu\gamma^\alpha + \frac{1}{2}\varDelta\omega^\nu{}_\beta\gamma^\beta = \varDelta\omega^\nu{}_\mu\gamma^\mu \qquad (2.24)$$

となり，(2.22) の左辺が導出される．1 番目から 2 番目の式変形の際に $[\eta_{\alpha\beta}I,\ \gamma^\nu] = 0$ を，1 行目から 2 行目に移るところでクリフォード代数から派生する式 $\gamma_\alpha\gamma^\beta + \gamma^\beta\gamma_\alpha = 2\delta^\beta{}_\alpha I$ を用いた．ここで，$\delta^\beta{}_\alpha = \mathrm{diag}\,(1,1,1,1)$ である．

無限小変換を繰り返し行うことにより，本義ローレンツ変換に対する公式として，x^μ に対しては，

$$\left.\begin{aligned} x'^\mu &= \varLambda^\mu{}_\nu x^\nu \\ \varLambda^\mu{}_\nu &= \lim_{N\to\infty}(\delta^\mu{}_{\mu_1} + \varDelta\omega^\mu{}_{\mu_1})(\delta^{\mu_1}{}_{\mu_2} + \varDelta\omega^{\mu_1}{}_{\mu_2})\cdots(\delta^{\mu_{N-1}}{}_\nu + \varDelta\omega^{\mu_{N-1}}{}_\nu) \\ &= \lim_{N\to\infty}\left[\left(I + \frac{\omega}{N}\right)^N\right]^\mu{}_\nu = (e^\omega)^\mu{}_\nu = \sum_{n=0}^{\infty}\left(\frac{1}{n!}\omega^n\right)^\mu{}_\nu \end{aligned}\right\} \qquad (2.25)$$

が導かれる．ここで $\omega^\mu{}_\nu = N\varDelta\omega^\mu{}_\nu$ である．さらに，ディラックの波動関数 $\psi(x)$ に対しては，

$$
\left.\begin{aligned}
\psi'(x') &= S(\Lambda)\,\psi(x) \\
S(\Lambda) &= \lim_{N\to\infty}\left(I - \frac{i}{4}\Delta\omega^{\mu\nu}\sigma_{\mu\nu}\right)^N = \lim_{N\to\infty}\left(I - \frac{i}{4}\frac{\omega^{\mu\nu}}{N}\sigma_{\mu\nu}\right)^N \\
&= \exp\left(-\frac{i}{4}\omega^{\mu\nu}\sigma_{\mu\nu}\right) = \sum_{n=0}^{\infty}\frac{1}{n!}\left(-\frac{i}{4}\omega^{\mu\nu}\sigma_{\mu\nu}\right)^n
\end{aligned}\right\} \tag{2.26}
$$

が導かれる．ここで $\sigma_{\mu\nu} = (i/2)\,[\gamma_\mu, \gamma_\nu]$ **である．** (2.26) から，$S^{-1}(\Lambda) = \exp\,[(i/4)\,\omega^{\mu\nu}\sigma_{\mu\nu}] = S(\Lambda^{-1})$ が成り立つことがわかる．本義ローレンツ変換の下で，$\psi'(x') = S(\Lambda)\,\psi(x)$ のように変換する量は**ディラックスピノル**とよばれる．

ここで，**ネイピア数（Napier's constant）**（$e = 2.71828\cdots$）に関する公式

$$
e = \lim_{N\to\infty}\left(1+\frac{1}{N}\right)^N, \qquad e^x = \lim_{N\to\infty}\left(1+\frac{x}{N}\right)^N, \qquad e^x = \exp x = \sum_{n=0}^{\infty}\frac{x^n}{n!}
$$

を思い出そう．(2.25)，(2.26) はこれらの行列版である．

2.2　ローレンツ変換の具体例

2.2.1　x 軸方向のローレンツブースト

$\Delta\omega^{01} = -\Delta\omega^{10} = \Delta\beta^1\,(\Delta\omega^0{}_1 = \Delta\omega^1{}_0 = -\Delta\beta^1)$ 以外の $\Delta\omega^{\mu\nu}$ が 0 である場合について考察する．

$\Delta\beta^1 = \omega/N\ (N \gg 1,\ \omega$ は実数) として，$\Delta\omega^\mu{}_\nu$ は

$$
\Delta\omega^\mu{}_\nu = \frac{\omega}{N}(I_{\rm L})^\mu{}_\nu, \qquad (I_{\rm L})^\mu{}_\nu \equiv \begin{pmatrix} 0 & -1 & 0 & 0 \\ -1 & 0 & 0 & 0 \\ 0 & 0 & 0 & 0 \\ 0 & 0 & 0 & 0 \end{pmatrix} \tag{2.27}
$$

のように行列表示される．$(I_{\rm L})^\mu{}_\nu$ のベキ乗は

$$(I_{\mathrm{L}}^{2k+1})^{\mu}{}_{\nu} = (I_{\mathrm{L}})^{\mu}{}_{\nu}, \qquad (I_{\mathrm{L}}^{2k+2})^{\mu}{}_{\nu} = (I_{\mathrm{L}}^{2})^{\mu}{}_{\nu} = \begin{pmatrix} 1 & 0 & 0 & 0 \\ 0 & 1 & 0 & 0 \\ 0 & 0 & 0 & 0 \\ 0 & 0 & 0 & 0 \end{pmatrix} \tag{2.28}$$

を満たす．ここで $k = 0, 1, 2, \cdots$ である．

これを (2.25) に代入することにより，

$$\begin{aligned}
\Lambda^{\mu}{}_{\nu} &= \lim_{N\to\infty}\left[\delta^{\mu}{}_{\mu_1} + \frac{\omega}{N}(I_{\mathrm{L}})^{\mu}{}_{\mu_1}\right]\left[\delta^{\mu_1}{}_{\mu_2} + \frac{\omega}{N}(I_{\mathrm{L}})^{\mu_1}{}_{\mu_2}\right]\cdots\left[\delta^{\mu_{N-1}}{}_{\nu} + \frac{\omega}{N}(I_{\mathrm{L}})^{\mu_{N-1}}{}_{\nu}\right] \\
&= (e^{\omega I_{\mathrm{L}}})^{\mu}{}_{\nu} = \sum_{n=0}^{\infty}\frac{\omega^n}{n!}(I_{\mathrm{L}}^{n})^{\mu}{}_{\nu} \\
&= \delta^{\mu}{}_{\nu} - (I_{\mathrm{L}}^{2})^{\mu}{}_{\nu} + (I_{\mathrm{L}}^{2})^{\mu}{}_{\nu}\cosh\omega + (I_{\mathrm{L}})^{\mu}{}_{\nu}\sinh\omega \\
&= \begin{pmatrix} \cosh\omega & -\sinh\omega & 0 & 0 \\ -\sinh\omega & \cosh\omega & 0 & 0 \\ 0 & 0 & 1 & 0 \\ 0 & 0 & 0 & 1 \end{pmatrix} = \begin{pmatrix} \dfrac{1}{\sqrt{1-\beta^2}} & -\dfrac{\beta}{\sqrt{1-\beta^2}} & 0 & 0 \\ -\dfrac{\beta}{\sqrt{1-\beta^2}} & \dfrac{1}{\sqrt{1-\beta^2}} & 0 & 0 \\ 0 & 0 & 1 & 0 \\ 0 & 0 & 0 & 1 \end{pmatrix}
\end{aligned} \tag{2.29}$$

が導かれる．2 行目から 3 行目に移るところで $\cosh x$，$\sinh x$ に関する無限和の公式

$$\cosh x = \sum_{n=0}^{\infty}\frac{x^{2n}}{(2n)!}, \qquad \sinh x = \sum_{n=0}^{\infty}\frac{x^{2n+1}}{(2n+1)!}$$

を用いた．

さらに最後の変形の際に，**ローレンツ角** ω と相対速度の大きさ $c\beta$ の間に成り立つ関係式

$$\tanh\omega = \beta, \qquad \cosh\omega = \frac{1}{\sqrt{1-\beta^2}}, \qquad \sinh\omega = \frac{\beta}{\sqrt{1-\beta^2}} \tag{2.30}$$

を用いた．(2.29) は x 軸方向の**ローレンツブースト**を表している．

また，(2.26) より，

$$S(\Lambda) = \exp\left(-\frac{i}{2}\omega\sigma_{01}\right) \equiv S(\Lambda)_{\mathrm{L}} \tag{2.31}$$

である．ディラック表示を用いると，

$$\sigma_{0i} = \begin{pmatrix} 0 & -i\sigma^i \\ -i\sigma^i & 0 \end{pmatrix} \tag{2.32}$$

となる．$\sigma_{0i}^\dagger = -\sigma_{0i}$ より，$S(\Lambda)_{\mathrm{L}}$ がエルミート行列であることが示される．

$$\begin{aligned} S(\Lambda)_{\mathrm{L}}^\dagger &= \exp\left(\frac{i}{2}\omega\sigma_{01}^\dagger\right) = \exp\left(-\frac{i}{2}\omega\sigma_{01}\right) \\ &= S(\Lambda)_{\mathrm{L}} \end{aligned} \tag{2.33}$$

$S(\Lambda)_{\mathrm{L}}$ **の 2 乗は一般に単位行列ではないので，**$S(\Lambda)_{\mathrm{L}}$ **はユニタリー行列ではないことに留意してほしい．**

2.2.2　z 軸の周りの空間回転

$\Delta\omega^{12} = -\Delta\omega^{21} = -\Delta\varphi^3$ ($\Delta\omega^1{}_2 = -\Delta\omega^2{}_1 = \Delta\varphi^3$) 以外の $\Delta\omega^{\mu\nu}$ が 0 である場合について考察する．

$\Delta\varphi^3 = \varphi/N$ ($N \gg 1$, $0 \leq \varphi \leq 2\pi$) として，$\Delta\omega^\mu{}_\nu$ は

$$\Delta\omega^\mu{}_\nu = \frac{\varphi}{N}(I_{\mathrm{R}})^\mu{}_\nu, \qquad (I_{\mathrm{R}})^\mu{}_\nu \equiv \begin{pmatrix} 0 & 0 & 0 & 0 \\ 0 & 0 & 1 & 0 \\ 0 & -1 & 0 & 0 \\ 0 & 0 & 0 & 0 \end{pmatrix} \tag{2.34}$$

のように行列表示される．$(I_{\mathrm{R}})^\mu{}_\nu$ のベキ乗は

$$
\left.\begin{aligned}
&(I_{\mathrm{R}}^{4k+1})^{\mu}{}_{\nu} = (I_{\mathrm{R}})^{\mu}{}_{\nu}, \qquad (I_{\mathrm{R}}^{4k+2})^{\mu}{}_{\nu} = (I_{\mathrm{R}}^{2})^{\mu}{}_{\nu} = \begin{pmatrix} 0 & 0 & 0 & 0 \\ 0 & -1 & 0 & 0 \\ 0 & 0 & -1 & 0 \\ 0 & 0 & 0 & 0 \end{pmatrix} \\
&\qquad (I_{\mathrm{R}}^{4k+3})^{\mu}{}_{\nu} = -(I_{\mathrm{R}})^{\mu}{}_{\nu}, \qquad (I_{\mathrm{R}}^{4k+4})^{\mu}{}_{\nu} = -(I_{\mathrm{R}}^{2})^{\mu}{}_{\nu}
\end{aligned}\right\} \tag{2.35}
$$

を満たす．ここで $k = 0, 1, 2, \cdots$ である．

(2.25) に代入することにより，

$$
\begin{aligned}
\Lambda^{\mu}{}_{\nu} &= \lim_{N\to\infty}\left[\delta^{\mu}{}_{\mu_1} + \frac{\varphi}{N}(I_{\mathrm{R}})^{\mu}{}_{\mu_1}\right]\left[\delta^{\mu_1}{}_{\mu_2} + \frac{\varphi}{N}(I_{\mathrm{R}})^{\mu_1}{}_{\mu_2}\right]\cdots\left[\delta^{\mu_{N-1}}{}_{\nu} + \frac{\varphi}{N}(I_{\mathrm{R}})^{\mu_{N-1}}{}_{\nu}\right] \\
&= \sum_{n=0}^{\infty}\frac{\varphi^n}{n!}(I_{\mathrm{R}}^{n})^{\mu}{}_{\nu} = \delta^{\mu}{}_{\nu} + (I_{\mathrm{R}}^{2})^{\mu}{}_{\nu} - (I_{\mathrm{R}}^{2})^{\mu}{}_{\nu}\cos\varphi + (I_{\mathrm{R}})^{\mu}{}_{\nu}\sin\varphi \\
&= \begin{pmatrix} 1 & 0 & 0 & 0 \\ 0 & \cos\varphi & \sin\varphi & 0 \\ 0 & -\sin\varphi & \cos\varphi & 0 \\ 0 & 0 & 0 & 1 \end{pmatrix}
\end{aligned} \tag{2.36}
$$

が導かれる．2 行目において $\cos x$，$\sin x$ に関する無限和の公式

$$
\cos x = \sum_{n=0}^{\infty}(-1)^n\frac{x^{2n}}{(2n)!}, \qquad \sin x = \sum_{n=0}^{\infty}(-1)^n\frac{x^{2n+1}}{(2n+1)!}
$$

を用いた．(2.36) は z 軸の周りの角度 φ の**空間回転**を表している．

また，(2.26) より，

$$
S(\Lambda) = \exp\left(\frac{i}{2}\varphi\sigma_{12}\right) \equiv S(\varphi)_{\mathrm{R}} \tag{2.37}
$$

となる．ディラック表示を用いると，

$$
\sigma_{12} = \begin{pmatrix} \sigma^3 & 0 \\ 0 & \sigma^3 \end{pmatrix} \equiv \Sigma^3, \qquad \sigma^3 = \begin{pmatrix} 1 & 0 \\ 0 & -1 \end{pmatrix} \tag{2.38}
$$

となる．

(2.37) で定義された $S(\varphi)_{\mathrm{R}}$ は，

$$S(0)_{\mathrm{R}} = I, \qquad S(2\pi)_{\mathrm{R}} = -I \tag{2.39}$$

を満たすので，波動関数は 2π 回転に関して以下のように符号を変える．

$$\psi'(\phi + 2\pi) = S(2\pi)_{\mathrm{R}}\psi(\phi) = -\psi(\phi), \qquad \psi'(\phi + 4\pi) = \psi(\phi) \tag{2.40}$$

ここで，ϕ は極座標における方位角である．4π **回転で元に戻ることに注意してほしい．**

空間回転に関する変換行列

$$\boldsymbol{\Sigma} = (\Sigma^1, \Sigma^2, \Sigma^3), \qquad \Sigma^i = \begin{pmatrix} \sigma^i & 0 \\ 0 & \sigma^i \end{pmatrix} \tag{2.41}$$

を用いて，$\boldsymbol{s}$ 方向を軸とする角度 φ の回転を引き起こす演算子は，

$$S(\boldsymbol{\varphi})_{\mathrm{R}} = \exp\left(\frac{i}{2}\boldsymbol{\varphi}\cdot\boldsymbol{\Sigma}\right) = \exp\left(i\boldsymbol{\varphi}\cdot\frac{\boldsymbol{\Sigma}}{2}\right) = \exp\left(i\varphi\boldsymbol{s}\cdot\frac{\boldsymbol{\Sigma}}{2}\right) \tag{2.42}$$

と表される．ここで $\boldsymbol{\varphi} = \varphi\boldsymbol{s}$，$|\boldsymbol{s}| = 1$ である．太字の $\boldsymbol{\varphi}$ はベクトルで，回転角 φ はスカラーであることに注意してほしい．

(2.42) からわかるように回転の生成子は $\boldsymbol{\Sigma}/2$ で与えられ，正（負）エネルギー解を表す 2 成分の波動関数に関する回転の生成子は $\boldsymbol{\sigma}/2$ で，電子がスピン 1/2 という実験事実と合致する．また，$\boldsymbol{\Sigma}$ のエルミート性 ($\boldsymbol{\Sigma}^\dagger = \boldsymbol{\Sigma}$) より，$\mathrm{S}(\boldsymbol{\varphi})_{\mathrm{R}}$ のエルミート共役は

$$S(\boldsymbol{\varphi})_{\mathrm{R}}^\dagger = \exp\left(-i\boldsymbol{\varphi}\cdot\frac{\boldsymbol{\Sigma}^\dagger}{2}\right) = \exp\left(-i\boldsymbol{\varphi}\cdot\frac{\boldsymbol{\Sigma}}{2}\right) = S^{-1}(\boldsymbol{\varphi})_{\mathrm{R}} \tag{2.43}$$

となり，$S(\boldsymbol{\varphi})_{\mathrm{R}}$ がユニタリー行列であることがわかる．

2.2.3　4 元確率の流れのローレンツ変換性

無限小の速度 $\Delta\boldsymbol{v} = (\Delta v^1, \Delta v^2, \Delta v^3)$ によるローレンツブーストに対して，$\Delta\omega^{0i} = \Delta v^i/c$ である．また，$\boldsymbol{s} = (s^1, s^2, s^3)$ という単位ベクトルの方向を軸

とする無限小の回転 $\varDelta\varphi$ に対して, $\varDelta\omega^{ij} = -\sum_{k=1}^{3} \varDelta\varphi\, \varepsilon^{ijk} s^k$ である.

一般的な本義ローレンツ変換は, ローレンツブーストと空間回転を組み合わせた変換で与えられる. γ^0 と $\sigma_{\mu\nu}$ の間には,

$$\gamma_0 \sigma_{0i} \gamma_0 = -\sigma_{0i}, \qquad \gamma_0 \sigma_{ij} \gamma_0 = \sigma_{ij} \tag{2.44}$$

が成り立ち, これを用いて一般的な本義ローレンツ変換に対して,

$$\gamma_0\, S(\varLambda)^\dagger\, \gamma_0 = \gamma_0 e^{\frac{i}{4}\omega^{\mu\nu}\sigma^\dagger{}_{\mu\nu}}\gamma_0 = e^{\frac{i}{4}\omega^{\mu\nu}\gamma_0\sigma^\dagger{}_{\mu\nu}\gamma_0} = e^{\frac{i}{4}\omega^{\mu\nu}\sigma_{\mu\nu}} = S^{-1}(\varLambda) \tag{2.45}$$

が導かれる. $\psi(x)$ のエルミート共役に γ_0 を掛けたものを,

$$\bar{\psi}(x) \equiv \psi^\dagger(x)\, \gamma_0 \tag{2.46}$$

と定義し, **ディラック共役**とよぶことにする.

$\bar{\psi}(x)$ はローレンツ変換の下で,

$$\bar{\psi}'(x') = \psi'^\dagger(x')\, \gamma_0 = \psi^\dagger(x)\, S(\varLambda)^\dagger\, \gamma_0 = \psi^\dagger(x)\, \gamma_0\gamma_0\, S(\varLambda)^\dagger\gamma_0 = \bar{\psi}(x)\, S^{-1}(\varLambda) \tag{2.47}$$

のように変換する. よって, $\bar{\psi}(x)\, \psi(x)$ はローレンツ変換の下で,

$$\bar{\psi}'(x')\, \psi'(x') = \bar{\psi}(x)\, S^{-1}(\varLambda)\, S(\varLambda)\, \psi(x) = \bar{\psi}(x)\, \psi(x) \tag{2.48}$$

のように不変に保たれるためスカラー量である.

一方, $\bar{\psi}(x)\, \gamma^\mu\, \psi(x)$ は

$$\begin{aligned}\bar{\psi}'(x')\, \gamma^\mu\, \psi'(x') &= \bar{\psi}(x)\, S^{-1}(\varLambda)\, \gamma^\mu\, S(\varLambda)\, \psi(x) \\ &= \bar{\psi}(x)\, \varLambda^\mu{}_\nu \gamma^\nu\, \psi(x) = \varLambda^\mu{}_\nu \bar{\psi}(x)\, \gamma^\nu\, \psi(x)\end{aligned} \tag{2.49}$$

のように変換するためベクトル量である. $\bar{\psi}(x)\, \gamma^\mu\, \psi(x)$ に対して, (2.46) および $\alpha^i = \gamma^0\gamma^i$ を用いて,

$$\begin{aligned}\bar{\psi}(x)\, \gamma^\mu\, \psi(x) &= (\psi^\dagger(x)\, \gamma_0\gamma^0\, \psi(x),\, \psi^\dagger(x)\, \gamma_0\gamma^i\, \psi(x)) \\ &= (\psi^\dagger(x)\, \psi(x),\, \psi^\dagger(x)\, \alpha^i\, \psi(x))\end{aligned} \tag{2.50}$$

が導かれ, (1.40) と比較して $j^\mu(x) = c\, \bar{\psi}(x)\, \gamma^\mu\, \psi(x)$ が導かれる.

このようにして, 4元確率の流れ $j^\mu(x)$ がローレンツ変換の下でベクトル量として変換することが確かめられた!

2.3 空間反転

空間反転とはローレンツ変換の一種で，次のような離散的な変換

$$\left.\begin{aligned} &\boldsymbol{x}' = -\boldsymbol{x}, \qquad t' = t \\ &\text{つまり } x'^{\mu} = (\Lambda_{\mathrm{S}})^{\mu}{}_{\nu} x^{\nu}, \qquad (\Lambda_{\mathrm{S}})^{\mu}{}_{\nu} \equiv \begin{pmatrix} 1 & 0 & 0 & 0 \\ 0 & -1 & 0 & 0 \\ 0 & 0 & -1 & 0 \\ 0 & 0 & 0 & -1 \end{pmatrix} \end{aligned}\right\} \tag{2.51}$$

で与えられる．[†] 本義ローレンツ変換のときと同様に，$\psi(x)$ に関する空間反転の下での変換性を，

$$\psi'(x') = P\psi(x) \tag{2.52}$$

とする．ここで，P は $\psi(x)$ に作用する 4 行 4 列の行列である．

慣性系 I で成立するディラック方程式 (2.7) に対して，左から P を施すことにより，

$$\left[i\hbar P\gamma^{\mu}P^{-1}(\Lambda_{\mathrm{S}})^{\nu}{}_{\mu}\frac{\partial}{\partial x'^{\nu}} - m_{\mathrm{e}}c\right]\psi'(x') = 0 \tag{2.53}$$

が導かれる．

(2.53) が，空間反転した系でのディラック方程式と一致するためには，

$$P\gamma^{\mu}P^{-1}(\Lambda_{\mathrm{S}})^{\nu}{}_{\mu} = \gamma^{\nu}, \text{ つまり } (\Lambda_{\mathrm{S}})^{\nu}{}_{\mu}\gamma^{\mu} = P^{-1}\gamma^{\nu}P \tag{2.54}$$

が成り立てばよい．(2.54) を満たす P は

$$P = \eta_{\mathrm{P}}\gamma_0 \tag{2.55}$$

で与えられる．ここで，η_{P} は位相因子 $e^{i\varphi_{\mathrm{P}}}$ で P はユニタリー行列である．

ディラック表示 (2.4) において γ_0 は対角型であるから，その場合，$\psi(x)$

---

† 3 次元ベクトルは空間反転の下での変換性により，極性ベクトルと軸性ベクトル（擬ベクトル）に分類される．極性ベクトルとは空間反転の下で成分が符号を変えるベクトルで，軸性ベクトルとは空間反転の下で成分が不変に保たれるベクトルである．

は P の固有状態になっている．(1.42) より，静止した正エネルギー解は $P = \eta_{\mathrm{P}}$ の固有状態，静止した負エネルギー解は $P = -\eta_{\mathrm{P}}$ の固有状態で，両者で固有値の符号が異なる．P の固有値は**固有パリティ**とよばれる．空間反転を2度行うと $(\Lambda_{\mathrm{S}})^{\mu}{}_{\lambda}(\Lambda_{\mathrm{S}})^{\lambda}{}_{\nu} = \delta^{\mu}{}_{\nu}$ となるので，$P^2 = I$ を要請すると固有パリティの値は1あるいは -1 に制限される．

$\bar{\psi}(x)$ は空間反転の下で，

$$\bar{\psi}'(x') = \psi'^{\dagger}(x')\,\gamma_0 = \psi^{\dagger}(x)\,P^{\dagger}\gamma_0 = \psi^{\dagger}(x)\,\gamma_0 P^{\dagger} = \psi^{\dagger}(x)\,\gamma_0 P^{-1} = \bar{\psi}(x)\,P^{-1} \tag{2.56}$$

のように変換する．よって，$\bar{\psi}(x)\,\psi(x)$ は空間反転の下で不変である．一方，$\bar{\psi}(x)\,\gamma^{\mu}\,\psi(x)$ は空間反転の下で

$$\bar{\psi}'(x')\,\gamma^{\mu}\,\psi'(x') = \bar{\psi}(x)\,P^{-1}\gamma^{\mu}P\,\psi(x) = (\Lambda_{\mathrm{S}})^{\mu}{}_{\nu}\,\bar{\psi}(x)\,\gamma^{\nu}\,\psi(x) \tag{2.57}$$

のように変換する．

このようにして，ディラック方程式が本義ローレンツ変換および空間反転の下で共変性を有することが示された．相対性原理を本義ローレンツ変換の下での共変性の要請とするならば，第1章の考察と合わせて，ディラック方程式が1.1.3項で提示された4つの要請を全て満足していることがわかった！

スピンの実演

フィギュアスケートのスピンの実演ではなくて，電子のスピンの性質を反映した空間回転の下での変化を実演してみよう．

電子のスピンは $\hbar$ を単位として1/2の値を有する．その特徴として波動関数が二価性をもつ((2.40) を参照)．つまり，2π 回転 (回転角が360度の回転) で波動

関数は符号を変え，元の値に戻るためにはもう 2π 回転する必要がある．このような，4π 回転で初めて元の状態に戻る様子はコーヒーカップ（か何か手のひらに入るもの）があれば，容易に実行できる．

具体的には，コーヒーカップを手のひらに載せ，手首を反時計回りに 1 回転させる．このままでは元の状態に戻らない．そこで，次に肘(ひじ)をうまく使って（肘を巧みに挙げて）手首を同じ方向にもう 1 回転させてみよう．驚くべきことに，元に戻るではないか！

第 3 章

γ 行列に関する基本定理，カイラル表示

γ 行列に関する性質および基本定理とその証明について説明した後，カイラル表示について紹介する．カイラル表示に基づいて，ディラックスピノルが本義ローレンツ変換の下で既約分解されることを見る．

3.1 γ 行列に関する基本定理

3.1.1 γ 行列から構成される行列とその性質

4 行 4 列の単位行列 I と γ 行列 γ^μ から構成される，次のような 5 種類 (16 個) の 4 行 4 列の行列

$$\left.\begin{array}{c} \Gamma_S = I, \qquad \Gamma_V^\mu = \gamma^\mu, \qquad \Gamma_T^{\mu\nu} = \sigma^{\mu\nu} = \dfrac{i}{2}[\gamma^\mu, \gamma^\nu] \\ \Gamma_P = i\gamma^0\gamma^1\gamma^2\gamma^3 \equiv \gamma_5, \qquad \Gamma_A^\mu = \gamma_5\gamma^\mu \end{array}\right\} \tag{3.1}$$

について考察する．

これらをまとめて $\Gamma_n = \{\Gamma_S, \Gamma_V^\mu, \Gamma_T^{\mu\nu}, \Gamma_P, \Gamma_A^\mu\}$ と表す．Γ_n の 2 乗は I あるいは $-I$ である．2 乗が $-I$ である Γ_n には i を掛けて，その 2 乗が I になるようにしそれを $\tilde{\Gamma}_n$ と記す．2 乗が I であるような Γ_n に対しては，$\tilde{\Gamma}_n = \Gamma_n$ とする．

具体的には，

$$\left.\begin{array}{l}\tilde{\Gamma}_S=\Gamma_S,\quad \tilde{\Gamma}_V^0=\Gamma_V^0,\quad \tilde{\Gamma}_V^j=i\Gamma_V^j,\quad \tilde{\Gamma}_T^{0j}=i\Gamma_T^{0j},\quad \tilde{\Gamma}_T^{jj'}=\Gamma_T^{jj'}\\ \tilde{\Gamma}_P=\Gamma_P,\quad \tilde{\Gamma}_A^0=i\Gamma_A^0,\quad \tilde{\Gamma}_A^j=\Gamma_A^j\quad (j,j'=1,2,3)\end{array}\right\}\tag{3.2}$$

である．以後，$\tilde{\Gamma}_n(n=1,2,\cdots,16)$ に基づいて考察する．参考のために γ^μ（および I）を用いて，$\tilde{\Gamma}_n$ を具体的に書き下すと，

$$\left.\begin{array}{l}\tilde{\Gamma}_1=I,\quad \tilde{\Gamma}_2=\gamma^0,\quad \tilde{\Gamma}_3=i\gamma^1,\quad \tilde{\Gamma}_4=i\gamma^2,\quad \tilde{\Gamma}_5=i\gamma^3\\ \tilde{\Gamma}_6=-\gamma^0\gamma^1,\quad \tilde{\Gamma}_7=-\gamma^0\gamma^2,\quad \tilde{\Gamma}_8=-\gamma^0\gamma^3\\ \tilde{\Gamma}_9=i\gamma^1\gamma^2,\quad \tilde{\Gamma}_{10}=i\gamma^2\gamma^3,\quad \tilde{\Gamma}_{11}=i\gamma^3\gamma^1,\quad \tilde{\Gamma}_{12}=i\gamma^0\gamma^1\gamma^2\gamma^3\\ \tilde{\Gamma}_{13}=\gamma^1\gamma^2\gamma^3,\quad \tilde{\Gamma}_{14}=-i\gamma^0\gamma^2\gamma^3,\quad \tilde{\Gamma}_{15}=i\gamma^0\gamma^1\gamma^3,\quad \tilde{\Gamma}_{16}=-i\gamma^0\gamma^1\gamma^2\end{array}\right\}\tag{3.3}$$

である．

一般に，$\tilde{\Gamma}_n$ は次のような性質（1）〜（8）を有する．

（1）　全ての n に対して，$(\tilde{\Gamma}_n)^2=I$ である．

（2）　任意の $\tilde{\Gamma}_n$ と $\tilde{\Gamma}_m(n,m=1,2,\cdots,16)$ に対して，$\tilde{\Gamma}_n\tilde{\Gamma}_m=\xi_{nm}\tilde{\Gamma}_l$ となるような $\tilde{\Gamma}_l$ が存在し，ξ_{nm} は 1 か -1 か i か $-i$ のどれかである．$n\neq m$ のとき $\tilde{\Gamma}_l\neq\tilde{\Gamma}_1=I$ である．さらに n を固定して，m を 1 から 16 まで走らせると，l は全ての値（1 から 16）を一度ずつ取る．

（3）　$\tilde{\Gamma}_n$ と $\tilde{\Gamma}_m$ は可換（$\tilde{\Gamma}_n\tilde{\Gamma}_m=\tilde{\Gamma}_m\tilde{\Gamma}_n$），あるいは反可換（$\tilde{\Gamma}_n\tilde{\Gamma}_m=-\tilde{\Gamma}_m\tilde{\Gamma}_n$）である．

（4）　$\tilde{\Gamma}_1$ を除く $\tilde{\Gamma}_n$ に対して，反可換な $\tilde{\Gamma}_m$ が少なくとも 1 つ存在する．

（5）　$\tilde{\Gamma}_1$ を除く $\tilde{\Gamma}_n$ に対して，そのトレース（対角成分の和）は 0 である．

【証明】　次のように具体的に計算して確かめることができる．

$$\begin{aligned}\mathrm{Tr}\tilde{\Gamma}_n&=\mathrm{Tr}[\tilde{\Gamma}_n(\tilde{\Gamma}_m)^2]=-\mathrm{Tr}[\tilde{\Gamma}_m\tilde{\Gamma}_n\tilde{\Gamma}_m]\\&=-\mathrm{Tr}[(\tilde{\Gamma}_m)^2\tilde{\Gamma}_n]=-\mathrm{Tr}\tilde{\Gamma}_n,\ \text{よって,}\ \mathrm{Tr}\tilde{\Gamma}_n=0\end{aligned}\tag{3.4}$$

ここで，2 番目から 3 番目の式変形は性質（4）を，3 番目から 4 番目の式変形はトレースの性質 $\mathrm{Tr}\,(ABC)=\mathrm{Tr}\,(CAB)$ を用いた．■

なお，■は証明終了を表す．以後も同様である．

（6） $\tilde{\Gamma}_n$ は1次独立である．つまり，$\sum_n a_n\tilde{\Gamma}_n = 0$ を満足するのは係数 a_n が全て0のときである．

【証明】 $\sum_n a_n\tilde{\Gamma}_n = 0$ とする．この両辺のトレースを取ることにより，$\mathrm{Tr}\left(\sum_n a_n\tilde{\Gamma}_n\right) = a_1 = 0$ が導かれる．また，$\tilde{\Gamma}_m (\neq \tilde{\Gamma}_1)$ を掛けてトレースを取ることにより，$\mathrm{Tr}\left(\sum_n a_n\tilde{\Gamma}_n\tilde{\Gamma}_m\right) = a_m = 0$ $(m = 2, 3, \cdots, 16)$ が導かれる．よって，a_n が全て0であることがわかる．■

（7） 任意の4行4列の行列 X は $\tilde{\Gamma}_n$ を用いて，

$$X = \sum_{n=1}^{16} x_n\tilde{\Gamma}_n \tag{3.5}$$

のように一意的に展開される．ここで，x_n は係数であり

$$x_n = \frac{1}{4}\mathrm{Tr}(\tilde{\Gamma}_n X) \tag{3.6}$$

となる．このような性質が成り立つのは，4行4列の行列の空間は16次元空間で16個の独立な元を用いて生成されることに起因する．

（8） 全ての $\gamma^\mu (\mu = 0, 1, 2, 3)$ と可換な行列は，4行4列の単位行列の定数倍に限る（**シューアの補題（Schur's lemma）**）．

【証明】 性質（7）より，任意の4行4列の行列 X は

$$X = \sum_{n=1}^{16} x_n\tilde{\Gamma}_n = x_m\tilde{\Gamma}_m + \sum_{l(\neq m)} x_l\tilde{\Gamma}_l \tag{3.7}$$

の形に展開される．ここで，$\tilde{\Gamma}_m$ は $\tilde{\Gamma}_1$ 以外の任意のものとする．$\tilde{\Gamma}_n$ は I および γ^μ の積で構成されているので，$[X, \gamma^\mu] = 0$ $(\mu = 0, 1, 2, 3)$ ならば，$[X, \tilde{\Gamma}_n] = 0$ が全ての $\tilde{\Gamma}_n$ に対して成立する．この性質と性質（1）を用いて $X = \tilde{\Gamma}_n X\tilde{\Gamma}_n$ が成り立つ．

また，(3.7) の両辺を $\tilde{\Gamma}_n$ で挟み，右辺の第1項に対しては性質（4）と右辺の第2項に対しては性質（3）を用いることにより，

$$\tilde{\Gamma}_n X\tilde{\Gamma}_n = x_m\tilde{\Gamma}_n\tilde{\Gamma}_m\tilde{\Gamma}_n + \sum_{l(\neq m)} x_l\tilde{\Gamma}_n\tilde{\Gamma}_l\tilde{\Gamma}_n = -x_m\tilde{\Gamma}_m + \sum_{l(\neq m)} (\pm)x_l\tilde{\Gamma}_l \tag{3.8}$$

が導かれる．さらに $X = \tilde{\Gamma}_n X \tilde{\Gamma}_n$ であり，かつ $\tilde{\Gamma}_n$ は互いに 1 次独立であるから，$x_m = 0\ (m \neq 1)$ である．つまり，$X = x_1 \tilde{\Gamma}_1 = x_1 I$ である．

よって，全ての $\gamma^\mu (\mu = 0, 1, 2, 3)$ と可換な行列は $\tilde{\Gamma}_1 = I$ に比例する．■

3.1.2　γ 行列に関する基本定理とその証明

【γ 行列に関する基本定理】

反交換関係

$$\{\gamma^\mu, \gamma^\nu\} = 2\eta^{\mu\nu}, \ \{\gamma'^\mu, \gamma'^\nu\} = 2\eta^{\mu\nu} \tag{3.9}$$

を満たす 2 種類の γ 行列 $\{\gamma^\mu\}$，$\{\gamma'^\mu\}$ は，特異ではない（行列式が 0 でない）4 行 4 列の行列 S による相似変換

$$\gamma'^\mu = S \gamma^\mu S^{-1} \tag{3.10}$$

で結ばれる．ここで，S は定数倍を除いて一意的に決まる．さらに $(\gamma^0)^\dagger = \gamma^0$，$(\gamma^i)^\dagger = -\gamma^i$ および $(\gamma'^0)^\dagger = \gamma'^0$，$(\gamma'^i)^\dagger = -\gamma'^i$ が成り立つならば，S がユニタリー行列になるように選ぶことができる．つまり，この場合は $\{\gamma^\mu\}$ と $\{\gamma'^\mu\}$ がユニタリー同値である．

以下でこの定理の証明を述べるが，その詳細に興味のある読者を除いて飛ばしても構わない．

【証明】 γ^μ から 16 個の $\tilde{\Gamma}_n$ を構成したのとまったく同じように，γ'^μ から $\tilde{\Gamma}'_n$ を構成すると，$\tilde{\Gamma}'_n$ も性質（1）〜（8）を有する．例えば，$\tilde{\Gamma}'_n \tilde{\Gamma}'_m = \xi_{nm} \tilde{\Gamma}'_l$ に現れる係数 ξ_{nm} は $\tilde{\Gamma}_n$ によるものと同じである．

$S = \sum_{n=1}^{16} \tilde{\Gamma}'_n F \tilde{\Gamma}_n$ であるような S について考える．この両辺に対して左から $\tilde{\Gamma}'_m$ を右から $\tilde{\Gamma}_m$ を掛けて，性質（1）と（2）を用いて右辺を変形することにより，

$$\begin{aligned}
\tilde{\Gamma}'_m S \tilde{\Gamma}_m &= \sum_{n=1}^{16} \tilde{\Gamma}'_m \tilde{\Gamma}'_n F \tilde{\Gamma}_n \tilde{\Gamma}_m = \sum_{n=1}^{16} \tilde{\Gamma}'^{-1}_m \tilde{\Gamma}'^{-1}_n F \tilde{\Gamma}_n \tilde{\Gamma}_m \\
&= \sum_{n=1}^{16} (\tilde{\Gamma}'_n \tilde{\Gamma}'_m)^{-1} F (\tilde{\Gamma}_n \tilde{\Gamma}_m) = \sum_{l=1}^{16} \xi_{nm}^{-1} \tilde{\Gamma}'_l F \xi_{nm} \tilde{\Gamma}_l \\
&= \sum_{l=1}^{16} \tilde{\Gamma}'_l F \tilde{\Gamma}_l = S
\end{aligned} \tag{3.11}$$

が導かれる．

$S = \sum_{n=1}^{16} \tilde{\Gamma}'_n F \tilde{\Gamma}_n$ に対して，$S \neq 0$ になるように F を選ぶことができるのは次のようにしてわかる．つまり，$F_{ab} = \delta_{aa'}\delta_{bb'}$ として S を求めると，

$$S_{ab} = \left(\sum_{n=1}^{16} \tilde{\Gamma}'_n F \tilde{\Gamma}_n\right)_{ab} = \sum_{n=1}^{16} (\tilde{\Gamma}'_n)_{aa'}(\tilde{\Gamma}_n)_{b'b} \tag{3.12}$$

となり，$S_{ab} = 0$ となるためには $\sum_{n=1}^{16} (\tilde{\Gamma}'_n)_{aa'}(\tilde{\Gamma}_n)_{b'b} = 0$ となる必要があるが，$\tilde{\Gamma}_n$ の 1 次独立性により 0 になることはない．よって，$S \neq 0$ となる F が必ず存在する．

次に $S' = \sum_{n=1}^{16} \tilde{\Gamma}_n F' \tilde{\Gamma}'_n$ について考える．S の場合と同様にして，

$$\tilde{\Gamma}_m S' \tilde{\Gamma}'_m = S' \tag{3.13}$$

が導かれる．この場合も，$S' \neq 0$ となる F' が必ず存在する．

(3.11) と (3.13) より，S と S' の積は

$$S'S = \tilde{\Gamma}_m S' \tilde{\Gamma}'_m \tilde{\Gamma}'_m S \tilde{\Gamma}_m = \tilde{\Gamma}_m S'S \tilde{\Gamma}_m \tag{3.14}$$

となり，これが全ての $\tilde{\Gamma}_m$ に対して成り立つので，性質 (8) より $S'S = aI$ (a は定数) が導かれる．ここで，$a \neq 0$ である．なぜならば，$a = 0$ とすると $S'S = S' \sum_{n=1}^{16} \tilde{\Gamma}'_n F \tilde{\Gamma}_n = 0$ が成り立ち，$F_{ab} = \delta_{aa'}\delta_{bb'}$ とすると，

$$\sum_{n=1}^{16} (S'\tilde{\Gamma}'_n)_{aa'}(\tilde{\Gamma}_n)_{b'b} = 0 \tag{3.15}$$

が得られることから，$\tilde{\Gamma}_n$ の 1 次独立性により $(S'\tilde{\Gamma}'_n)_{aa'} = 0$ が導かれるが，この関係は $S' \neq 0$ と矛盾するからである．よって，$a = 0$ という仮定が正しくなかったと結論づけられる．

$S'S = aI$ (a は 0 でない定数) より $S^{-1} = a^{-1}S'$ となり，$S' \neq 0$ より S^{-1} が存在する．したがって，(3.11) の両辺に対して左から $\tilde{\Gamma}'_m$ を右から S^{-1} を掛けることにより，

$$S\tilde{\Gamma}_m S^{-1} = \tilde{\Gamma}'_m \tag{3.16}$$

が導かれ，(3.10) が示された．

ここで上式を満たす S の一意性について調べる．まず，(3.10) を満たすような S として S_1 と S_2 が存在したとする．この場合，$S_1\gamma_\mu S_1^{-1} = S_2\gamma_\mu S_2^{-1}$ が成り立ち，この両辺に対して左から S_2^{-1} を右から S_1 を掛けることにより，

$$S_2^{-1}S_1\gamma_\mu = \gamma_\mu S_2^{-1}S_1 \tag{3.17}$$

が導かれ，性質（8）より $S_2^{-1}S_1 = a'I$ (a' は定数) となるので，$S_1 = a'S_2$ となり S は定数倍を除いて一意的に決まる．

S に関する定数倍の任意性より，$\det V = 1$ となる $V = (\det S)^{-\frac{1}{4}}S$ を用いて，

$$\gamma'^\mu = V\gamma^\mu V^{-1} \tag{3.18}$$

と表すことができる．ただし V に対して，全体にかかる係数として 1 か -1 か i か $-i$ を選ぶ任意性が残っている．(3.18) の両辺のエルミート共役を取ることで，

$$(\gamma'^\mu)^\dagger = (V^{-1})^\dagger(\gamma^\mu)^\dagger V^\dagger = (V^\dagger)^{-1}(\gamma^\mu)^\dagger V^\dagger \tag{3.19}$$

が導かれる．

$(\gamma^0)^\dagger = \gamma^0$，$(\gamma^i)^\dagger = -\gamma^i$ および $(\gamma'^0)^\dagger = \gamma'^0$，$(\gamma'^i)^\dagger = -\gamma'^i$ が成り立つならば，

$$\gamma'^\mu = (V^\dagger)^{-1}\gamma^\mu V^\dagger \tag{3.20}$$

となり，(3.18) と (3.20) より $V^\dagger V\gamma^\mu(V^\dagger V)^{-1} = \gamma^\mu$ が導かれ，性質（8）より $V^\dagger V = a''I$ (a'' は定数) となる．

$V^\dagger V$ の対角成分は

$$(V^\dagger V)_{aa} = \sum_b (V^\dagger)_{ab}(V)_{ba} = \sum_b (V^*)_{ba}(V)_{ba} \tag{3.21}$$

となるため非負の実数値を取り，さらに，$\det V = 1$ であるから $\det(V^\dagger V) = (\det V^{\mathrm{T}})^*\det V = |\det V|^2 = 1$ となり，$V^\dagger V = I$ となる．よって，V はユニタリー行列であることがわかる．■

γ 行列に関する基本定理から次のような補題が成り立つ．

【補題】 4 行 4 列のエルミート行列 $\{\alpha^i, \beta, \alpha'^i, \beta'\}$ が代数関係式

$$\alpha^i\alpha^j + \alpha^j\alpha^i = 2\delta^{ij}, \qquad \alpha^i\beta + \beta\alpha^i = 0, \qquad \beta^2 = 1 \tag{3.22}$$

$$\alpha'^i\alpha'^j + \alpha'^j\alpha'^i = 2\delta^{ij}, \qquad \alpha'^i\beta' + \beta'\alpha'^i = 0, \qquad \beta'^2 = 1 \tag{3.23}$$

を満たすとき，$\{\alpha^i, \beta\}$ と $\{\alpha'^i, \beta'\}$ はユニタリー同値である．ここで，波括弧は集合を表している．反交換関係と混同しないようにしてほしい．

3.2 双一次形式のローレンツ共変量

$\Gamma_n = \{\Gamma_S, \Gamma_V^{\mu}, \Gamma_T^{\mu\nu}, \Gamma_P, \Gamma_A^{\mu}\}$ を $\bar{\psi}(x)$ と $\psi(x)$ で挟むことにより，ローレンツ変換の下で共変な量（ローレンツ共変量）を次のように構成することができる．

第 2 章で考察したように，$\bar{\psi}(x)$ と $\psi(x)$ は本義ローレンツ変換の下で

$$\bar{\psi}'(x') = \bar{\psi}(x)\, e^{\frac{i}{4}\omega^{\mu\nu}\sigma_{\mu\nu}}, \qquad \psi'(x') = e^{-\frac{i}{4}\omega^{\mu\nu}\sigma_{\mu\nu}}\psi(x)$$

のように変換し，空間反転の下で

$$\bar{\psi}'(x') = \psi(x)\, P^{-1}, \qquad \psi'(x') = P\,\psi(x) \quad (P = e^{i\varphi_{\mathrm{P}}}\gamma_0)$$

のように変換する．ここで $\omega^{\mu\nu}$ は本義ローレンツ変換のパラメータ，$\sigma_{\mu\nu} = (i/2)[\gamma_\mu, \gamma_\nu]$，$e^{i\varphi_{\mathrm{P}}}$ は位相因子である．これらを用いて，以下のようなローレンツ共変量に関するローレンツ変換の下での変換性が理解できる．

（1） スカラー，$\bar{\psi}(x)\,\psi(x)$：ローレンツ不変量（(2.48) を参照）

$$\bar{\psi}(x)\,\psi(x) \quad\rightarrow\quad \bar{\psi}'(x')\,\psi'(x') = \bar{\psi}(x)\,\psi(x) \tag{3.24}$$

（2） ベクトル，$\bar{\psi}(x)\,\gamma^\mu\,\psi(x)$ ：（(2.49) と (2.57) を参照）

$$\bar{\psi}(x)\,\gamma^\mu\,\psi(x) \quad\rightarrow\quad \bar{\psi}'(x')\,\gamma^\mu\,\psi'(x') = \Lambda^\mu{}_\nu\,\bar{\psi}(x)\,\gamma^\nu\,\psi(x) \tag{3.25}$$

（3） 2 階のテンソル，$\bar{\psi}(x)\,\sigma^{\mu\nu}\,\psi(x)$

$$\bar{\psi}(x)\,\sigma^{\mu\nu}\,\psi(x) \quad\rightarrow\quad \bar{\psi}'(x')\,\sigma^{\mu\nu}\,\psi'(x') = \Lambda^\mu{}_\alpha\Lambda^\nu{}_\beta\,\bar{\psi}(x)\,\sigma^{\alpha\beta}\,\psi(x) \tag{3.26}$$

上式の変換性はローレンツ変換に関する条件式 (2.16) を用いて，$S^{-1}(\Lambda)\,\sigma^{\mu\nu}\,S(\Lambda) = \Lambda^\mu{}_\alpha\,\Lambda^\nu{}_\beta\,\sigma^{\alpha\beta}$ が成り立つことからわかる．

（4） 擬スカラー，$\bar{\psi}(x)\,\gamma_5\,\psi(x)$：本義ローレンツ不変量，空間反転の下で符号を変える．

$$\bar{\psi}(x)\,\gamma_5\,\psi(x) \quad\rightarrow\quad \bar{\psi}'(x')\,\gamma_5\,\psi'(x') = \det\Lambda\cdot\bar{\psi}(x)\,\gamma_5\,\psi(x) \tag{3.27}$$

実際，$e^{\frac{i}{4}\omega^{\mu\nu}\sigma_{\mu\nu}}\gamma_5\,e^{-\frac{i}{4}\omega^{\mu\nu}\sigma_{\mu\nu}} = \gamma_5$ なので，本義ローレンツ変換の下で不変である．また，$P^{-1}\gamma_5 P = -\gamma_5$ なので，空間反転の下で符号を変える．ローレンツ変換が空間反転を含む場合，$\det\Lambda = -1$ となるので，(3.27) が $\det\Lambda$ という因子を含む．

ここで，$[\gamma_5,\sigma_{\mu\nu}] = 0$ および $\gamma_0\gamma_5 = -\gamma_5\gamma_0$ を用いた．

（5） 擬ベクトル，$\bar{\psi}(x)\gamma_5\gamma^\mu\psi(x)$

$$\bar{\psi}(x)\,\gamma_5\gamma^\mu\,\psi(x) \quad\rightarrow\quad \bar{\psi}'(x')\,\gamma_5\gamma^\mu\,\psi'(x') = \det\Lambda\cdot\Lambda^\mu{}_\nu\,\bar{\psi}(x)\,\gamma_5\gamma^\nu\,\psi(x) \tag{3.28}$$

$e^{\frac{i}{4}\omega^{\mu\nu}\sigma_{\mu\nu}}\gamma_5\gamma^\mu\,e^{-\frac{i}{4}\omega^{\mu\nu}\sigma_{\mu\nu}} = (e^{\omega})^\mu{}_\nu\gamma_5\gamma^\nu$ が成り立つので，本義ローレンツ変換の下でベクトルの変換性を示す．一方，$P^{-1}\gamma_5\gamma^\mu P = -(\Lambda_{\rm S})^\mu{}_\nu\gamma_5\gamma^\nu$ が成り立つので，空間反転の下で負符号を伴い，(3.28) が $\det\Lambda$ という因子を含む．$(\Lambda_{\rm S})^\mu{}_\nu$ は (2.51) で定義された変換行列である．

3.3　カイラル表示

カイラル表示 (**chiral representation**)（または，**ワイル表示**）

$$\gamma^\mu = \begin{pmatrix} 0 & \sigma^\mu \\ \bar{\sigma}^\mu & 0 \end{pmatrix},\qquad \sigma^\mu \equiv (I,\boldsymbol{\sigma}),\qquad \bar{\sigma}^\mu \equiv (I,-\boldsymbol{\sigma}) \tag{3.29}$$

を用いると，質量 m の自由粒子に関するディラック方程式は

$$\begin{pmatrix} -mc & i\hbar\sigma^\mu\partial_\mu \\ i\hbar\bar{\sigma}^\mu\partial_\mu & -mc \end{pmatrix}\begin{pmatrix} \xi(x) \\ \eta(x) \end{pmatrix} = \begin{pmatrix} 0 \\ 0 \end{pmatrix} \tag{3.30}$$

すなわち，

$$i\hbar\bar{\sigma}^\mu\partial_\mu\,\xi(x) - mc\,\eta(x) = 0,\qquad i\hbar\sigma^\mu\partial_\mu\,\eta(x) - mc\,\xi(x) = 0 \tag{3.31}$$

と書き表される．ここで，$\xi(x)$, $\eta(x)$ はそれぞれ $\psi(x)$ における上の 2 成分，下の 2 成分である．

(3.29) を用いて $\sigma_{\mu\nu} = (i/2)\,[\gamma_\mu,\, \gamma_\nu]$ を計算すると，

$$\left.\begin{aligned} \sigma_{0i} &= i\gamma_0\gamma_i = -i\gamma^0\gamma^i = -i\begin{pmatrix} 0 & I \\ I & 0 \end{pmatrix}\begin{pmatrix} 0 & \sigma^i \\ -\sigma^i & 0 \end{pmatrix} \\ &= \begin{pmatrix} i\sigma^i & 0 \\ 0 & -i\sigma^i \end{pmatrix} \\ \sigma_{ij} &= i\gamma_i\gamma_j = i\gamma^i\gamma^j = i\begin{pmatrix} 0 & \sigma^i \\ -\sigma^i & 0 \end{pmatrix}\begin{pmatrix} 0 & \sigma^j \\ -\sigma^j & 0 \end{pmatrix} \\ &= i\begin{pmatrix} -\sigma^i\sigma^j & 0 \\ 0 & -\sigma^i\sigma^j \end{pmatrix} = \begin{pmatrix} \sum_{k=1}^{3}\varepsilon^{ijk}\sigma^k & 0 \\ 0 & \sum_{k=1}^{3}\varepsilon^{ijk}\sigma^k \end{pmatrix} \end{aligned}\right\} \tag{3.32}$$

となる．ローレンツブーストのパラメータ $\boldsymbol{\omega} = (\omega^{01},\, \omega^{02},\, \omega^{03})$，空間回転のパラメータ $\boldsymbol{\varphi} = (\varphi^1,\, \varphi^2,\, \varphi^3) = (-\omega^{23},\, -\omega^{31},\, -\omega^{12})$ $\left(\varphi^k = -\sum_{i,j=1}^{3}\frac{1}{2}\varepsilon^{ijk}\omega^{ij}\right)$ を用いて，本義ローレンツ変換の下での $\psi(x)$ に関する変換行列 $S(\Lambda)$ は

$$\begin{aligned} S(\Lambda) &= \exp\!\left(-\frac{i}{4}\omega^{\mu\nu}\sigma_{\mu\nu}\right) \\ &= \begin{pmatrix} \exp\!\left(i\boldsymbol{\varphi}\cdot\dfrac{\boldsymbol{\sigma}}{2} + \boldsymbol{\omega}\cdot\dfrac{\boldsymbol{\sigma}}{2}\right) & 0 \\ 0 & \exp\!\left(i\boldsymbol{\varphi}\cdot\dfrac{\boldsymbol{\sigma}}{2} - \boldsymbol{\omega}\cdot\dfrac{\boldsymbol{\sigma}}{2}\right) \end{pmatrix} \end{aligned} \tag{3.33}$$

と表され，表現空間が既約分解されることがわかる．$\xi(x)$ と $\eta(x)$ の本義ローレンツ変換性が異なることに注意してほしい

ここで，$\xi(x)$ と $\eta(x)$ はいずれも**ワイルフェルミオン**（**ワイルスピノル**），または**カイラルフェルミオン**，あるいは**ファンデルウェルデンスピノル**（**van der Waerden spinor**）とよばれる基本量である．空間反転 $P = \eta_{\mathrm{P}}\gamma_0$ により，$\xi(x)$ と $\eta(x)$ が入れかわるので，空間反転まで含めた変換に関しては

$\psi(x)$ が既約である．

$\psi(x)$ は**ディラックスピノル**とよばれている．スピノルのローレンツ変換性に関しては，付録 D.2 節および付録 E.2 節を参照，また，スピノルの性質に関しては付録 E および付録 F を参照してほしい．

(3.31) からわかるように，質量が 0 の場合，$\xi(x)$ と $\eta(x)$ は独立に振舞い**ワイル方程式**に従う．具体的には，$\xi(x)$ が従うワイル方程式は

$$i\hbar\bar{\sigma}^{\mu}\partial_{\mu}\xi(x) = 0 \tag{3.34}$$

である．

(3.34) を満たすワイルフェルミオンは，**ヘリシティ** (helicity) $\hat{\lambda} \equiv \boldsymbol{S}\cdot\boldsymbol{p}/|\boldsymbol{p}|$ の固有状態でその固有値 λ は $-\hbar/2$ である．このことは，(3.34) に対して $\boldsymbol{S} = \hbar\boldsymbol{\sigma}/2$ と $p_0 = |\boldsymbol{p}|$ を用いて，

$$i\hbar\bar{\sigma}^{\mu}\partial_{\mu} \quad \Rightarrow \quad \bar{\sigma}^{\mu}p_{\mu} = p_0 + \boldsymbol{\sigma}\cdot\boldsymbol{p} = \frac{2p_0}{\hbar}\left(\frac{\hbar}{2} + \frac{\boldsymbol{S}\cdot\boldsymbol{p}}{|\boldsymbol{p}|}\right)$$

から理解できる．この状態はスピン $\boldsymbol{S}$ の方向と運動方向が反平行であることを意味し，**左巻き (左手型) の状態**とよばれている．詳しくは図 3.1 を参照してほしい．

質量 0 の粒子は真空中を光速で移動するため，ローレンツブーストにより，その粒子の移動する方向が逆転して見えるような座標系に移ることはできない．つまり，**ワイルフェルミオンのヘリシティは本義ローレンツ変換の下で**

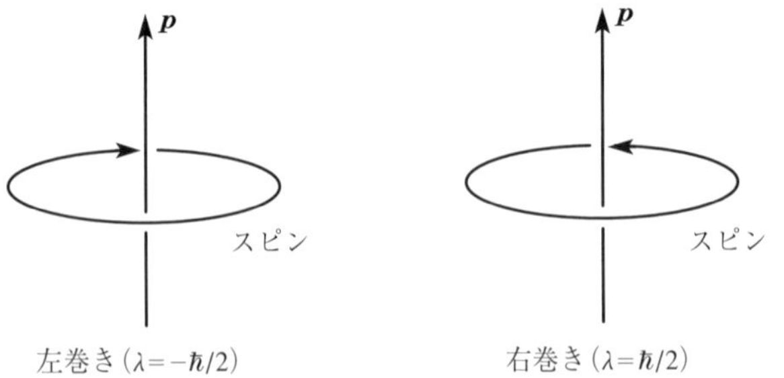

図 3.1　ワイルフェルミオンのヘリシティ

不変である． また，左巻きの状態に対して空間反転を行うと，スピンの方向と運動方向が平行である**右巻き（右手型）の状態**（$\lambda = \hbar/2$ の状態）に移る．よって，ワイルフェルミオンが単独で存在する場合，空間反転の下での不変性が成立しない．

右巻きの状態 $\eta(x)$ が従うワイル方程式は

$$i\hbar\sigma^{\mu}\partial_{\mu}\eta(x) = 0 \tag{3.35}$$

である．$\gamma_5 \equiv i\gamma^0\gamma^1\gamma^2\gamma^3$ は**カイラリティ（chirality）**とよばれ，カイラル表示において，

$$\gamma_5 = \begin{pmatrix} -I & 0 \\ 0 & I \end{pmatrix} \tag{3.36}$$

で与えられる．次で定義される状態 ψ_{L}，ψ_{R} は，それぞれ γ_5 の固有値 -1，1 の固有状態になる．

$$\psi_{\mathrm{L}} \equiv \frac{1-\gamma_5}{2}\psi = \begin{pmatrix} \xi(x) \\ 0 \end{pmatrix}, \qquad \psi_{\mathrm{R}} \equiv \frac{1+\gamma_5}{2}\psi = \begin{pmatrix} 0 \\ \eta(x) \end{pmatrix} \tag{3.37}$$

よって，質量 0 の粒子に関しては，ヘリシティの固有状態とカイラリティの固有状態は同一である． ワイルフェルミオンはカイラリティの固有状態である．

電子の誕生

ビッグバンから約 38 万年後，原子核が電子を取り込むことにより原子が誕生し，光が直進する状態（宇宙の晴れ上がり）になったことが，宇宙背景放射の観測から確かめられている．これは物質の進化の一例である．

次に，原子の構成要素である電子に注目しよう．電子はディラックスピノルで記

述される．ディラックスピノルは，本義ローレンツ変換の下で2つのワイルスピノルに既約分解される．2つのワイルスピノルからディラックスピノルを構成できるので，ワイルスピノルの方が数学的に基本的であると考えられる．さらに想像を膨らませると，ワイルスピノルの方が物理的にも基本的であるという次のような着想に行き着く．

最初に（宇宙初期には），物質を構成する粒子の元となるような幾種類かのワイルスピノルがあった．ワイルスピノルの質量は0なので，光と同じ速さで走っていた．その後，何らかの機構により（ある種の相転移に伴い），その内の2つずつが組となって質量を有するディラックスピノルを構成し，ディラック粒子たちが生まれた．その内の1つが電子である．

実際に素粒子の標準模型は，このような着想を含む理論になっている．

第4章 ディラック方程式の解

負エネルギー解に関する洞察を深めるために，自由粒子に関する解の性質について考察する．さらに，負エネルギー解に起因するパラドックスについて紹介する．

4.1 ディラック方程式の再導出

4.1.1 ローレンツブーストとディラック方程式

まず，静止した自由粒子解に対して，ローレンツブーストを行うことによりディラック方程式を再導出する．静止している質量 m，スピン 1/2 の自由粒子は $E = mc^2$ のエネルギーを有し，$u^r(0)\, e^{-\frac{i}{\hbar}mc^2 t}$ で記述される．ここで，$u^r(0)$ $(r = 1, 2)$ は ($\boldsymbol{p} = \boldsymbol{0}$ である) 2 成分の波動関数で，

$$u^1(0) = \begin{pmatrix} 1 \\ 0 \end{pmatrix}, \qquad u^2(0) = \begin{pmatrix} 0 \\ 1 \end{pmatrix} \tag{4.1}$$

で与えられ，それぞれスピンの z 成分 $S_z = \hbar\sigma_z/2$ に関する固有値 $\hbar/2, -\hbar/2$ の固有状態である．

さらに，負エネルギー解を加えることにより，S_z の固有状態として 4 つの状態

$$\psi^s(x) = w^s(0)\, e^{-\frac{i}{\hbar}\varepsilon_s mc^2 t} \quad (s = 1, 2, 3, 4) \tag{4.2}$$

を構成することができる．ここで，ε_s は

$$\varepsilon_1 = \varepsilon_2 = +1, \qquad \varepsilon_3 = \varepsilon_4 = -1 \tag{4.3}$$

である．また，$w^s(0)$ は 4 成分の波動関数

$$w^1(0) = \begin{pmatrix} 1 \\ 0 \\ 0 \\ 0 \end{pmatrix}, \qquad w^2(0) = \begin{pmatrix} 0 \\ 1 \\ 0 \\ 0 \end{pmatrix}, \qquad w^3(0) = \begin{pmatrix} 0 \\ 0 \\ 1 \\ 0 \end{pmatrix}, \qquad w^4(0) = \begin{pmatrix} 0 \\ 0 \\ 0 \\ 1 \end{pmatrix} \tag{4.4}$$

である．$s = 3, 4$ が負エネルギー解で，それぞれ S_z に関する固有値 $\hbar/2$，$-\hbar/2$ の固有状態である．$w^s(0)$ の従う方程式は

$$\gamma_0\, w^s(0) = \varepsilon_s\, w^s(0), \qquad \gamma_0 = \begin{pmatrix} I & 0 \\ 0 & -I \end{pmatrix} \tag{4.5}$$

である．この節ではディラック表示 (1.34)，(2.4) を用いる．

粒子が静止して見える慣性系 $\mathrm{I_O}$（その座標を x_{O}^{μ} とする）に対して，速度 $-\boldsymbol{v}$ で等速直線運動している座標系 I（その座標を x^μ とする）に基づいて粒子の運動を考察しよう（ここで，図 4.1 を参照せよ）．I から見ると，粒子は速度 $\boldsymbol{v}$ $(= v\boldsymbol{n})$ で等速直線運動している．なお，v は粒子の速さ，$\boldsymbol{n}$ は粒子の運動方向を表す単位ベクトルである．

ローレンツブーストにより，固有状態 (4.2) は

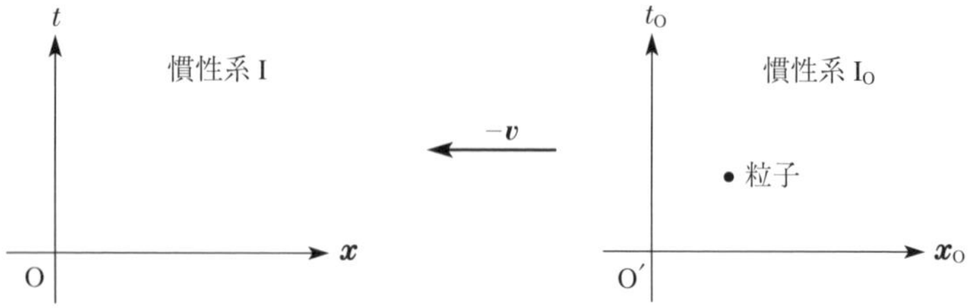

図 4.1　慣性系 $\mathrm{I_O}$ と I の間の関係

$$\psi^s(x) = w^s(\boldsymbol{p})e^{-\frac{i}{\hbar}\varepsilon_s p_\mu x^\mu}, \qquad w^s(\boldsymbol{p}) = S(\Lambda)w^s(0) \qquad (4.6)$$

に移る．ここで，$S(\Lambda)$はスピノルに対する変換行列で，変換のパラメータは粒子の速度と関係するので p_μ の関数である．この $\psi^s(x)$ が満たす方程式を求めることが目標となる．

(4.5)の両辺に左から$S(\Lambda)$を作用させると，

$$S(\Lambda)\,\gamma_0 S^{-1}(\Lambda)\,S(\Lambda)\,w^s(0) = \varepsilon_s S(\Lambda)w^s(0) \qquad (4.7)$$

となる．$\Gamma(p_\mu) \equiv S(\Lambda)\,\gamma_0 S^{-1}(\Lambda)$ とすると，(4.7) より $w^s(\boldsymbol{p}) = S(\Lambda)$ $w^s(0)$ の満たす方程式は

$$[\Gamma(p_\mu) - \varepsilon_s]w^s(\boldsymbol{p}) = 0$$

と書き表される．$\hat{p}_\mu = i\hbar\partial_\mu$ であるから，$\psi^s(x)$ が満たす方程式は

$$[\Gamma(\varepsilon_s i\hbar\partial_\mu) - \varepsilon_s]\psi^s(x) = 0$$

と書き表され，これが自由粒子に関するディラック方程式に相当すると予想される．以下で，$\Gamma(p_\mu)$ の具体形を求めてこの予想を確かめよう．

【ディラック方程式の導出】　波動関数に関するローレンツ変換は，(2.26) で定義された $S(\Lambda)$ により行われる．$\boldsymbol{\omega} = \omega\boldsymbol{n} = (\omega^{01}, \omega^{02}, \omega^{03})$ (ω はローレンツ角）と表現行列 σ_{0i}

$$\sigma_{0i} = \frac{i}{2}[\gamma_0, \gamma_i] = i\gamma_0\gamma_i = i\alpha_i = -i\alpha^i \qquad (4.8)$$

を用いると，

$$S(\Lambda) = \exp\left(-\frac{i}{4}\omega^{\mu\nu}\sigma_{\mu\nu}\right) = \exp\left(-\frac{1}{2}\sum_{i=1}^{3}\omega^{0i}\alpha^i\right) = e^{-\frac{1}{2}\boldsymbol{\omega}\cdot\boldsymbol{\alpha}} = e^{-\frac{\omega}{2}\boldsymbol{n}\cdot\boldsymbol{\alpha}} \qquad (4.9)$$

となる．2 番目から 3 番目の式変形において，$\omega^{\mu\nu}\sigma_{\mu\nu} = \sum_{i=1}^{3}(\omega^{0i}\sigma_{0i} + \omega^{i0}\sigma_{i0}) = -2i\sum_{i=1}^{3}\omega^{0i}\alpha^i$ を用いた．ω と $\beta \equiv v/c$ の間には（慣性系 $\mathrm{I_O}$ から慣性系 I へは速度

$-\boldsymbol{v}$ によるローレンツブーストで移り変われるから，(2.30) で β の符号を変えた関係式）

$$\tanh\omega = -\beta, \qquad \cosh\omega = \frac{1}{\sqrt{1-\beta^2}}, \qquad \sinh\omega = \frac{-\beta}{\sqrt{1-\beta^2}} \tag{4.10}$$

が成り立つ．

よって，

$$\begin{aligned} S(\Lambda) &= e^{-\frac{\omega}{2}\boldsymbol{n}\cdot\boldsymbol{\alpha}} = \cosh\frac{\omega}{2} - \boldsymbol{n}\cdot\boldsymbol{\alpha}\sinh\frac{\omega}{2} \\ &= \begin{pmatrix} \cosh\frac{\omega}{2} & -\boldsymbol{n}\cdot\boldsymbol{\sigma}\sinh\frac{\omega}{2} \\ -\boldsymbol{n}\cdot\boldsymbol{\sigma}\sinh\frac{\omega}{2} & \cosh\frac{\omega}{2} \end{pmatrix} \\ &= \cosh\frac{\omega}{2}\begin{pmatrix} I & -\boldsymbol{n}\cdot\boldsymbol{\sigma}\tanh\frac{\omega}{2} \\ -\boldsymbol{n}\cdot\boldsymbol{\sigma}\tanh\frac{\omega}{2} & I \end{pmatrix} \\ &= \sqrt{\frac{E+mc^2}{2mc^2}}\begin{pmatrix} I & \frac{c\boldsymbol{p}\cdot\boldsymbol{\sigma}}{E+mc^2} \\ \frac{c\boldsymbol{p}\cdot\boldsymbol{\sigma}}{E+mc^2} & I \end{pmatrix} \end{aligned} \tag{4.11}$$

となる．ここで $\boldsymbol{p} = p\boldsymbol{n}$ である．

また $E > 0$ として，$\tanh\omega/2$ および $\cosh\omega/2$ に関する公式

$$\tanh\frac{\omega}{2} = \frac{\sinh\omega}{\cosh\omega + 1} = \frac{-\dfrac{\beta}{\sqrt{1-\beta^2}}}{\dfrac{1}{\sqrt{1-\beta^2}} + 1} = \frac{-\dfrac{mc^2\beta}{\sqrt{1-\beta^2}}}{\dfrac{mc^2}{\sqrt{1-\beta^2}} + mc^2} = \frac{-pc}{E+mc^2} \tag{4.12}$$

$$\cosh\frac{\omega}{2} = \frac{1}{\sqrt{1-\tanh^2\frac{\omega}{2}}} = \sqrt{\frac{E+mc^2}{2mc^2}} \tag{4.13}$$

を用いた．ちなみに，$S^{-1}(\Lambda)$ は

$$S^{-1}(\Lambda) = \sqrt{\frac{E+mc^2}{2mc^2}}\begin{pmatrix} I & -\frac{c\boldsymbol{p}\cdot\boldsymbol{\sigma}}{E+mc^2} \\ -\frac{c\boldsymbol{p}\cdot\boldsymbol{\sigma}}{E+mc^2} & I \end{pmatrix} \tag{4.14}$$

である．

(4.11)と(4.14)を用いて，$S(\Lambda)\,\gamma_0 S^{-1}(\Lambda)$ は

$$
\begin{aligned}
&S(\Lambda)\,\gamma_0\,S^{-1}(\Lambda)\\
&=\frac{E+mc^2}{2mc^2}\begin{pmatrix} I & \dfrac{c\boldsymbol{p}\cdot\boldsymbol{\sigma}}{E+mc^2} \\ \dfrac{c\boldsymbol{p}\cdot\boldsymbol{\sigma}}{E+mc^2} & I \end{pmatrix}\begin{pmatrix} I & 0 \\ 0 & -I \end{pmatrix}\begin{pmatrix} I & -\dfrac{c\boldsymbol{p}\cdot\boldsymbol{\sigma}}{E+mc^2} \\ -\dfrac{c\boldsymbol{p}\cdot\boldsymbol{\sigma}}{E+mc^2} & I \end{pmatrix}\\
&=\frac{1}{mc^2}\begin{pmatrix} E & -c\boldsymbol{p}\cdot\boldsymbol{\sigma} \\ c\boldsymbol{p}\cdot\boldsymbol{\sigma} & -E \end{pmatrix}=\frac{1}{mc}\gamma^\mu p_\mu=\frac{1}{mc}\not{p}
\end{aligned}
\tag{4.15}
$$

と変形される．ここで $p_\mu=(E/c,\,-\boldsymbol{p})$ で，γ^μ に関してはディラック表示(2.4)を用いた．最後の表式で $\gamma^\mu p_\mu$ を $\not{p}$ と記した．†

よって，$w^s(\boldsymbol{p})=S(\Lambda)\,w^s(0)$ が満たす方程式は (4.7) と (4.15) を用いて，

$$
(\not{p}-\varepsilon_s mc)\,w^s(\boldsymbol{p})=0,\quad \text{あるいは，}\quad (\varepsilon_s\not{p}-mc)\,w^s(\boldsymbol{p})=0
\tag{4.16}
$$

と書き表される．

波動関数 $\psi^s(x)=w^s(\boldsymbol{p})\,e^{-i\varepsilon_s p_\mu x^\mu/\hbar}$ は方程式

$$
(i\hbar\not{\partial}-mc)\,\psi(x)=0 \tag{4.17}
$$

を満たし，このようにして，自由粒子に関するディラック方程式 (2.1) が導出された．ここで $\not{\partial}\equiv\gamma^\mu\partial_\mu$ である．(導出終了)

4.1.2 自由粒子解の性質

$w^s(\boldsymbol{p}), w^{s\dagger}(\boldsymbol{p}), \bar{w}^s(\boldsymbol{p})\equiv w^{s\dagger}(\boldsymbol{p})\gamma_0\,(=w^{s\dagger}(0)S^\dagger(\Lambda)\gamma_0=w^{s\dagger}(0)\gamma_0\gamma_0 S^\dagger(\Lambda)\gamma_0$
$=\bar{w}^s(0)S^{-1}(\Lambda))$ は次のような性質を有する．

(1) 運動量空間におけるディラック方程式

$$
(\not{p}-\varepsilon_s mc)\,w^s(\boldsymbol{p})=0,\qquad \bar{w}^s(\boldsymbol{p})\,(\not{p}-\varepsilon_s mc)=0 \tag{4.18}
$$

---

† 一般に，γ^μ と4元ベクトル a_μ の内積 $\gamma^\mu a_\mu(=\gamma_\mu a^\mu)$ は $\not{a}$ と表記される場合がある．このような表記法はファインマン(Feynman)により導入されたもので，$\not{p}$ はピースラッシュ，$\not{a}$ はエースラッシュのように発音する．本書でも必要に応じて，この表記法を使用する．

(4.18)の第2式は，第1式のエルミート共役に右から γ_0 を掛けることにより導くことができる．

（2） 直交性と規格化条件

$$\bar{w}^s(\boldsymbol{p})\,w^{s'}(\boldsymbol{p}) = \varepsilon_s \delta_{ss'} \tag{4.19}$$

上の関係式は

$$\begin{aligned}\bar{w}^s(\boldsymbol{p})\,w^{s'}(\boldsymbol{p}) &= \bar{w}^s(\mathbf{0})S^{-1}(\Lambda)S(\Lambda)\,w^{s'}(\mathbf{0}) = \bar{w}^s(\mathbf{0})\,w^{s'}(\mathbf{0}) \\ &= w^{s\dagger}(\mathbf{0})\,\gamma_0 w^{s'}(\mathbf{0}) = \varepsilon_s\delta_{ss'}\end{aligned} \tag{4.20}$$

のようにして示される．この関係から，ローレンツ変換の下で $\bar{w}^s(\boldsymbol{p})\,w^s(\boldsymbol{p})$ が不変量であることがわかる．

（3） 完全性

$$\sum_{s=1}^{4} \varepsilon_s\, w_\alpha^s(\boldsymbol{p})\; \bar{w}_\beta^s\,(\boldsymbol{p}) = \delta_{\alpha\beta} \tag{4.21}$$

上の関係式は

$$\begin{aligned}\sum_{s=1}^{4} \varepsilon_s\, w_\alpha^s(\boldsymbol{p})\; \bar{w}_\beta^s(\boldsymbol{p}) &= \sum_{s=1}^{4} \sum_{\alpha',\,\beta'} \varepsilon_s\, S(\Lambda)_{\alpha\alpha'}\, w_{\alpha'}^s(\mathbf{0})\; \bar{w}_{\beta'}^s(\mathbf{0}) S(\Lambda)^{-1}_{\beta'\beta} \\ &= \sum_{\alpha',\,\beta'} S(\Lambda)_{\alpha\alpha'}\, \delta_{\alpha'\beta'}\, S(\Lambda)^{-1}_{\beta'\beta} = \delta_{\alpha\beta}\end{aligned} \tag{4.22}$$

のようにして示される．

（4） 確率密度に関する関係式

$$w^{s\dagger}(\varepsilon_s\boldsymbol{p})\; w^{s'}(\varepsilon_{s'}\boldsymbol{p}) = \frac{E}{mc^2}\,\delta_{ss'} \tag{4.23}$$

上の関係式は

$$\begin{aligned}w^{s\dagger}(\varepsilon_s\boldsymbol{p})\; w^{s'}(\varepsilon_{s'}\boldsymbol{p}) &= \bar{w}^s(\varepsilon_s\boldsymbol{p})\;\gamma_0\; w^{s'}(\varepsilon_{s'}\boldsymbol{p}) \\ &= \bar{w}^s(\varepsilon_s\boldsymbol{p})\,\frac{1}{2}\left(\frac{\tilde{p}\!\!\!/\gamma_0}{\varepsilon_s mc} + \frac{\gamma_0\tilde{p}\!\!\!/'}{\varepsilon_{s'} mc}\right) w^{s'}(\varepsilon_{s'}\boldsymbol{p}) = \frac{E}{mc^2}\,\delta_{ss'}\end{aligned} \tag{4.24}$$

のようにして示される．ここで (4.16) および (4.18) を用い，$\tilde{p}^\mu \equiv$

$(p^0, \varepsilon_s \boldsymbol{p})$，$\tilde{p}'^{\mu} \equiv (p^0, \varepsilon_{s'} \boldsymbol{p})$ である．(4.23)から，確率密度は4元ベクトルの時間成分（第0成分）に相当することがわかる．また，正エネルギー解と負エネルギー解の間で $\psi^{s\dagger}(x)\psi^{s'}(x) = 0$ が成り立つ．ここで，$s = 1, 2, s' = 3, 4$ あるいは $s = 3, 4, s' = 1, 2$ である．

4.1.3　スピン状態

次にスピンについて考察しよう．静止系でスピンの向きが $\boldsymbol{s}$ の方向に向いた状態 w は，(2.41) の $\boldsymbol{\Sigma}$ を用いて

$$(\boldsymbol{s} \cdot \boldsymbol{\Sigma}) w = w \tag{4.25}$$

で定義される．ここで，$\boldsymbol{s}$ はスピン状態を指定する単位ベクトルで，$\boldsymbol{s}$ 方向を軸とする角度 φ の回転を引き起こす演算子は $S(\boldsymbol{\varphi})_{\mathrm{R}} = \exp(i\varphi \boldsymbol{s} \cdot \boldsymbol{\Sigma}/2)$ である（詳しくは (2.42) を参照せよ）．

4元運動量 p^μ，スピン状態 s^μ を有する正エネルギー解のディラックスピノル（以後，単にスピノルとよぶことにする）を $u(p, s)$ と表記しよう．$u(p, s)$ の s は s^μ を表す．$w^s(\boldsymbol{p})$ の添字の s と混同しないようにせよ．$u(p, s)$ は方程式 $(\not{p} - mc)\, u(p, s) = 0$ を満たす．

静止系で $p_0^\mu = (mc, \boldsymbol{0})$ となり，スピン状態は $s_0^\mu = (0, \boldsymbol{s})$ を用いて

$$(\boldsymbol{s} \cdot \boldsymbol{\Sigma})\, u(p_0, s_0) = u(p_0, s_0) \tag{4.26}$$

で指定される．以前と同様，簡単のため u の変数 p_0^μ，s_0^μ をそれぞれ p_0，s_0 と記した．任意の慣性系は静止系とローレンツ変換で結ばれているので，$p^\mu = \Lambda^\mu{}_\nu\, p_0^\nu$，$s^\mu = \Lambda^\mu{}_\nu\, s_0^\nu$ が成り立つ．また，ローレンツ不変性より $p^\mu p_\mu = p_0^\mu p_{0\mu} = m^2 c^2$，$s^\mu s_\mu = s_0^\mu s_{0\mu} = -1$，$p^\mu s_\mu = p_0^\mu s_{0\mu} = 0$ が成り立つ．

同様にして，負エネルギー解を $v(p, s)$ と表記しよう．$v(p, s)$ は方程式 $(\not{p} + mc)\, v(p, s) = 0$ を満たす．スピン状態に関しては，静止系で

$$(\boldsymbol{s} \cdot \boldsymbol{\Sigma})\, v(p_0, s_0) = -v(p_0, s_0) \tag{4.27}$$

のように選ぶ（(4.27) の右辺に負の符号があることに注意せよ）．

$w^s(\boldsymbol{p})$ と $u(p, s)$，$v(p, s)$ の間には，

$$w^1(\boldsymbol{p}) = u(p, u_z), \qquad w^2(\boldsymbol{p}) = u(p, -u_z) \tag{4.28}$$

$$w^3(\boldsymbol{p}) = v(p, -u_z), \qquad w^4(\boldsymbol{p}) = v(p, u_z) \tag{4.29}$$

が成り立つ．ここで，u_z は4元ベクトル u_z^μ を略記したもので，静止系での4元ベクトル $u_{0z}^\mu = (0, \boldsymbol{u}_{0z}) = (0, 0, 0, 1)$ と $u_z^\mu = \Lambda^\mu{}_\nu u_{0z}^\nu$ という関係がある．$u(p, -s)$ $(v(p, -s))$ は，$u(p, s)$ $(v(p, s))$ とスピンの向きが逆の状態を表す．

このように自由粒子に関する状態は，4元運動量 p^μ とスピン状態を表す4元ベクトル s^μ で指定されることがわかった！

4.2　エネルギーとスピンに関する射影演算子

前の節で，自由粒子に関する状態は p^μ と s^μ で指定されることを見た．**ローレンツ共変性を保ったまま，任意の状態から状態 $w^s(\boldsymbol{p})$ を取り出す操作があれば，それを用いて，変換された状態の性質を理解したり物理量の計算を見通しよく実行したりできると期待される．**このような操作を実現する演算子 $P_s(\boldsymbol{p}) \equiv P_s(p, u_z, \varepsilon)$ を求めよう．ここで，$P_s(\boldsymbol{p})$ は射影演算子で，

$$P_s(\boldsymbol{p})\, w^{s'}(\boldsymbol{p}) = \delta_{ss'}\, w^{s'}(\boldsymbol{p}), \qquad P_s(\boldsymbol{p})\, P_{s'}(\boldsymbol{p}) = \delta_{ss'}\, P_s(\boldsymbol{p}) \tag{4.30}$$

を満たす．エネルギーとスピンは独立な物理量なので，$P_s(\boldsymbol{p})$ はエネルギーに関する射影演算子とスピンに関する射影演算子の積の形で与えられる．

(4.16)より，正エネルギー解は $\not{p} w^s(\boldsymbol{p}) = mcw^s(\boldsymbol{p})$ $(s = 1, 2)$ を満たし，負エネルギー解は $-\not{p} w^s(\boldsymbol{p}) = mcw^s(\boldsymbol{p})$ $(s = 3, 4)$ を満たす．よって，

$$\left.\begin{aligned} \frac{\not{p} + mc}{2mc} w^s(\boldsymbol{p}) &= w^s(\boldsymbol{p}) \qquad (s = 1, 2) \\ \frac{-\not{p} + mc}{2mc} w^s(\boldsymbol{p}) &= w^s(\boldsymbol{p}) \qquad (s = 3, 4) \end{aligned}\right\} \tag{4.31}$$

が成り立ち，正(負)エネルギー解を取り出す射影演算子 $\Lambda_+(p)$ $(\Lambda_-(p))$ は

$$\Lambda_\pm(p) = \frac{\pm \not{p} + mc}{2mc} \tag{4.32}$$

で与えられる．実際に

$$\begin{aligned}\Lambda_a(p)\,\Lambda_{a'}(p) &= \frac{\varepsilon_a \not{p} + mc}{2mc}\frac{\varepsilon_{a'} \not{p} + mc}{2mc}\\ &= \frac{m^2c^2(1+\varepsilon_a\varepsilon_{a'}) + mc\not{p}(\varepsilon_a + \varepsilon_{a'})}{4m^2c^2} = \left(\frac{1+\varepsilon_a\varepsilon_{a'}}{2}\right)\Lambda_a(p)\end{aligned} \tag{4.33}$$

となるので，これより，

$$\Lambda_\pm^2(p) = \Lambda_\pm(p), \qquad \Lambda_\pm(p)\,\Lambda_\mp(p) = 0 \tag{4.34}$$

が成り立つ．

ここで，a，a' は $+$ あるいは $-$ で $\varepsilon_\pm = \pm 1$ である．(4.33)の式変形において，$\not{p}^2 = m^2c^2$ および $\varepsilon_a + \varepsilon_{a'} = \varepsilon_a(1 + \varepsilon_a\varepsilon_{a'})$ を用いた．また,次のような

$$\Lambda_+(p) + \Lambda_-(p) = I \tag{4.35}$$

という関係が成り立つ．

次に，スピン状態を取り出す射影演算子について考察する．量子力学で学んだようにスピンの方向を z 軸に選んだ場合，スピン上向き，下向きを取り出す演算子はそれぞれ $P_+ = (1+\sigma_z)/2$，$P_- = (1-\sigma_z)/2$ で与えられる．z 軸方向の単位ベクトル $\boldsymbol{u}_{0z} = (0, 0, 1)$ を用いて，P_+，P_- はそれぞれ

$$P_+ = \frac{1+\boldsymbol{\sigma}\cdot\boldsymbol{u}_{0z}}{2}, \qquad P_- = \frac{1-\boldsymbol{\sigma}\cdot\boldsymbol{u}_{0z}}{2} \tag{4.36}$$

と表すことができる．

ローレンツ共変な形のものを求めるために，関係式

$$\begin{aligned}\gamma_5\gamma_3\gamma_0 &= \begin{pmatrix} 0 & I \\ I & 0 \end{pmatrix}\begin{pmatrix} 0 & -\sigma_z \\ \sigma_z & 0 \end{pmatrix}\begin{pmatrix} I & 0 \\ 0 & -I \end{pmatrix} = \begin{pmatrix} \sigma_z & 0 \\ 0 & \sigma_z \end{pmatrix}\\ &= \sigma_z \otimes I\end{aligned} \tag{4.37}$$

に着目する．ここで I は 2 行 2 列の単位行列である．

$\gamma_5\gamma_3\gamma_0$ は $u^\mu_{\mathrm{O}z} = (0, \boldsymbol{u}_{\mathrm{O}z}) = (0, 0, 0, 1)$ を用いて，

$$\gamma_5\gamma_3\gamma_0 = \gamma_5\gamma_\mu u^\mu_{\mathrm{O}z}\gamma_0 = \gamma_5 \not{u}_{\mathrm{O}z}\gamma_0 \tag{4.38}$$

と書き表される．ここで $\not{u}_{\mathrm{O}z} \equiv \gamma_\mu u^\mu_{\mathrm{O}z}$ である．γ_0 はあらかじめスピノルに作用していると考えると，ローレンツ共変な射影演算子（の候補）は

$$\Sigma(u_z) \equiv \frac{1+\gamma_5\not{u}_z}{2} \tag{4.39}$$

である．ここで，$\not{u}_z \equiv \gamma_\mu u^\mu_z$，$u^\mu_z = \Lambda^\mu{}_\nu u^\nu_{\mathrm{O}z}$ である．

あるいは，$p^\mu s_\mu = 0$ を満たす一般的なスピン状態 s_μ に対する射影演算子は，以下のように定義される．

$$\Sigma(s) \equiv \frac{1+\gamma_5\not{s}}{2} \tag{4.40}$$

ここで $\not{s} \equiv \gamma_\mu s^\mu$ である．静止系において，

$$\begin{aligned}\Sigma(u_{\mathrm{O}z})\,w^1(0) &= \frac{1+\gamma_5\not{u}_{\mathrm{O}z}}{2}w^1(0) = \frac{1+\sigma_z}{2}w^1(0)\\ &= w^1(0)\end{aligned} \tag{4.41}$$

$$\begin{aligned}\Sigma(-u_{\mathrm{O}z})\,w^2(0) &= \frac{1-\gamma_5\not{u}_{\mathrm{O}z}}{2}w^2(0) = \frac{1-\sigma_z}{2}w^2(0)\\ &= w^2(0)\end{aligned} \tag{4.42}$$

$$\begin{aligned}\Sigma(-u_{\mathrm{O}z})\,w^3(0) &= \frac{1-\gamma_5\not{u}_{\mathrm{O}z}}{2}w^3(0) = \frac{1+\gamma_5\not{u}_{\mathrm{O}z}\gamma_0}{2}w^3(0)\\ &= \frac{1+\sigma_z}{2}w^3(0) = w^3(0)\end{aligned} \tag{4.43}$$

$$\begin{aligned}\Sigma(u_{\mathrm{O}z})\,w^4(0) &= \frac{1+\gamma_5\not{u}_{\mathrm{O}z}}{2}w^4(0) = \frac{1-\gamma_5\not{u}_{\mathrm{O}z}\gamma_0}{2}w^4(0)\\ &= \frac{1-\sigma_z}{2}w^4(0) = w^4(0)\end{aligned} \tag{4.44}$$

が成り立ち，$\Sigma(u_z)$ が射影演算子として機能していること，および負エネル

ギー解のスピン状態を (4.27) のように選んだことと両立していることがわかる．上式において，簡単のため $\sigma_z \otimes I$ を σ_z と記した．

スピノル u および v を用いると，

$$\left.\begin{aligned} \Sigma(\pm u_z)\,u(p,\ \pm u_z) &= u(p,\ \pm u_z), \qquad & \Sigma(\pm u_z)\,v(p,\ \pm u_z) &= v(p,\ \pm u_z) \\ \Sigma(\mp u_z)\,u(p,\ \pm u_z) &= 0, & \Sigma(\mp u_z)\,v(p,\ \pm u_z) &= 0 \end{aligned}\right\} \tag{4.45}$$

および，

$$\left.\begin{aligned} \Sigma(\pm s)\,u(p,\ \pm s) &= u(p,\ \pm s), \qquad & \Sigma(\pm s)\,v(p,\ \pm s) &= v(p,\ \pm s) \\ \Sigma(\mp s)\,u(p,\ \pm s) &= 0, & \Sigma(\mp s)\,v(p,\ \pm s) &= 0 \end{aligned}\right\} \tag{4.46}$$

が成り立つ．ここで s $(-s)$ は，静止系でスピンの方向を z 軸に選んだときに，スピン上向きの状態 u_{0z}^{ν} (スピン下向きの状態 $-u_{0z}^{\nu}$) に対応する一般的なスピン状態を表す．

よって，射影演算子 $P_s(\boldsymbol{p})$ は $\Lambda_{\pm}(p)$ と $\Sigma(\pm u_z)$ の積の組み合せとして，

$$\left.\begin{aligned} P_1(\boldsymbol{p}) &= \Lambda_{+}(p)\,\Sigma(u_z), \qquad & P_2(\boldsymbol{p}) &= \Lambda_{+}(p)\,\Sigma(-u_z) \\ P_3(\boldsymbol{p}) &= \Lambda_{-}(p)\,\Sigma(-u_z), & P_4(\boldsymbol{p}) &= \Lambda_{-}(p)\,\Sigma(u_z) \end{aligned}\right\} \tag{4.47}$$

で与えられる．例えば，$P_1(\boldsymbol{p})$ は正エネルギーを有するスピン上向きの状態を取り出す演算子である．(4.30) の 2 番目の式に表される射影演算子の性質は，演算子の間の可換性 $[\Lambda_{\pm}(p)\ ,\Sigma(s)] = 0$，および (4.34)，$\Sigma(\pm\ u_z)^2 = \Sigma(\pm\ u_z)$，$\Sigma(\pm\ u_z)\,\Sigma(\mp\ u_z) = 0$ を用いて示すことができる．

第 7 章においてわかるように，射影演算子を活用することにより，離散的な変換を受けた自由粒子の状態に関するエネルギーやスピン状態の情報を，比較的容易に知ることができる．

4.3　自由粒子解と波束の物理的意味

量子力学で学んだように，平面波解を重ね合わせることにより局在化され

た波束を構成することができる．ディラック方程式は線形の方程式であるため，このようにして構成された波束もディラック方程式の解となる．

4.3.1　正エネルギー解から成る波束

まず最初に，正エネルギー解のみを用いて構成された波束

$$\psi^{(+)}(x) = \int \frac{d^3p}{(2\pi\hbar)^{\frac{3}{2}}} \sqrt{\frac{mc^2}{E}} \sum_{\pm s} b(p,\, s)\, u(p,\, s)\, e^{-\frac{i}{\hbar}p_\mu x^\mu} \quad (4.48)$$

について考察しよう．(4.48) において積分領域を明記していないが，$(-\infty, \infty)$ とする．この節では，以後も同様に積分領域は全て $(-\infty, \infty)$ とする．また，$b(p,\, s)\, u(p,\, s) + b(p,\, -s)\, u(p,\, -s)$ を $\sum_{\pm s} b(p,\, s)\, u(p,\, s)$ と記した．以後も同様である．

スピノルに関する直交性を用いて，

$$\int \psi^{(+)\dagger}(x)\, \psi^{(+)}(x)\, d^3x$$

$$= \int \frac{d^3p}{(2\pi\hbar)^{\frac{3}{2}}} \int \frac{d^3p'}{(2\pi\hbar)^{\frac{3}{2}}} \sqrt{\frac{mc^2}{E}} \sqrt{\frac{mc^2}{E'}}$$

$$\times \sum_{\pm s} \sum_{\pm s'} b^*(p',\, s')\, b(p,\, s)\, u^\dagger(p',\, s')\, u(p,\, s) \int e^{\frac{i}{\hbar}(p'_\mu - p_\mu)x^\mu}\, d^3x\, \delta_{ss'}$$

$$= \int d^3p \int d^3p' \sqrt{\frac{m^2c^4}{EE'}} \sum_{\pm s} \sum_{\pm s'} b^*(p', s')\, b(p, s)\, u^\dagger(p', s')\, u(p, s)\, \delta^3(\boldsymbol{p} - \boldsymbol{p}')\, \delta_{ss'}$$

$$= \int d^3p\, \frac{mc^2}{E} \sum_{\pm s} \sum_{\pm s'} b^*(p,\, s')\, b(p,\, s)\, u^\dagger(p,\, s')\, u(p,\, s)\, \delta_{ss'}$$

$$= \int d^3p\, \frac{mc^2}{E} \sum_{\pm s} b^*(p,\, s)\, b(p,\, s)\, \frac{E}{mc^2} = \int d^3p \sum_{\pm s} |b(p,\, s)|^2 \quad (4.49)$$

が導かれ，$\int \psi^{(+)\dagger}(x)\, \psi^{(+)}(x)\, d^3x = 1$ とすると，$|b\,(p,\, s)\,|^2$ は $\psi^{(+)}(x)$ において運動量が p でスピン状態が s である確率密度を表す．

次に，速度演算子 $c\alpha^i$ の $\psi^{(+)}(x)$ に関する期待値

$$J^{(+)i} \equiv \int \psi^{(+)\dagger}(x)\, c\alpha^i\, \psi^{(+)}(x)\, d^3x = \int \bar{\psi}^{(+)}(x)\, c\gamma^i\, \psi^{(+)}(x)\, d^3x \tag{4.50}$$

について考察しよう．**ゴルドン分解**とよばれる恒等式

$$c\bar{\psi}_2\gamma^\mu\psi_1 = \frac{1}{2m}\{\bar{\psi}_2\hat{p}^\mu\psi_1 - (\hat{p}^\mu\bar{\psi}_2)\psi_1\} - \frac{i}{2m}\hat{p}_\nu(\bar{\psi}_2\sigma^{\mu\nu}\psi_1) \tag{4.51}$$

を用いると，$J^{(+)i}$ は次のように変形される．

$$\begin{aligned}
J^{(+)i} &= \frac{1}{2m}\int\left[\left\{\bar{\psi}^{(+)}\hat{p}^i\psi^{(+)} - (\hat{p}^i\bar{\psi}^{(+)})\psi^{(+)}\right\} - i\hat{p}_\nu(\bar{\psi}^{(+)}\sigma^{i\nu}\psi^{(+)})\right] d^3x \\
&= \int\frac{d^3p}{(2\pi\hbar)^{\frac{3}{2}}}\int\frac{d^3p'}{(2\pi\hbar)^{\frac{3}{2}}}\sqrt{\frac{mc^2}{E}}\sqrt{\frac{mc^2}{E'}}\sum_{\pm s}\sum_{\pm s'} b^*(p', s')\, b(p, s) \\
&\quad \times\int e^{\frac{i}{\hbar}(p'_\mu - p_\mu)x^\mu}\, d^3x\, \frac{1}{2m}\,\bar{u}(p', s')\left[(p'^i + p^i) + i\sigma^{i\nu}(p'_\nu - p_\nu)\right] u(p, s)\,\delta_{ss'} \\
&= \int d^3p\int d^3p'\sqrt{\frac{mc^2}{E}}\sqrt{\frac{mc^2}{E'}}\sum_{\pm s}\sum_{\pm s'} b^*(p', s')\, b(p, s) \\
&\quad \times\frac{1}{2m}\,\bar{u}(p', s')\left[(p'^i + p^i) + i\sigma^{i\nu}(p'_\nu - p_\nu)\right] u(p, s)\,\delta^3(\boldsymbol{p} - \boldsymbol{p}')\,\delta_{ss'} \\
&= \int d^3p\,\frac{p^ic^2}{E}\sum_{\pm s}\sum_{\pm s'} b^*(p, s')\, b(p, s)\,\bar{u}(p, s')\, u(p, s)\,\delta_{ss'} \\
&= \int d^3p\,\frac{p^ic^2}{E}\sum_{\pm s}|b(p, s)|^2
\end{aligned} \tag{4.52}$$

ここで，演算子であることを明確にするため，運動量にハット（$\hat{}$）を付けた．なお，(4.52) の1行目から2行目に移るところで以下を用いた．

$$\hat{p}^i\psi^{(+)}(x) = \int\frac{d^3p}{(2\pi\hbar)^{\frac{3}{2}}}\sqrt{\frac{mc^2}{E}}\sum_{\pm s} p^i\, b(p, s)\, u(p, s)\, e^{-\frac{i}{\hbar}p_\mu x^\mu}$$

$$\hat{p}^i\bar{\psi}^{(+)}(x) = -\int\frac{d^3p'}{(2\pi\hbar)^{\frac{3}{2}}}\sqrt{\frac{mc^2}{E'}}\sum_{\pm s} p'^i\, b^*(p', s)\,\bar{u}(p', s)\, e^{\frac{i}{\hbar}p'_\mu x^\mu}$$

【ゴルドン分解の導出】　ディラック方程式を用いた次の関係から示される．

$$\begin{aligned}0 &= \bar{\psi}_2(-\hat{\not{p}} - mc)\not{a}\psi_1 + \bar{\psi}_2\not{a}(\hat{\not{p}} - mc)\psi_1 \\ &= -2mc\bar{\psi}_2\not{a}\psi_1 + \bar{\psi}_2[a_\mu\hat{p}^\mu - ia_\mu\hat{p}_\nu\sigma^{\mu\nu} - \hat{p}^\mu a_\mu + i\hat{p}_\mu a_\nu\sigma^{\mu\nu}]\psi_1 \end{aligned} \quad (4.53)$$

ここで，a^μ は任意の 4 元定数ベクトルで，2 行目への変形で

$$\not{a}\not{b} = a_\mu b_\nu\left[\frac{1}{2}(\gamma^\mu\gamma^\nu + \gamma^\nu\gamma^\mu) + \frac{1}{2}(\gamma^\mu\gamma^\nu - \gamma^\nu\gamma^\mu)\right] = a_\mu b^\mu - ia_\mu b_\nu\sigma^{\mu\nu} \quad (4.54)$$

を用いた．また $\hat{p}^\mu$ は 4 元運動量演算子で，a^μ の左側にあるときは $\bar{\psi}_2$ に，右側にあるときは ψ_1 に作用する．（導出終了）

(4.49) および (4.52) の最後の変形で，(4.23) および (4.19) と等価な関係にある式

$$u^\dagger(p,\ \pm s)\,u(p,\ \pm s) = \frac{E}{mc^2}, \qquad \bar{u}(p,\ \pm s)\,u(p,\ \pm s) = 1 \quad (4.55)$$

ならびに，$u^\dagger(p,\ \pm s)\,u(p,\ \mp s) = 0$ と $\bar{u}(p,\ \pm s)\,u(p,\ \mp s) = 0$ を用いた．

以上から，$\boldsymbol{J}^{(+)}$（この成分は $J^{(+)i}(i = 1, 2, 3)$）は確率解釈により，

$$\boldsymbol{J}^{(+)} = \langle c\boldsymbol{\alpha}\rangle_+ = \left\langle\frac{\boldsymbol{p}c^2}{E}\right\rangle_+ = \langle\boldsymbol{v}_{\mathrm{g}}\rangle_+ \quad (4.56)$$

のように表すことができる．ここで，$\langle\quad\rangle_+$ は $\psi^{(+)}(x)$ に関する期待値を表す．また，$\boldsymbol{v}_{\mathrm{g}}$ は群速度である．

参考までに，古典力学において速度は $v^i = \partial E/\partial p^i$で与えられ，4 元運動量の関係式 $E^2 = \boldsymbol{p}^2c^2 + m^2c^4$ を用いて $v^i = p^ic^2/E$ が導かれる．

相対論的量子力学の特徴として，速度演算子 $c\alpha$ はハミルトニアン H と可換ではない（$[c\alpha, H] \neq 0$）ため，自由粒子に対しても $\boldsymbol{J}^{(+)}$ は一定（保存量）ではない．実際，**ハイゼンベルクの運動方程式**（**Heisenberg's equation of motion**）を用いて，

$$\frac{d}{dt}\boldsymbol{J}^{(+)} = \frac{d}{dt}\langle c\boldsymbol{\alpha}\rangle_+ = \left\langle \frac{i}{\hbar}[H, c\boldsymbol{\alpha}] \right\rangle_+ \neq 0 \tag{4.57}$$

となる．また，$c\alpha^i$ の固有値は $\pm c$ であるが，固有状態は正エネルギー解だけで構成することができないことに注意してほしい．さらに，

$$|\langle c\boldsymbol{\alpha}\rangle_+| = \left| \left\langle \frac{\boldsymbol{p}c^2}{E} \right\rangle_+ \right| = \left| \left\langle \frac{\boldsymbol{p}c^2}{\sqrt{\boldsymbol{p}^2c^2 + m^2c^4}} \right\rangle_+ \right| = \left| \left\langle \frac{c}{\sqrt{1 + \frac{m^2c^2}{\boldsymbol{p}^2}}} \right\rangle_+ \right| < c \tag{4.58}$$

が成り立つので，$\boldsymbol{J}^{(+)}$ の大きさは c よりも小さいことがわかる．

4.3.2 正エネルギー解と負エネルギー解から成る波束

次に，正エネルギー解と負エネルギー解の両方を用いて構成された波束

$$\psi(x) = \int \frac{d^3p}{(2\pi\hbar)^{\frac{3}{2}}} \sqrt{\frac{mc^2}{E}} \sum_{\pm s} \Big[b(p, s)\, u(p, s) e^{-\frac{i}{\hbar}p_\mu x^\mu} + d^*(p, s)\, v(p, s)\, e^{\frac{i}{\hbar}p_\mu x^\mu} \Big] \tag{4.59}$$

について考察しよう．

上式より，スピノルに関する直交性と確率解釈を用いて，

$$\int \psi^\dagger(x)\, \psi(x)\, d^3x = \int d^3p \sum_{\pm s} [|b(p, s)|^2 + |d(p, s)|^2] = 1 \tag{4.60}$$

が導かれる．$c\alpha^i$ の $\psi(x)$ に関する期待値は

$$\begin{aligned} J^i = \langle c\alpha^i \rangle = \int d^3p \Big\{ &\sum_{\pm s} [|b(p, s)|^2 + |d(p, s)|^2] \frac{p^i c^2}{E} \\ &+ ic \sum_{\pm s, \pm s'} b^*(-p, s')\, d^*(p, s)\, e^{\frac{2i}{\hbar}p_0 x^0}\, \bar{u}(-p, s')\, \sigma^{i0}\, v(p, s)\, \delta_{ss'} \\ &- ic \sum_{\pm s, \pm s'} b(-p, s')\, d(p, s)\, e^{-\frac{2i}{\hbar}p_0 x^0}\, \bar{v}(p, s')\, \sigma^{i0}\, u(-p, s)\, \delta_{ss'} \Big\} \end{aligned} \tag{4.61}$$

のようになる．J^i には時間に依存しない群速度に関する項のほかに，正エネルギー解と負エネルギー解の混ざり合った激しく振動する項が存在する．電子に関して，その振動数 ω_z の値は次のように評価することができる．

$$\omega_z \equiv \frac{2p_0c}{\hbar} > \frac{2m_e c^2}{\hbar} \doteqdot 2 \times 10^{21}\,\mathrm{s}^{-1} \tag{4.62}$$

このような激しい振動は，**ツィッターベベーグング**（**Zitterbewegung**）とよばれている．これに伴い，c/ω_z 程度の位置のゆらぎが生じる．

外部から力がはたらかない限り，正エネルギー解と負エネルギー解は独立に時間発展する．つまり，正エネルギー解のみで構成された波束は時間が経（た）っても負エネルギー解を含まない．しかしながら，ある有限の領域に波動を局在化させるためには，一般に正エネルギー解と負エネルギー解の両方が必要である．

このことを，時刻 $t=0$ において，原点付近に（$|\psi|^2$が幅 2Δ の）ガウス分布（Gaussian distribution）をした波束

$$\psi(\boldsymbol{x},0) = (\pi\Delta^2)^{-\frac{3}{4}} e^{-\frac{\boldsymbol{x}^2}{2\Delta^2}} w^1(0) \tag{4.63}$$

を例に取って考察してみよう．平面波の重ね合わせにより (4.63) を構成する．つまり，

$$\int \frac{d^3p}{(2\pi\hbar)^{\frac{3}{2}}} \sqrt{\frac{mc^2}{E}} \sum_{\pm s} \left[b(p,s)\,u(p,s)\,e^{\frac{i}{\hbar}\boldsymbol{p}\cdot\boldsymbol{x}} + d^*(p,s)\,v(p,s)\,e^{-\frac{i}{\hbar}\boldsymbol{p}\cdot\boldsymbol{x}} \right] = (\pi\Delta^2)^{-\frac{3}{4}} e^{-\frac{\boldsymbol{x}^2}{2\Delta^2}} w^1(0) \tag{4.64}$$

を満たす係数 $b(p,s)$，$d^*(p,s)$ を求める．(4.64)の両辺に $e^{-\frac{i}{\hbar}\boldsymbol{p}\cdot\boldsymbol{x}}$ を掛けて空間積分することにより，

$$\sqrt{\frac{mc^2}{E}} \sum_{\pm s} [b(p,s)\,u(p,s) + d^*(-p,s)\,v(-p,s)] = \left(\frac{\Delta^2}{\pi\hbar^2}\right)^{\frac{3}{4}} e^{-\frac{\Delta^2\boldsymbol{p}^2}{2\hbar^2}} w^1(0) \tag{4.65}$$

が導かれる．

左辺の計算においてはδ関数に関する公式

$$\int_{-\infty}^{\infty} \frac{d^3x}{(2\pi\hbar)^3}\, e^{\frac{i}{\hbar}(\boldsymbol{p}'-\boldsymbol{p})\cdot\boldsymbol{x}} = \delta^3(\boldsymbol{p}'-\boldsymbol{p}) \tag{4.66}$$

を，右辺の計算においてはフーリエ変換 (Fourier transformation)

$$\int_{-\infty}^{\infty} d^3x\, e^{-\frac{\boldsymbol{x}^2}{2\Delta^2}}\, e^{-\frac{i}{\hbar}\boldsymbol{p}\cdot\boldsymbol{x}} = (2\pi\Delta^2)^{\frac{3}{2}}\, e^{-\frac{\Delta^2\boldsymbol{p}^2}{2\hbar^2}} \tag{4.67}$$

をそれぞれ用いた．さらに直交性を用いて，

$$b(p,\, s) = \sqrt{\frac{mc^2}{E}}\left(\frac{\Delta^2}{\pi\hbar^2}\right)^{\frac{3}{4}} e^{-\frac{\Delta^2\boldsymbol{p}^2}{2\hbar^2}}\, u^{\dagger}(p,\, s)\, w^1(0) \tag{4.68}$$

$$d^*(-p,\, s) = \sqrt{\frac{mc^2}{E}}\left(\frac{\Delta^2}{\pi\hbar^2}\right)^{\frac{3}{4}} e^{-\frac{\Delta^2\boldsymbol{p}^2}{2\hbar^2}}\, v^{\dagger}(-p,\, s)\, w^1(0) \tag{4.69}$$

が導かれる．

(4.69) からわかるように，負エネルギー解の振幅 $d^* = d^*(-p,\, s)$ は 0 ではなく，その大きさは正エネルギー解の振幅 $b = b(p,\, s)$ と比較して，

$$\frac{|d|}{|b|} = \frac{|v^{\dagger}(-p,\, s)\, w^1(0)|}{|u^{\dagger}(p,\, s)\, w^1(0)|} \approx \frac{|\boldsymbol{p}|c}{E + mc^2} \tag{4.70}$$

であるため，$|\boldsymbol{p}| \approx mc$ の場合に無視できなくなる．波束は主に $|\boldsymbol{p}| \lesssim \hbar/\Delta$ の状態から構成されているが，$|\boldsymbol{p}| \approx mc$ の場合に $\Delta \lesssim \hbar/mc$ となり，波束は粒子のコンプトン波長 (Compton wavelength) を 2π で割った長さ $\hbar/mc$ と同じ程度の空間に局在化される．

つまり，**ディラック粒子の波束を，そのコンプトン波長を 2π で割った長さと同じ程度に局在化させるためには，正エネルギー解と同じ程度の大きさをもつ負エネルギー解が必要となる．**

4.4　クラインのパラドックス

図 4.2 のような，1 次元のポテンシャルによるディラック粒子の反射・透

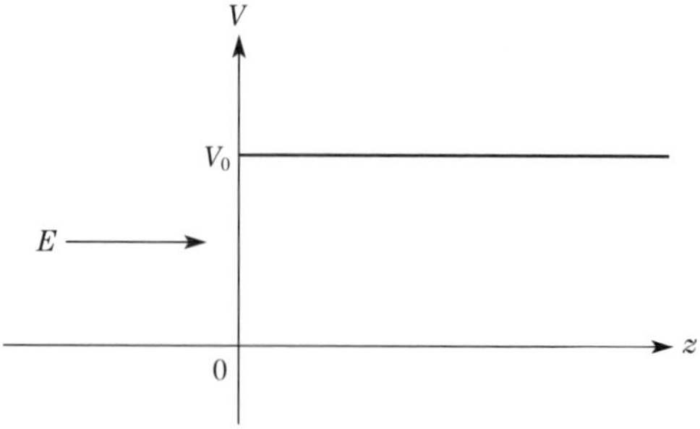

図 4.2　1次元ポテンシャル

過について考察しよう．量子力学に基づく計算により，「$V_0 > E + mc^2$ になると，反射率が1を超え，透過率が負になる」といったおかしなことが帰結される．これが**クラインのパラドックス**とよばれる逆説の一例である．

まず，ディラック方程式

$$\begin{pmatrix} mc^2 & -ic\hbar\sigma_z \dfrac{d}{dz} \\ -ic\hbar\sigma_z \dfrac{d}{dz} & -mc^2 \end{pmatrix} \psi = E\psi \quad (z < 0) \tag{4.71}$$

$$\begin{pmatrix} V_0 + mc^2 & -ic\hbar\sigma_z \dfrac{d}{dz} \\ -ic\hbar\sigma_z \dfrac{d}{dz} & V_0 - mc^2 \end{pmatrix} \psi = E\psi \quad (z > 0) \tag{4.72}$$

に基づいて具体的な計算を示す．ここで，V_0 は定数のポテンシャルである．

入射方向を z 軸の正の方向に選び，z 軸に沿ってスピンが $\hbar/2$ の自由粒子が入射したとする．$z < 0$ の領域において，入射波は

$$\psi_{\rm i} = e^{ikz} \begin{pmatrix} 1 \\ 0 \\ \dfrac{c\hbar k}{E + mc^2} \\ 0 \end{pmatrix} \tag{4.73}$$

で与えられる．ここで粒子の運動量，エネルギーをそれぞれ $\hbar k$，E とした．

一方で反射波は，

$$\psi_{\mathrm{r}} = a_{\mathrm{r}} e^{-ikz} \begin{pmatrix} 1 \\ 0 \\ -\dfrac{c\hbar k}{E + mc^2} \\ 0 \end{pmatrix} + b_{\mathrm{r}} e^{-ikz} \begin{pmatrix} 0 \\ 1 \\ 0 \\ \dfrac{c\hbar k}{E + mc^2} \end{pmatrix} \tag{4.74}$$

と表される．なお，a_{r}，b_{r} は定数である．右辺の第 2 項はスピンが $-\hbar/2$ の粒子に相当する．

$z > 0$ の領域において，正エネルギーを有する粒子に関する透過波は

$$\psi_{\mathrm{t}} = a_{\mathrm{t}} e^{iqz} \begin{pmatrix} 1 \\ 0 \\ \dfrac{c\hbar q}{E - V_0 + mc^2} \\ 0 \end{pmatrix} + b_{\mathrm{t}} e^{iqz} \begin{pmatrix} 0 \\ 1 \\ 0 \\ -\dfrac{c\hbar q}{E - V_0 + mc^2} \end{pmatrix} \tag{4.75}$$

と表される．ここで，a_{t}，b_{t} は定数である．右辺の第 2 項はスピンが $-\hbar/2$ の粒子に相当する．また q は波数で，4 元運動量の関係式

$$c^2\hbar^2 q^2 = (E - V_0)^2 - m^2c^4 = (E - V_0 - mc^2)(E - V_0 + mc^2) \tag{4.76}$$

を満たす．

$z = 0$ における波動関数の連続性により，

$$1 + a_{\mathrm{r}} = a_{\mathrm{t}}, \qquad b_{\mathrm{r}} = b_{\mathrm{t}} = 0 \tag{4.77}$$

$$1 - a_{\mathrm{r}} = r a_{\mathrm{t}}, \qquad r \equiv \frac{q}{k} \frac{E + mc^2}{E - V_0 + mc^2} \tag{4.78}$$

が導かれる．(4.77) の 2 番目の関係式は，スピンの反転が起こらないことを意味する．(4.77) と (4.78) のそれぞれ 1 番目の関係式を連立させて，

$$a_{\mathrm{t}} = \frac{2}{1 + r}, \qquad a_{\mathrm{r}} = \frac{1 - r}{1 + r} \tag{4.79}$$

が得られる．

ここで，V_0 の大きさに応じて場合分けをする．

（1）　$V_0 > 0$ かつ $|E - V_0| < mc^2$ の場合

(4.76) より，q は純虚数で $z > 0$ の領域で，波動関数が指数関数的に減少する．侵入長は $\delta \approx \hbar/mc$ である．

（2）　$V_0 > E + mc^2$ の場合

非相対論的な量子力学を思い起こすと，ポテンシャルの増加に伴い $z > 0$ で波動関数がさらに強く減衰すると予想される．しかし実際は，(4.76) より q は実数で振動解となり $z > 0$ の領域に透過する．

透過率 T および反射率 R は r を用いて，

$$T \equiv \frac{|j_{\rm t}|}{|j_{\rm i}|} = \frac{4r}{(1+r)^2}, \qquad R \equiv \frac{|j_{\rm r}|}{|j_{\rm i}|} = \frac{(1-r)^2}{(1+r)^2} \tag{4.80}$$

と表される．ここで，$j_{\rm i}, j_{\rm r}, j_{\rm t}$ はそれぞれ入射波，反射波，透過波に関する確率の流れで，

$$j_{\rm i} = c\psi_{\rm i}^{\dagger}\alpha^3\psi_{\rm i} = \frac{2c^2\hbar k}{E + mc^2} \tag{4.81}$$

$$j_{\rm r} = c\psi_{\rm r}^{\dagger}\alpha^3\psi_{\rm r} = -|a_{\rm r}|^2\frac{2c^2\hbar k}{E + mc^2} = -\left(\frac{1-r}{1+r}\right)^2\frac{2c^2\hbar k}{E + mc^2} \tag{4.82}$$

$$j_{\rm t} = c\psi_{\rm t}^{\dagger}\alpha^3\psi_{\rm t} = |a_{\rm t}|^2\frac{2c^2\hbar q}{E - V_0 + mc^2} = \left(\frac{2}{1+r}\right)^2\frac{2c^2\hbar q}{E - V_0 + mc^2} \tag{4.83}$$

である．$T + R = 1$ なので，確率の保存則 $|j_{\rm i}| = |j_{\rm r}| + |j_{\rm t}|$ が満たされている．しかし，$r < 0$ なので，$T < 0$ および $R > 1$ が導かれる．

パラドックスの原因は負エネルギー解の存在によると予想される．自由粒子が取るエネルギーの範囲は $mc^2 \leq E < \infty$ (正エネルギー状態)，$-\infty < E \leq -mc^2$ (負エネルギー状態) である．負エネルギー状態に V_0 が作用した場合，エネルギーの範囲は $-\infty < E \leq V_0 - mc^2$ に変わる．$V_0 > E + mc^2$ の場合，負エネルギー解の一部が $E > 0$ を有する振動解として振舞う．つ

まり，$V_0=0$ の領域での正エネルギー解と同じ形の解が V_0 の作用により負エネルギー解から生成され，これが原因と考えられる．

このようにして負エネルギー解は，ディラック粒子の波束をそのコンプトン波長を 2π で割った長さと同じ程度に局在化させるために必要であるが，その反面，クラインのパラドックスを生み出してしまうことがわかった！第7章で負エネルギー解に対するディラックの解釈を紹介し，クラインのパラドックスの原因について再考する．

ろば電子

伏見康治（ふしみこうじ）著の『驢馬（ろば）電子 ― 原子核物理学二十話 ―』（創元社，のち中央公論社，1942年）という本がある．題名の由来は，負エネルギー状態の電子が驢馬のように振舞う（「引くと逃げる．押すと近づく」）とのことである．

このような異様さは特殊相対性理論の関係式からも伺（うかが）える．一般に，速度 $\boldsymbol{v}=(v_x, v_y, v_z)$ と運動量 $\boldsymbol{p}=(p_x, p_y, p_z)$ の間には $\boldsymbol{v}=(\partial E/\partial p_x, \partial E/\partial p_y, \partial E/\partial p_z)$ が成り立つ．ここで E はエネルギーである．4元運動量の関係式 $E^2=\boldsymbol{p}^2c^2+m_e^2c^4$ を用いると $\boldsymbol{v}=c^2\boldsymbol{p}/E$ となり，エネルギーが負の場合，速度の向きと運動量の向きが反対になることがわかる．この関係式の量子力学版が(4.56)である．

運動方程式から運動量が増加する向きは力の向きと一致するので，負エネルギー状態の電子に力を加えると逆向きに加速されると予想される．まさに，驢馬の特性そのものである．

第5章 ディラック方程式の非相対論的極限

電磁場の存在下におけるディラック方程式の非相対論的極限について，ユニタリー変換を用いてより組織的に考察する．さらに，導出された各項について物理的な意味を吟味する．

5.1 自由粒子に関する谷 - フォルディ - ボートホイゼン変換

電磁場の存在下における，ディラック方程式の非相対論的極限については 1.4 節で考察した．具体的には，4 成分の波動関数 ψ から静止エネルギーを分離させた形

$$\psi(x) = e^{-\frac{i}{\hbar}m_e c^2 t}\begin{pmatrix}\varphi(x)\\ \chi(x)\end{pmatrix} \tag{5.1}$$

を用いて，ディラック表示の下で，$\chi(x)$ を消去して $\varphi(x)$ に関する方程式として，非相対論的極限でパウリ方程式が導出されることを見た．

この章では，より組織的にディラック方程式の非相対論的極限を求めることを目標とする．もう少し詳しくいうと，「ディラックスピノルはディラック表示において，上の 2 成分と下の 2 成分がディラック方程式を介して一般に混ざり合うが，適切なユニタリー変換を用いて，これらを（近似的に）分離させる」という方法を取る．

式を用いて説明すると，方程式

$$i\hbar\frac{\partial\psi}{\partial t} = H\psi \tag{5.2}$$

に対して，ユニタリー変換

$$\psi' = U\psi \tag{5.3}$$

$$H' = UHU^{-1} - i\hbar U\frac{\partial}{\partial t}U^{-1} = UHU^{-1} + i\hbar\frac{\partial U}{\partial t}U^{-1} \tag{5.4}$$

を施すことにより，(5.2) は

$$i\hbar\frac{\partial\psi'}{\partial t} = H'\psi' \tag{5.5}$$

に変換される．

ここで，H' が 2 行 2 列の行列を含むブロック対角化された形になるように，ユニタリー行列 (演算子) $U = e^{iS}$ を選ぶ．このようなユニタリー変換は，**谷 - フォルディ - ボートホイゼン変換** (**Tani - Foldy - Wouthuysen transformation**) とよばれている．(5.4) の第 2 式から第 3 式への変形において，以下を用いた．

$$\frac{\partial I}{\partial t} = \frac{\partial(UU^{-1})}{\partial t} = \frac{\partial U}{\partial t}U^{-1} + U\frac{\partial U^{-1}}{\partial t} = 0$$

ディラックスピノルの，上の 2 成分と下の 2 成分が完全に分離している例として，静止した自由粒子に関するディラック方程式

$$i\hbar\frac{\partial\psi}{\partial t} = \beta m_{\mathrm{e}}c^2\psi, \qquad \beta = \begin{pmatrix} I & 0 \\ 0 & -I \end{pmatrix} \tag{5.6}$$

を挙げることができる．一方，運動している自由粒子に関しては

$$i\hbar\frac{\partial}{\partial t}\psi = (-i\hbar c\boldsymbol{\alpha}\cdot\boldsymbol{\nabla} + \beta m_{\mathrm{e}}c^2)\psi, \qquad \boldsymbol{\alpha} = \begin{pmatrix} 0 & \boldsymbol{\sigma} \\ \boldsymbol{\sigma} & 0 \end{pmatrix} \tag{5.7}$$

のように，$\boldsymbol{\alpha}$ が上の 2 成分と下の 2 成分を混ぜるため分離していない．上の 2 成分と下の 2 成分を混ぜる行列として，

$$\boldsymbol{\alpha} = \begin{pmatrix} 0 & \boldsymbol{\sigma} \\ \boldsymbol{\sigma} & 0 \end{pmatrix}, \qquad \boldsymbol{\gamma} = \begin{pmatrix} 0 & \boldsymbol{\sigma} \\ -\boldsymbol{\sigma} & 0 \end{pmatrix}, \qquad \gamma_5 = \begin{pmatrix} 0 & I \\ I & 0 \end{pmatrix} \tag{5.8}$$

などがある．一方，上の 2 成分と下の 2 成分を混ぜない行列として，

$$\Gamma_S = \begin{pmatrix} I & 0 \\ 0 & I \end{pmatrix}, \qquad \beta = \begin{pmatrix} I & 0 \\ 0 & -I \end{pmatrix}, \qquad \boldsymbol{\Sigma} = \begin{pmatrix} \boldsymbol{\sigma} & 0 \\ 0 & \boldsymbol{\sigma} \end{pmatrix} \tag{5.9}$$

などがある．この章では以後 $-i\hbar\boldsymbol{\nabla}$ を $\boldsymbol{p}$ と記すことにする．

$H = c\boldsymbol{\alpha}\cdot\boldsymbol{p} + \beta m_{\mathrm{e}}c^2$ に対して，

$$U = e^{iS} = e^{\beta\boldsymbol{\alpha}\cdot\boldsymbol{p}\theta} = \cos(|\boldsymbol{p}|\theta) + \frac{\beta\boldsymbol{\alpha}\cdot\boldsymbol{p}}{|\boldsymbol{p}|}\sin(|\boldsymbol{p}|\theta) \tag{5.10}$$

を選ぶと，

$$\begin{aligned} H' &= e^{\beta\boldsymbol{\alpha}\cdot\boldsymbol{p}\theta}(c\boldsymbol{\alpha}\cdot\boldsymbol{p} + \beta m_{\mathrm{e}}c^2)e^{-\beta\boldsymbol{\alpha}\cdot\boldsymbol{p}\theta} = (c\boldsymbol{\alpha}\cdot\boldsymbol{p} + \beta m_{\mathrm{e}}c^2)e^{-2\beta\boldsymbol{\alpha}\cdot\boldsymbol{p}\theta} \\ &= (c\boldsymbol{\alpha}\cdot\boldsymbol{p} + \beta m_{\mathrm{e}}c^2)\left\{\cos(2|\boldsymbol{p}|\theta) - \frac{\beta\boldsymbol{\alpha}\cdot\boldsymbol{p}}{|\boldsymbol{p}|}\sin(2|\boldsymbol{p}|\theta)\right\} \\ &= c\boldsymbol{\alpha}\cdot\boldsymbol{p}\left\{\cos(2|\boldsymbol{p}|\theta) - \frac{m_{\mathrm{e}}c}{|\boldsymbol{p}|}\sin(2|\boldsymbol{p}|\theta)\right\} \\ &\qquad + \beta[m_{\mathrm{e}}c^2\cos(2|\boldsymbol{p}|\theta) + c|\boldsymbol{p}|\sin(2|\boldsymbol{p}|\theta)] \end{aligned} \tag{5.11}$$

のように変換される．

H' における $\boldsymbol{\alpha}\cdot\boldsymbol{p}$ の係数が 0 になる（H' がブロック対角型になる）という条件から，

$$\left.\begin{aligned} \tan(2|\boldsymbol{p}|\theta) &= \frac{|\boldsymbol{p}|}{m_{\mathrm{e}}c} \\ \cos(2|\boldsymbol{p}|\theta) = \frac{m_{\mathrm{e}}c}{\sqrt{\boldsymbol{p}^2 + (m_{\mathrm{e}}c)^2}}, &\qquad \sin(2|\boldsymbol{p}|\theta) = \frac{|\boldsymbol{p}|}{\sqrt{\boldsymbol{p}^2 + (m_{\mathrm{e}}c)^2}} \end{aligned}\right\} \tag{5.12}$$

のように θ が決まる．(5.12) を (5.11) に代入することにより，

$$H' = \beta c\sqrt{\boldsymbol{p}^2 + (m_{\mathrm{e}}c)^2} \tag{5.13}$$

が導かれる．

この結果は，図 5.1 に描かれた直角三角形の辺の長さと角度の大きさの間の関係から理解することができる．

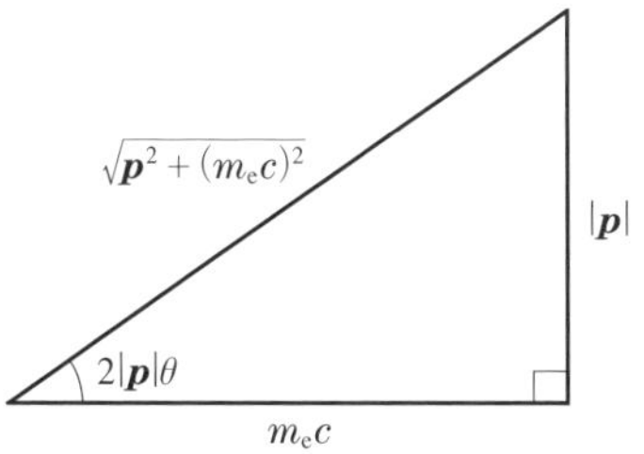

図 5.1　谷 - フォルディ - ボートホイゼン変換の変数の関係

このようにして自由粒子の場合は，近似なしに上の 2 成分と下の 2 成分が分離されることがわかった．ただし，得られた方程式は空間微分に関して非線形な形をしていて扱いにくい．**方程式を，空間微分に関して線形な形にするために支払わなければならない代償が，負エネルギー解を含む 4 成分の波動関数の導入であると考えられる．**

5.2　電磁場の存在下での谷 - フォルディ - ボートホイゼン変換

5.2.1　ベキ級数展開

電磁相互作用が加わったディラック方程式は

$$i\hbar\frac{\partial}{\partial t}\psi(x) = [c\boldsymbol{\alpha}\cdot(\boldsymbol{p}+e\boldsymbol{A}(x)) + \beta m_{\mathrm{e}}c^2 - e\,\Phi(x)]\,\psi(x) \tag{5.14}$$

である．この場合，谷 - フォルディ - ボートホイゼン変換を用いて，上の 2 成分と下の 2 成分を厳密に分離することができないので，近似法を用いることにする．非相対論的極限に関心があるので，$1/m_{\mathrm{e}}$（正確には $E'/(m_{\mathrm{e}}c^2)$）のベキで展開することにより，H' が運動量のみを含む項に関しては $1/m_{\mathrm{e}}^3$ の次数まで，運動量と場のエネルギーを含む項に関しては $1/m_{\mathrm{e}}^2$ の次数まで求める．ここで，E' は静止エネルギー以外のエネルギーである．

谷 - フォルディ - ボートホイゼン変換により，変換されたハミルトニアン

$$H' = UHU^{-1} - i\hbar U\frac{\partial}{\partial t}U^{-1} = e^{iS}He^{-iS} - i\hbar e^{iS}\frac{\partial}{\partial t}e^{-iS} \tag{5.15}$$

の各項を S のベキで展開すると，

$$e^{iS}He^{-iS} = H + i[S,\ H] + \frac{i^2}{2!}[S,\ [S,\ H]] + \cdots + \frac{i^n}{n!}[\underbrace{S,\ [S,\ \cdots[S}_{n},\ H]\cdots]] + \cdots \tag{5.16}$$

$$-i\hbar e^{iS}\frac{\partial}{\partial t}e^{-iS} = -\hbar\left(\dot{S} + \frac{i}{2!}[S,\ \dot{S}] + \frac{i^2}{3!}[S,\ [S,\ \dot{S}]] + \cdots + \frac{i^{n-1}}{n!}[\underbrace{S,\ [S,\ \cdots[S}_{n-1},\ \dot{S}]\cdots]] + \cdots\right) \tag{5.17}$$

となる．ここで，$\dot{S} = \partial S/\partial t$ である．

【(5.16) と (5.17) の導出】　(5.16) は次のようにして示すことができる．λ の関数

$$F(\lambda) = e^{i\lambda S}He^{-i\lambda S} \tag{5.18}$$

を $\lambda = 0$ の周りでテイラー展開 (Taylor expansion) すると，

$$F(\lambda) = \sum_{n=0}^{\infty}\frac{\lambda^n}{n!}\left(\frac{\partial^n F}{\partial \lambda^n}\right)_{\lambda=0} \tag{5.19}$$

となる．(5.18) を用いて計算することにより，各係数が

$$\left(\frac{\partial F}{\partial \lambda}\right)_{\lambda=0} = (ie^{i\lambda S}[S,\ H]e^{-i\lambda S})_{\lambda=0} = i[S,\ H] \tag{5.20}$$

$$\left(\frac{\partial^n F}{\partial \lambda^n}\right)_{\lambda=0} = \left(i^n e^{i\lambda S}[\underbrace{S,\ [S,\ \cdots[S}_{n},\ H]\cdots]]e^{-i\lambda S}\right)_{\lambda=0} = i^n[\underbrace{S,\ [S,\ \cdots[S}_{n},\ H]\cdots]] \tag{5.21}$$

のように求められる．

よって，

$$e^{i\lambda S}He^{-i\lambda S} = \sum_{n=0}^{\infty}\frac{\lambda^n}{n!}i^n[\underbrace{S, [S, \cdots[S}_{n}, H]\cdots]] \tag{5.22}$$

が成り立つ．(5.22) で $\lambda = 1$ と選ぶことにより (5.16) が導かれる．

また(5.17) に関しては，λ の関数

$$G(\lambda) = -i\hbar e^{i\lambda S}\frac{\partial}{\partial t}e^{-i\lambda S} \tag{5.23}$$

を $\lambda = 0$ の周りでテイラー展開すると，

$$G(\lambda) = \sum_{n=1}^{\infty}\frac{\lambda^n}{n!}\left(\frac{\partial^n G}{\partial\lambda^n}\right)_{\lambda=0} \tag{5.24}$$

となる．(5.23) を用いて計算することにより，各係数が

$$\begin{aligned}\left(\frac{\partial G}{\partial\lambda}\right)_{\lambda=0} &= -\hbar(e^{i\lambda S}\dot{S}e^{-i\lambda S})_{\lambda=0}\\ &= -\hbar\dot{S}\end{aligned} \tag{5.25}$$

$$\begin{aligned}\left(\frac{\partial^n G}{\partial\lambda^n}\right)_{\lambda=0} &= -i\hbar\left(-i^n e^{i\lambda S}[\underbrace{S, [S, \cdots[S}_{n-1}, \dot{S}]\cdots]]e^{-i\lambda S}\right)_{\lambda=0}\\ &= -\hbar i^{n-1}[\underbrace{S, [S, \cdots[S}_{n-1}, \dot{S}]\cdots]]\end{aligned} \tag{5.26}$$

のように求められる．

よって，

$$-i\hbar e^{i\lambda S}\frac{\partial}{\partial t}e^{-i\lambda S} = -\hbar\sum_{n=1}^{\infty}\frac{\lambda^n}{n!}i^{n-1}[\underbrace{S, [S, \cdots[S}_{n-1}, \dot{S}]\cdots]] \tag{5.27}$$

が成り立ち，$\lambda = 1$ と選ぶことにより (5.17) が導かれる．(導出終了)

5.2.2　第 1 近似

(5.14) のハミルトニアン H は

$$H = \beta m_{\mathrm{e}} c^2 + \mathcal{O} + \mathcal{E}, \qquad \mathcal{O} \equiv c\boldsymbol{\alpha}\cdot(\boldsymbol{p} + e\boldsymbol{A}(x)), \qquad \mathcal{E} \equiv -e\Phi(x) \tag{5.28}$$

である．ここで，$\mathcal{O}$ が上の 2 成分と下の 2 成分を混ぜる項（以下，奇の項とよぶことにする）である．β と $\mathcal{O}$ は反可換で，β と $\mathcal{E}$ は可換である．

$$\beta\mathcal{O} = -\mathcal{O}\beta, \qquad \beta\mathcal{E} = \mathcal{E}\beta \tag{5.29}$$

(5.28) の H の中で，非相対論的極限において支配的な項は $\beta m_{\mathrm{e}} c^2$ であるから，ユニタリー変換により $1/m_{\mathrm{e}}$ 展開の最低次で，

$$H' = \beta m_{\mathrm{e}} c^2 + \mathcal{O} + \mathcal{E} + i[S, \beta m_{\mathrm{e}} c^2] \tag{5.30}$$

に変換される．この次数で $\mathcal{O}$ が消去される（すなわち，$\mathcal{O} + i[S, \beta m_{\mathrm{e}} c^2] = 0$ となる）ためには，S として，

$$S = -\frac{i}{2m_{\mathrm{e}} c^2}\beta\mathcal{O} \tag{5.31}$$

を選べばよい．

第 1 近似として，(5.31) を用いて運動量のみを含む項に関しては $1/m_{\mathrm{e}}^3$ の次数まで，運動量と場のエネルギーを含む項に関しては $1/m_{\mathrm{e}}^2$ の次数までで，(5.16) と (5.17) の各項を計算すると，

$$\left.\begin{aligned}
i[S, H] &= -\mathcal{O} + \frac{1}{2m_{\mathrm{e}} c^2}\beta[\mathcal{O}, \mathcal{E}] + \frac{1}{m_{\mathrm{e}} c^2}\beta\mathcal{O}^2 \\
\frac{i^2}{2!}[S, [S, H]] &= -\frac{1}{2m_{\mathrm{e}} c^2}\beta\mathcal{O}^2 - \frac{1}{8m_{\mathrm{e}}^2 c^4}[\mathcal{O}, [\mathcal{O}, \mathcal{E}]] - \frac{1}{2m_{\mathrm{e}}^2 c^4}\mathcal{O}^3 \\
\frac{i^3}{3!}[S, [S, [S, H]]] &= \frac{1}{6m_{\mathrm{e}}^2 c^4}\mathcal{O}^3 - \frac{1}{6m_{\mathrm{e}}^3 c^6}\beta\mathcal{O}^4 \\
\frac{i^4}{4!}[S, [S, [S, [S, H]]]] &= \frac{1}{24m_{\mathrm{e}}^3 c^6}\beta\mathcal{O}^4, \qquad -\hbar\dot{S} = \frac{i\hbar}{2m_{\mathrm{e}} c^2}\beta\dot{\mathcal{O}} \\
-\frac{i\hbar}{2!}[S, \dot{S}] &= -\frac{i\hbar}{8m_{\mathrm{e}}^2 c^4}[\mathcal{O}, \dot{\mathcal{O}}]
\end{aligned}\right\} \tag{5.32}$$

となる．

これらをまとめると H' は

$$H'_{(1)} = \beta\left(m_{\mathrm{e}}c^2 + \frac{1}{2m_{\mathrm{e}}c^2}\mathcal{O}^2 - \frac{1}{8m_{\mathrm{e}}^3c^6}\mathcal{O}^4\right) + \mathcal{E} - \frac{1}{8m_{\mathrm{e}}^2c^4}[\mathcal{O},\,[\mathcal{O},\,\mathcal{E}]] - \frac{i\hbar}{8m_{\mathrm{e}}^2c^4}[\mathcal{O},\,\dot{\mathcal{O}}] + \frac{1}{2m_{\mathrm{e}}c^2}\beta[\mathcal{O},\,\mathcal{E}] - \frac{1}{3m_{\mathrm{e}}^2c^4}\mathcal{O}^3 + \frac{i\hbar}{2m_{\mathrm{e}}c^2}\beta\dot{\mathcal{O}} \tag{5.33}$$

となる．ここで，第 1 近似における H' を $H'_{(1)}$ と記した．なお $H'_{(1)}$ は，

$$\left.\begin{aligned} H'_{(1)} &= \beta m_{\mathrm{e}}c^2 + \mathcal{E}_{(1)} + \mathcal{O}_{(1)} \\ \mathcal{E}_{(1)} &\equiv \mathcal{E} + \frac{1}{2m_{\mathrm{e}}c^2}\beta\mathcal{O}^2 - \frac{1}{8m_{\mathrm{e}}^3c^6}\beta\mathcal{O}^4 - \frac{1}{8m_{\mathrm{e}}^2c^4}[\mathcal{O},\,[\mathcal{O},\,\mathcal{E}]] - \frac{i\hbar}{8m_{\mathrm{e}}^2c^4}[\mathcal{O},\,\dot{\mathcal{O}}] \\ \mathcal{O}_{(1)} &\equiv \frac{1}{2m_{\mathrm{e}}c^2}\beta[\mathcal{O},\,\mathcal{E}] - \frac{1}{3m_{\mathrm{e}}^2c^4}\mathcal{O}^3 + \frac{i\hbar}{2m_{\mathrm{e}}c^2}\beta\dot{\mathcal{O}} \end{aligned}\right\} \tag{5.34}$$

と書き表される．

5.2.3 第 2 近似と第 3 近似

$\mathcal{O}_{(1)}$ は，$O\left(E'^2/(m_{\mathrm{e}}c^2)\right)$ の奇の項でこれを消去するように，

$$\begin{aligned} S_{(1)} &= -\frac{i}{2m_{\mathrm{e}}c^2}\beta\mathcal{O}_{(1)} \\ &= -\frac{i}{2m_{\mathrm{e}}c^2}\beta\left(\frac{1}{2m_{\mathrm{e}}c^2}\beta[\mathcal{O},\,\mathcal{E}] - \frac{1}{3m_{\mathrm{e}}^2c^4}\mathcal{O}^3 + \frac{i\hbar}{2m_{\mathrm{e}}c^2}\beta\dot{\mathcal{O}}\right) \end{aligned} \tag{5.35}$$

に基づくユニタリー変換 $U_{(1)} = e^{iS_{(1)}}$ を施す．この変換により，$H'_{(1)}$ は

$$\left.\begin{aligned} H'_{(2)} &= \beta m_{\mathrm{e}}c^2 + \mathcal{E}_{(2)} + \mathcal{O}_{(2)} \\ \mathcal{E}_{(2)} = \mathcal{E}_{(1)}, \qquad \mathcal{O}_{(2)} &\equiv \frac{1}{2m_{\mathrm{e}}c^2}\beta[\mathcal{O}_{(1)},\,\mathcal{E}_{(1)}] + \frac{i\hbar}{2m_{\mathrm{e}}c^2}\beta\dot{\mathcal{O}}_{(1)} \end{aligned}\right\} \tag{5.36}$$

となる．ここで，第 2 近似における H' を $H'_{(2)}$ と記した．

$\mathcal{O}_{(2)}$ は，$O\left(E'^3/(m_e^2c^4)\right)$ の奇の項でこれを消去するように，

$$S_{(2)} = -\frac{i}{2m_e c^2}\beta\mathcal{O}_{(2)} = -\frac{i}{2m_e c^2}\beta\left(\frac{1}{2m_e c^2}\beta[\mathcal{O}_{(1)},\ \mathcal{E}_{(1)}] + \frac{i\hbar}{2m_e c^2}\beta\dot{\mathcal{O}}_{(1)}\right) \tag{5.37}$$

に基づくユニタリー変換 $U_{(2)} = e^{iS_{(2)}}$ を施す．この変換により，$H'_{(2)}$ は $\beta m_e c^2 + \mathcal{E}_{(2)}$，つまり，

$$H'_{(3)} = \beta\left(m_e c^2 + \frac{1}{2m_e c^2}\mathcal{O}^2 - \frac{1}{8m_e^3c^6}\mathcal{O}^4\right) + \mathcal{E} - \frac{1}{8m_e^2c^4}[\mathcal{O},\ [\mathcal{O},\ \mathcal{E}]] - \frac{i\hbar}{8m_e^2c^4}[\mathcal{O},\ \dot{\mathcal{O}}] \tag{5.38}$$

となる．ここで，第 3 近似における H' を $H'_{(3)}$ と記した．

(5.38) のそれぞれの項を具体的に計算すると，

$$\frac{1}{2m_e c^2}\mathcal{O}^2 = \frac{1}{2m_e c^2}[c\boldsymbol{\alpha}\cdot(\boldsymbol{p}+e\boldsymbol{A})]^2 = \frac{1}{2m_e}(\boldsymbol{p}+e\boldsymbol{A})^2 + \frac{e\hbar}{2m_e}\boldsymbol{\Sigma}\cdot\boldsymbol{B} \tag{5.39}$$

$$-\frac{1}{8m_e^3c^6}\mathcal{O}^4 = -\frac{1}{8m_e^3c^2}(\boldsymbol{p}^2)^2 \tag{5.40}$$

$$\begin{aligned}
&-\frac{1}{8m_e^2c^4}[\mathcal{O},\ [\mathcal{O},\ \mathcal{E}]] - \frac{i\hbar}{8m_e^2c^4}[\mathcal{O},\ \dot{\mathcal{O}}] \\
&\quad = -\frac{1}{8m_e^2c^4}[\mathcal{O},\ [\mathcal{O},\ \mathcal{E}] + i\hbar\dot{\mathcal{O}}] \\
&\quad = -\frac{1}{8m_e^2c^3}[\mathcal{O},\ i\hbar e\boldsymbol{\alpha}\cdot\nabla\Phi + i\hbar e\boldsymbol{\alpha}\cdot\dot{\boldsymbol{A}}] = \frac{\hbar}{8m_e^2c^3}[\mathcal{O},\ ie\boldsymbol{\alpha}\cdot\boldsymbol{E}] \\
&\quad = \frac{ie\hbar}{8m_e^2c^2}[\boldsymbol{\alpha}\cdot\boldsymbol{p},\ \boldsymbol{\alpha}\cdot\boldsymbol{E}] = \frac{ie\hbar^2}{8m_e^2c^2}\sum_{i,j}\alpha_i\alpha_j\left(-i\frac{\partial E^j}{\partial x^i}\right) + \frac{e\hbar}{4m_e^2c^2}\boldsymbol{\Sigma}\cdot\boldsymbol{E}\times\boldsymbol{p} \\
&\quad = \frac{e\hbar^2}{8m_e^2c^2}\nabla\cdot\boldsymbol{E} + \frac{ie\hbar^2}{8m_e^2c^2}\boldsymbol{\Sigma}\cdot\nabla\times\boldsymbol{E} + \frac{e\hbar}{4m_e^2c^2}\boldsymbol{\Sigma}\cdot\boldsymbol{E}\times\boldsymbol{p}
\end{aligned} \tag{5.41}$$

が導かれる．ここで，$\boldsymbol{B}$ は磁束密度，$\boldsymbol{E}$ は電場である．(5.39) を導く際に，パウリ行列に関する公式 (1.11)，(1.49) を行列 $\boldsymbol{\alpha}$ に応用した公式

$$[\alpha^i, \alpha^j] = 2i\sum_{k=1}^{3} \varepsilon^{ijk}\Sigma^k, \qquad (\boldsymbol{\alpha}\cdot\boldsymbol{a})(\boldsymbol{\alpha}\cdot\boldsymbol{b}) = (\boldsymbol{a}\cdot\boldsymbol{b})I + i\boldsymbol{\Sigma}\cdot(\boldsymbol{a}\times\boldsymbol{b})$$

を用いた (詳しくは (C.83) を参照せよ)．

よって，$H'_{(3)}$ は

$$H'_{(3)} = \beta\left[m_{\mathrm{e}}c^2 + \frac{1}{2m_{\mathrm{e}}}(\boldsymbol{p}+e\boldsymbol{A})^2 - \frac{1}{8m_{\mathrm{e}}^3c^2}(\boldsymbol{p}^2)^2\right] - e\Phi + \frac{e\hbar}{2m_{\mathrm{e}}}\beta\boldsymbol{\Sigma}\cdot\boldsymbol{B}$$
$$+ \frac{ie\hbar^2}{8m_{\mathrm{e}}^2c^2}\boldsymbol{\Sigma}\cdot\nabla\times\boldsymbol{E} + \frac{e\hbar}{4m_{\mathrm{e}}^2c^2}\boldsymbol{\Sigma}\cdot\boldsymbol{E}\times\boldsymbol{p} + \frac{e\hbar^2}{8m_{\mathrm{e}}^2c^2}\nabla\cdot\boldsymbol{E} \tag{5.42}$$

となる．これが最終的な表式である．

5.2.4　物理的な意味

(5.42) の右辺の各項について，その物理的な意味を吟味しよう．

（1）　第 1 項 (β を係数にもつ大括弧を含む項) は $\beta\sqrt{c^2(\boldsymbol{p}+e\boldsymbol{A})^2 + m_{\mathrm{e}}^2c^4}$ を展開したときに現れる項である．

（2）　第 2 項は静電エネルギーである．

（3）　第 3 項はパウリ項に相当する．

（4）　球対称で静的なポテンシャル $\Phi = \Phi(r)$ の場合，$\boldsymbol{E} = -\nabla\Phi = -(1/r)(d\Phi/dr)\boldsymbol{r}$ で $\nabla\times\boldsymbol{E} = \boldsymbol{0}$ となり，第 4 項は 0 となる．ここで，$r = |\boldsymbol{r}| = \sqrt{x^2+y^2+z^2}$ である．

（5）　$\Phi = \Phi(r)$ の場合，第 5 項は

$$\frac{e\hbar}{4m_{\mathrm{e}}^2c^2}\boldsymbol{\Sigma}\cdot\boldsymbol{E}\times\boldsymbol{p} = -\frac{e\hbar}{4m_{\mathrm{e}}^2c^2}\frac{1}{r}\frac{d\Phi}{dr}\boldsymbol{\Sigma}\cdot\boldsymbol{r}\times\boldsymbol{p} = -\frac{e\hbar}{4m_{\mathrm{e}}^2c^2}\frac{1}{r}\frac{d\Phi}{dr}\boldsymbol{\Sigma}\cdot\boldsymbol{L} \tag{5.43}$$

となり，スピンと軌道角運動量の間の結合エネルギーで運動すること

により，新たに電子が感じる磁場とスピンとの間の結合エネルギーと考えられる．ここで，$\boldsymbol{L}=\boldsymbol{r}\times\boldsymbol{p}$ は軌道角運動量である．

実際に $\boldsymbol{E}$ の存在下で，速度 $\boldsymbol{v}$ で運動する電子が感じる磁束密度は $\boldsymbol{B}'=-(1/c^2)\,\boldsymbol{v}\times\boldsymbol{E}=-(1/m_{\mathrm{e}}c^2)\,\boldsymbol{p}\times\boldsymbol{E}$ で，$\boldsymbol{B}'$ とスピン $\boldsymbol{S}$ との間の結合エネルギーは

$$H_{\mathrm{SB}'}=\frac{g_{\mathrm{e}}\mu_{\mathrm{B}}}{\hbar}\boldsymbol{S}\cdot\boldsymbol{B}' \tag{5.44}$$

で与えられる．ここで $\mu_{\mathrm{B}}\equiv e\hbar/2m_{\mathrm{e}}\ (=9.27\times10^{-24}\mathrm{C}\cdot\mathrm{m}^2/\mathrm{s})$ は**ボーア磁子**（**Bohr magneton**），g_{e} は磁気回転比である．

なお，$\boldsymbol{S}=\hbar\boldsymbol{\Sigma}/2$ とすると，

$$H_{\mathrm{SB}'}=g_{\mathrm{e}}\frac{e\hbar}{4m_{\mathrm{e}}}\boldsymbol{\Sigma}\cdot\boldsymbol{B}'=g_{\mathrm{e}}\frac{e\hbar}{4m_{\mathrm{e}}^2c^2}\boldsymbol{\Sigma}\cdot\boldsymbol{E}\times\boldsymbol{p} \tag{5.45}$$

となり，(5.43) との比較から $g_{\mathrm{e}}=1$ であることがわかる．パウリ項の磁気回転比（g 因子）g が，2 であったのと異なることに注意する．g については，14.5 節および付録 C.3 節を参照してほしい．

さらに，電子に関する運動方程式 $m_{\mathrm{e}}\boldsymbol{a}=-e\boldsymbol{E}$ を用いると，$\boldsymbol{B}'=-(1/c^2)\,\boldsymbol{v}\times\boldsymbol{E}=(m_{\mathrm{e}}/ec^2)\,\boldsymbol{v}\times\boldsymbol{a}$ となる．ここで，$\boldsymbol{a}$ は電子の加速度である．よって，

$$-\frac{\mu_{\mathrm{B}}}{\hbar}\boldsymbol{B}'=-\frac{1}{2c^2}\boldsymbol{v}\times\boldsymbol{a}\equiv\boldsymbol{\Omega} \tag{5.46}$$

となる．なお，$\boldsymbol{\Omega}$ は電子が行う歳差運動の角速度と解釈される．加速度運動する系のベクトルを外部の慣性系から見た場合，**トーマスの歳差**（**Thomas precession**）とよばれる首振り運動が生じる．具体的には，加速度運動する座標系は，常にその直前の時刻での座標軸とローレンツブーストで関連するように設定される．

外部の慣性系から見た加速度運動する座標系の速度を $\boldsymbol{v}$，加速度を $\boldsymbol{a}$ とすると，$1-(\boldsymbol{v}/c)^2\simeq1$ という近似の下でトーマスの歳差の角速

度は $\boldsymbol{\Omega} = -(1/2c^2)\,\boldsymbol{v}\times\boldsymbol{a}$ で与えられ，$-(\mu_{\mathrm{B}}/\hbar)\,\boldsymbol{B}'$ と一致する．

（6）　最後の項は**ダーウィン項**（**Darwin term**）とよばれる項で，ツィッターベベーグングに起因している．具体的には，電子は $\langle(\delta\boldsymbol{r})^2\rangle \simeq (\hbar/m_{\mathrm{e}}c)^2$ のゆらぎをもって運動する（例えば，(4.59) を参照）ので，これに伴いクーロンポテンシャル（**Coulomb potential**）($V = -e\Phi$) の相対的な変動を感じる．

V の相対的な変動 $\langle\delta V\rangle$ を次のように評価することにより，係数に関する数値の違いを除いてダーウィン項と一致することがわかる．

$$\langle\delta V\rangle = \langle V(\boldsymbol{r}+\delta\boldsymbol{r}) - V(\boldsymbol{r})\rangle = \left\langle \sum_i \delta x^i \frac{\partial V}{\partial x^i} + \frac{1}{2}\sum_{i,j}\delta x^i \delta x^j \frac{\partial^2 V}{\partial x^i \partial x^j}\right\rangle$$

$$\simeq \frac{1}{6}\langle(\delta\boldsymbol{r})^2\rangle\,\boldsymbol{\nabla}^2 V \simeq -\frac{e\hbar^2}{6m_{\mathrm{e}}^2c^2}\boldsymbol{\nabla}^2\Phi = \frac{e\hbar^2}{6m_{\mathrm{e}}^2c^2}\boldsymbol{\nabla}\cdot\boldsymbol{E} \qquad (5.47)$$

ここで，平均値に関する関係 $\langle\delta x^i\rangle = 0$，$\langle\delta x\delta y\rangle = 0$，$\langle\delta y\delta z\rangle = 0$，$\langle\delta z\delta x\rangle = 0$，$\langle(\delta x)^2\rangle = \langle(\delta y)^2\rangle = \langle(\delta z)^2\rangle = (1/3)\langle(\delta\boldsymbol{r})^2\rangle$ を用いた．

谷 - フォルディ - ボートホイゼン変換の谷さん

洋書で Foldy - Wouthuysen 変換と通常よばれる変換に対して，「相対論的量子力学」（西島和彦 著，培風館，1973 年）の中では Foldy - Wouthuysen - Tani（谷）変換という名称が付けられている．

Foldy と Wouthuysen の日本語読みと谷さんに関する情報が知りたくて，「物理学辞典」（培風館）を調べたところ，**谷 - フォルディ - ボートホイゼン変換**という項目に出くわした．前者はかなったが，谷さんに関する情報についてはさらなるリサーチが必要であった．インターネットの論文検索などを駆使して辿り着いた結論は，「谷 - フォルディ - ボートホイゼン変換の谷さんのフルネームは谷純男（すみお）で（敬称略)，関連論文は，1949 年刊行の素粒子論研究 **1** No. 1 pp. 15 - 16 および 1951 年刊行の Progress of Theoretical Physics **VI** No. 3 pp. 267 - 285 であろう」である．

ちなみに，フォルディとボートホイゼンの共著の論文は 1950 年刊行の Physical Review **78** pp. 29 - 36 で，谷さん自身が後者の論文で引用している．さらに突き詰めると，Pryce による 1948 年の論文 Proceedings of Royal Society **195** pp. 62 - 81 に行き着くことがわかった．

第6章 水素原子

相対論的量子力学の定式化において，水素原子のエネルギー準位の導出が理論の正否に関する最初の指標になる．この章では，クーロンポテンシャルを有するディラック方程式を解いて固有状態と固有値を導出し，実験値と比較する．

6.1 水素原子のエネルギー準位

6.1.1 水素様原子に関するディラック方程式

原子番号 Z の原子内に存在する電子に関するディラック方程式,

$$\left(-i\hbar c\boldsymbol{\alpha}\cdot\nabla+\beta m_{\mathrm{e}}c^2-k_0\frac{Ze^2}{r}\right)\psi=E\psi,\qquad k_0\equiv\frac{1}{4\pi\varepsilon_0}\quad(6.1)$$

を直接解くことにより,エネルギーの固有状態と固有値を求めよう．ここで，$\varepsilon_0(=8.85\times10^{-12}\,\mathrm{F/m})$ は真空の誘電率である．原子核が原点に位置している (図 6.1 参照) として，$r=|\boldsymbol{r}|=\sqrt{x^2+y^2+z^2}$ とした．この節では，表記法として $\boldsymbol{x}$ の代わりに $\boldsymbol{r}$ を用いることにする．以下，ディラック表示の下で解析する．

この場合，ハミルトニアンは

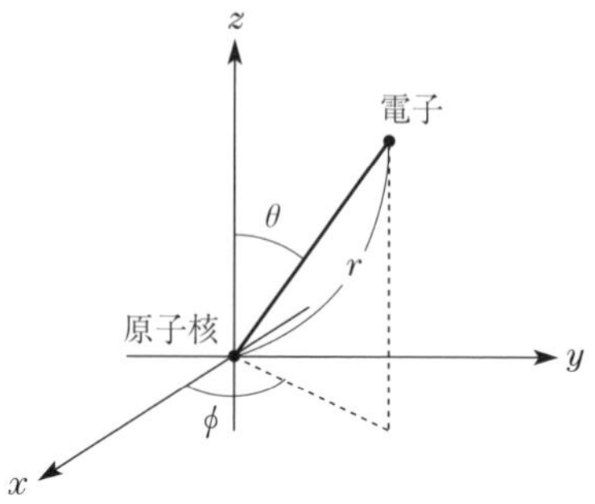

図 6.1　水素様原子

$$H = \begin{pmatrix} m_e c^2 - \dfrac{\hbar c Z\alpha}{r} & -i\hbar c\boldsymbol{\sigma}\cdot\boldsymbol{\nabla} \\ -i\hbar c\boldsymbol{\sigma}\cdot\boldsymbol{\nabla} & -m_e c^2 - \dfrac{\hbar c Z\alpha}{r} \end{pmatrix} \tag{6.2}$$

で与えられる．ここで, α は微細構造定数とよばれる無次元のパラメータで,

$$\alpha \equiv \frac{e^2}{4\pi\varepsilon_0}\frac{1}{\hbar c} \approx \frac{1}{137} \tag{6.3}$$

である．H を含む互いに可換な演算子の組は $\{H, \boldsymbol{J}^2, J_z\}$ であり，$\boldsymbol{J}^2, J_z, \boldsymbol{L}^2$ の固有値は，それぞれ

$$\boldsymbol{J}^2 = \hbar^2 j(j+1) \quad \left(j = \frac{1}{2}, \frac{3}{2}, \cdots\right) \tag{6.4}$$

$$J_z = \hbar m \quad (m = -j, -j+1, \cdots, j-1, j) \tag{6.5}$$

$$\boldsymbol{L}^2 = \hbar^2 l(l+1) \quad (l = 0, 1, 2, \cdots) \tag{6.6}$$

で与えられる．ここで，$\boldsymbol{J} \equiv \boldsymbol{L} + \hbar\boldsymbol{\sigma}/2$ は全角運動量である．$(\boldsymbol{J}^2, J_z, \boldsymbol{L}^2)$ の固有状態で $j = l \pm (1/2)$ (> 0) であるものを $\varphi_{jm}^{(\pm)}$ と記す．

よって，$\boldsymbol{J}$ を 2 乗することにより，

$$\hbar\boldsymbol{L}\cdot\boldsymbol{\sigma} = \boldsymbol{J}^2 - \boldsymbol{L}^2 - \frac{3}{4}\hbar^2 \tag{6.7}$$

が導かれ，$\varphi_{jm}^{(\pm)}$ は

$$\hbar \boldsymbol{L}\cdot\boldsymbol{\sigma}\varphi_{jm}^{(+)} = \left(\boldsymbol{J}^2 - \boldsymbol{L}^2 - \frac{3}{4}\hbar^2\right)\varphi_{jm}^{(+)} = \hbar^2\left[j(j+1) - l(l+1) - \frac{3}{4}\right]\varphi_{jm}^{(+)}$$
$$= \hbar^2 l\varphi_{jm}^{(+)} \quad \left(j = l + \frac{1}{2}\right) \tag{6.8}$$

$$\hbar \boldsymbol{L}\cdot\boldsymbol{\sigma}\varphi_{jm}^{(-)} = \left(\boldsymbol{J}^2 - \boldsymbol{L}^2 - \frac{3}{4}\hbar^2\right)\varphi_{jm}^{(-)} = \hbar^2\left[j(j+1) - l(l+1) - \frac{3}{4}\right]\varphi_{jm}^{(-)}$$
$$= -\hbar^2(l+1)\varphi_{jm}^{(-)} \quad \left(j = l - \frac{1}{2}\right) \tag{6.9}$$

のように $\hbar\boldsymbol{L}\cdot\boldsymbol{\sigma}$ の固有状態であることがわかる．

また，球面調和関数 $Y_{l\widehat{m}}$ は $\boldsymbol{L}^2$ と L_z の固有関数で，

$$\boldsymbol{L}^2 Y_{l\widehat{m}} = \hbar^2 l(l+1) Y_{l\widehat{m}}, \qquad L_z Y_{l\widehat{m}} = \hbar\widehat{m} Y_{l\widehat{m}} \tag{6.10}$$

を満たすので，規格化された $\varphi_{jm}^{(\pm)}$ は

$$\varphi_{jm}^{(+)} = \frac{1}{\sqrt{2l+1}}\begin{pmatrix}\sqrt{l+m+\frac{1}{2}}\;Y_{l\,m-\frac{1}{2}} \\ \sqrt{l-m+\frac{1}{2}}\;Y_{l\,m+\frac{1}{2}}\end{pmatrix}, \qquad j = l + \frac{1}{2} \tag{6.11}$$

$$\varphi_{jm}^{(-)} = \frac{1}{\sqrt{2l+1}}\begin{pmatrix}\sqrt{l-m+\frac{1}{2}}\;Y_{l\,m-\frac{1}{2}} \\ -\sqrt{l+m+\frac{1}{2}}\;Y_{l\,m+\frac{1}{2}}\end{pmatrix}, \qquad j = l - \frac{1}{2},\ l > 0 \tag{6.12}$$

となる．$\varphi_{jm}^{(\pm)}$ は，次に示すように J_z に関する固有値 m の固有状態である．

$$J_z\varphi_{jm}^{(\pm)} = \left(L_z + \hbar\frac{\sigma_z}{2}\right)\varphi_{jm}^{(\pm)} = \hbar m\varphi_{jm}^{(\pm)} \tag{6.13}$$

ここで，$\varphi_{jm}^{(+)} = \boldsymbol{\sigma}\cdot\hat{\boldsymbol{r}}\,\varphi_{jm}^{(-)}$ $(\hat{\boldsymbol{r}} \equiv \boldsymbol{r}/r)$ となるように位相因子を選んだ．$\boldsymbol{\sigma}\cdot\hat{\boldsymbol{r}}$ は擬スカラーで，空間反転の下で符号を変えるため $\varphi_{jm}^{(+)}$ と $\varphi_{jm}^{(-)}$ のパリティの値は異なる．

6.1.2 動径に関する微分方程式

中心力ポテンシャル $V=V(r)$ をもつ系は空間反転の下で不変なので，エネルギー固有状態は定まったパリティをもつ．具体的には，

$$\left.\begin{aligned} \beta\psi^{(\pm)}(x') &= \pm\psi^{(\pm)}(x) \\ x'^0 &= x^0 \\ \boldsymbol{x}' &= -\boldsymbol{x} \end{aligned}\right\} \tag{6.14}$$

である．

なお $\psi^{(+)}(x)$，$\psi^{(-)}(x)$ はそれぞれ，偶のパリティ，奇のパリティをもつディラックスピノル解である．$Y_{l\bar{m}}$ は空間反転の下でパリティ $(-1)^l$ を得るので，固有状態に対して $(\pm)$ の代わりに l を用いるのが便利である．

実際，パリティ $(-1)^l$ をもつスピノルは

$$\psi_{jm}^{(l)} = \begin{pmatrix} \dfrac{iG_{lj}(r)}{r}\varphi_{jm}^{(l)} \\ \dfrac{F_{lj}(r)}{r}(\boldsymbol{\sigma}\cdot\hat{\boldsymbol{r}})\varphi_{jm}^{(l)} \end{pmatrix} \tag{6.15}$$

で与えられる．ここで，$\varphi_{jm}^{(l)}$ は $j=l+(1/2)$ である $\varphi_{jm}^{(+)}$，$j=l-(1/2)$ である $\varphi_{jm}^{(-)}$ を表す．

また，$G_{lj}(r)$，$F_{lj}(r)$ は動径 r に関する関数で，(6.15) を (6.1) に代入することにより，

$$\left(\frac{E}{\hbar c} - \frac{m_{\mathrm{e}}c}{\hbar} + \frac{Z\alpha}{r}\right)G_{lj}(r) = -\frac{dF_{lj}(r)}{dr} \mp \left(j+\frac{1}{2}\right)\frac{F_{lj}(r)}{r} \tag{6.16}$$

$$\left(\frac{E}{\hbar c} + \frac{m_{\mathrm{e}}c}{\hbar} + \frac{Z\alpha}{r}\right)F_{lj}(r) = \frac{dG_{lj}(r)}{dr} \mp \left(j+\frac{1}{2}\right)\frac{G_{lj}(r)}{r} \tag{6.17}$$

が導かれる．ここで，次のような式変形を用いた．

$$
\begin{aligned}
(\boldsymbol{\sigma}\cdot\boldsymbol{p})\,f(r)\,\varphi_{jm}^{(l)} &= (\boldsymbol{\sigma}\cdot\hat{\boldsymbol{r}})(\boldsymbol{\sigma}\cdot\hat{\boldsymbol{r}})(\boldsymbol{\sigma}\cdot\boldsymbol{p})\,f(r)\,\varphi_{jm}^{(l)} \\
&= \frac{\boldsymbol{\sigma}\cdot\hat{\boldsymbol{r}}}{r}(\boldsymbol{r}\cdot\boldsymbol{p}+i\boldsymbol{\sigma}\cdot\boldsymbol{L})\,f(r)\,\varphi_{jm}^{(l)} \\
&= -i\hbar\frac{\boldsymbol{\sigma}\cdot\hat{\boldsymbol{r}}}{r}\left[r\frac{df(r)}{dr}+\left\{1\mp\left(j+\frac{1}{2}\right)\right\}f(r)\right]\varphi_{jm}^{(l)}
\end{aligned}
\tag{6.18}
$$

$$
\begin{aligned}
(\boldsymbol{\sigma}\cdot\boldsymbol{p})(\boldsymbol{\sigma}\cdot\hat{\boldsymbol{r}})\,f(r)\,\varphi_{jm}^{(l)} &= \frac{1}{r}(\boldsymbol{r}\cdot\boldsymbol{p}-i\boldsymbol{\sigma}\cdot\boldsymbol{L})\,f(r)\,\varphi_{jm}^{(l)} \\
&= -i\hbar\frac{1}{r}\left[r\frac{df(r)}{dr}+\left\{1\pm\left(j+\frac{1}{2}\right)\right\}f(r)\right]\varphi_{jm}^{(l)}
\end{aligned}
\tag{6.19}
$$

(6.18) の 2 番目から 3 番目の式変形，および (6.19) の 1 番目から 2 番目の式変形において，パウリ行列に関する公式 (1.49) と $\boldsymbol{L}=\boldsymbol{r}\times\boldsymbol{p}$ を用いた．

(6.16) と (6.17) を解くために，無次元の変数 $\rho\equiv 2\lambda r$ を導入して，

$$
G(r)=\sqrt{1+\frac{E}{m_{\mathrm{e}}c^2}}\,e^{-\frac{\rho}{2}}(F_1(\rho)+F_2(\rho)) \tag{6.20}
$$

$$
F(r)=\sqrt{1-\frac{E}{m_{\mathrm{e}}c^2}}\,e^{-\frac{\rho}{2}}(F_1(\rho)-F_2(\rho)) \tag{6.21}
$$

のように関数 $F_1(\rho)$，$F_2(\rho)$ を用いて書き表す．ここで，添字 l や j は省略した．

さらに $F_1(\rho)$，$F_2(\rho)$ は，微分方程式

$$
\left[\rho\frac{d^2}{d\rho^2}+(1-\rho)\frac{d}{d\rho}+\left(\frac{Z\alpha E}{c\hbar\tilde{\lambda}}-1-\frac{\gamma^2}{\rho}\right)\right]F_1(\rho)=0 \tag{6.22}
$$

$$
\left[\rho\frac{d^2}{d\rho^2}+(1-\rho)\frac{d}{d\rho}+\left(\frac{Z\alpha E}{c\hbar\tilde{\lambda}}-\frac{\gamma^2}{\rho}\right)\right]F_2(\rho)=0 \tag{6.23}
$$

を満たし，(6.22) および (6.23) に出てくる $\tilde{\lambda}$ は，

$$
\tilde{\lambda}\equiv\sqrt{\left(\frac{m_{\mathrm{e}}c}{\hbar}\right)^2-\left(\frac{E}{c\hbar}\right)^2} \tag{6.24}
$$

という関係がある.

6.1.3 エネルギー準位

(6.22) と (6.23) の微分方程式を解くことにより, $\rho \to 0$ で有限な解として,

$$F_1(\rho) = \frac{\gamma - \dfrac{Z\alpha E}{c\hbar\tilde{\lambda}}}{-\gamma + \dfrac{Z\alpha m_e c}{\hbar\tilde{\lambda}}} \rho^\gamma F\left(\gamma + 1 - \frac{Z\alpha E}{c\hbar\tilde{\lambda}},\ 2\gamma + 1\ ;\ \rho\right) \tag{6.25}$$

$$F_2(\rho) = \rho^\gamma F\left(\gamma - \frac{Z\alpha E}{c\hbar\tilde{\lambda}},\ 2\gamma + 1\ ;\ \rho\right) \tag{6.26}$$

を得ることができ, (6.25) および (6.26) に出てくる γ は,

$$\gamma \equiv \sqrt{\left(j + \frac{1}{2}\right)^2 - Z^2\alpha^2} \tag{6.27}$$

という関係がある. また, $F(a, b\ ;\ \rho)$ は合流型超幾何関数で, 微分方程式

$$\left[\rho \frac{d^2}{d\rho^2} + (b - \rho)\frac{d}{d\rho} - a\right] F(a, b\ ;\ \rho) = 0 \tag{6.28}$$

の解である. ρ が十分大きなところで, $F(a, b\ ;\ \rho)$ は $[\Gamma(b) / \Gamma(a)]\ \rho^{a-b} e^\rho$ のような漸近形をもつ. ここで, $\Gamma(z)$ は Γ 関数である.

これらの波動関数が規格化可能であるという条件から,

$$\frac{1}{\Gamma\left(\gamma - \dfrac{Z\alpha E}{c\hbar\tilde{\lambda}}\right)} = 0 \tag{6.29}$$

となる必要がある. $\Gamma(z)$ は, $z = 0, -1, -2, \cdots$ において1次の極をもつので, (6.29) から,

$$\frac{Z\alpha E}{c\hbar\tilde{\lambda}} - \gamma = n - \left(j + \frac{1}{2}\right) \equiv k \quad (k = 0, 1, 2, \cdots) \tag{6.30}$$

が導かれる. (6.24), (6.27), (6.30) を用いて, エネルギー準位に関する公式

$$E = \frac{m_e c^2}{\sqrt{1 + \dfrac{Z^2\alpha^2}{\left[n - j - \dfrac{1}{2} + \sqrt{\left(j + \dfrac{1}{2}\right)^2 - Z^2\alpha^2}\right]^2}}}$$

$$= m_e c^2 \left[1 + \frac{Z^2\alpha^2}{\left\{n - j - \dfrac{1}{2} + \sqrt{\left(j + \dfrac{1}{2}\right)^2 - Z^2\alpha^2}\right\}^2}\right]^{-\frac{1}{2}} \tag{6.31}$$

が導かれる．

また，近次式を用いることにより，

$$E = m_e c^2 \left[1 + \frac{Z^2\alpha^2}{\left\{n - \dfrac{Z^2\alpha^2}{2j+1} + O(Z^4\alpha^4)\right\}^2}\right]^{-\frac{1}{2}}$$

$$= m_e c^2 - \frac{1}{2} m_e c^2 Z^2 \alpha^2 \frac{1}{n^2} - m_e c^2 \frac{Z^4\alpha^4}{2j+1}\frac{1}{n^3} + \frac{3}{8} m_e c^2 Z^4 \alpha^4 \frac{1}{n^4} + O(Z^6\alpha^6) \tag{6.32}$$

が導かれる．(6.31) において平方根の中が正という条件から，$j = 1/2$ とすると，$Z > 1/\alpha \approx 137$ である束縛状態の解は存在しないことがわかる．

参考のために，基底状態の固有関数を以下に記す．

$$\psi_{n=1,\, j=\frac{1}{2},\, m=\frac{1}{2}} = \frac{\left(\dfrac{2m_e cZ\alpha}{\hbar}\right)^{\frac{3}{2}}}{(4\pi)^{\frac{1}{2}}} \left(\frac{1+\gamma}{2\Gamma(2\gamma+1)}\right)^{\frac{1}{2}}$$

$$\times \left(\frac{2m_e cZ\alpha}{\hbar} r\right)^{\gamma-1} e^{-\frac{m_e cZ\alpha}{\hbar} r} \begin{pmatrix} 1 \\ 0 \\ i\dfrac{1-\gamma}{Z\alpha}\cos\theta \\ i\dfrac{1-\gamma}{Z\alpha}\sin\theta\, e^{i\phi} \end{pmatrix} \tag{6.33}$$

$$\psi_{n=1,\,j=\frac{1}{2},\,m=-\frac{1}{2}} = \frac{\left(\dfrac{2m_{\mathrm{e}}cZ\alpha}{\hbar}\right)^{\frac{3}{2}}}{(4\pi)^{\frac{1}{2}}}\left(\frac{1+\gamma}{2\Gamma(2\gamma+1)}\right)^{\frac{1}{2}} \times\left(\frac{2m_{\mathrm{e}}cZ\alpha}{\hbar}r\right)^{\gamma-1} e^{-\frac{m_{\mathrm{e}}cZ\alpha}{\hbar}r}\begin{pmatrix} 0 \\ 1 \\ i\dfrac{1-\gamma}{Z\alpha}\sin\theta\, e^{-i\phi} \\ -i\dfrac{1-\gamma}{Z\alpha}\cos\theta \end{pmatrix} \tag{6.34}$$

上記の 2 式において，$\gamma=\sqrt{1-Z^2\alpha^2}$ である．非相対論的極限で $\gamma\to 1$ となり，(6.33) および (6.34) はパウリの 2 成分スピノルに帰着する．

6.2　実験値との比較

6.2.1　微 細 構 造

ディラック方程式に基づくエネルギー準位は，シュレーディンガー方程式に基づくもの（(C.46) を参照）と異なり n と j に依存する．つまり，スピン依存性により縮退の一部が解ける．

実際に，低いエネルギー準位を順に列挙すると，

$$E(1\mathrm{S}_{1/2}) = m_{\mathrm{e}}c^2\sqrt{1-Z^2\alpha^2} \quad \left(n=1,\ l=0,\ j=\frac{1}{2}\right) \tag{6.35}$$

$$E(2\mathrm{S}_{1/2}) = m_{\mathrm{e}}c^2\sqrt{\frac{1+\sqrt{1-Z^2\alpha^2}}{2}} \quad \left(n=2,\ l=0,\ j=\frac{1}{2}\right) \tag{6.36}$$

$$E(2\mathrm{P}_{1/2}) = m_{\mathrm{e}}c^2\sqrt{\frac{1+\sqrt{1-Z^2\alpha^2}}{2}} \quad \left(n=2,\ l=1,\ j=\frac{1}{2}\right) \tag{6.37}$$

$$E(2\mathrm{P}_{3/2}) = m_{\mathrm{e}}c^2\sqrt{1-\frac{Z^2\alpha^2}{4}} \quad \left(n=2,\ l=1,\ j=\frac{3}{2}\right) \tag{6.38}$$

である．上記4式においては，エネルギー準位に対して非相対論的な理論における表記法 (1S など) を用いている．半奇数の添字は j の値を表す．

例えば，$2\mathrm{P}_{1/2}$ と $2\mathrm{P}_{3/2}$ の縮退が解けていて，このような分離は**微細構造**とよばれている．具体的には，j に依存する (6.32) の第3項が主な寄与を与え，その値は $Z=1$ の場合，以下に示すように実験値と一致する．

$$E(2\mathrm{P}_{3/2}) - E(2\mathrm{P}_{1/2}) \simeq \frac{\alpha^4}{32}m_{\mathrm{e}}c^2 = 4.53\times 10^{-5}\,\mathrm{eV} = 10.9\,\mathrm{GHz}\cdot(2\pi\hbar) \tag{6.39}$$

水素様原子の $n=3$ までのエネルギー準位を図6.2に示す．

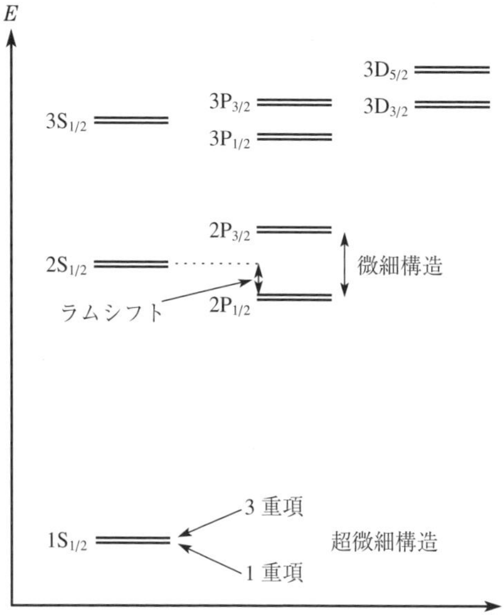

図6.2 水素様原子の $n=3$ までのエネルギー準位

微細構造の起源は，電子のスピンと軌道角運動量の結合によると考えられる．実際，球対称で静的な電磁ポテンシャルに対して，電子のスピンと軌道角運動量の間の結合エネルギーは (5.43) で与えられ，原点に存在する原子核のつくるポテンシャル $\Phi = k_0 Ze/r$ を用いて，

$$\begin{aligned}\frac{e\hbar}{4m_e^2c^2}\boldsymbol{\sigma}\cdot\boldsymbol{E}\times\boldsymbol{p} &= -\frac{e\hbar}{4m_e^2c^2}\frac{1}{r}\frac{d\Phi}{dr}\boldsymbol{\sigma}\cdot\boldsymbol{r}\times\boldsymbol{p} \\ &= -\frac{e\hbar}{4m_e^2c^2}\frac{1}{r}\frac{d\Phi}{dr}\boldsymbol{\sigma}\cdot\boldsymbol{L} \\ &= \frac{k_0Ze^2\hbar}{4m_e^2c^2}\frac{1}{r^3}\boldsymbol{\sigma}\cdot\boldsymbol{L} = \frac{Z\alpha\hbar^2}{4m_e^2c}\frac{\boldsymbol{\sigma}\cdot\boldsymbol{L}}{r^3} \end{aligned} \tag{6.40}$$

のように書き表される．

ここで $\boldsymbol{\Sigma}$ の代わりに $\boldsymbol{\sigma}$ を用いた．さらに (6.7) を用いて，$2P_{1/2}$ に関して $\hbar\boldsymbol{\sigma}\cdot\boldsymbol{L} = -2\hbar^2$，$2P_{3/2}$ に関して $\hbar\boldsymbol{\sigma}\cdot\boldsymbol{L} = \hbar^2$ という値が得られる．

また，$1/r^3$ に関する期待値は

$$\left\langle n, l \left| \frac{1}{r^3} \right| n, l \right\rangle = \frac{2}{n^3(2l+1)l(l+1)}\left(\frac{m_e c}{\hbar}Z\alpha\right)^3 \tag{6.41}$$

で与えられる．よって，$n=2$，$l=1$ の状態に対して，

$$\left\langle 2, 1 \left| \frac{1}{r^3} \right| 2, 1 \right\rangle = \frac{1}{24}\left(\frac{m_e c}{\hbar}Z\alpha\right)^3 \tag{6.42}$$

である．

したがって，$2P_{3/2}$ と $2P_{1/2}$ に関する (6.40) の値の差は

$$\begin{aligned}\left.\frac{Z\alpha\hbar^2}{4m_e^2c}\frac{\boldsymbol{\sigma}\cdot\boldsymbol{L}}{r^3}\right|_{2P_{3/2}} - \left.\frac{Z\alpha\hbar^2}{4m_e^2c}\frac{\boldsymbol{\sigma}\cdot\boldsymbol{L}}{r^3}\right|_{2P_{1/2}} &= \frac{Z\alpha\hbar}{4m_e^2c}\frac{1}{24}\left(\frac{m_e c}{\hbar}Z\alpha\right)^3 3\hbar^2 \\ &= \frac{(Z\alpha)^4}{32}m_e c^2 \end{aligned} \tag{6.43}$$

となり，α^4 の次数までで $E\,(2P_{3/2}) - E\,(2P_{1/2})$ に一致する．

実験によると，さらに細かいエネルギー準位の分離が起こっている．典型的なものを以下に 2 つ紹介する．

6.2.2　超微細構造

$1S_{1/2}$ の状態はさらに分離していて，このような分離は**超微細構造**とよばれている．ここでは，$Z=1$ (水素原子) の場合について考察する．

具体的には，陽子の磁気モーメントにより誘起された磁場と電子のスピンとの間の相互作用

$$H_{\mathrm{hf}} = \frac{e\hbar}{2m_{\mathrm{e}}}\boldsymbol{\sigma}_{\mathrm{e}}\cdot\boldsymbol{B} \tag{6.44}$$

に対して，電子のスピン $\hbar\boldsymbol{\sigma}_{\mathrm{e}}/2$ と陽子のスピン $\hbar\boldsymbol{\sigma}_{\mathrm{P}}/2$ から構成される 3 重項と 1 重項の間で，H_{hf} の値に差が生じることに起因する．まず，$\boldsymbol{B}$ は

$$\boldsymbol{B} = \boldsymbol{\nabla}\times\boldsymbol{A}, \qquad \boldsymbol{A} = -k_0\boldsymbol{\mu}_{\mathrm{P}}\times\boldsymbol{\nabla}\frac{1}{r} \tag{6.45}$$

で与えられる．

上式で出てきた $\boldsymbol{\mu}_{\mathrm{P}}$ は，陽子の磁気モーメントで $\boldsymbol{\mu}_{\mathrm{P}} \equiv g_{\mathrm{P}}\,(e\hbar/2m_{\mathrm{P}})\,(\boldsymbol{\sigma}_{\mathrm{P}}/2)$ で定義される．m_{P} は陽子の質量，g_{P} は磁気回転比である．(6.45) を (6.44) に代入すると，

$$\begin{aligned} H_{\mathrm{hf}} &= -k_0\frac{e\hbar}{2m_{\mathrm{e}}}\boldsymbol{\sigma}_{\mathrm{e}}\cdot\boldsymbol{\nabla}\times(\boldsymbol{\mu}_{\mathrm{P}}\times\boldsymbol{\nabla})\frac{1}{r} \\ &= -k_0\frac{e\hbar}{2m_{\mathrm{e}}}\boldsymbol{\sigma}_{\mathrm{e}}\cdot\{\boldsymbol{\mu}_{\mathrm{P}}\boldsymbol{\nabla}^2 - (\boldsymbol{\mu}_{\mathrm{P}}\cdot\boldsymbol{\nabla})\boldsymbol{\nabla}\}\frac{1}{r} \\ &= \frac{4\pi k_0 e\hbar}{3m_{\mathrm{e}}}\boldsymbol{\sigma}_{\mathrm{e}}\cdot\boldsymbol{\mu}_{\mathrm{P}}\,\delta^3(r) \end{aligned} \tag{6.46}$$

となる．なお，$\partial_i\partial_j = (1/3)\,\delta_{ij}\boldsymbol{\nabla}^2$ および $\boldsymbol{\nabla}^2\,(1/r) = -4\pi\,\delta^3\,(r)$ を用いた．

H_{hf} を波動関数で挟んで積分することにより，エネルギーの期待値は

$$E_{\mathrm{hf}} = \langle H_{\mathrm{hf}} \rangle = \frac{\pi k_0 e^2 \hbar^2}{3 m_{\mathrm{e}} m_{\mathrm{P}}} g_{\mathrm{P}} \langle \boldsymbol{\sigma}_{\mathrm{e}} \cdot \boldsymbol{\sigma}_{\mathrm{P}} \rangle |\psi(0)|^2 \tag{6.47}$$

となる．なお，$\boldsymbol{\mu}_{\mathrm{P}}$ に関する具体的な表式を用いた．合成されたスピン 3 重項に対して $\langle \boldsymbol{\sigma}_{\mathrm{e}} \cdot \boldsymbol{\sigma}_{\mathrm{P}} \rangle = 1$，1 重項に対して $\langle \boldsymbol{\sigma}_{\mathrm{e}} \cdot \boldsymbol{\sigma}_{\mathrm{P}} \rangle = -3$ となり，$n = 1$ の状態に対して $|\psi(0)|^2 = (1/\pi)\,(m_{\mathrm{e}} c\alpha/\hbar)^3$ であるから，3 重項と 1 重項の間のエネルギー差は

$$\begin{aligned} \Delta E_{\mathrm{hf}}(1\mathrm{S}_{1/2}) &= \frac{\pi k_0 e^2 \hbar^2}{3 m_{\mathrm{e}} m_{\mathrm{P}}} g_{\mathrm{P}}\, 4 \frac{1}{\pi} \left(\frac{m_{\mathrm{e}} c}{\hbar} \alpha \right)^3 = \frac{4}{3} m_{\mathrm{e}} c^2 \frac{m_{\mathrm{e}}}{m_{\mathrm{P}}} g_{\mathrm{P}} \alpha^4 \\ &= 5.89 \times 10^{-6}\,\mathrm{eV} = 1.42\,\mathrm{GHz} \cdot (2\pi\hbar) \end{aligned} \tag{6.48}$$

となる．また，$g_{\mathrm{P}} = 5.6$ とした．

このように，g_{P} の値が 2（ディラック方程式から予言される値）から大きくずれているのは，陽子が内部構造（クォークから成る複合粒子・束縛状態）をもつからである．

6.2.3　ラムシフト

(6.36) と (6.37) からわかるように，$2\mathrm{S}_{1/2}$ と $2\mathrm{P}_{1/2}$ は理論上縮退しているが実際には縮退が解けていて，この分離は**ラムシフト**（**Lamb shift**）とよばれている．

ラムシフトの要因は，定性的にはダーウィン項と同じ起源（電子の位置のゆらぎとクーロンポテンシャルの相対的な変動）により理解することができる．以下で定性的な議論を展開する．原子核と電子の間のクーロンポテンシャル $V = -e\Phi = -k_0\,(Ze^2/r) = -(Z\alpha/r)\,\hbar c$ を用いると，$\nabla^2 V = 4\pi Z\alpha\hbar c\, \delta^3(r)$ であるから，ダーウィン項は

$$\langle \delta V \rangle \simeq \frac{1}{6} \langle (\delta \boldsymbol{r})^2 \rangle\, \nabla^2 V = \frac{2\pi}{3} Z\alpha\hbar c \langle (\delta \boldsymbol{r})^2 \rangle\, \delta^3(r) \tag{6.49}$$

となる．よって，$l = 0$ の状態（s 軌道）が 0 でない値を得ることがわかる．

主量子数 n において，$l = 0$ の状態 $\psi_n(x)$ で挟むことによりエネルギーの

期待値は

$$E_{\mathrm{lamb}} = \frac{2\pi}{3} Z\alpha\hbar c \left\langle (\delta \boldsymbol{r})^2 \right\rangle |\psi_n(0)|^2 \delta_{l0}$$
$$= \frac{1}{12}\left(\frac{2m_{\mathrm{e}}c}{\hbar} Z\alpha\right)^3 \frac{Z\alpha\hbar c}{n^3} \left\langle (\delta \boldsymbol{r})^2 \right\rangle \delta_{l0} \qquad (6.50)$$

で与えられる．ここで，

$$|\psi_n(0)|^2 = \frac{1}{\pi}\left(\frac{m_{\mathrm{e}}c}{\hbar} Z\alpha\right)^3 \frac{1}{n^3} \qquad (6.51)$$

を用いた．

次に，（真空中での）電場 $\boldsymbol{E}$ の変動による電子の位置のゆらぎの 2 乗 $\langle (\delta \boldsymbol{r})^2 \rangle$ を評価しよう．電子の変位 $\delta \boldsymbol{r}$ が従う運動方程式は $m_{\mathrm{e}}(d^2\delta \boldsymbol{r}/dt^2) = -e\boldsymbol{E}$ である．$\delta \boldsymbol{r}$ および $\boldsymbol{E}$ のフーリエ級数展開

$$\delta \boldsymbol{r} = \frac{1}{\sqrt{2\pi}} \int_{-\infty}^{\infty} \delta \boldsymbol{r}_\omega \, e^{i\omega t} \, d\omega, \qquad \boldsymbol{E} = \frac{1}{\sqrt{2\pi}} \int_{-\infty}^{\infty} \boldsymbol{E}_\omega \, e^{i\omega t} \, d\omega \qquad (6.52)$$

を用いると，運動方程式は展開係数の間の関係式 $m_{\mathrm{e}}\omega^2 \, \delta \boldsymbol{r}_\omega = e\boldsymbol{E}_\omega$ に読み替えられ，これを用いて，

$$\left\langle (\delta \boldsymbol{r})^2 \right\rangle = \int_{-\infty}^{\infty} \left\langle (\delta \boldsymbol{r}_\omega)^2 \right\rangle d\omega = \frac{e^2}{m_{\mathrm{e}}^2} \int_{-\infty}^{\infty} \frac{\left\langle (\boldsymbol{E}_\omega)^2 \right\rangle}{\omega^4} \, d\omega \qquad (6.53)$$

と表される．ここで，$\langle (\delta \boldsymbol{r})^2 \rangle \equiv \int_{-T/2}^{T/2} (\delta \boldsymbol{r})^2 \, dt/T$，$\langle (\delta \boldsymbol{r}_\omega)^2 \rangle \equiv |\delta \boldsymbol{r}_\omega|^2/T$ である．

電磁場は無限個の調和振動子と考えられ，真空中でも零点エネルギーが存在するので，エネルギー密度に関する関係式

$$\frac{1}{2}\left(\varepsilon_0 \langle \boldsymbol{E}^2 \rangle + \frac{1}{\mu_0} \langle \boldsymbol{B}^2 \rangle\right) = \int_{-\infty}^{\infty} \frac{d^3k}{(2\pi)^3} \frac{\hbar\omega}{2} \cdot 2 = \int_0^{\infty} \frac{4\pi\omega^2 \, d\omega}{(2\pi)^3 c^3} \hbar\omega \qquad (6.54)$$

が成り立つ．ここで，μ_0（$= 1.26 \times 10^{-6}$ N/A^2）は真空の透磁率である．$c|\boldsymbol{k}| = \omega$ を用いている．また，光の偏向の自由度を考慮して零点エネルギーを 2 倍している．

$\varepsilon_0 \langle \boldsymbol{E}^2 \rangle = (1/\mu_0) \langle \boldsymbol{B}^2 \rangle$ および $\langle \boldsymbol{E}^2 \rangle = \int_{-\infty}^{\infty} \langle (\boldsymbol{E}_\omega)^2 \rangle \, d\omega$ を用いて，

$$\langle (\boldsymbol{E}_\omega)^2 \rangle = \frac{1}{\varepsilon_0} \frac{\hbar \omega^3}{4\pi^2 c^3} = k_0 \frac{\hbar \omega^3}{\pi c^3} \tag{6.55}$$

となる．よって，

$$\begin{aligned} \langle (\delta \boldsymbol{r})^2 \rangle &= \frac{e^2}{m_\mathrm{e}^2} \int_0^\infty k_0 \frac{2\hbar \omega^3}{\pi c^3} \frac{1}{\omega^4} d\omega = \frac{2\alpha}{\pi} \left(\frac{\hbar}{m_\mathrm{e} c} \right)^2 \int_0^\infty \frac{d\omega}{\omega} \\ &= \frac{2\alpha}{\pi} \left(\frac{\hbar}{m_\mathrm{e} c} \right)^2 [\ln \omega]_0^\infty \to \frac{2\alpha}{\pi} \left(\frac{\hbar}{m_\mathrm{e} c} \right)^2 \ln \frac{1}{Z\alpha} \end{aligned} \tag{6.56}$$

が導かれる．ここで，角振動数 ω の上限値を $m_\mathrm{e} c^2/\hbar$ で下限値を $Z\alpha m_\mathrm{e} c^2/\hbar$ として正則化した．これは電子のコンプトン波長を 2π で割った長さ $\hbar/(m_\mathrm{e} c)$ $(= 3.86 \times 10^{-13}\,\mathrm{m})$ より短い距離や，ボーア半径 $\hbar/(\alpha m_\mathrm{e} c)$ $(= 5.29 \times 10^{-11}\,\mathrm{m})$ を Z で割った長さよりも長い距離は寄与しないことを意味している．

以上から，(6.56) を (6.50) に代入することにより，

$$\begin{aligned} E_\mathrm{lamb} &= \frac{1}{12} \left(\frac{2m_\mathrm{e} c}{\hbar} Z\alpha \right)^3 \frac{Z\alpha \hbar c}{n^3} \frac{2\alpha}{\pi} \left(\frac{\hbar}{m_\mathrm{e} c} \right)^2 \ln \frac{1}{Z\alpha} \delta_{l0} \\ &= \frac{4}{3\pi} \frac{Z^4 \alpha^5}{n^3} m_\mathrm{e} c^2 \ln \frac{1}{Z\alpha} \delta_{l0} \end{aligned} \tag{6.57}$$

が導かれる．水素原子において $n = 2$ の場合，

$$E_\mathrm{lamb} = 2.76 \times 10^{-6}\,\mathrm{eV} = 668\,\mathrm{MHz} \cdot (2\pi\hbar) \tag{6.58}$$

が導かれ，実験値である 1057.845 MHz の 3 分の 2 ほどの値（定性的な議論に基づく解析としては十分な値）を得ることができる．

定性的な議論を超えて，ラムシフトの値を理論的に精密に導くことができるかどうかが，相対論的量子力学の正否に関するさらなる指標となる．さらに，精密な摂動論に基づく定量的な考察を第 15 章で行う．

第7章 空孔理論

ディラック方程式には負エネルギー解が存在し，その扱いが宿題として残されていた．この章ではディラックの解釈とその周辺（荷電共役変換，空間反転と時間反転，CP 変換）について学ぶ．

7.1 ディラックの解釈

電子は電荷を有し電磁場と相互作用するので，電磁波を放出することにより，正エネルギー状態から負エネルギー状態に遷移する可能性がある．

例えば，水素原子の基底状態にある電子が電磁波を放射して，負エネルギー状態に遷移する場合，次元解析によりその時間を見積もると $\tau = (1/\alpha^6) \times (h/m_e c^2) \sim 10^{-9}\,\mathrm{s}$ である．ここで，エネルギーの値が $-m_e c^2$ と $-2m_e c^2$ の間にある状態に遷移するとした．

また，α^{-6} の起源は以下の通りである．遷移振幅に含まれる始状態における電子の波動関数（基底状態の波動関数）の係数に $\alpha^{3/2}$（(6.33) と (6.34) を参照）が，相互作用項に e がそれぞれ存在し，遷移確率は遷移振幅の 2 乗に比例する．さらにエネルギー積分から α^2 が生じる．よって，遷移確率は α^6 に比例し，寿命は遷移確率の逆数に比例することになる．

このような負エネルギー状態への遷移現象が起こると，原子の安定性が脅

かされる．したがって，負エネルギー解の存在は深刻な問題である．

負エネルギー解の問題に対して，ディラックは**空孔理論**とよばれる理論を提案した．この理論によると，**真空は，負エネルギーの電子が完全に埋まっている状態として定義される．**図7.1のような，負エネルギー状態が無数の電子で埋め尽くされた状態は**ディラックの海**とよばれている．真空状態に1個の電子を導入した場合，パウリの排他律により，その電子は正エネルギー状態に配置される．このようにして原子の安定性が保証される．

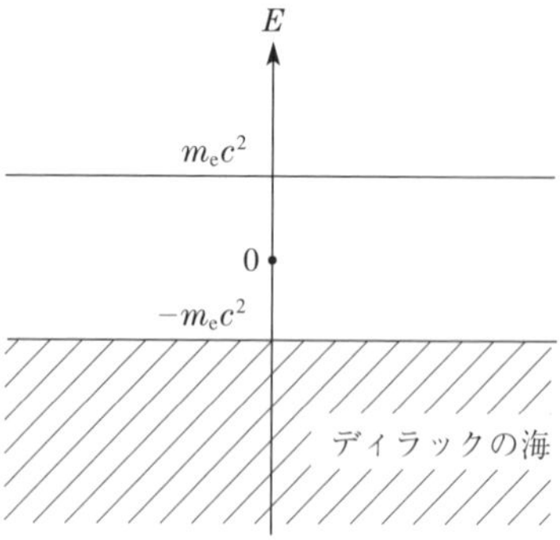

図7.1　真空状態とディラックの海

電磁場（光）を通して真空にエネルギーを加えたとしよう．このとき，負エネルギー状態の電子が，ディラックの海から飛び出し正エネルギー状態に遷移すると予想される．この場合，図7.2のように負エネルギー状態の電子の欠如に伴いディラックの海に孔（あな）が生じる．

この孔は，「エネルギー $-|E|$，電荷 $-e$，質量 m_e の電子が欠如した状態」で**正孔**（せいこう）とよばれる．正孔は粒子の生成という観点から，「エネルギー $|E|$，電荷 $e\ (>0)$，質量 m_e を有する粒子状態」として解釈される．この状態は電子と同じ質量をもち，符号の異なる電荷をもった粒子で**陽電子**とよび e^+ と記す．

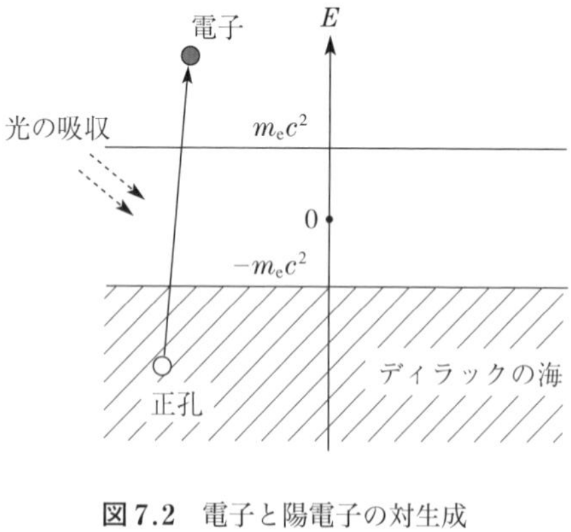

図7.2　電子と陽電子の対生成

一般に，同じ質量をもち，大きさの同じ異符号の電荷をもった粒子は**反粒子**とよばれる．

電磁相互作用により，電子が負エネルギー状態から正エネルギー状態へ遷移する過程は，電子と陽電子の対生成「光 → e^- + e^+」と考えられる．陽電子は1932年にアンダーソン（Anderson）により発見された．

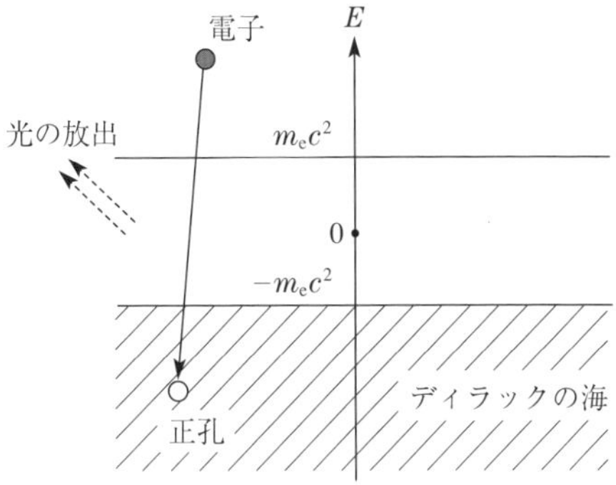

図 7.3　電子と陽電子の対消滅

逆に正孔が存在する場合，図7.3のように正エネルギー状態にある電子が，負エネルギー状態に遷移することにより正孔が埋まることがある．このような過程は，電子と陽電子の対消滅「e^- + e^+ → 光」として理解される．

空孔理論により，クラインのパラドックスは次のように解決される．

十分大きなポテンシャル $V_0(> E + m_e c^2)$ を加えることにより，電子と陽電子の対生成が起こる．それにより生じた電子は $V = 0$ の領域（図4.2の $z < 0$ の領域）に，陽電子は $V = V_0$ の領域（図4.2の $z > 0$ の領域）に進むとすると，反射率が1を超えるのは対生成により生じた電子のせいで，透過率が負になるのは電子の欠如，つまり陽電子の生成によると考えられる．

このようにして，空孔理論により陽電子の存在，電子や陽電子の対生成・対消滅が予言された．これらの現象を正しく理解するために，多粒子系を記述する より適用範囲の広い理論を展開・構築する必要がある．

その場合，電子の波動関数に基づくディラック方程式を基礎方程式とする，相対論的量子力学を内包する必要がある．なぜなら，相対論的量子力学は「ディラック方程式に基づいて，磁気回転比の関係（$g = 2$）やスピンが自然に理解できる．また，水素原子のエネルギー準位を正しく導くことができる．さらに，陽電子の存在が予言される．」といった素晴らしい特徴を兼ね備えているからである.

実際に，波動関数を場の演算子に変更することにより，相対論的量子力学を含む，より広い理論体系である**相対論的場の量子論**に到達することができる．ここで，**場の演算子**とは，粒子を生成したり消滅したりする演算子を含む波動方程式に従う場の量である．相対論的場の量子論は，粒子の生成・消滅を記述する多粒子系を扱う理論で，その枠組みでクライン - ゴルドン方程式が復活することになる．

7.2　荷電共役変換

電子と陽電子の関係をさらに追求しよう．電子を記述するディラック方程式は

$$(i\hbar\gamma^{\mu}\partial_{\mu} + e\gamma^{\mu}A_{\mu} - m_{\mathrm{e}}c)\psi = 0 \tag{7.1}$$

である．陽電子は電荷 $e\ (>0)$ を有するので，陽電子を記述する波動関数 ψ^c が従う方程式は

$$(i\hbar\gamma^{\mu}\partial_{\mu} - e\gamma^{\mu}A_{\mu} - m_{\mathrm{e}}c)\psi^c = 0 \tag{7.2}$$

と考えられる．

空孔理論によると「陽電子は負のエネルギーをもった電子の欠如」と解釈される．そこで，(7.1) の解と (7.2) の解の間に 1 対 1 の対応関係があると仮定して，2 つの方程式の関係を考察する．その際，$i\hbar\gamma^{\mu}\partial_{\mu}$ と $e\gamma^{\mu}A_{\mu}$ の間の符号の相違がヒントになる．つまり，A_{μ} は実数の場であるから，複素共役を取ることにより符号の相違が解消される可能性がある．

(7.1) に対して複素共役を取り，式全体の符号を変えることにより，

$$(i\hbar\gamma^{\mu *}\partial_{\mu} - e\gamma^{\mu *}A_{\mu} + m_{\mathrm{e}}c)\psi^* = 0 \tag{7.3}$$

が導かれる．ここで，

$$(C\gamma^0)\gamma^{\mu *}(C\gamma^0)^{-1} = -\gamma^{\mu} \tag{7.4}$$

を満たす 4 行 4 列の行列 $C\gamma^0$ が存在するならば，(7.2) と同じ形の方程式

$$(i\hbar\gamma^\mu\partial_\mu - e\gamma^\mu A_\mu - m_{\mathrm{e}}c)(C\gamma^0\psi^*) = 0 \tag{7.5}$$

が導かれる．よって，$\psi^c = C\gamma^0\psi^*$ と考えられる．

ディラック表示 (2.4) に基づいて，(7.4) を満たす行列 C を具体的に求めてみよう．$\gamma^0\gamma^{\mu*}\gamma^0 = \gamma^{\mu T}$ より，(7.4) は

$$C\gamma^{\mu T}C^{-1} = -\gamma^\mu,\ \text{あるいは，}\ C^{-1}\gamma^\mu C = -\gamma^{\mu T} \tag{7.6}$$

となる．ここで T は転置を表す．(2.4) より，$\gamma^{0T} = \gamma^0$，$\gamma^{1T} = -\gamma^1$，$\gamma^{2T} = \gamma^2$，$\gamma^{3T} = -\gamma^3$ が成り立つので，(7.6) と組み合わせると，

$$C\gamma^0 = -\gamma^0 C, \qquad C\gamma^1 = \gamma^1 C, \qquad C\gamma^2 = -\gamma^2 C, \qquad C\gamma^3 = \gamma^3 C \tag{7.7}$$

が導かれる．これらから，位相因子の任意性を考慮して，

$$C = i\gamma^2\gamma^0 = \begin{pmatrix} 0 & 0 & 0 & -1 \\ 0 & 0 & 1 & 0 \\ 0 & -1 & 0 & 0 \\ 1 & 0 & 0 & 0 \end{pmatrix} \tag{7.8}$$

のように選ぶことができる．(7.8) で与えられた C は

$$C = -C^{-1} = -C^\dagger = -C^T = C^*, \qquad C^2 = -I \tag{7.9}$$

を満たす．

以上から，ψ^c のディラック共役 $\bar{\psi}^c$ は

$$\begin{aligned} \bar{\psi}^c &= \psi^{c\dagger}\gamma^0 = (C\gamma^0\psi^*)^\dagger\gamma^0 = \psi^T\gamma^0 C^\dagger\gamma^0 = \psi^T\gamma^0 C^{-1}\gamma^0 \\ &= \psi^T\gamma^0 C^{-1}\gamma^0 C C^{-1} = -\psi^T\gamma^0\gamma^{0T}C^{-1} \\ &= -\psi^T C^{-1} \end{aligned} \tag{7.10}$$

である．**このようにして，ψ と ψ^c の間に**

$$\psi^c = C\gamma^0\psi^* = C\bar{\psi}^T \tag{7.11}$$

という関係が成り立つことがわかった！

静止している電子に関するスピン下向き ($S_z = -\hbar/2$) の負エネルギー解

$$\psi^4 = \frac{1}{(2\pi\hbar)^{\frac{3}{2}}}\begin{pmatrix}0\\0\\0\\1\end{pmatrix} e^{\frac{i}{\hbar}m_e c^2 t} \tag{7.12}$$

に対して，ψ^c を求めると，

$$\begin{aligned}(\psi^4)^c &= C\gamma^0(\psi^4)^* = i\gamma^2(\psi^4)^* \\ &= \frac{1}{(2\pi\hbar)^{\frac{3}{2}}}\begin{pmatrix}0&0&0&1\\0&0&-1&0\\0&-1&0&0\\1&0&0&0\end{pmatrix}\begin{pmatrix}0\\0\\0\\1\end{pmatrix} e^{-\frac{i}{\hbar}m_e c^2 t} \\ &= \frac{1}{(2\pi\hbar)^{\frac{3}{2}}}\begin{pmatrix}1\\0\\0\\0\end{pmatrix} e^{-\frac{i}{\hbar}m_e c^2 t} = \psi^1\end{aligned} \tag{7.13}$$

となる．電子の波動関数を ψ_{e^-}，陽電子の波動関数を ψ_{e^+} とすると，(7.13) は $(\psi^4_{e^-})^c = \psi^1_{e^+}$ を表している．

この関係と空孔理論により，**静止している電子に関するスピン下向きの負エネルギー解の欠如は，静止している陽電子に関するスピン上向きの正エネルギー解の存在と等価である**と考えられる．

一般的な自由粒子に対して，$C\gamma^0\psi^*$ にエネルギーおよびスピンに関する射影演算子 $(\varepsilon \not{p} + m_e c)/2m_e c$ $(\varepsilon = \pm 1)$，$(1 + \gamma_5 \not{s})/2$ を挿入し（つまり ψ に射影演算子を作用させ）(7.11) を用いて，

$$\begin{aligned}C\gamma^0\left(\frac{\varepsilon \not{p} + m_e c}{2m_e c}\right)^*\left(\frac{1+\gamma_5 \not{s}}{2}\right)^*\psi^* &= C\left(\frac{\varepsilon \not{p}^T + m_e c}{2m_e c}\right)\left(\frac{1-\gamma_5 \not{s}^T}{2}\right)\gamma^0\psi^* \\ &= C\left(\frac{\varepsilon \not{p}^T + m_e c}{2m_e c}\right)C^{-1}C\left(\frac{1-\gamma_5 \not{s}^T}{2}\right)C^{-1}C\gamma^0\psi^* \\ &= \left(\frac{-\varepsilon \not{p} + m_e c}{2m_e c}\right)\left(\frac{1+\gamma_5 \not{s}}{2}\right)\psi^c\end{aligned} \tag{7.14}$$

が導かれる．ここで，$C\gamma_5 = \gamma_5 C$ および $\gamma_5^T = \gamma_5 = \gamma_5^*$ を用いた．(7.14) から，スピン状態 s_μ を有する電子に関する負エネルギー解と，同じスピン状態 s_μ を有する陽電子に関する正エネルギー解が対応することがわかる．

自由粒子に関するスピノルを用いると，(7.11) は

$$e^{i\phi(p,s)}\, v(p,s) = C\,\bar{u}^T(p,s), \qquad e^{i\phi(p,s)}\, u(p,s) = C\,\bar{v}^T(p,s) \tag{7.15}$$

と表される．$\phi(p,s)$ は不定な位相である．(7.13)，(7.14) からわかったことは，**変換 $\psi \to \psi^c$ の下でスピンの向きは変化するが，スピン状態 s_μ は変化しない**ということである．

s_μ の不変性は，スピンに関する射影演算子の構造から理解できる．実際，静止系において，γ_0 があらかじめスピノルに作用しているとして射影演算子を定義したことにより，u と v の間で符号に差異が生じ，s_μ は変化しないことがわかる（(4.38) を参照せよ）．

ψ から ψ^c を構成する演算 (7.11) についてもう少し追求しよう．電子（陽電子）に関するディラック方程式 (7.1)（(7.2)）に対して，(7.11) と同時に 4 元電磁ポテンシャルの符号を変えることにより，陽電子（電子）に関するディラック方程式 (7.1)（(7.2)）を導くことができる．

つまり，ディラック方程式に基づく理論は電子と陽電子の入れかえ

$$\mathscr{C} : \psi \to \psi^c = C\gamma^0\psi^*, \qquad A_\mu \to -A_\mu \tag{7.16}$$

下での対称性を有している．(7.16) は**荷電共役変換**とよばれる離散的な変換で，物理的には，$-A_\mu$ の中に存在する陽電子の理論は A_μ の中に存在する電子の理論と区別がつかないことを意味する．なお，高次元ミンコフスキー空間における荷電共役変換については，付録 F.1 節を参照してほしい．

荷電共役変換の下での不変性により，質量 m，電荷 q をもつディラック粒子が存在すれば，必ず質量 m，電荷 $-q$ をもつディラック粒子が存在し，互いに粒子・反粒子の関係にあることがわかる．

7.3 空間反転と時間反転

2.3節で考察したように，空間反転 $\boldsymbol{x}' = -\boldsymbol{x}$，$t' = t$ の下で，$\psi(x)$ は

$$\psi'(\boldsymbol{x}', t) = P\,\psi(\boldsymbol{x}, t) = \eta_{\mathrm{P}}\gamma_0\,\psi(\boldsymbol{x}, t) \tag{7.17}$$

のように変換する．上式の η_{P} は不定な位相因子 $e^{i\varphi_{\mathrm{P}}}$ である．

$\psi'(\boldsymbol{x}', t)$ は空間反転されたディラック方程式の解と考えられ，電磁ポテンシャルに関する離散的な変換

$$A_0'(-\boldsymbol{x}, t) = A_0(\boldsymbol{x}, t), \qquad \boldsymbol{A}'(-\boldsymbol{x}, t) = -\boldsymbol{A}(\boldsymbol{x}, t) \tag{7.18}$$

と組み合わせて，ディラック方程式の**パリティ不変性**（**空間反転不変性**）を意味する．また，**空間反転と180度の空間回転を組み合わせることにより，鏡像変換を得ることができるので，ディラック方程式に従う世界は鏡の中の世界と区別できない．**

次に，時間反転について考察しよう．**時間反転**もローレンツ変換の一種で，

$$\left.\begin{aligned} &t' = -t, \qquad \boldsymbol{x}' = \boldsymbol{x} \\ &\text{つまり，}\ x'^{\mu} = (\Lambda_{\mathrm{T}})^{\mu}{}_{\nu}x^{\nu}, \qquad (\Lambda_{\mathrm{T}})^{\mu}{}_{\nu} \equiv \begin{pmatrix} -1 & 0 & 0 & 0 \\ 0 & 1 & 0 & 0 \\ 0 & 0 & 1 & 0 \\ 0 & 0 & 0 & 1 \end{pmatrix} \end{aligned}\right\} \tag{7.19}$$

で与えられる．本義ローレンツ変換のときと同様に，$\psi(x)$ に関する時間反転の下での変換性を，

$$\psi'(x') = \mathcal{T}\,\psi(x) \tag{7.20}$$

とする．ここで，$\mathcal{T}$ は時間反転を引き起こす演算子である．

慣性系Iで成立するディラック方程式

$$\left[\gamma^{\mu}\left(i\hbar\frac{\partial}{\partial x^{\mu}} + e\,A_{\mu}(x)\right) - m_{\mathrm{e}}c\right]\psi(x) = 0 \tag{7.21}$$

に対して，左から $\mathcal{T}$ を施すことにより，

$$\left[\mathcal{T}\gamma^{\mu}\Big(i\hbar(\Lambda_{\mathrm{T}})^{\nu}{}_{\mu}\frac{\partial}{\partial x'^{\nu}}-(\Lambda_{\mathrm{T}})^{\nu}{}_{\mu}e\,A'_{\nu}(x')\Big)\mathcal{T}^{-1}-m_{\mathrm{e}}c\right]\psi'(x')=0 \tag{7.22}$$

が導かれる．なお，$\psi'(x')=\mathcal{T}\,\psi(x)$，$\mathcal{T}\mathcal{T}^{-1}=\mathcal{T}^{-1}\mathcal{T}=I$，微分の変換性

$$\frac{\partial}{\partial x^{\mu}}=\frac{\partial x'^{\nu}}{\partial x^{\mu}}\frac{\partial}{\partial x'^{\nu}}=(\Lambda_{\mathrm{T}})^{\nu}{}_{\mu}\frac{\partial}{\partial x'^{\nu}} \tag{7.23}$$

および電磁ポテンシャルの変換性

$$A'_0(\boldsymbol{x},-t)=A_0(\boldsymbol{x},t),\qquad \boldsymbol{A}'(\boldsymbol{x},-t)=-\boldsymbol{A}(\boldsymbol{x},t) \tag{7.24}$$

を用いた．

(7.24) の変換性は，時間反転の下で電磁相互作用は不変であること（マックスウェル方程式 (B.53)，(B.54) の不変性），および時間反転の下で電荷は変化しないが，電流は符号を変えるという性質に起因する．

一方，時間反転した系でのディラック方程式は

$$\left[\gamma^{\mu}\Big(i\hbar\frac{\partial}{\partial x'^{\mu}}+e\,A'_{\mu}(x')\Big)-m_{\mathrm{e}}c\right]\psi'(x')=0 \tag{7.25}$$

で与えられる．(7.22) と (7.25) が一致するための条件式を求めよう．

(7.22) と (7.25) に関して，運動量演算子を含む項と電磁ポテンシャルを含む項との相対的な符号の違いと虚数単位の有無により，$\mathcal{T}$ は複素共役を取った後に 4 行 4 列の行列 T を作用するという演算と考えられ，T に対して，

$$T\gamma^{\mu *}T^{-1}(\Lambda_{\mathrm{T}})^{\nu}{}_{\mu}=-\gamma^{\nu},\ \text{つまり},\ (\Lambda_{\mathrm{T}})^{\nu}{}_{\mu}\gamma^{\mu *}=-T^{-1}\gamma^{\nu}T \tag{7.26}$$

が成り立てばよい．(7.26) を満たす T は

$$T=i\gamma^{1}\gamma^{3} \tag{7.27}$$

で与えられる．ここで，不定な位相因子を i に選んだ．T はユニタリー行列である．(7.20) および (7.24) に基づく変換は**ウィグナーの時間反転** (**Wigner time reversal**) とよばれ，このような離散的な変換の下でディラック方程式は不変に保たれる．

また，$\mathcal{T}\,\psi(x)$ に射影演算子 $(\not p + m_e c)/2m_e c$，$(1+\gamma_5 \not s)/2$ を挿入し，(7.20) を用いると，

$$\mathcal{T}\left(\frac{\not p + m_e c}{2m_e c}\right)\left(\frac{1+\gamma_5 \not s}{2}\right)\psi(\boldsymbol{x},\, t)$$
$$= T\left(\frac{\not p^* + m_e c}{2m_e c}\right)T^{-1}T\left(\frac{1+\gamma_5 \not s^*}{2}\right)T^{-1}\,\psi'(\boldsymbol{x},\, t')$$
$$= \left(\frac{\not p' + m_e c}{2m_e c}\right)\left(\frac{1+\gamma_5 \not s'}{2}\right)\psi'(\boldsymbol{x},\, t') \qquad (7.28)$$

が導かれる．ここで，$T\gamma_5 = \gamma_5 T$ を用いた．また，$p'_\mu = (p_0,\, -\boldsymbol{p})$，$s'_\mu = (s_0,\, -\boldsymbol{s})$ である．

このようにしてディラック方程式は，空間反転 (P 変換)，荷電共役変換 (C 変換)，時間反転 (T 変換) といった離散的な変換の下での不変性を有していることがわかった！ 電子の波動関数 $\psi(x)$ に対して，P 変換，C 変換，T 変換 (これらを合わせた積変換は **CPT 変換**とよばれる) を施すと，

$$\psi_{\mathrm{CPT}}(x') \equiv PC\gamma_0(\mathcal{T}\,\psi(x))^*$$
$$= \eta_{\mathrm{P}}\gamma_0 i\gamma^2\gamma^0\gamma_0(-i\gamma^1\gamma^3)\,\psi(x) = i\eta_{\mathrm{P}}\gamma_5\,\psi(x) \qquad (7.29)$$

となる．なお，$x'_\mu = -\,x_\mu$ である．CPT **変換により，電子の波動関数に** $i\eta_{\mathrm{P}}\gamma_5$ **が掛けられ，時空内を逆に進む陽電子の波動関数が得られる．**

さらに，自由粒子に対して $i\eta_{\mathrm{P}}\gamma_5\psi(x)$ に射影演算子を挿入し，(7.29) を用いて

$$i\eta_{\mathrm{P}}\gamma_5\left(\frac{-\not p + m_e c}{2m_e c}\right)\left(\frac{1+\gamma_5 \not s}{2}\right)\psi(x) = \left(\frac{\not p + m_e c}{2m_e c}\right)\left(\frac{1-\gamma_5 \not s}{2}\right)\psi_{\mathrm{CPT}}(x') \qquad (7.30)$$

が導かれ，次のような解釈に到達する．

時間に逆行して伝搬する負エネルギーの電子は，時間に順行して伝搬する正エネルギーの陽電子と等価である．

これは，シュテュッケルベルク (Stückelberg) およびファインマンが提唱したもので，**シュテュッケルベルク - ファインマンの解釈**とよぶことにする．

なお，負エネルギーの電子に関するディラック方程式

$$\left[c\boldsymbol{\alpha}\cdot(-i\hbar\boldsymbol{\nabla}+e\boldsymbol{A}(x))+\beta m_{\mathrm{e}}c^2-e\Phi(x)\right]\psi(x)=-|E|\,\psi(x) \tag{7.31}$$

に対して，CPT 変換を施すと，

$$\left[c\boldsymbol{\alpha}\cdot(-i\hbar\boldsymbol{\nabla}'-e\boldsymbol{A}'(x'))+\beta m_{\mathrm{e}}c^2+e\Phi'(x')\right]\psi_{\mathrm{CPT}}(x')=|E|\,\psi_{\mathrm{CPT}}(x') \tag{7.32}$$

が導かれ，シュテュッケルベルク - ファインマンの解釈が妥当であることがわかる．上式において，$A'_\mu(x')=A_\mu(x)$，$x'_\mu=-x_\mu$ である．この解釈はとても有用で，散乱過程の計算においてたびたび活用する．

7.4 CP変換

相対論的場の量子論において，「相互作用が局所的で，本義ローレンツ変換に対して不変であるという条件の下で，いかなる相互作用も CPT 変換の下で不変である．ただし，変換は積の順序にはよらない.」という定理が存在する．この定理は **CPT 定理**とよばれている．

この定理から「素粒子には必ずその反粒子が存在する (粒子 = 反粒子の場合も含む)．反粒子の質量は粒子の質量に等しく，反粒子の電荷はその大きさが粒子の電荷のものと等しくその符号は反対である.」などが導かれる．

CPT 定理は，単独の離散的な変換 (P 変換，C 変換，あるいは T 変換) や 2 種類の離散的な変換の積 (CP 変換，CT 変換，あるいは PT 変換) の下での不変性を保証していない．この例として，1956 年にリー (Lee) とヤン (Yang) により，β 崩壊のような弱い相互作用において**パリティの非保存**

(**空間反転不変性の破れ**) が理論的に指摘され，翌年ウー (Wu) らによりコバルトを用いた実験で検証された．β 崩壊において空間反転不変性の破れが起こる原因は，カイラリティ γ_5 が -1 の状態のみが相互作用に関与するからである．なお，カイラリティに関しては，3.3 節を参照してほしい．

荷電共役変換と空間反転について，さらに考察しよう．カイラル表示 (3.29) において，ディラックフェルミオンは荷電共役変換の下で，

$$\psi(x) = \begin{pmatrix} \xi(x) \\ \eta(x) \end{pmatrix} \ \rightarrow \ \psi^c(x) = C\gamma^0 \psi^*(x) = \begin{pmatrix} i\sigma^2 \eta^*(x) \\ -i\sigma^2 \xi^*(x) \end{pmatrix} \tag{7.33}$$

のように変換する．ここで $C = i\gamma^2\gamma^0$ とした．また，空間反転の下で，

$$\psi(x) \ \rightarrow \ \psi'(x') = \eta_{\mathrm{P}}\gamma_0 \psi(x) = \eta_{\mathrm{P}} \begin{pmatrix} \eta(x) \\ \xi(x) \end{pmatrix} \tag{7.34}$$

のように変換する．なお，$x' = (ct, -\boldsymbol{x})$ である．

よって，ワイルフェルミオンが単独で存在する場合は，変換する先がないので荷電共役変換あるいは空間反転の下での不変性が成立しない．ただし，**CP 変換**とよばれる荷電共役変換と空間反転の積変換の下では，

$$\psi(x) \ \rightarrow \ \psi_{\mathrm{CP}}(x') = \eta_{\mathrm{P}}\gamma_0 C\gamma^0 \psi^*(x) = \eta_{\mathrm{P}} \begin{pmatrix} -i\sigma^2 \xi^*(x) \\ i\sigma^2 \eta^*(x) \end{pmatrix} \tag{7.35}$$

のように変換するため対称性が復活する可能性がある．

この場合，CP 変換されたワイルフェルミオン $\xi_{\mathrm{CP}}(x') \equiv -i\sigma^2 \xi^*(x)$, $\eta_{\mathrm{CP}}(x') \equiv i\sigma^2 \eta^*(x)$ は，それぞれ次のようなワイル方程式

$$i\hbar\sigma^\mu \partial'_\mu \xi_{\mathrm{CP}}(x') = 0, \qquad i\hbar\bar{\sigma}^\mu \partial'_\mu \eta_{\mathrm{CP}}(x') = 0 \tag{7.36}$$

に従う．ここで，$\partial'_\mu = \partial/\partial x'^\mu$ である．すなわち，左巻き状態のワイルフェルミオンの反粒子は，右巻き状態のワイルフェルミオンとして振舞う．実際は，弱い相互作用が絡んだ過程により CP 不変性も破れていることが確認されている．なお，ワイルフェルミオンに関しては，3.3 節を参照してほしい．

$\psi^c(x)$ は $\psi(x)$ の反粒子を表す．$\psi^c(x) = \psi(x)$（**マヨラナ条件**（**Majorana condition**））を満たすフェルミオンおよびスピノルは，**マヨラナフェルミオン**および**マヨラナスピノル**とよばれている．マヨラナフェルミオンは電荷0で電磁相互作用をしない．カイラル表示において，マヨラナスピノルは

$$\psi_{\mathrm{M}}(x) = \begin{pmatrix} \xi(x) \\ -i\sigma^2\,\xi^*(x) \end{pmatrix} \tag{7.37}$$

と表され，方程式

$$i\hbar\bar{\sigma}^{\mu}\partial_{\mu}\,\xi(x) + imc\sigma^2\,\xi^*(x) = 0 \tag{7.38}$$

に従う．$\psi_{\mathrm{M}}(x)$ は複素成分で2つの自由度を有する（質量0のとき，マヨラナスピノルはワイルスピノルと等価である）．$\psi_{\mathrm{M}}(x)$ を実成分で4つの自由度として表現する表示が存在し，**マヨラナ表示**とよばれている．

つまり，マヨラナ表示で α^i および β は

$$\alpha^1 = \begin{pmatrix} 0 & -\sigma^1 \\ -\sigma^1 & 0 \end{pmatrix}, \quad \alpha^2 = \begin{pmatrix} I & 0 \\ 0 & -I \end{pmatrix}, \quad \alpha^3 = \begin{pmatrix} 0 & -\sigma^3 \\ -\sigma^3 & 0 \end{pmatrix}, \quad \beta = \begin{pmatrix} 0 & \sigma^2 \\ \sigma^2 & 0 \end{pmatrix} \tag{7.39}$$

で与えられ，γ^{μ} は

$$\left.\begin{aligned} \gamma^0 = \beta = \begin{pmatrix} 0 & \sigma^2 \\ \sigma^2 & 0 \end{pmatrix}, \qquad \gamma^1 = \beta\alpha^1 = \begin{pmatrix} i\sigma^3 & 0 \\ 0 & i\sigma^3 \end{pmatrix} \\ \gamma^2 = \beta\alpha^2 = \begin{pmatrix} 0 & -\sigma^2 \\ \sigma^2 & 0 \end{pmatrix}, \qquad \gamma^3 = \beta\alpha^3 = \begin{pmatrix} -i\sigma^1 & 0 \\ 0 & -i\sigma^1 \end{pmatrix} \end{aligned}\right\} \tag{7.40}$$

である．

この表示で，γ_5 および C は

$$\gamma_5 \equiv i\gamma^0\gamma^1\gamma^2\gamma^3 = \begin{pmatrix} \sigma^2 & 0 \\ 0 & -\sigma^2 \end{pmatrix}, \qquad C = \begin{pmatrix} 0 & -i\sigma^2 \\ -i\sigma^2 & 0 \end{pmatrix} \tag{7.41}$$

である．実際，マヨラナ表示で $i\hbar\gamma^{\mu}\partial_{\mu} - mc$ は4行4列の実行列となり，$(i\hbar\gamma^{\mu}\partial_{\mu} - mc)\,\psi(x) = 0$ は実数解をもつ．参考までに，マヨラナ表示の

γ 行列 $\gamma_{\mathrm{M}}^{\mu}$ とディラック表示の γ 行列 $\gamma_{\mathrm{D}}^{\mu}$ は，ユニタリー変換

$$\gamma_{\mathrm{M}}^{\mu} = U\gamma_{\mathrm{D}}^{\mu}U^{\dagger}, \qquad U = U^{\dagger} = \frac{1}{\sqrt{2}}\begin{pmatrix} I & \sigma^2 \\ \sigma^2 & -I \end{pmatrix} \tag{7.42}$$

で結ばれている．

マヨラナスピノルで記述される粒子は**マヨラナ粒子**ともよばれる．マヨラナ粒子の候補として，ニュートリノが挙げられる．反電子ニュートリノ（$\bar{\nu}_{\mathrm{e}}$）（電子ニュートリノ（ν_{e}）の反粒子）は β 崩壊を通じて次のように生成される．

$$(A, Z) \to (A, Z+1) + \mathrm{e}^- + \bar{\nu}_{\mathrm{e}}$$

ここで A は原子核の質量数，Z は原子番号である．

原子核が 2 つの β 崩壊を一度に行い，2 個の電子を放出する過程は**二重 β 崩壊**とよばれ，次のような 2 種類の崩壊様式が考えられる．

$$(A, Z) \to (A, Z+2) + 2\mathrm{e}^- + 2\bar{\nu}_{\mathrm{e}}, \qquad (A, Z) \to (A, Z+2) + 2\mathrm{e}^-$$

前者は 2 ニュートリノ過程で，実験で検出されている．後者はニュートリノなし過程で，ニュートリノがマヨラナ粒子の場合に，片方の原子核が放出した $\bar{\nu}_{\mathrm{e}}$ をもう片方の原子核が吸収するという過程により起こると考えられるが（その確率がニュートリノの質量の 2 乗に比例し極めて小さいため），観測に至っていない．このため，ニュートリノがマヨラナ粒子なのかディラック粒子なのか確定はしていない．

第II部

相対論的量子力学の検証

第8章

伝搬理論
—非相対論的電子—

電子に関する相対論的量子力学に基づいて，散乱過程（電子，陽電子などの荷電粒子と電磁場（光）の絡んだ過程）を考察する．

電子と陽電子の対生成「光 → $e^- + e^+$」や，電子と陽電子の対消滅「$e^- + e^+$ → 光」を扱うためには，粒子の生成・消滅を記述する理論体系である「相対論的場の量子論」を用いるのが最適であるが，本書の立場として，**相対論的量子力学を駆使して，やれるところまでやる**という精神の下でさまざまな散乱過程を考察する．

方法としては，ファインマンの提唱した**伝搬**（でんぱん）**理論**（**伝播**（でんぱ）**理論**）を用いる．この方法では，散乱過程はある種の積分方程式で記述される．積分方程式を適切な境界条件の下で解くことにより，シュテュッケルベルク－ファインマンの解釈である「時間に逆行して伝搬する負エネルギーの電子は，時間に順行して伝搬する正エネルギーの陽電子と等価である」と両立する解を得ることができる．この章では，準備として非相対論的電子に関する伝搬理論について考察する．相対論的電子に関しては，次の章で扱う．

8.1 伝搬関数

8.1.1 ホイヘンスの原理と伝搬関数

「始状態（遠い過去）では，ある決まった運動量を有する自由粒子の状態（平面波により記述された状態）で，ある有限な時間に有限領域でポテンシャルが加わることにより運動状態が変化し，終状態（遠い未来）では，ある決まった運動量を有する自由粒子の状態として観測される」というような散乱過程について考察する．このような状態変化を扱うために，**ホイヘンスの原理**（**Huygens' principle**）とよばれる次のような原理を採用する．

【ホイヘンスの原理】　進行する波において，その波面上の各点で素元波とよばれる2次的な波が発生し，それらが重なり合って新しい波面が形成される．

この原理により，時刻 t で波動関数 $\psi(x) = \psi(\boldsymbol{x}, t)$ が与えられているとき，$t'\,(>t)$ での波動関数 $\psi(x') = \psi(\boldsymbol{x}', t')$ は

$$\theta(t'-t)\,\psi(x') = i\int d^3x\, G(x'\,;x)\,\psi(x) \tag{8.1}$$

である．(8.1) において積分領域が明記されていないが，物理系の全領域である．以後も多くの場合，そのように考える．また $\theta(t'-t)$ は**階段関数**で，

$$\theta(t'-t) \equiv \begin{cases} 1 & (t' > t) \\ 0 & (t' < t) \end{cases} \tag{8.2}$$

と定義され，波動が過去から未来に進むことを表すために導入した．

階段関数は積分表示で，

$$\theta(\tau) = \lim_{\varepsilon\to+0}\frac{-1}{2\pi i}\int_{-\infty}^{\infty}\frac{e^{-i\omega\tau}}{\omega+i\varepsilon}\,d\omega \tag{8.3}$$

と表され，これを用いて，

$$\frac{d\theta(\tau)}{d\tau} = \frac{1}{2\pi}\int_{-\infty}^{\infty}e^{-i\omega\tau}\,d\omega = \delta(\tau) \tag{8.4}$$

を導くことができ，(8.3) は図8.1のような ω に関する複素平面上での周回積分として，以下のように評価される．

$\tau > 0$ の場合，実数軸を直径とする $\mathrm{Im}\,\omega \leq 0$ の半円上で積分することにより，コーシーの積分公式（Cauchy's integral formula）を用いて周回積分の値が1になる．下半円の円周上の積分は減衰因子 $e^{\mathrm{Im}\,\omega\tau}$ の存在により，$R \to \infty$（R は円の半径）で0である．よって，実軸上の積分値は1である．

同様にして $\tau < 0$ の場合，実数軸を直径とする $\mathrm{Im}\,\omega \geq 0$ の半円上での積分は，$\omega = -i\varepsilon$ の極が積分経路の外にあるため 0 になる．上半円の円周上の積分は減衰因子 $e^{-\mathrm{Im}\,\omega\tau}$ の存在により $R \to \infty$ で 0 である．よって，実軸上の積分値は 0 である．今後登場する複素積分に関しても，同じように積分経路を適切に選んで評価することができる．

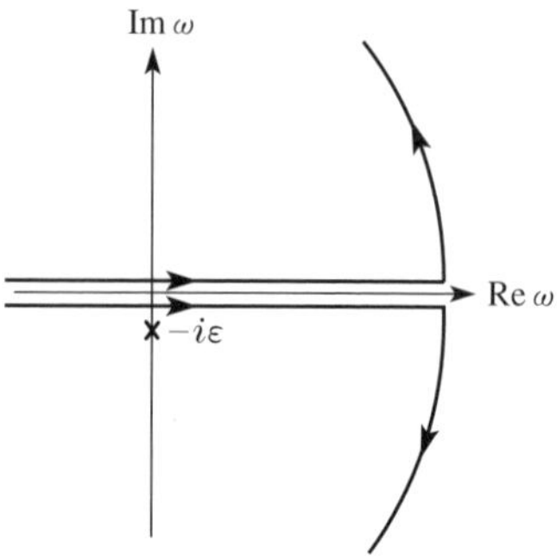

図 8.1　特異点と積分経路

また，$G(x'\,;x)$ は**伝搬関数**（**伝播関数**）または**グリーン関数**（**Green function**）とよばれる関数である．一様な時空において，伝搬関数は並進対称性により，$x'-x$ の関数となり $G(x'-x)$ と表記されることが多いが，本書では $G(x'\,;x)$ と記すことにする．

$\psi(x)$ がシュレーディンガー方程式

$$i\hbar\frac{\partial}{\partial t}\psi(x) = H(x)\,\psi(x) \tag{8.5}$$

を満たすとき，$G(x'\,;x)$ は方程式

$$\left[i\hbar\frac{\partial}{\partial t'} - H(x')\right]G(x'\,;x) = \hbar\,\delta(t'-t)\,\delta^3(\boldsymbol{x}'-\boldsymbol{x}) \tag{8.6}$$

を満足する．このことは，(8.1) の両辺に $i\hbar\,\partial/\partial t' - H(x')$ を作用させると，

$$i\hbar\,\delta(t'-t)\,\psi(x') = i\int d^3x\left[i\hbar\frac{\partial}{\partial t'} - H(x')\right]G(x'\,;x)\,\psi(x) \tag{8.7}$$

が導かれることからわかる．左辺を導く際に，(8.4) と (8.5) を用いた．さらに，(8.7) の左辺は $i\int d^3x\,\hbar\,\delta(t'-t)\,\delta^3(\boldsymbol{x}'-\boldsymbol{x})\,\psi(x)$ と書きかえられるので，被積分関数を比較することにより (8.6) が導かれる．

グリーン関数とは，本来，微分方程式の境界値問題に現れる次のような関

数である．偏微分方程式 $L_x u = f$ をある領域 D で境界条件 $B_x u = 0$ の下で解いて，$u = u(x)$ を求めてみよう．ここで，L_x は楕円型偏微分演算子，$f = f(x)$ はある与えられた関数，x は n 次元の変数 $x = (x_1, \cdots, x_n)$ である．

この時，$L_x G(x, y) = \delta^n(x - y)$ を満たし，$B_x G(x, y) = 0$ に従う関数 $G(x, y)$ を導入することにより，$L_x u = f$ の解は一意的に $u(x) = \int_D G(x, y) f(y)\, dy$ と書き下される．このような関数 $G(x, y)$ は，グリーン関数とよばれている．(8.6) が $L_x G(x, y) = \delta^n(x - y)$ に相当する．

8.1.2 伝搬関数の解

散乱過程を理解するためには，$\psi(x')$ を知る必要がある．これは $G(x'; x)$ を求めることと同じである．「波動が過去から未来に進む」という性質は

$$G(x'; x) = 0 \quad (t' < t) \tag{8.8}$$

という境界条件を課すことに相当する．つまり，(8.8) の下で (8.6) の解を求めることが課題となる．

(8.6) の形式解は

$$G(x'; x) = -i\,\theta(t' - t) \sum_n \psi_n(x')\, \psi_n^*(x) \tag{8.9}$$

のように構成することができる．ここで，$\psi_n(x)$ は (8.5) の固有解で完全系

$$\sum_n \psi_n(\boldsymbol{x}', t)\, \psi_n^*(\boldsymbol{x}, t) = \delta^3(\boldsymbol{x}' - \boldsymbol{x}) \tag{8.10}$$

を張っている．実際，(8.4) と (8.10) を用いて，(8.9) が (8.6) を満たすことを確かめることができる．(8.9) からわかるように，$G(x'; x)$ を求めることとシュレーディンガー方程式 (8.5) の解を求めることは等価である．固有値が連続的な場合は和が積分におきかわる．

さらに自由粒子の場合について，具体的に伝搬関数を求めてみよう．自由粒子を記述している波動関数を $\varphi(x)$，伝搬関数を $G_0(x'; x)$ で表す．すると，$\varphi(x)$ が

$$i\hbar\frac{\partial}{\partial t}\varphi(x) = H_0(x)\,\varphi(x) \tag{8.11}$$

に従い，$G_0(x'\,;\,x)$ は

$$\theta(t'-t)\,\varphi(x') = i\int d^3x\,G_0(x'\,;\,x)\,\varphi(x) \tag{8.12}$$

で与えられ，次の方程式を満たす．

$$\left[i\hbar\frac{\partial}{\partial t'} - H_0(x')\right]G_0(x'\,;\,x) = \hbar\,\delta(t'-t)\,\delta^3(\boldsymbol{x}'-\boldsymbol{x}) \tag{8.13}$$

質量 m の非相対論的自由粒子に対して，$H_0(x) = -(\hbar^2/2m)\,\boldsymbol{\nabla}^2$ なので，(8.11) の固有解は

$$\varphi_p(x) = \frac{1}{(2\pi\hbar)^{\frac{3}{2}}}e^{\frac{i}{\hbar}\left(\boldsymbol{p}\cdot\boldsymbol{x}-\frac{\boldsymbol{p}^2}{2m}t\right)} \tag{8.14}$$

で与えられる．同様に，$\varphi_p(x)$ も完全系

$$\int_{-\infty}^{\infty}d^3p\,\varphi_p(\boldsymbol{x}',t)\,\varphi_p^*(\boldsymbol{x},t) = \delta^3(\boldsymbol{x}'-\boldsymbol{x}) \tag{8.15}$$

を張っている．

これらから，(8.9) に対応する公式に (8.14) を代入することにより，

$$\begin{aligned}G_0(x'\,;\,x) &= -i\,\theta(t'-t)\int_{-\infty}^{\infty}d^3p\,\varphi_p(x')\,\varphi_p^*(x)\\ &= -i\,\theta(t'-t)\int_{-\infty}^{\infty}\frac{d^3p}{(2\pi\hbar)^3}e^{\frac{i}{\hbar}\left[\boldsymbol{p}\cdot(\boldsymbol{x}'-\boldsymbol{x})-\frac{\boldsymbol{p}^2}{2m}(t'-t)\right]} \qquad (8.16)\\ &= -i\,\theta(t'-t)\int_{-\infty}^{\infty}\frac{d^3p}{(2\pi\hbar)^3}\exp\left[-\frac{i}{\hbar}\frac{t'-t}{2m}\left(\boldsymbol{p}-\frac{m(\boldsymbol{x}'-\boldsymbol{x})}{t'-t}\right)^2\right]\\ &\qquad\times\exp\left[\frac{im(\boldsymbol{x}'-\boldsymbol{x})^2}{2\hbar(t'-t)}\right]\\ &= -i\,\theta(t'-t)\left[\frac{m}{2\pi i\hbar(t'-t)}\right]^{\frac{3}{2}}\exp\left[\frac{im(\boldsymbol{x}'-\boldsymbol{x})^2}{2\hbar(t'-t)}\right]\end{aligned}$$

(8.17)

が導かれる．最後の式に移るところでガウス積分に関する公式を用いて $\boldsymbol{p}$ に関する積分を行なった．ガウス積分に関する公式については，付録Hを参照してほしい．(8.17) の最後の表式からわかるように $t \to -it$ でブラウン運動 (Brownian motion) を記述する物理系に移る．

最後に，境界条件 $G_0(x'\,;x) = 0(t' < t)$ の下で，フーリエ解析を用いて方程式 (8.13) を真面目に解いてみよう．$G_0(x'\,;x)$ のフーリエ変換

$$G_0(x'\,;x) = \int \frac{d^3p\,d\mathscr{E}}{(2\pi\hbar)^4} e^{\frac{i}{\hbar}[\boldsymbol{p}\cdot(\boldsymbol{x}'-\boldsymbol{x})-\mathscr{E}(t'-t)]} \tilde{G}_0(\boldsymbol{p}\,;\mathscr{E}) \tag{8.18}$$

を (8.13) に代入すると，左辺は

$$\left[i\hbar\frac{\partial}{\partial t'} - H_0(x')\right] G_0(x'\,;x) = \int \frac{d^3p\,d\mathscr{E}}{(2\pi\hbar)^4} e^{\frac{i}{\hbar}[\boldsymbol{p}\cdot(\boldsymbol{x}'-\boldsymbol{x})-\mathscr{E}(t'-t)]} \left(\mathscr{E} - \frac{\boldsymbol{p}^2}{2m}\right) \tilde{G}_0(\boldsymbol{p}\,;\mathscr{E}) \tag{8.19}$$

となり，一方，右辺は

$$\hbar\,\delta(t'-t)\,\delta^3(\boldsymbol{x}'-\boldsymbol{x}) = \hbar \int \frac{d^3p\,d\mathscr{E}}{(2\pi\hbar)^4} e^{\frac{i}{\hbar}[\boldsymbol{p}\cdot(\boldsymbol{x}'-\boldsymbol{x})-\mathscr{E}(t'-t)]} \tag{8.20}$$

と変形される．よって，$\mathscr{E} \neq p^2/2m$ に対して $\tilde{G}_0(\boldsymbol{p}\,;\mathscr{E}) = \hbar/(\mathscr{E} - p^2/2m)$ が導かれる．境界条件 $G_0(x'\,;x) = 0(t' < t)$ を満足するために，

$$\tilde{G}_0(\boldsymbol{p}\,;\mathscr{E}) = \frac{\hbar}{\mathscr{E} - \frac{\boldsymbol{p}^2}{2m} + i\varepsilon} \tag{8.21}$$

と選ぶ．なお，ε は正の微小量である．

(8.21) を (8.18) に代入すると，

$$G_0(x'\,;x) = \int \frac{d^3p\,d\mathscr{E}}{(2\pi\hbar)^4} e^{\frac{i}{\hbar}[\boldsymbol{p}\cdot(\boldsymbol{x}'-\boldsymbol{x})-\mathscr{E}(t'-t)]} \frac{\hbar}{\mathscr{E} - \frac{\boldsymbol{p}^2}{2m} + i\varepsilon} \tag{8.22}$$

が得られ，$\mathscr{E}$ に関する複素積分を実行することにより (8.16) を得ることができる．具体的には，$t' < t$ に関しては $\mathrm{Im}\,\mathscr{E}$ が正の領域に関する閉曲線の積分に書きかえられ，その領域内に特異点は存在していないので積分をした結果は 0 になる．

一方 $t' > t$ に関しては，$\mathrm{Im}\,\mathscr{E}$ が負の領域に関する閉曲線の積分に書きかえられ，その領域内に特異点 $\mathscr{E} = (p^2/2m) - i\varepsilon$ が存在し，コーシーの積分公式を用いて 0 でない値を得ることができる．ここで，$\mathscr{E}$ に関する積分経路は図 8.1 の ω に関するものと同様のものを選んだ．

このようにフーリエ解析を用いた手法において，複素積分の積分経路をうまく指定することにより，波動が過去から未来に進むという境界条件を満たすことができる．

8.2 摂動論

8.2.1 摂動展開

伝搬関数 $G(x'\,;x)$ を摂動論に基づいて求めてみよう．時刻 t_1 と $t_1 + \varDelta t_1$ の間に，ポテンシャル $V(x_1)\,(= V(\boldsymbol{x}_1,\,t_1))$ が加わったとする．シュレーディンガー方程式

$$\left(i\hbar\frac{\partial}{\partial t_1} - H_0\right)\psi(x_1) = V(x_1)\,\psi(x_1) \tag{8.23}$$

を形式的に解くことにより，

$$\begin{aligned}\psi(\boldsymbol{x}_1,\,t_1 + \varDelta t_1) &= \exp\left[-\frac{i}{\hbar}\{H_0 + V(x_1)\}\,\varDelta t_1\right]\varphi(\boldsymbol{x}_1,\,t_1)\\ &\simeq \exp\left(-\frac{i}{\hbar}H_0\,\varDelta t_1\right)\varphi(\boldsymbol{x}_1,\,t_1) - \frac{i}{\hbar}V(\boldsymbol{x}_1,\,t_1)\,\varphi(\boldsymbol{x}_1,\,t_1)\,\varDelta t_1\\ &= \varphi(\boldsymbol{x}_1,\,t_1 + \varDelta t_1) - \frac{i}{\hbar}V(\boldsymbol{x}_1,\,t_1)\,\varphi(\boldsymbol{x}_1,\,t_1)\,\varDelta t_1\end{aligned} \tag{8.24}$$

が得られる．ここで $V(x_1)$ および Δt_1 は小さいとして，Δt_1 に関する 2 次以上の量が掛かった $V(x_1)$ の項を無視した．

よって，ポテンシャルの影響による波動関数の微小な変化分は，

$$\begin{aligned}\Delta\psi(x_1) &\equiv \psi(\boldsymbol{x}_1,\ t_1+\Delta t_1)-\varphi(\boldsymbol{x}_1,\ t_1+\Delta t_1)\\ &= -\frac{i}{\hbar}V(\boldsymbol{x}_1,\ t_1)\,\varphi(\boldsymbol{x}_1,\ t_1)\,\Delta t_1 = -\frac{i}{\hbar}V(x_1)\,\varphi(x_1)\,\Delta t_1\end{aligned} \tag{8.25}$$

である．$t_1+\Delta t_1$ 以後はポテンシャルの寄与がないとすると，$\Delta\psi(x_1)$ の時間発展は

$$\begin{aligned}\theta(t'-t_1)\,\Delta\psi(x') &= i\int d^3x_1\,G_0(x'\,;x_1)\,\Delta\psi(x_1)\\ &= \frac{1}{\hbar}\int d^3x_1\,G_0(x'\,;x_1)\,V(x_1)\,\varphi(x_1)\,\Delta t_1\end{aligned} \tag{8.26}$$

で与えられる．

よって，$\psi(x)$ の時間発展は (8.12) と (8.26) より

$$\begin{aligned}&\theta(t'-t)\,\psi(x')\\ &\quad = \theta(t'-t)\,\varphi(x')+\theta(t'-t_1)\,\theta(t_1-t)\,\Delta\psi(x')\\ &\quad = i\int d^3x\left[G_0(x'\,;x)+\frac{1}{\hbar}\int d^3x_1\,\Delta t_1\,G_0(x'\,;x_1)\,V(x_1)\,G_0(x_1\,;x)\right]\varphi(x)\end{aligned} \tag{8.27}$$

で与えられる．したがって，(8.1) から $G(x'\,;x)$ に関する公式

$$G(x'\,;x) = G_0(x'\,;x)+\frac{1}{\hbar}\int d^3x_1\,\Delta t_1\,G_0(x'\,;x_1)\,V(x_1)\,G_0(x_1\,;x) \tag{8.28}$$

を得ることができる．

(8.28) の右辺の第 1 項は，図 8.2 (a) のような自由粒子の進行を表し，右

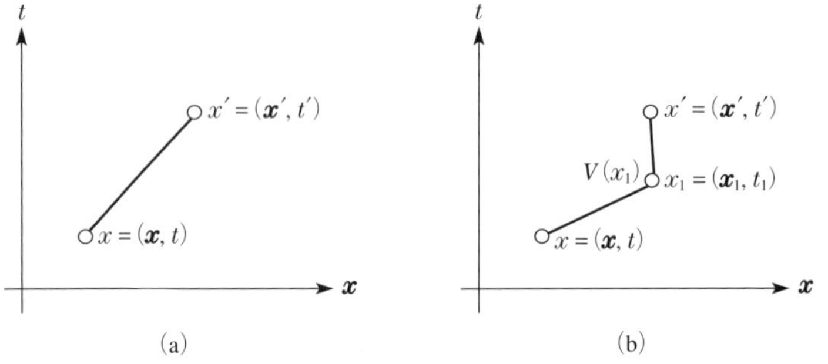

図 8.2　自由粒子の進行と $V(x_1)$ の作用による散乱

辺の第 2 項は，図 8.2 (b) のように x_1 でポテンシャル $V(x_1)$ の作用を受けて散乱される様子を表している．図で特定の時空点 (伝搬の始点，終点，ポテンシャルによる散乱が起こった地点) を白丸 (○) で表した．

さまざまな時間 (t_i と $t_i+\varDelta t_i$ の間) に，同様の散乱が単独で起こったとすると，(8.28) は

$$G(x' ; x) = G_0(x' ; x) + \frac{1}{\hbar}\sum_i \int d^3x_i\, \varDelta t_i\, G_0(x' ; x_i)\, V(x_i)\, G_0(x_i ; x) \tag{8.29}$$

のように拡張される．さらに複数の散乱を取り入れることにより，(8.29) は

$$\begin{aligned} G(x' ; x) &= G_0(x' ; x) + \frac{1}{\hbar}\sum_i \int d^3x_i\, \varDelta t_i\, G_0(x' ; x_i)\, V(x_i)\, G_0(x_i ; x) \\ &\quad + \left(\frac{1}{\hbar}\right)^2 \sum_{i>j} \int d^3x_i\, \varDelta t_i \int d^3x_j\, \varDelta t_j\, G_0(x' ; x_i)\, V(x_i)\, G_0(x_i ; x_j)\, V(x_j)\, G_0(x_j ; x) \\ &\quad + \cdots \end{aligned} \tag{8.30}$$

のように拡張される．

もう少し踏み込んで，離散的な時間間隔におけるポテンシャルの作用を，連続的な時間におけるものに変えることにより，

$$
\begin{aligned}
&G(x'\,;x) \\
&= G_0(x'\,;x) + \frac{1}{\hbar}\int d^3x_1\,dt_1\,G_0(x'\,;x_1)\,V(x_1)\,G_0(x_1\,;x) \\
&\quad + \left(\frac{1}{\hbar}\right)^2 \int d^3x_1\,dt_1 \int d^3x_2\,dt_2\,G_0(x'\,;x_2)\,V(x_2)\,G_0(x_2,x_1)\,V(x_1)\,G_0(x_1\,;x) \\
&\quad + \cdots \\
&= G_0(x'\,;x) + \frac{1}{\hbar}\int d^3x_1\,dt_1 G_0(x'\,;x_1)\,V(x_1) \\
&\qquad\qquad \times \left[G_0(x_1\,;x) + \frac{1}{\hbar}\int d^3x_2\,dt_2\,G_0(x_1,x_2)\,V(x_2)\,G_0(x_2\,;x) + \cdots\right] \\
&= G_0(x'\,;x) + \frac{1}{\hbar}\int d^3x_1\,dt_1\,G_0(x'\,;x_1)\,V(x_1)\,G(x_1\,;x) \qquad (8.31)
\end{aligned}
$$

が導かれる.

ここで，3番目から4番目の式変形において，$G(x'\,;x)$ に関する2番目の式を用いて，大括弧の中身を $G(x_1\,;x)$ におきかえた.(8.31) は，**リップマン‐シュウィンガー方程式** (**Lippmann‐Schwinger equation**) とよばれる.

このようにして，$G(x'\,;x)$ **は** x **から** x' **へ移るときに中間状態でポテンシャルの影響を受けて散乱され，その結果辿るさまざまな経路** ($x\to x'$, $x\to x_1\to x'$, $x\to x_1\to x_2\to x'$, …) **に関する寄与の和で与えられる.** (8.31) に基づいて，逐次代入法により $G(x'\,;x)$ を近似的に求めることができる.

8.2.2　S 行列要素

次に，「始状態では，ある決まった運動量を有する自由粒子の状態で，ある有限な時間に有限領域でポテンシャルが加わることにより運動状態が変化し，終状態ではある決まった運動量を有する自由粒子の状態として観測する」という過程に関する遷移確率振幅について考察する.

(8.1) は (8.31) を用いて，

$$\psi(x')$$
$$= \lim_{t\to-\infty} i\int d^3x\, G(x'\,;\,x)\,\varphi(x)$$
$$= \lim_{t\to-\infty} i\int d^3x\left[G_0(x'\,;\,x)+\frac{1}{\hbar}\int d^3x_1\,dt_1\,G_0(x'\,;\,x_1)\,V(x_1)\,G(x_1\,;\,x)\right]\varphi(x)$$
$$= \varphi(x')+\frac{1}{\hbar}\int d^3x_1\,dt_1\,G_0(x'\,;\,x_1)\,V(x_1)\,\psi(x_1) \tag{8.32}$$

と書きかえられる．

始状態が $\varphi_i(x)$ であるような (8.32) の解を $\tilde{\psi}_i(x')$ とする．終状態 ($t'\to+\infty$) において，自由粒子の状態

$$\varphi_f(x)=\frac{1}{(2\pi\hbar)^{\frac{3}{2}}}e^{\frac{i}{\hbar}(\boldsymbol{p}_f\cdot\boldsymbol{x}-E_ft)},\qquad E_f=\frac{\boldsymbol{p}_f^2}{2m} \tag{8.33}$$

に移ったとき，その遷移確率振幅 S_{fi} は

$$S_{fi}\equiv\lim_{t'\to+\infty}\int d^3x'\,\varphi_f^*(x')\,\tilde{\psi}_i(x')$$
$$=\lim_{t'\to+\infty}\int d^3x'\,\varphi_f^*(x')\left[\varphi_i(x')+\frac{1}{\hbar}\int d^3x_1\,dt_1\,G_0(x'\,;\,x_1)\,V(x_1)\,\tilde{\psi}_i(x_1)\right]$$
$$=\delta_{fi}+\lim_{t'\to+\infty}\frac{1}{\hbar}\int d^3x'\int d^3x_1\,dt_1\,\varphi_f^*(x')\,G_0(x'\,;\,x_1)\,V(x_1)\,\tilde{\psi}_i(x_1) \tag{8.34}$$

で与えられる．S_{fi} は**S 行列要素**あるいは**S 行列**とよばれる．

ここで，$t'\to+\infty$ や $t\to-\infty$ は無限の未来や過去を表すというよりも，物理的な観点から $V(x)=0$ であるところの有限の未来や過去を表していると考える．また無限大の空間の代わりに，相互作用がおさまるような（十分大きいが）有限の体積 V を有する空間を考え，その中の自由粒子の状態

$$\varphi(x)=\frac{1}{\sqrt{V}}e^{\frac{i}{\hbar}(\boldsymbol{p}\cdot\boldsymbol{x}-Et)},\qquad E=\frac{\boldsymbol{p}^2}{2m} \tag{8.35}$$

を用いて，運動量に関する δ 関数 $\delta^3(\boldsymbol{p}_f-\boldsymbol{p}_i)$ を

$$\delta_{fi} = \begin{cases} 1 & (\boldsymbol{p}_f = \boldsymbol{p}_i) \\ 0 & (\boldsymbol{p}_f \neq \boldsymbol{p}_i) \end{cases} \tag{8.36}$$

におきかえた．S_{fi} は

$$S_{fi} = \lim_{t'\to+\infty} \lim_{t\to-\infty} i \int d^3x' \int d^3x \, \varphi_f^*(x') \, G(x'\,;\,x) \, \varphi_i(x) \tag{8.37}$$

のように表すこともできる．

$V(x)$ が小さくて摂動展開が十分よく収束する場合，通常，1 次あるいは 2 次までの近似計算で十分であるが，精密実験と比較する際により高次の計算が必要な場合がある．

8.2.3　S 行列のユニタリー性

最後に，S 行列の一般的な性質であるユニタリー性について考察する．**S 行列のユニタリー性**とは，文字通り S 行列が

$$\sum_n S_{ni}^* S_{nj} = \delta_{ij} \tag{8.38}$$

を満たす性質をいう．S 行列のユニタリー性は確率の保存と関連し，確率の保存はエネルギー演算子 H のエルミート性と関連する．ここでは，確率の保存を用いて (8.38) を示す．

確率の保存則より，

$$\begin{aligned} \int d^3x \, \tilde{\psi}_i^*(x) \, \tilde{\psi}_j(x) &= \lim_{t\to-\infty} \int d^3x \, \tilde{\psi}_i^*(x) \, \tilde{\psi}_j(x) \\ &= \lim_{t\to-\infty} \int d^3x \, \varphi_i^*(x) \, \varphi_j(x) = \delta_{ij} \end{aligned} \tag{8.39}$$

となる．さらに $S_{fi} \equiv \lim_{t'\to+\infty} \int d^3x' \, \varphi_f^*(x') \, \tilde{\psi}_i(x')$ より，

$$\sum_f \varphi_f(x') \, S_{fi} = \lim_{t'\to+\infty} \tilde{\psi}_i(x') \tag{8.40}$$

が導かれる．

よって，

$$\lim_{t'\to+\infty}\tilde{\psi}_j(x') = \sum_n \varphi_n(x')\,S_{nj}, \qquad \lim_{t'\to+\infty}\tilde{\psi}_i^*(x') = \sum_n \varphi_n^*(x')\,S_{ni}^* \tag{8.41}$$

が導かれる．(8.41) と正規直交性 $\int d^3x'\,\varphi_n^*(x')\,\varphi_m(x') = \delta_{nm}$ を用いて，

$$\begin{aligned}\delta_{ij} &= \lim_{t'\to+\infty}\int d^3x'\,\tilde{\psi}_i^*(x')\,\tilde{\psi}_j(x') = \int d^3x' \sum_{n,m}\varphi_n^*(x')\,S_{ni}^*S_{mj}\,\varphi_m(x') \\ &= \sum_{n,m}\delta_{nm}S_{ni}^*S_{mj} = \sum_n S_{ni}^*S_{nj}\end{aligned} \tag{8.42}$$

が導かれ，S 行列のユニタリー性が示された．

第9章

伝搬理論
—相対論的電子—

この章では，相対論的電子に関する伝搬理論を構築する．前の章で，伝搬関数 $G(x' ; x)$ とは粒子が x から x' へ移るときの確率振幅を表し，さらに x から x' へ移るときに，中間状態でポテンシャルの影響を受けて散乱され，その結果辿るさまざまな経路（例えば，$x \to \cdots \to x_{i-1} \to x_i \to x_{i+1} \to \cdots \to x'$）に関する寄与の和で与えられることを学んだ．

つまり，$x_{i-1} \to x_i$ では伝搬関数が $G_0(x_i ; x_{i-1})$ で表される自由粒子として伝搬し，x_i でポテンシャルの影響を受けて散乱され，$x_i \to x_{i+1}$ では，伝搬関数が $G_0(x_{i+1} ; x_i)$ で表される自由粒子として伝搬する．あるいは，相互作用点（頂点）x_i で粒子が消滅し，次の瞬間，x_{i+1} まで伝搬するような粒子が生成するといいかえることもできる．ここで，$t_{i+1} > t_i$ である．

このような描像が相対論的な理論においても有効であるとしよう．というよりもむしろ，伝搬理論は相対論的な理論にふさわしいと考えられる．なぜなら，伝搬理論は時空間全体を一挙に取り扱う理論形式であるからである．他方，ハミルトン形式は時間に力点をおいているため，相対論的共変性が明白ではない．

非相対論に基づく伝搬理論の定式化を参考にして（類似性に着目して），電子と陽電子の対生成や，対消滅を含む散乱過程を計算する規則を求めることが課題となる．方針として，時間発展はディラック方程式と両立し，電子・陽電子の性質は，シュテュッケルベルク－ファインマンの解釈を含む空孔理論と両立するような理論を，直観と類似性を頼りにして構成する．

9.1　電子・陽電子が絡む過程

図 9.1 (a) は点 1 で電子と陽電子の対生成が起こり，電子は x まで，陽電子は x' まで伝搬する様子を記述している．

(b) は一見，電子が x から x' まで伝搬する様子を表しているように見えるが，詳しく見ると，点 1 で電子と陽電子の対生成が起こり，陽電子が点 3 で電子と対消滅し，電子は点 2 でポテンシャルによる散乱を受けている．あるいは点 2 で電子が消滅し，次の瞬間に新たに電子が生成され x' まで伝搬すると考えられる．

(c) は点 1 で電子と陽電子の対生成が起こり，点 2 で電子と陽電子の対消滅が起こる様子を記述している．

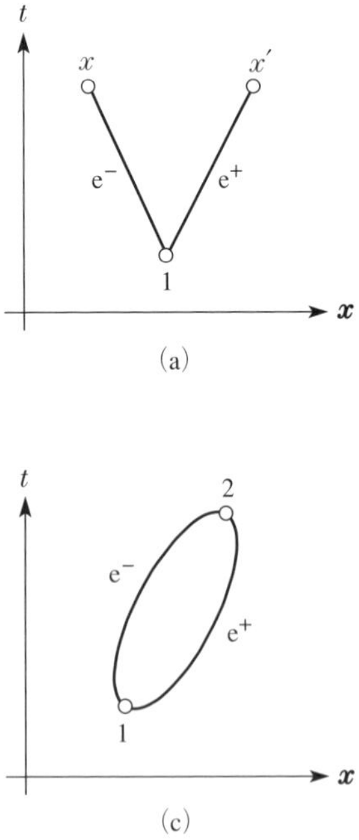

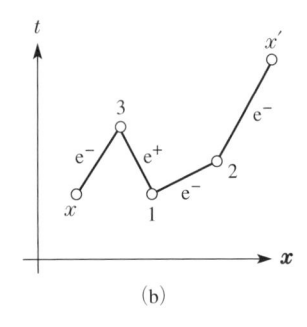

図 9.1　(a) 電子と陽電子の対生成，(b) 散乱過程，(c) 対生成と対消滅

このように相対論的な理論においては，電子の生成・伝搬・消滅を記述する散乱振幅ばかりでなく，陽電子の生成・伝搬・消滅を記述する散乱振幅も考慮する必要がある．つまり，陽電子が絡むあらゆる中間状態に関する経路を加える必要がある．

陽電子が絡む確率振幅を決定するために，シュテュッケルベルク－ファインマンの解釈を採用する．すると，全ての過程は負エネルギー状態を含む電子の伝搬として理解することができる．例えば，(b) は「点1から点3への陽電子の伝搬（時間に順行）＝点3から点1への負エネルギーをもつ電子の伝搬（時間に逆行）」と考えられる．

それでは，(a) と (c) を再解釈してみよう．(a) は x' から点1へ負エネルギーをもつ電子が伝搬（時間に逆行）し点1で散乱され，点1から x まで正エネルギーをもつ電子が伝搬（時間に順行）すると解釈される．(c) については，点1で生成された正エネルギーをもつ電子が伝搬（時間に順行）したのち点2で消滅し，点2で生成された負エネルギーをもつ電子が伝搬（時間に逆行）したのち，点1で消滅したと解釈される．

いずれにせよ，相対論に基づく理論が陽電子（あるいは負エネルギーの電子）を含む過程の存在を示唆していて，実験で検証すべき対象となる．

9.2 電子の伝搬関数

電磁相互作用の影響を受けて，x から x' に伝搬する相対論的電子に関する伝搬関数を $S'_{\mathrm{F}}(x'\,;x)$ と記す．時間発展はディラック方程式と両立するという要請から，$S'_{\mathrm{F}}(x'\,;x)$ は

$$\sum_{\gamma=1}^{4}\left[\gamma_\mu\left\{i\hbar\frac{\partial}{\partial x'_\mu}+e\,A^\mu(x')\right\}-m_{\mathrm{e}}c\right]_{\alpha\gamma}S'_{\mathrm{F}\gamma\beta}(x'\,;x)=\hbar\delta_{\alpha\beta}\,\delta^4(x'-x) \tag{9.1}$$

を満たすとする．ここで，$\delta^4(x'-x)=\delta(x'_0-x_0)\,\delta^3(\boldsymbol{x}'-\boldsymbol{x})$ である．ス

ピノルの添字を省略すると，

$$\left[i\hbar\gamma_\mu \frac{\partial}{\partial x'_\mu} + e\gamma_\mu A^\mu(x') - m_e c\right] S'_F(x'\,;x) = \hbar\,\delta^4(x'-x) \quad (9.2)$$

となる．$S'_F(x'\,;x)$ に，スピノルの添字が潜んでいることを忘れないようにし，また，非相対論の場合との違いとして，演算子 $i\hbar\partial/\partial t' - H(x')$ に γ^0/c が掛っていることに注意してほしい．

次の節で，摂動論に基づいて $S'_F(x'\,;x)$ に関する表式を考察する．その前に自由に伝搬する電子について考察しよう．

9.2.1　自由な電子に関する伝搬関数

x から x' に伝搬する自由な相対論的電子に関する伝搬関数を，プライムなしの $S_F(x'\,;x)$ と記すことにする．$S_F(x'\,;x)$ の従う方程式は

$$\left(i\hbar\gamma_\mu \frac{\partial}{\partial x'_\mu} - m_e c\right) S_F(x'\,;x) = \hbar\,\delta^4(x'-x) \quad (9.3)$$

である．フーリエ解析を用いて (9.3) の解を求めよう．$S_F(x'\,;x)$ のフーリエ変換を，

$$S_F(x'\,;x) = \int \frac{d^4p}{(2\pi\hbar)^4} e^{-\frac{i}{\hbar}p(x'-x)}\,\tilde{S}_F(p) \quad (9.4)$$

とする．ここで，$d^4p = dp_0\,d^3p$，$p(x-x') \equiv p_0\,c(t-t') - \boldsymbol{p}\cdot(\boldsymbol{x}-\boldsymbol{x}')$ である．

(9.4) を (9.3) に代入すると，

$$\int \frac{d^4p}{(2\pi\hbar)^4} e^{-\frac{i}{\hbar}p(x'-x)} (\not{p} - m_e c)\,\tilde{S}_F(p) = \hbar\,\delta^4(x'-x)$$
$$= \hbar \int \frac{d^4p}{(2\pi\hbar)^4} e^{-\frac{i}{\hbar}p(x'-x)} \quad (9.5)$$

となり，$p^2 \neq m_e^2c^2$ に対して，

$$\tilde{S}_{\mathrm{F}}(p) = \frac{\hbar}{\not{p} - m_{\mathrm{e}}c} = \hbar \frac{\not{p} + m_{\mathrm{e}}c}{p^2 - m_{\mathrm{e}}^2 c^2} \tag{9.6}$$

が導かれる．(9.6) より，伝搬関数で記述される状態では 4 元運動量の関係式が成立しないことがわかる．このような，4 元運動量の関係式を満たさない状態は**質量殻外** (**off shell**) の状態とよばれ，直接観測されることのない中間状態である．一方，4 元運動量の関係式を満たす状態は**質量殻** (**on shell**) の状態とよばれ，直接観測にかかる．

$p^2 = m_{\mathrm{e}}^2 c^2$，つまり，$p_0 c = \pm\sqrt{\boldsymbol{p}^2 c^2 + m_{\mathrm{e}}^2 c^4} = \pm E$ での特異点を回避し，(シュテュッケルベルク - ファインマンの解釈と両立する) 境界条件を満たすように積分経路を適切に指定する必要がある．順行するのは正エネルギーの粒子なので，$S_{\mathrm{F}}(x'\,;x)$ は $x_0' > x_0$ において正エネルギー解のみが関与する形になっていると予想される．このために，$t' > t$ で $p_0 c = \sqrt{\boldsymbol{p}^2 c^2 + m_{\mathrm{e}}^2 c^4} = E$ の極のみを拾うような閉曲線として，積分経路を選択する．

ちなみに，順行する電子，陽電子に関する波動関数はそれぞれ

$$\psi^{(+)}(x) = u(p,s)\, e^{-\frac{i}{\hbar}px}, \qquad \psi^{c(+)}(x) = C\,\bar{v}^T(p,s)\, e^{-\frac{i}{\hbar}px} \tag{9.7}$$

で与えられる．ここで，$px = p_\mu x^\mu$，$p_0 > 0$ である．

それは，図 9.2 の下半面に関する円弧を含む経路 C (円の半径は無限大) で，その経路で $S_{\mathrm{F}}(x'\,;x)$ は以下のようになる．

$$\begin{aligned} S_{\mathrm{F}}(x'\,;x)\big|_{t'>t} &= \int \frac{d^4p}{(2\pi\hbar)^4} e^{-\frac{i}{\hbar}p(x'-x)}\,\tilde{S}_{\mathrm{F}}(p) \\ &= \hbar \int \frac{d^3p}{(2\pi\hbar)^3} e^{\frac{i}{\hbar}\boldsymbol{p}\cdot(\boldsymbol{x}'-\boldsymbol{x})} \int_C \frac{dp_0}{2\pi\hbar} e^{-\frac{i}{\hbar}p_0 c(t'-t)} \frac{\not{p} + m_{\mathrm{e}}c}{p^2 - m_{\mathrm{e}}^2 c^2} \\ &= -i \int \frac{d^3p}{(2\pi\hbar)^3} e^{\frac{i}{\hbar}[\boldsymbol{p}\cdot(\boldsymbol{x}'-\boldsymbol{x}) - E(t'-t)]} \frac{E\gamma_0 - c\boldsymbol{p}\cdot\boldsymbol{\gamma} + m_{\mathrm{e}}c^2}{2E} \end{aligned} \tag{9.8}$$

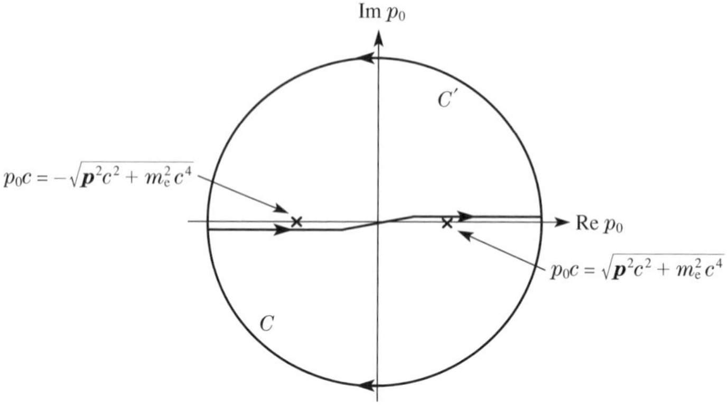

図 9.2　積分経路と特異点

これに伴い $t' < t$ では，図 9.2 の上半面に関する円弧を含む経路 C'（円の半径は無限大）を取ることにより，$p_0c = -\sqrt{\boldsymbol{p}^2c^2 + m_e^2c^4} = -E(<0)$ の極のみが拾われる．その経路で $S_F(x'\,;x)$ は

$$
\begin{aligned}
S_F(x'\,;x)\big|_{t'<t} &= \int \frac{d^4p}{(2\pi\hbar)^4}\, e^{-\frac{i}{\hbar}p(x'-x)}\, \tilde{S}_F(p) \\
&= \hbar \int \frac{d^3p}{(2\pi\hbar)^3}\, e^{\frac{i}{\hbar}\boldsymbol{p}\cdot(\boldsymbol{x}'-\boldsymbol{x})} \int_{C'} \frac{dp_0}{2\pi\hbar}\, e^{-\frac{i}{\hbar}p_0c(t'-t)}\, \frac{\not{p} + m_e c}{p^2 - m_e^2c^2} \\
&= i \int \frac{d^3p}{(2\pi\hbar)^3}\, e^{\frac{i}{\hbar}[\boldsymbol{p}\cdot(\boldsymbol{x}'-\boldsymbol{x}) + E(t'-t)]}\, \frac{-E\gamma_0 - c\boldsymbol{p}\cdot\boldsymbol{\gamma} + m_e c^2}{-2E} \\
&= -i \int \frac{d^3p}{(2\pi\hbar)^3}\, e^{\frac{i}{\hbar}[-\boldsymbol{p}\cdot(\boldsymbol{x}'-\boldsymbol{x}) + E(t'-t)]}\, \frac{-E\gamma_0 + c\boldsymbol{p}\cdot\boldsymbol{\gamma} + m_e c^2}{2E}
\end{aligned}
\tag{9.9}
$$

となる．最後の変形では $\boldsymbol{p}$ から $-\boldsymbol{p}$ に変数を変えた．

(9.9) は負エネルギー解からの寄与で，指数関数の肩の因子を $-\boldsymbol{p}\cdot(\boldsymbol{x}' - \boldsymbol{x}) + E(t' - t) = \boldsymbol{p}\cdot(\boldsymbol{x} - \boldsymbol{x}') - E(t - t')$ と書きかえることにより，時間に逆行していると解釈できる．

9.2.2　ファインマンの伝搬関数

$S_F(x'\,;x)$ において，積分経路の選択を自動的に行うためにおきかえ

$$p^2 - m_e^2c^2 \quad \to \quad p^2 - m_e^2c^2 + i\varepsilon \tag{9.10}$$

を行う．ここで，ε は正の微小量で計算の最後で 0 に近づける．すると，

$$\begin{aligned} p^2 - m_e^2c^2 + i\varepsilon \\ &= (p_0 - \sqrt{\boldsymbol{p}^2 + m_e^2c^2} + i\varepsilon)(p_0 + \sqrt{\boldsymbol{p}^2 + m_e^2c^2} - i\varepsilon) + O(\varepsilon^2) \\ &= (\not{p} - m_ec + i\varepsilon)(\not{p} + m_ec - i\varepsilon) + O(\varepsilon^2) \end{aligned} \tag{9.11}$$

のように (2 通りに) 因数分解される (ε は十分小さいとして ε とその有限な定数倍を同一視した) ので，$i\varepsilon$ の寄与を加えた $\tilde{S}_F(p)$ は

$$\tilde{S}_F(p) = \hbar \frac{\not{p} + m_ec}{p^2 - m_e^2c^2 + i\varepsilon} = \frac{\hbar}{\not{p} - m_ec + i\varepsilon} \tag{9.12}$$

となる．

(9.12) は，$p_0 = \sqrt{\boldsymbol{p}^2 + m_e^2c^2} - i\varepsilon$ と $p_0 = -\sqrt{p^2 + m_e^2c^2} + i\varepsilon$ で極をもつため，p_0 に関して図 8.1 のような積分経路を選ぶことにより，(正エネルギーの粒子は時間に順行し，負エネルギーの粒子は時間に逆行するという) 境界条件が満たされる．このようにして，

$$S_F(x'\,;x) = \int \frac{d^4p}{(2\pi\hbar)^4} e^{-\frac{i}{\hbar}p(x'-x)} \frac{\hbar}{\not{p} - m_ec + i\varepsilon} \tag{9.13}$$

が導かれる．

射影演算子 $\Lambda_\pm(p) = (\pm\not{p} + m_ec)\,/\,2m_ec$ を用いると，(9.8) と (9.9) を，

$$\begin{aligned} S_F(x'\,;x) = -i\int \frac{d^3p}{(2\pi\hbar)^3} \frac{m_ec^2}{E} [&\Lambda_+(p)\, e^{-\frac{i}{\hbar}p(x'-x)}\, \theta(t'-t) \\ &+ \Lambda_-(p)\, e^{\frac{i}{\hbar}p(x'-x)}\, \theta(t-t')] \end{aligned} \tag{9.14}$$

という 1 つの公式の形にまとめることができる．なお，$p_0 = E/c > 0$ とし

た．あるいは，規格化された平面波解

$$\psi_p^r(x) = \sqrt{\frac{m_e c^2}{E}}\,\frac{1}{(2\pi\hbar)^{\frac{3}{2}}}\,w^r(p)\,e^{-\frac{i}{\hbar}\varepsilon_r px} \tag{9.15}$$

を用いて，

$$\begin{aligned} S_F(x'\,;x) = &-i\,\theta(t'-t)\int d^3p \sum_{r=1,2}\psi_p^r(x')\,\bar{\psi}_p^r(x) \\ &+i\,\theta(t-t')\int d^3p \sum_{r=3,4}\psi_p^r(x')\,\bar{\psi}_p^r(x) \end{aligned} \tag{9.16}$$

と表すことができる．ここで，$r=1,2$ に対しては $\varepsilon_r = +1$ で，$r=3,4$ に対しては $\varepsilon_r = -1$ である．

さらに (4.23) を用いると，(9.16) から正エネルギー解 $\psi^{(+)}(x)$ は

$$\theta(t'-t)\,\psi^{(+)}(x') = i\int S_F(x'\,;x)\,\gamma_0\,\psi^{(+)}(x)\,d^3x \tag{9.17}$$

を満たし，時間に関して順行することがわかる．一方，負エネルギー解 $\psi^{(-)}(x)$ は

$$\theta(t-t')\,\psi^{(-)}(x') = -i\int S_F(x'\,;x)\,\gamma_0\,\psi^{(-)}(x)\,d^3x \tag{9.18}$$

を満たし，時間に関して逆行することがわかる．

上で出てきた $\psi^{(+)}(x)$ と $\psi^{(-)}(x)$ は一般に，

$$\psi^{(+)}(x) = \int \frac{d^3p}{(2\pi\hbar)^{\frac{3}{2}}}\sqrt{\frac{m_e c^2}{E}}\sum_{r=1,2} a_r(p)\,w^r(p)\,e^{-\frac{i}{\hbar}px} \tag{9.19}$$

$$\psi^{(-)}(x) = \int \frac{d^3p}{(2\pi\hbar)^{\frac{3}{2}}}\sqrt{\frac{m_e c^2}{E}}\sum_{r=3,4} a_r(p)\,w^r(p)\,e^{+\frac{i}{\hbar}px} \tag{9.20}$$

で与えられる．(9.17) および (9.18) はホイヘンスの原理を表している．このような性質をもつ伝搬関数 $S_F(x'\,;x)$ は，**ファインマンの伝搬関数**とよばれている．

9.3 摂 動 論

摂動論に基づいて，自由粒子に関する伝搬関数 $S_F\,(x'\,;x)$ から電磁相互作用を受けた伝搬関数 $S_F'\,(x';x)$ を構成しよう．$S_F'\,(x';x)$ は (9.2) を満たし，この方程式は

$$\left(i\hbar\gamma^{\mu}\frac{\partial}{\partial x'_{\mu}}-m_{e}c\right)S_F'(x'\,;x)$$
$$=\int d^4y\,\delta^4(x'-y)\,[\hbar\,\delta^4(y-x)-e\,A\!\!\!/(y)\,S_F'(y\,;x)] \tag{9.21}$$

と書きかえられる．ここで，$d^4y=dy_0\,d^3y$，$A\!\!\!/\equiv\gamma^{\mu}A_{\mu}$ である．

(9.21) を積分することにより，

$$S_F'(x'\,;x)=S_F(x'\,;x)-\frac{e}{\hbar}\int d^4y\,S_F(x'\,;y)\,A\!\!\!/(y)\,S_F'(y\,;x) \tag{9.22}$$

を得ることができる．

電磁相互作用を受けた電子が満たすディラック方程式の解 $\Psi\,(x)$ は

$$\Psi(x)=\psi(x)-\frac{e}{\hbar}\int d^4y\,S_F(x\,;y)\,A\!\!\!/(y)\,\Psi(y) \tag{9.23}$$

と書き表される．ここで，$\psi\,(x)$ は自由な電子に関するディラック方程式の解である．

(9.16) を用いると，$\Psi\,(x)-\psi\,(x)$ は $t=x_0/c\to+\infty$ において，

$$\Psi(x)-\psi(x)=-\frac{e}{\hbar}\int d^4y\,S_{\mathrm{F}}(x\,;\,y)\,\not{A}(y)\,\Psi(y)$$

$$\xrightarrow{t\to+\infty}\quad\int d^3p\sum_{r=1,2}\psi_p^r(x)\left[i\frac{e}{\hbar}\int d^4y\,\bar{\psi}_p^r(y)\,\not{A}(y)\,\Psi(y)\right] \tag{9.24}$$

となるため，$A_\mu(y)$ による散乱後，時間に順行する正エネルギーの電子が関与する．また $t\to-\infty$ においては，

$$\Psi(x)-\psi(x)=-\frac{e}{\hbar}\int d^4y\,S_{\mathrm{F}}(x\,;\,y)\,\not{A}(y)\,\Psi(y)$$

$$\xrightarrow{t\to-\infty}\quad\int d^3p\sum_{r=3,4}\psi_p^r(x)\left[-i\frac{e}{\hbar}\int d^4y\,\bar{\psi}_p^r(y)\,\not{A}(y)\,\Psi(y)\right] \tag{9.25}$$

となるため，時間に逆行する負エネルギーの電子 (時間に順行する正エネルギーの陽電子) が関与する．

(9.24) および (9.25) から，係数を S 行列要素と見なすことにより，

$$S_{fi}=\delta_{fi}+i\frac{e}{\hbar}\varepsilon_f\int d^4y\,\bar{\psi}_f(y)\,\not{A}(y)\,\Psi_i(y) \tag{9.26}$$

を得ることができる．ここで，$\psi_f(y)$ は終状態を表す自由粒子解で，$\psi_f(y)$ が正エネルギーの場合は $\varepsilon_f=+1$，負エネルギーの場合は $\varepsilon_f=-1$ である．$\Psi_i(y)$ は $y_0\to-\infty$ で正エネルギーの自由粒子解 $\psi_i^{(+)}(y)$，あるいは $y_0\to+\infty$ で負エネルギーの自由粒子解 $\psi_i^{(-)}(y)$ になるような始状態を表す．

図 9.3 (a) の場合，$\Psi_i(y)$ は $y_0\to-\infty$ で $\psi_i^{(+)}(y)$ に移行するから，n 次の寄与を式で表すと，

$$-i\left(-\frac{e}{\hbar}\right)^n\int d^4y_1\cdots\int d^4y_n\,\bar{\psi}_f^{(+)}(y_n)\,\not{A}(y_n)\,S_{\mathrm{F}}(y_n\,;\,y_{n-1})\,\not{A}(y_{n-1})$$

$$\cdots S_{\mathrm{F}}(y_2\,;\,y_1)\,\not{A}(y_1)\,\psi_i^{(+)}(y_1) \tag{9.27}$$

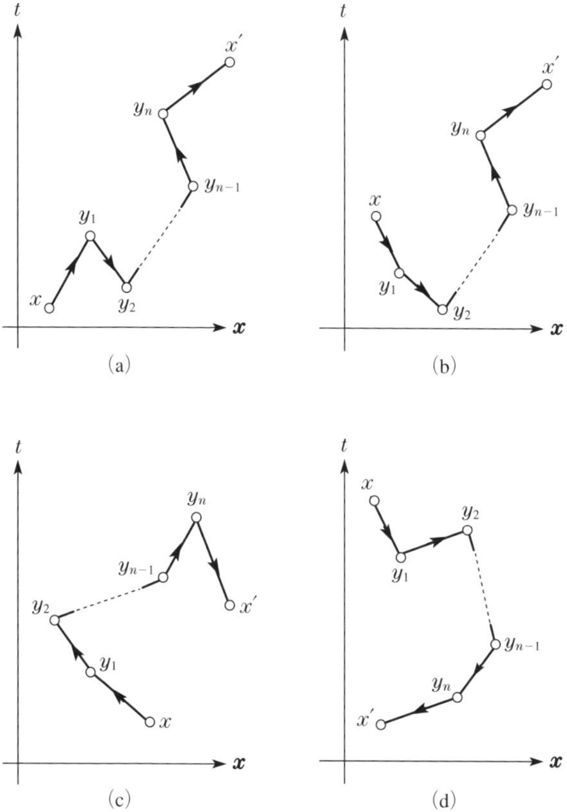

図 9.3　(a) 電子の伝搬, (b) 電子と陽電子の対生成, (c) 電子と陽電子の対消滅,
(d) 陽電子の伝搬

となる．この中には中間状態で逆行する電子 (順行する陽電子) の寄与も含まれていることに注意してほしい．

(b) は対生成を表すが，この場合，$\Psi_i(y)$ は $y_0 \to +\infty$ で $\psi_i^{(-)}(y)$ に移行するから，n 次の寄与を式で表すと，

$$-i\left(-\frac{e}{\hbar}\right)^n \int d^4y_1 \cdots \int d^4y_n \, \bar{\psi}_f^{(+)}(y_n)\, A\!\!\!/(y_n)\, S_{\mathrm{F}}(y_n\,;\,y_{n-1})\, A\!\!\!/(y_{n-1})$$
$$\cdots S_{\mathrm{F}}(y_2\,;\,y_1)\, A\!\!\!/(y_1)\, \psi_i^{(-)}(y_1) \tag{9.28}$$

となる．ここで，

$$\psi_i^{(-)}(y) = \sqrt{\frac{m_{\mathrm{e}}c^2}{E_+}}\,\frac{1}{(2\pi\hbar)^{\frac{3}{2}}}\,v(p_+,\,s_+)\,e^{\frac{i}{\hbar}p_+y} \tag{9.29}$$

である．

(c) は対消滅を表すが，この場合，$\Psi_i(y)$ は $y_0 \to -\infty$ で $\psi_i^{(+)}(y)$ であるが，$\psi_f(y)$ は $y_0 \to +\infty$ で $\psi_f^{(-)}(y)$ に移行するから，n 次の寄与を式で表すと，

$$+i\left(-\frac{e}{\hbar}\right)^n \int d^4y_1 \cdots \int d^4y_n \, \bar{\psi}_f^{(-)}(y_n)\, A\!\!\!/(y_n)\, S_{\mathrm{F}}(y_n\,;\,y_{n-1})\, A\!\!\!/(y_{n-1})$$
$$\cdots S_{\mathrm{F}}(y_2\,;\,y_1)\, A\!\!\!/(y_1)\, \psi_i^{(+)}(y_1) \tag{9.30}$$

となる．

最後に陽電子の散乱過程に関しては，正エネルギーの陽電子を，負エネルギーの電子におきかえればよいので，(d) のような散乱過程の n 次の寄与を式で表すと，

$$+i\left(-\frac{e}{\hbar}\right)^n \int d^4y_1 \cdots \int d^4y_n \, \bar{\psi}_f^{(-)}(y_n)\, A\!\!\!/(y_n)\, S_{\mathrm{F}}(y_n\,;\,y_{n-1})\, A\!\!\!/(y_{n-1})$$
$$\cdots S_{\mathrm{F}}(y_2\,;\,y_1)\, A\!\!\!/(y_1)\, \psi_i^{(-)}(y_1) \tag{9.31}$$

となる．

ホイーラーの着想

シュテュッケルベルク - ファインマンの解釈に基づいて，一個の電子がエネルギーの符号を変えるごとに，時間に順行したり逆行したりする様子 (世界線) を図示し (図 9.4 参照)，時刻一定の面で切ったとき，複数の電子が面上に存在することに気づくとともに次のような奇妙な着想に至る．

「我々の世界に実在する電子は実は一個で，同一の電子を異なる電子と勘違いして観測しているだけである！観測しているのは同一のものだとすると，どの電子も同じ質量と同じ電荷をもっているのは当たり前である！」

このような着想は，ファインマンの師匠のホイーラー (Wheeler) 先生によるもので単純明快である．ただ残念なことに，この着想は時刻一定の面上で，正エネルギー状態の電子とほぼ同じ数の負エネルギー状態の電子 (正エネルギー状態の陽電子) の存在を予言するので，空想上の産物に終わる．ただし，着想の一部「負エネルギー状態の電子は時間を逆行する」は，弟子を通じて今も生き残っている．

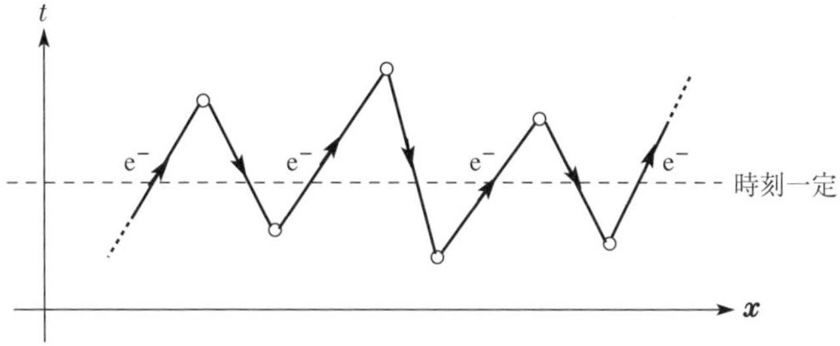

図 9.4　時間に順行したり逆行したりする一個の電子

第 10 章 因果律，相対論的共変性

伝搬関数についての補足説明と多時間理論の紹介を行う．具体的には，クライン - ゴルドン方程式に関する伝搬関数の導出とそれを用いた因果律に関するコメント，非相対論的摂動論と伝搬関数の関係，多粒子系に関する相対論的共変性について考察する．なお，先を急ぎたい読者は，本章を飛ばしても構わない．

10.1 クライン - ゴルドン粒子の伝搬

10.1.1 クライン - ゴルドン粒子の伝搬関数

クライン - ゴルドン方程式 (1.19) に従って，伝搬する粒子（クライン - ゴルドン粒子とよぶことにする）について考察しよう．x から x' に自由に伝搬するクライン - ゴルドン粒子に関する伝搬関数を $\varDelta_{\mathrm{F}}(x'\,;x)$ と記す．$\varDelta_{\mathrm{F}}(x'\,;x)$ の従う方程式は

$$\left[\frac{\partial^2}{\partial x'_\mu \partial x'^\mu} + \left(\frac{mc}{\hbar}\right)^2\right] \varDelta_{\mathrm{F}}(x'\,;x) = -\delta^4(x'-x) \qquad (10.1)$$

である．

では，フーリエ解析を用いて (10.1) の解を求めてみる．$\varDelta_{\mathrm{F}}(x'\,;x)$ のフーリエ変換

$$\Delta_{\mathrm{F}}(x' ; x) = \int \frac{d^4p}{(2\pi\hbar)^4} e^{-\frac{i}{\hbar}p(x'-x)} \tilde{\Delta}_{\mathrm{F}}(p) \tag{10.2}$$

を用いて，これを (10.1) に代入することにより，

$$\tilde{\Delta}_{\mathrm{F}}(p) = \frac{\hbar^2}{p^2 - m^2c^2} \tag{10.3}$$

が導かれる．$p^2 = m^2c^2$ における特異点を回避するために，

$$\tilde{\Delta}_{\mathrm{F}}(p) = \frac{\hbar^2}{p^2 - m^2c^2 + i\varepsilon} \tag{10.4}$$

とする．ここで，ε は正の微小量で最後に 0 へ近づける．

このように選ぶと，正エネルギーを有するクライン - ゴルドン粒子は未来に進行し，負エネルギーを有するクライン - ゴルドン粒子は過去に進行するような伝搬関数

$$\Delta_{\mathrm{F}}(x' ; x) = \int \frac{d^4p}{(2\pi\hbar)^4} e^{-\frac{i}{\hbar}p(x'-x)} \frac{\hbar^2}{p^2 - m^2c^2 + i\varepsilon} \tag{10.5}$$

が得られる．実際，$t' > t$ で　$p_0c = \sqrt{\boldsymbol{p}^2c^2 + m^2c^4} = E$　の極のみを拾うような積分経路 (図 8.1 の下半面に関する円弧を含む経路) が選ばれ，

$$\begin{aligned}
\Delta_{\mathrm{F}}(x' ; x)\big|_{t'>t} &= \int \frac{d^4p}{(2\pi\hbar)^4} e^{-\frac{i}{\hbar}p(x'-x)} \frac{\hbar^2}{p^2 - m^2c^2 + i\varepsilon} \\
&= \int \frac{d^3p}{(2\pi\hbar)^3} e^{\frac{i}{\hbar}\boldsymbol{p}\cdot(\boldsymbol{x}'-\boldsymbol{x})} \int_C \frac{dp_0}{2\pi\hbar} e^{-\frac{i}{\hbar}p_0c(t'-t)} \\
&\quad \times \frac{\hbar^2c^2}{(p_0c - \sqrt{\boldsymbol{p}^2c^2 + m^2c^4} + i\varepsilon)(p_0c + \sqrt{\boldsymbol{p}^2c^2 + m^2c^4} - i\varepsilon)} \\
&= -i\int \frac{d^3p}{(2\pi\hbar)^3} e^{\frac{i}{\hbar}[\boldsymbol{p}\cdot(\boldsymbol{x}'-\boldsymbol{x}) - E(t'-t)]} \frac{\hbar c}{2E}
\end{aligned} \tag{10.6}$$

となる．

一方，$t' < t$ では，$p_0c = -\sqrt{\boldsymbol{p}^2c^2 + m^2c^4} = -E$ (<0) の極のみを拾うよ

うな積分経路（図 8.1 の上半面に関する円弧を含む経路）が選ばれ，

$$\varDelta_{\mathrm{F}}(x'\,;\,x)\Big|_{t'<t} = i\int \frac{d^3p}{(2\pi\hbar)^3}\, e^{\frac{i}{\hbar}[\boldsymbol{p}\cdot(\boldsymbol{x}'-\boldsymbol{x})+E(t'-t)]}\,\frac{\hbar c}{2E}$$

$$= i\int \frac{d^3p}{(2\pi\hbar)^3}\, e^{\frac{i}{\hbar}[-\boldsymbol{p}\cdot(\boldsymbol{x}'-\boldsymbol{x})+E(t'-t)]}\,\frac{\hbar c}{2E} \qquad (10.7)$$

となる．最後の変形では $\boldsymbol{p}$ から $-\boldsymbol{p}$ に変数を変えた．

10.1.2　因果律と負エネルギー解

次に，負エネルギー解を勝手に排除した場合，因果律（相対論的な因果律）が成立しなくなることを示そう．ここで，**因果律**とは次のような性質である．

【因果律】　原因から生じる影響は光の速さより速く伝わることはない．

この性質を粒子の伝搬・散乱過程に適用すると，「粒子の消滅は，その粒子の生成後に時間的に離れた位置あるいは光的に離れた位置で起こる」となり，（シュテュッケルベルク－ファインマンの解釈を通して）負エネルギー状態の粒子にも当てはめることができる．

また因果律により，空間的に離れた 2 点間を粒子が光速を超えて移動することは許されない．よって，x' と x が互いに空間的に離れた位置（$(x'-x)^2 < 0$）にある場合，伝搬関数の値は 0 でなければならない．

では，負エネルギー解を勝手に排除した伝搬関数 $\varDelta^{(+)}(x'\,;\,x) \equiv -i\int \frac{d^3p}{(2\pi\hbar)^3}\, e^{\frac{i}{\hbar}[\boldsymbol{p}\cdot(\boldsymbol{x}'-\boldsymbol{x})-E(t'-t)]}\,\frac{\hbar c}{2E}$ を用いて，$(x'-x)^2 < 0$ での値を評価してみよう．x' と x が互いに空間的に離れた位置にある場合，適切なローレンツ変換を施すことにより $t' = t$ となるような座標系に移ることができるので，$t' = t$ として評価しても一般性を失わない．そこで，

$$\varDelta^{(+)}(x'\,;\,x)\Big|_{t'=t} = -i\int_{-\infty}^{\infty} \frac{d^3p}{(2\pi\hbar)^3}\, e^{\frac{i}{\hbar}\boldsymbol{p}\cdot\boldsymbol{r}}\,\frac{\hbar c}{2E}$$

$$= -\frac{i\hbar c}{2(2\pi\hbar)^3}\int_0^{\infty} \frac{|\boldsymbol{p}|^2\,d|\boldsymbol{p}|}{E}\int_0^{\pi} \sin\theta\,d\theta\int_0^{2\pi} d\phi\; e^{\frac{i}{\hbar}|\boldsymbol{p}||\boldsymbol{r}|\cos\theta}$$

$$= -\frac{c}{2(2\pi)^2\hbar|\boldsymbol{r}|}\int_0^\infty \frac{|\boldsymbol{p}|\,d|\boldsymbol{p}|}{E}\left(e^{\frac{i}{\hbar}|\boldsymbol{p}||\boldsymbol{r}|} - e^{-\frac{i}{\hbar}|\boldsymbol{p}||\boldsymbol{r}|}\right)$$

$$= -\frac{c}{2(2\pi)^2\hbar|\boldsymbol{r}|}\int_{-\infty}^\infty d|\boldsymbol{p}|\frac{|\boldsymbol{p}|\,e^{\frac{i}{\hbar}|\boldsymbol{p}||\boldsymbol{r}|}}{\sqrt{\boldsymbol{p}^2c^2 + m^2c^4}} \tag{10.8}$$

となり，$t' = t$ で伝搬関数の値が 0 にならないため因果律が成立しないことがわかる．ここで，$\boldsymbol{r} \equiv \boldsymbol{x}' - \boldsymbol{x}$ である．

また，1 行目から 2 行目に移るところで，運動量空間において極座標 ($|\boldsymbol{p}|$, θ, ϕ) を用いて書きかえた．天頂角 θ は $\boldsymbol{r}$ を基準にし，$\boldsymbol{p}\cdot\boldsymbol{r} = |\boldsymbol{p}||\boldsymbol{r}|\cos\theta$ とした．2 行目から 3 行目に移るところでは，θ と ϕ に関する積分を実行した．3 行目から 4 行目に移るところでは，4 元運動量の関係式を用いて E を書きかえ，$|\boldsymbol{p}|$ に関する積分領域を $[0, \infty)$ から $(-\infty, \infty)$ に拡張することにより 1 つの項にまとめた．ちなみに，負エネルギー解の寄与を含んだ伝搬関数 $\Delta_{\mathrm{F}}(x'\,;\,x)$ は，$t' = t$ で 0 となり因果律を満たす．

参考までに，演算子の平方根を用いた方程式（1.2 節で登場した方程式）

$$i\hbar\frac{\partial}{\partial t}\psi(x) = \sqrt{-\hbar^2c^2\boldsymbol{\nabla}^2 + m^2c^4}\,\psi(x) \tag{10.9}$$

に基づく理論においても，因果律を満足しない伝搬関数が導かれる．

この理論の伝搬関数 $R_0(x'\,;\,x)$ は

$$\left(i\hbar\frac{\partial}{\partial t'} - \sqrt{-\hbar^2c^2\boldsymbol{\nabla}'^2 + m^2c^4}\right)R_0(x'\,;\,x) = \hbar\,\delta(t'-t)\,\delta^3(\boldsymbol{x}'-\boldsymbol{x}) \tag{10.10}$$

を満たす．(10.9) の解は

$$\psi_p(x) = \frac{1}{(2\pi\hbar)^{\frac{3}{2}}}e^{\frac{i}{\hbar}(\boldsymbol{p}\cdot\boldsymbol{x} - \sqrt{\boldsymbol{p}^2c^2+m^2c^4}\,t)} \tag{10.11}$$

で与えられる．ここで，$\psi_p(x)$ は完全系

$$\int_{-\infty}^{\infty} d^3p\, \psi_p(\boldsymbol{x}', t)\, \psi_p^*(\boldsymbol{x}, t) = \delta^3(\boldsymbol{x}' - \boldsymbol{x}) \tag{10.12}$$

を張っている．

(10.11) を用いて，$R_0(x'\,;x)$ を，

$$\begin{aligned} R_0(x'\,;x) &= -i\,\theta(t'-t)\int_{-\infty}^{\infty} d^3p\,\psi_p(x')\,\psi_p^*(x) \\ &= -i\,\theta(t'-t)\int_{-\infty}^{\infty}\frac{d^3p}{(2\pi\hbar)^3}\,e^{\frac{i}{\hbar}[\boldsymbol{p}\cdot(\boldsymbol{x}'-\boldsymbol{x})-\sqrt{\boldsymbol{p}^2c^2+m^2c^4}\,(t'-t)]} \\ &= -\theta(t'-t)\,\frac{1}{(2\pi\hbar)^2|\boldsymbol{r}|}\int_{-\infty}^{\infty}|\boldsymbol{p}|\,d|\boldsymbol{p}|\,e^{\frac{i}{\hbar}|\boldsymbol{p}||\boldsymbol{r}|}\,e^{-\frac{i}{\hbar}\sqrt{\boldsymbol{p}^2c^2+m^2c^4}\,(t'-t)} \end{aligned} \tag{10.13}$$

のように求めることができる．ここで，$\boldsymbol{r} \equiv \boldsymbol{x}' - \boldsymbol{x}$ である．(10.13) から，x' と x が互いに空間的に離れた位置にある場合，伝搬関数の値が 0 にならないため因果律が成立していないことがわかる．

10.2　非相対論的摂動論と伝搬関数

10.2.1　非相対論的摂動論とフェルミの黄金律

まず，シュレーディンガー方程式

$$i\hbar\frac{d}{dt}|\psi(t)\rangle = (H_0 + V)\,|\psi(t)\rangle \tag{10.14}$$

に基づいて摂動論について復習する．ここで，V は摂動ポテンシャルである．[†] 相互作用表示において，物理状態は

---

† 物理状態 $|\psi(t)\rangle$ をフォック空間 (Fock space) の元と見なすことにより，場の量子論にも適用できる．相対論的場の量子論に適用した場合，相対論的共変性が明白ではない計算手法であることに注意してほしい．

$$|\psi(t)_{\mathrm{I}}\rangle \equiv e^{\frac{i}{\hbar}H_0 t}\,|\psi(t)\rangle \tag{10.15}$$

で定義され，

$$i\hbar\frac{d}{dt}|\psi(t)_{\mathrm{I}}\rangle = V_{\mathrm{I}}(t)\,|\psi(t)_{\mathrm{I}}\rangle \tag{10.16}$$

に従って時間発展する．なお，$V_{\mathrm{I}}(t) = e^{\frac{i}{\hbar}H_0 t}\,V(t)\,e^{-\frac{i}{\hbar}H_0 t}$ である．ちなみに，$V_{\mathrm{I}}(t)$ は $(d/dt)\,V_{\mathrm{I}}(t) = (i/\hbar)\,[H_0, V_{\mathrm{I}}(t)] + \partial V_{\mathrm{I}}(t)/\partial t$ に従って時間発展する．ここで，$\partial V_{\mathrm{I}}(t)/\partial t = e^{\frac{i}{\hbar}H_0 t}(\partial V(t)/\partial t)e^{-\frac{i}{\hbar}H_0 t}$ である．上記の相互作用表示については，付録 C.1 節を参照してほしい．

さて，(10.16) を積分することにより，

$$|\psi(t)_{\mathrm{I}}\rangle = |\psi(t_0)_{\mathrm{I}}\rangle - \frac{i}{\hbar}\int_{t_0}^{t} dt'\; V_{\mathrm{I}}(t')\,|\psi(t')_{\mathrm{I}}\rangle \tag{10.17}$$

が導かれる．(10.17) の右辺に現れる時間変数に依存した物理状態に (10.17) 自身を逐次代入することにより，

$$|\psi(t)_{\mathrm{I}}\rangle = U_{\mathrm{I}}(t,\, t_0)\,|\psi(t_0)_{\mathrm{I}}\rangle \tag{10.18}$$

$$U_{\mathrm{I}}(t,\, t_0) = I + \left(-\frac{i}{\hbar}\right)\int_{t_0}^{t} dt'\; V_{\mathrm{I}}(t') + \left(-\frac{i}{\hbar}\right)^2\int_{t_0}^{t} dt'\int_{t_0}^{t'} dt''\,[\,V_{\mathrm{I}}(t')\;V_{\mathrm{I}}(t'')\,] + \cdots \tag{10.19}$$

が導かれる．

始状態 $|\psi_i\rangle$ ($t = -\infty$ における H_0 の固有状態) から終状態 $|\psi_f\rangle$ ($t = \infty$ における H_0 の固有状態) への遷移確率振幅 (S 行列要素) は，S 行列 $U_{\mathrm{I}}(\infty,\, -\infty)$ を用いて，

$$S_{fi} \equiv \langle\psi_f|U_{\mathrm{I}}(\infty,\, -\infty)|\psi_i\rangle \tag{10.20}$$

で与えられる．V が十分小さい場合，

$$U_{\mathrm{I}}(\infty,\ -\infty) \simeq 1 - \frac{i}{\hbar}\int_{-\infty}^{\infty} dt\, V_{\mathrm{I}}(t) = 1 - \frac{i}{\hbar}\int_{-\infty}^{\infty} dt\, e^{\frac{i}{\hbar}H_0 t}\, V\, e^{-\frac{i}{\hbar}H_0 t} \tag{10.21}$$

のように近似される．よって，1 次の近似で S 行列要素は

$$\begin{aligned} S_{fi}^{(1)} &= -\frac{i}{\hbar}\int_{-\infty}^{\infty} dt\, \langle\psi_f| e^{\frac{i}{\hbar}H_0 t}\, V\, e^{-\frac{i}{\hbar}H_0 t} |\psi_i\rangle \\ &= -\frac{i}{\hbar}\int_{-\infty}^{\infty} dt\, \langle\psi_f|V|\psi_i\rangle\, e^{\frac{i}{\hbar}(E_f - E_i)t} \end{aligned} \tag{10.22}$$

で与えられる．ここで，

$$H_0|\psi_i\rangle = E_i|\psi_i\rangle, \qquad \langle\psi_f|H_0 = \langle\psi_f|E_f \tag{10.23}$$

を用いた．

V が時間に依存しない場合，(10.22) の時間積分を実行することにより，

$$S_{fi}^{(1)} = -2\pi i\, \langle\psi_f|V|\psi_i\rangle\, \delta(E_f - E_i) \tag{10.24}$$

を得ることができる．

この場合，$|\psi_i\rangle$ から $|\psi_f\rangle$ への単位時間当りの遷移確率は

$$R_{fi} \equiv \lim_{T\to\infty} \frac{|S_{fi}|^2}{T} = \lim_{T\to\infty} \frac{|S_{fi}^{(1)}|^2}{T} = \frac{2\pi}{\hbar} |\langle\psi_f|V|\psi_i\rangle|^2\, \delta(E_f - E_i) \tag{10.25}$$

で与えられる．(10.25) を導く際に，T は十分に長いとすると，

$$2\pi\, \delta(E_f - E_i) \quad \overset{T\to\infty}{\longrightarrow} \quad \frac{1}{\hbar}\int_{-T/2}^{T/2} e^{\frac{i}{\hbar}(E_f - E_i)t}\, dt \tag{10.26}$$

と考えられ，さらに $(2\pi\,\delta(E_f - E_i))^2$ は

$$\begin{aligned} (2\pi\,\delta(E_f - E_i))^2 \quad &\overset{T\to\infty}{\longrightarrow} \quad \frac{2\pi}{\hbar}\delta(E_f - E_i)\int_{-T/2}^{T/2} e^{\frac{i}{\hbar}(E_f - E_i)t}\, dt \\ &= \frac{2\pi}{\hbar}\delta(E_f - E_i)\int_{-T/2}^{T/2} dt = \frac{2\pi}{\hbar}\delta(E_f - E_i)\, T \end{aligned} \tag{10.27}$$

のように評価されることを用いた．(10.27) の 1 行目から 2 行目に移るとこ

ろで，$\delta(E_f - E_i)$ の存在により $E_f = E_i$ の場合のみが寄与するので $e^{\frac{i}{\hbar}(E_f - E_i)t}$ を 1 に選んだ．

多くの実験では特別な始状態から出発して，エネルギーの値が E_f に等しい複数の終状態の内の 1 つを（1 回の測定で）観測する．エネルギーの値が E_f と $E_f + dE_f$ の間にある終状態の数を $\rho(E_f)\,dE_f$ とすると，特別な始状態から出発して，エネルギーの値が E_f であるような終状態に遷移する単位時間当りの確率は，

$$
\begin{aligned}
P_{fi} &\equiv \int R_{fi}\,\rho(E_f)\,dE_f = \frac{2\pi}{\hbar}\int |\langle\psi_f|V|\psi_i\rangle|^2\,\delta(E_f - E_i)\,\rho(E_f)\,dE_f \\
&= \frac{2\pi}{\hbar}|\langle\psi_f|V|\psi_i\rangle|^2\,\rho(E_i) \qquad (10.28)
\end{aligned}
$$

で与えられる．(10.28) は**フェルミの黄金律**（**Fermi's golden rule**）とよばれる公式である．

10.2.2　中間状態と仮想粒子

2 次の近似で S 行列要素に補正

$$
\begin{aligned}
S_{fi}^{(2)} &= \left(-\frac{i}{\hbar}\right)^2 \int_{-\infty}^{\infty} dt \int_{-\infty}^{t} dt'\,\langle\psi_f|V_{\mathrm{I}}(t)\,V_{\mathrm{I}}(t')|\psi_i\rangle \\
&= \left(-\frac{i}{\hbar}\right)^2 \sum_{n(\neq i)} \int_{-\infty}^{\infty} dt\, e^{\frac{i}{\hbar}(E_f - E_n)t} \int_{-\infty}^{t} dt'\, e^{\frac{i}{\hbar}(E_n - E_i)t'}\,\langle\psi_f|V|\psi_n\rangle\langle\psi_n|V|\psi_i\rangle \\
&\qquad (10.29)
\end{aligned}
$$

が加わる．1 行目から 2 行目に移るところで，$V_{\mathrm{I}}(t)$ と $V_{\mathrm{I}}(t')$ の間に完全性の関係式 $\sum_n |\psi_n\rangle\langle\psi_n| = 1$を挿入し，$V_{\mathrm{I}}(t) = e^{\frac{i}{\hbar}H_0 t}\,V(t)\,e^{-\frac{i}{\hbar}H_0 t}$ および (10.23) を用いた．

V が時間に依存しない場合，(10.29) の時間積分を実行することにより，

$$
S_{fi}^{(2)} = -2\pi i \sum_{n(\neq i)} \frac{\langle\psi_f|V|\psi_n\rangle\langle\psi_n|V|\psi_i\rangle}{E_i - E_n + i\varepsilon}\,\delta(E_f - E_i) \qquad (10.30)
$$

を得ることができる．ここで，ε は正の微小量で積分公式

$$\int_{-\infty}^{t} dt'\, e^{\frac{i}{\hbar}(E_n - E_i - i\varepsilon)t'} = \left[\frac{\hbar}{i}\frac{e^{\frac{i}{\hbar}(E_n - E_i - i\varepsilon)t'}}{E_n - E_i - i\varepsilon}\right]_{-\infty}^{t} = i\hbar\frac{e^{\frac{i}{\hbar}(E_n - E_i - i\varepsilon)t}}{E_i - E_n + i\varepsilon} \tag{10.31}$$

を用いた．

(10.30) において，$E_i = E_n$ の場合 $S_{fi}^{(2)}$ が発散するため，このような中間状態は許されない．よって，中間状態でエネルギーは保存していない．中間状態でのエネルギーの非保存は不確定性関係から許されていて，このような状態にある粒子は**仮想粒子**とよばれている．(10.30) で記述される過程を表す模式図は図 10.1 (a) である．

相対論的な理論では負エネルギー解が存在し，（前の節で考察したように）因果律を満たすためには負エネルギー状態の粒子を含む過程を考慮する必要がある．そこで負エネルギーをもつ粒子を導入し，シュテュッケルベルク - ファインマンの解釈を用いると，図 10.1 (b) のような過程が存在する．V が時間に依存しない場合，この過程に関する S 行列要素は

$$S_{fi(-)}^{(2)} = -2\pi i \sum_{n'(\neq i)} \frac{\langle\psi_f|V|\psi_{n'}\rangle\langle\psi_{n'}|V|\psi_i\rangle}{E_i - E_{n'} + i\varepsilon}\delta(E_f - E_i) \tag{10.32}$$

で与えられる．

ここで，$|\psi_{n'}\rangle$ は中間状態で 2 個の正エネルギーの粒子（それぞれのエネルギーを E_i, E_f とする）と，1 個の負エネルギーの粒子（そのエネルギーを $-E_n(<0)$ とする）を含んでいる．負エネルギー $(-E_n)$ を有する粒子は時間に逆行し，これは正エネルギー (E_n) を有する反粒子が時間に順行すると解釈されるので，中間状態のエネルギー $E_{n'}$ は

$$E_{n'} = E_i + E_n + E_f = 2E_i + E_n \tag{10.33}$$

である．

なお，始状態と終状態に関するエネルギーの保存則 $E_i = E_f$ を用いた．V に関する行列要素の値が (10.30) で与えられた $S_{fi}^{(2)}$ のと同じだとすると，$S_{fi(-)}^{(2)}$ は

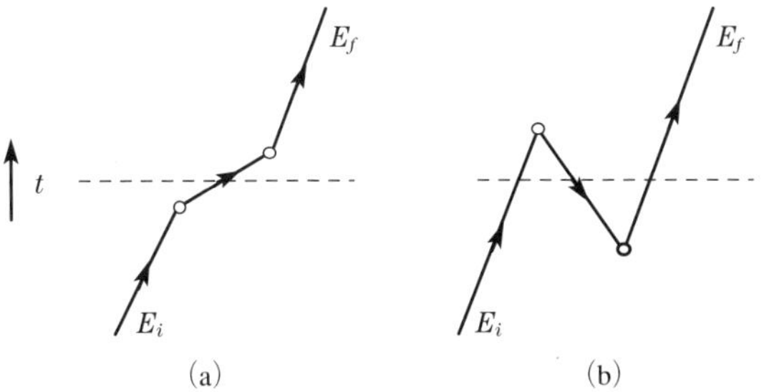

図 10.1　摂動の 2 次の補正

$$S^{(2)}_{fi(-)} = -2\pi i \sum_{n(\neq i)} \frac{\langle\psi_f|V|\psi_n\rangle\langle\psi_n|V|\psi_i\rangle}{E_i - (2E_i + E_n) + i\varepsilon}\,\delta(E_f - E_i)$$

$$= 2\pi i \sum_{n(\neq i)} \frac{\langle\psi_f|V|\psi_n\rangle\langle\psi_n|V|\psi_i\rangle}{E_i + E_n - i\varepsilon}\,\delta(E_f - E_i) \qquad (10.34)$$

となる．

物理的な結果は，図 10.1 (a) と (b) の寄与を足し合わせることにより得られると予想されるので，(10.30) と (10.34) より，

$$S^{(2)}_{fi} + S^{(2)}_{fi(-)} = -2\pi i \sum_{n(\neq i)} \langle\psi_f|V|\psi_n\rangle\langle\psi_n|V|\psi_i\rangle \times \left(\frac{1}{E_i - E_n + i\varepsilon} - \frac{1}{E_i + E_n - i\varepsilon}\right)\delta(E_f - E_i)$$

$$= -2\pi i \sum_{n(\neq i)} \langle\psi_f|V|\psi_n\rangle\langle\psi_n|V|\psi_i\rangle \frac{2E_n}{E_i^2 - E_n^2 + i\varepsilon}\,\delta(E_f - E_i) \qquad (10.35)$$

が導かれる．

非相対論的な定式化において，中間状態でも粒子が 4 元運動量の関係式 $E_n^2 = \boldsymbol{p}^2c^2 + m^2c^4$ に従うとすると，(10.35) に存在する因子は

$$\frac{2E_n}{E_i^2 - E_n^2 + i\varepsilon} = \frac{2E_n}{E_i^2 - (\boldsymbol{p}^2c^2 + m^2c^4) + i\varepsilon} = \frac{1}{c^2}\,\frac{2E_n}{p^2 - m^2c^2 + i\varepsilon} \qquad (10.36)$$

のように変形され，質量 m の粒子に関する運動量空間での伝搬関数の分母

が導かれる．上式において，$p^\mu = (E_i/c,\ \boldsymbol{p})$ とした．分子の $2E_n$ は規格化に関係した因子である．このようにして，非相対論的摂動論から相対論的不変性が明白な表式を得ることができる．

相対論的な定式化においては，伝搬関数の分母に $p^2 - m^2c^2 + i\varepsilon$ という因子が現れるため，中間状態では 4 元運動量の関係式が成立しない．

まとめると非相対論的な定式化において，3 元運動量は保存し中間状態でも 4 元運動量の関係式が満たされるが，中間状態でエネルギーの保存則が成り立たない．一方，相対論的な定式化においてはエネルギーを含む 4 元運動量が保存するが，中間状態では 4 元運動量の関係式が満たされない．

始状態や終状態に複数の粒子を含む場合も，中間状態に負エネルギー状態の粒子を絡めた過程を導入することにより，相対論的な定式化と関係づけることができる．例として，始状態および終状態は質量 m の粒子と光子の自由な 2 粒子状態で，中間状態は，質量 m の粒子が伝搬しているような摂動の 2 次の過程 (図 10.2 (a) を参照) について考えてみる．

始状態における質量 m の粒子の 4 元運動量を $p_1^\mu = (E_1/c,\ \boldsymbol{p}_1)$，光子の 4 元運動量を $p_2^\mu = (E_2/c,\ \boldsymbol{p}_2)$ とし，中間状態にある粒子の 4 元運動量を $p_n^\mu = (E_n/c,\ \boldsymbol{p}_n)$ とする．非相対論的な定式化では，3 元運動量の保存則と中間

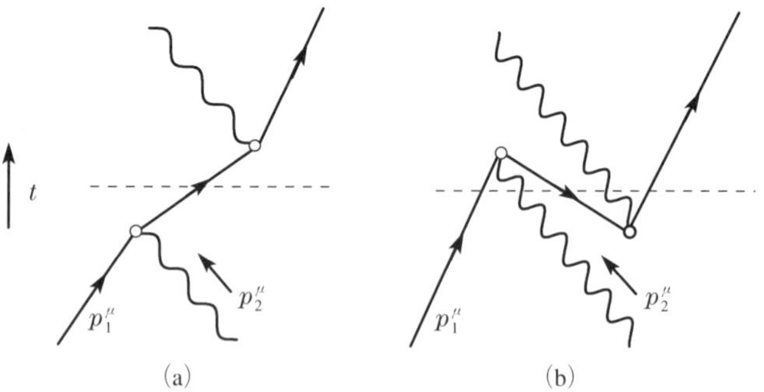

図 10.2　2 粒子状態に関する摂動の 2 次の補正

状態での 4 元運動量の関係式が満たされるので，

$$\boldsymbol{p}_n = \boldsymbol{p}_1 + \boldsymbol{p}_2, \qquad E_n^2 = \boldsymbol{p}_n^2 c^2 + m^2 c^4 \tag{10.37}$$

が成り立つ．負エネルギー状態の粒子を含む過程として図 10.2 (b) のような寄与を取り込むことにより，(10.35) と同じ形の公式を得ることができる．ただし，$E_i = E_1 + E_2$ である．

(10.37) を用いて，(10.35) の分母の因子は

$$\begin{aligned} E_i^2 - E_n^2 + i\varepsilon &= E_i^2 - (\boldsymbol{p}_n^2 c^2 + m^2 c^4) + i\varepsilon \\ &= E_i^2 - (\boldsymbol{p}_1 + \boldsymbol{p}_2)^2 c^2 - m^2 c^4 + i\varepsilon = p^2 c^2 - m^2 c^4 + i\varepsilon \end{aligned} \tag{10.38}$$

のように変形され，質量 m の粒子に関する運動量空間での伝搬関数の分母が得られる．なお，$p^\mu = (E_i/c\,,\ \boldsymbol{p}_1 + \boldsymbol{p}_2)$ とした．

10.2.3　ディラック粒子および光子の伝搬関数

質量 m のディラック粒子に関する運動量空間での伝搬関数は，

$$\tilde{S}_{\mathrm{F}}(p) = \hbar \frac{\not{p} + mc}{p^2 - m^2 c^2 + i\varepsilon} \tag{10.39}$$

で与えられる (第 9 章の (9.12) を参照せよ)．

この表式は，次のような考察から推測することができる．(10.35) を注意深く見ると，$\sum_{n(\neq i)} |\psi_n\rangle \langle\psi_n| 2E_n / (E_i^2 - E_n^2 + i\varepsilon)$ という因子の存在に気づく．よって，運動量空間での伝搬関数は係数を除いて，

$$\frac{\sum_s \text{‘}\varphi^s(p)\,\varphi^{s\dagger}(p)\text{’}}{p^2 - m^2 c^2 + i\varepsilon} \tag{10.40}$$

のような形を取ると予想される．ここで $\varphi^s(p)$ は，中間状態に現れる粒子に関する運動量空間での波動関数である．

また ‘$\varphi^s(p)\,\varphi^{s\dagger}(p)$’ は，$\varphi^s(p)\,\varphi^{s\dagger}(p)$ に適切な因子を掛けてスピン状態に対応する変数 s に関する和を取った後，ローレンツ変換の下で共変 (ロー

レンツ共変) な形になるような量である．

例えばディラック粒子の場合，ディラックスピノル $u_\alpha(p, s)$ とそのディラック共役 $\bar{u}_\beta(p, s) \equiv \sum_\alpha u_\alpha{}^\dagger(p, s)\gamma^0_{\alpha\beta}$ を用いて，

$$
\begin{aligned}
\sum_s {}^{\backprime}\varphi^s(p)\,\varphi^{s\dagger}(p)' &= \sum_{\pm s} u_\alpha(p, s)\,\bar{u}_\beta(p, s) \\
&= \sum_{\alpha', \beta'}\sum_{r=1}^{4} \varepsilon_r [\Lambda_+(p)]_{\alpha\alpha'}\, w^r_{\alpha'}(p)\,\bar{w}^r_{\beta'}(p)\,[\Lambda_+(p)]_{\beta'\beta} \\
&= \sum_{\alpha', \beta'} [\Lambda_+(p)]_{\alpha\alpha'}\,\delta_{\alpha'\beta'}\,[\Lambda_+(p)]_{\beta'\beta} \\
&= \sum_{\alpha'} [\Lambda_+(p)]_{\alpha\alpha'}\,[\Lambda_+(p)]_{\alpha'\beta} = [\Lambda_+(p)]_{\alpha\beta} = \left(\frac{\not{p} + mc}{2mc}\right)_{\alpha\beta}
\end{aligned}
\tag{10.41}
$$

が導かれる．ここで，$[\Lambda_+(p)]_{\alpha\beta} = [(\not{p} + mc)/2mc]_{\alpha\beta}$ は正エネルギー解を取り出す射影演算子である．(10.41) の結果を (10.40) に代入することにより，係数を除いて $\tilde{S}_{\mathrm{F}}(p)$ を得ることができた．

同様にして，光子に関する運動量空間での伝搬関数の形を推測しよう．光子の場合，スピン状態に対応するものは偏極ベクトルであるから，

$$
\begin{aligned}
\sum_s {}^{\backprime}\varphi^s(p)\,\varphi^{s\dagger}(p)' &= \sum_a {}^{\backprime}\varepsilon^a_\mu \varepsilon^{a*}_\nu{}' = \varepsilon^T_\mu \varepsilon^{T*}_\nu + \varepsilon^L_\mu \varepsilon^{L*}_\nu - \varepsilon^S_\mu \varepsilon^{S*}_\nu \\
&= (\delta_{ij} - \hat{q}_i\hat{q}_j) + \hat{q}_i\hat{q}_j - \eta_{\mu 0}\eta_{\nu 0} = -\eta_{\mu\nu}
\end{aligned}
\tag{10.42}
$$

と考えられる．ここで，ε^T_μ, ε^L_μ, $\varepsilon^S_\mu (= \eta_{\mu 0})$ はそれぞれ電磁波の横波成分，縦波成分，スカラー成分に関する偏極ベクトルである．また，$\hat{q}_i$ は電磁場の進行方向を表す単位ベクトルの空間成分である．非物理的な成分である縦波成分とスカラー成分の寄与を加えることにより，ローレンツ共変な形になること，そのためにスカラー成分の寄与に負符号がついていることに注意する．

このようにして，光子に関する運動量空間での伝搬関数は

$$
\tilde{D}_{\mathrm{F}\mu\nu}(p) \propto \frac{-\eta_{\mu\nu}}{p^2 + i\varepsilon} \tag{10.43}
$$

と予想される．ただし，光子の質量が0であることを用いた．

10.3 多時間理論

電磁相互作用を含む電子に関するディラック方程式は

$$i\hbar\frac{\partial}{\partial t}\psi(x) = \left[-i\hbar c\boldsymbol{\alpha}\cdot\left(\boldsymbol{\nabla}+i\frac{e}{\hbar}\boldsymbol{A}(x)\right)+\beta m_{\mathrm{e}}c^2 - e\,\Phi(x)\right]\psi(x) \tag{10.44}$$

で与えられ，第2章で考察したように相対論的共変性を有している．

この節では，N個の電子を含む系に関する相対論的共変性について考察しよう．非相対論的な量子力学に習って，電子系の波動関数を$\psi(\boldsymbol{x}_1, \cdots, \boldsymbol{x}_N; t)$とする．波動関数が規格化されている場合，$|\psi(\boldsymbol{x}_1, \boldsymbol{x}_2, \cdots, \boldsymbol{x}_N; t)|^2$は時刻$t$で，電子がそれぞれ位置$\boldsymbol{x}_1$, $\boldsymbol{x}_2$, $\cdots$, $\boldsymbol{x}_N$で観測される確率密度を表す．

$\psi(\boldsymbol{x}_1, \cdots, \boldsymbol{x}_N; t)$が従う波動方程式は

$$\begin{aligned} i\hbar\frac{\partial}{\partial t}\psi(\boldsymbol{x}_1, \cdots, \boldsymbol{x}_N; t) = \sum_{k=1}^{N}\Bigl[&-i\hbar c\boldsymbol{\alpha}\cdot\left(\boldsymbol{\nabla}_k+i\frac{e}{\hbar}\boldsymbol{A}(\boldsymbol{x}_k, t)\right) \\ &+\beta m_{\mathrm{e}}c^2 - e\,\Phi(\boldsymbol{x}_k, t)\Bigr]\psi(\boldsymbol{x}_1, \cdots, \boldsymbol{x}_N; t) \end{aligned} \tag{10.45}$$

で与えられる．(10.45)はN個の電子に共通の時間変数tを含んでいる．つまり，tが一定であるような3次元超平面を選んでいる．

このような特別な座標系に基づく定式化では，相対論的共変性が明白ではない．異なる時空点がある慣性系で同時刻であったとしても，別の慣性系では必ずしも同時刻であるとは限らないことに注意してほしい．相対論的共変性が明白な定式化として，個々の電子に関して4次元座標$(x_1^\mu, \cdots, x_N^\mu)$を用いた定式化が考えられる．電子が互いに空間的に離れた位置に存在する場合，ローレンツ変換の下で空間的に離れた位置関係は変わらないので，4次

元座標に基づく量子化により相対論的共変性が保証される．4次元座標に基づく定式化はディラックにより考案されたもので，複数の時間を導入するため，**多時間理論**とよばれている．

多時間理論における波動関数を，

$$\Psi = \Psi(\boldsymbol{x}_1, t_1, \cdots, \boldsymbol{x}_N, t_N) \tag{10.46}$$

と記す．Ψ は一般化された確率振幅で，「全ての電子が互いに空間的に離れた位置にある場合，1番目の電子が時刻 t_1 に $\boldsymbol{x}_1$ という場所で，2番目の電子が時刻 t_2 に $\boldsymbol{x}_2$ という場所で，…，N 番目の電子が時刻 t_N に $\boldsymbol{x}_N$ という場所で観測される確率密度は $|\Psi(\boldsymbol{x}_1, t_1, \cdots, \boldsymbol{x}_N, t_N)|^2$ である」という物理的な意味づけを波動関数に与えることができる．

この場合，多時間を含む関数 $f = f(t_1, \cdots, t_N)$ に対して時間微分に関する公式

$$\frac{\partial}{\partial t} f = \left(\frac{\partial}{\partial t_1} + \cdots + \frac{\partial}{\partial t_N}\right) f(t_1, \cdots, t_N)\bigg|_{t_1 = \cdots = t_N = t} \tag{10.47}$$

を用いて，(10.45) は

$$\sum_{k=1}^{N}\left(i\hbar\frac{\partial}{\partial t_k} - H_k\right)\Psi(\boldsymbol{x}_1, t_1, \cdots, \boldsymbol{x}_N, t_N)\bigg|_{t_1 = \cdots = t_N = t} = 0 \tag{10.48}$$

$$H_k \equiv -i\hbar c\boldsymbol{\alpha}\cdot\left[\boldsymbol{\nabla}_k + i\frac{e}{\hbar}\boldsymbol{A}(\boldsymbol{x}_k, t_k)\right] + \beta m_{\mathrm{e}}c^2 - e\,\Phi(\boldsymbol{x}_k, t_k) \tag{10.49}$$

と書き表すことができる．

(10.48) において，演算子は変数が分離された形をしているので，次のような N 組の連立方程式

$$\left(i\hbar\frac{\partial}{\partial t_k} - H_k\right)\Psi(\boldsymbol{x}_1, t_1, \cdots, \boldsymbol{x}_N, t_N) = 0 \quad (k = 1, \cdots, N) \tag{10.50}$$

が成り立つと予想される．これが多時間理論における電子に関する基礎方程

式である．この方程式は，(B.70) の量子力学版と見なすこともできる．

また，(10.50) が積分できるためには，

$$\frac{\partial^2 \Psi}{\partial t_k \partial t_l} = \frac{\partial^2 \Psi}{\partial t_l \partial t_k} \quad (k,\, l = 1,\, \cdots,\, N) \tag{10.51}$$

が成り立つ必要がある．この条件は

$$[H_k,\, H_l]\, \Psi = 0 \tag{10.52}$$

と等価で，$x_k^\mu = (ct_k,\, \boldsymbol{x}_k)$ と $x_l^\mu = (ct_l,\, \boldsymbol{x}_l)$ が，互いに空間的に離れた位置にあるときに満たされる．この場合，$\Psi = \Psi(\boldsymbol{x}_1,\, t_1,\, \cdots,\, \boldsymbol{x}_N,\, t_N)$ は N 組の連立方程式 (10.50) により一意的に決定される．

第 11 章 クーロン散乱

前の章で展開した伝搬理論を用いて，散乱断面積を求めよう．この章ではクーロンポテンシャルによる散乱過程を考察する．さらに，散乱断面積などの計算に役立つ，γ 行列に関する公式と定理について紹介する．

11.1 ラザフォードの散乱公式

クーロンポテンシャルによる散乱過程は，**クーロン散乱**または**ラザフォード散乱** (Rutherford scattering) とよばれる．このような散乱過程は，ラザフォードが原子の構造を知るために考察したもので，まず，この復習から始める (図 11.1 を参照せよ)．荷電粒子 (ここでは α 粒子 (He^{2+})，つまり電荷 $2e$ の粒子) が，電荷 Ze をもつ原子核がつくるクーロンポテンシャルにより散乱される過程を古典力学に基づいて計算すると，微分断面積として

$$\frac{d\sigma(\theta)}{d\Omega} = \left(\frac{k_0 Ze^2}{mv_0^2}\right)^2 \frac{1}{\sin^4 \dfrac{\theta}{2}}, \qquad k_0 = \frac{1}{4\pi\varepsilon_0} \tag{11.1}$$

が得られる．ここで，m は換算質量 ($Z \gg 2$ の場合は α 粒子の質量で近似される)，v_0 は α 粒子の始状態の速さ，θ は散乱角 (進行方向と散乱方向の成す角度) である．

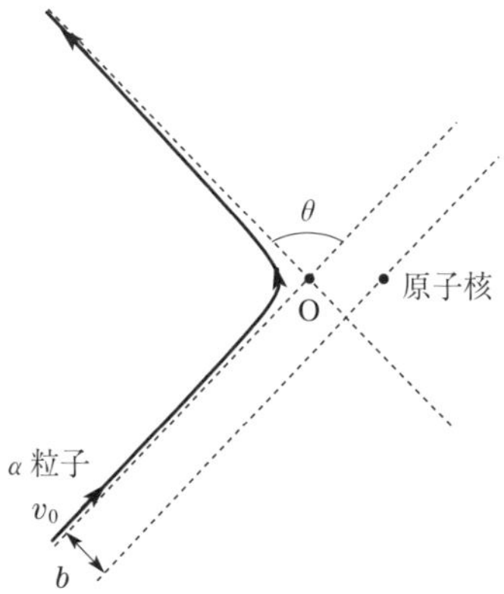

図 11.1　ラザフォードの散乱過程

図 11.1 において b は**衝突径数**，O は双曲線の原点である．(11.1) は**ラザフォードの散乱公式**とよばれているものである．ガイガー (Geiger) とマースデン (Marsden) は，α 粒子を金箔 (金は $Z = 79$ の元素) にぶつけて散乱される α 粒子の様子を調べて，(11.1) が成り立つことを確かめた．

なお，微分断面積とは粒子が立体角 Ω と $\Omega + d\Omega$ の間に散乱される確率を表す量で，角度微分断面積ともよばれる．

次の節で，相対論的量子力学に基づいて，ラザフォードの散乱公式に匹敵する (非相対論的極限で (11.1) に帰着する) 微分断面積に関する公式を導出する．

11.2　クーロンポテンシャルによる電子の散乱

11.2.1　クーロン散乱の S 行列要素

静止した Ze の電荷がつくる電磁ポテンシャル

$$A_0(x) = \frac{\Phi(x)}{c} = \frac{k_0}{c}\frac{Ze}{|\boldsymbol{x}|}, \qquad \boldsymbol{A}(x) = \boldsymbol{0} \tag{11.2}$$

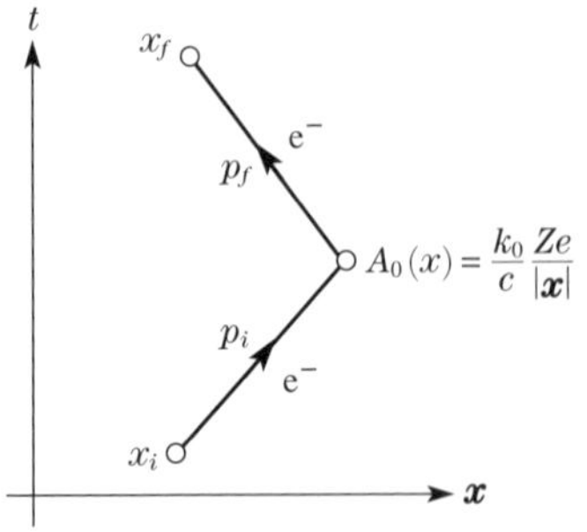

図 11.2　クーロンポテンシャルによる電子の散乱

による電子の散乱について考察する．図 11.2 は，電子が点 x でクーロンポテンシャルにより散乱される様子を表している．図において，4 元運動量の方向は矢印の向きである．

S 行列要素は (9.26) を参照すると

$$S_{fi} = i\frac{e}{\hbar}\int d^4x\,\bar{\psi}_f(x)\,\gamma_\mu A^\mu(x)\,\Psi_i(x) \tag{11.3}$$

で与えられる．ここで,始状態と終状態が異なるとした．以後も同様である．

$\Psi_i(x)$ は電磁相互作用を受けたディラック粒子を記述し，電磁ポテンシャルの寄与を含む．摂動の最低次を考察しているので $\Psi_i(x)$ は，運動量 p_i，スピン状態 s_i をもつ平面波

$$\psi_i(x) = \sqrt{\frac{m_e c^2}{E_i V}}\,u(p_i, s_i)\,e^{-\frac{i}{\hbar}p_i x} \tag{11.4}$$

におきかえられる．なお，体積 V の中に電子が 1 個存在するという規格化条件を採用した．実際，$\int_V |\psi_i(x)|^2\,d^3x = \frac{m_e c^2}{E_i V}u^\dagger(p_i, s_i)u(p_i, s_i)\int_V d^3x = 1$ が導かれる．ここで，(4.23) と等価な関係式 $u^\dagger(p_i, s_i)u(p_i, s_i) = E_i/(m_e c^2)$ を用いた．

同様にして，終状態は

$$\bar{\psi}_f(x) = \sqrt{\frac{m_e c^2}{E_f V}}\,\bar{u}(p_f, s_f)\,e^{\frac{i}{\hbar}p_f x} \tag{11.5}$$

である．(11.2)，(11.4)，(11.5) を (11.3) に代入することにより，

$$S_{fi} = i\frac{k_0 Ze^2}{c\hbar}\frac{1}{V}\frac{m_{\mathrm{e}}c^2}{\sqrt{E_f E_i}}\bar{u}(p_f,\, s_f)\,\gamma^0\,u(p_i,\, s_i)\int d^4x\,\frac{e^{\frac{i}{\hbar}(p_f - p_i)x}}{|\boldsymbol{x}|}$$
$$= i\frac{k_0 Ze^2}{\hbar}\frac{1}{V}\frac{m_{\mathrm{e}}c^2}{\sqrt{E_f E_i}}4\pi\hbar^2\frac{\bar{u}(p_f,\, s_f)\,\gamma^0\,u(p_i,\, s_i)}{|\boldsymbol{p}_f - \boldsymbol{p}_i|^2}2\pi\hbar\,\delta(E_f - E_i) \tag{11.6}$$

となる．ただし，$d^4x = c\,dt\,d^3x$ である．また，時間および空間に関する積分を次のような公式を用いて実行した．

$$\int_{-\infty}^{\infty} dt\,e^{\frac{i}{\hbar}(E_f - E_i)t} = 2\pi\hbar\,\delta(E_f - E_i) \tag{11.7}$$

$$\int_{-\infty}^{\infty} d^3x\,\frac{e^{-\frac{i}{\hbar}(\boldsymbol{p}_f - \boldsymbol{p}_i)\cdot\boldsymbol{x} - \frac{|\boldsymbol{x}|}{a}}}{|\boldsymbol{x}|} = \frac{4\pi\hbar^2}{|\boldsymbol{p}_f - \boldsymbol{p}_i|^2 + \dfrac{\hbar^2}{a^2}} \tag{11.8}$$

ここで，$a\,(>0)$ は遮蔽距離で，クーロンポテンシャルの場合 $a \to +\infty$ と考えられる．

$\alpha \equiv k_0 e^2/c\hbar$，$\boldsymbol{q} \equiv \boldsymbol{p}_f - \boldsymbol{p}_i$ とし，運動量が $\boldsymbol{p}_f$ から $\boldsymbol{p}_f + d\boldsymbol{p}_f$ の中にある終状態の数は $V\,d^3p_f/(2\pi\hbar)^3$ であるから，入射された電子ごとに (11.5) の状態に遷移する確率 P_{fi} は

$$P_{fi} = |S_{fi}|^2\frac{V\,d^3p_f}{(2\pi\hbar)^3}$$
$$= \frac{Z^2\alpha^2 m_{\mathrm{e}}^2 c^6}{E_i V^2}(4\pi\hbar^2)^2\frac{|\bar{u}(p_f,\, s_f)\,\gamma^0\,u(p_i,\, s_i)|^2}{|\boldsymbol{q}|^4}$$
$$\times\frac{V\,d^3p_f}{(2\pi\hbar)^3 E_f}(2\pi\hbar\,\delta(E_f - E_i))^2 \tag{11.9}$$

で与えられる．

T は十分に長いとして，$(2\pi\hbar\,\delta\,(E_f - E_i))^2$ は $2\pi\hbar\,\delta\,(E_f - E_i)\,T$ として

評価することができる ((10.27) を参照せよ)．よって，単位時間当りの遷移確率 R_{fi} は

$$R_{fi} = \lim_{T\to\infty} \frac{P_{fi}}{T} = 4\frac{\hbar^2 Z^2 \alpha^2 m_e^2 c^6}{E_i V} \frac{|\bar{u}(p_f, s_f)\,\gamma^0\, u(p_i, s_i)|^2}{|\boldsymbol{q}|^4} \frac{d^3 p_f}{E_f} \delta(E_f - E_i) \tag{11.10}$$

で与えられる．

11.2.2 散乱断面積

散乱断面積とは標的となる粒子に対して，「単位時間当りに散乱される粒子数」÷「単位面積を単位時間当りに入射する粒子数」で定義される量である．単位面積を単位時間当りに入射する粒子数は，入射粒子に関する確率の流れの大きさ $|\boldsymbol{J}_i| = |\bar{\psi}_i c\gamma\psi_i| = |\boldsymbol{v}_i|/V$ ($\boldsymbol{v}_i = \boldsymbol{p}_i c^2/E_i$) と考えられるので，

$$\text{散乱断面積} = \frac{R_{fi}}{|\boldsymbol{J}_i|} = \frac{R_{fi}}{|\boldsymbol{v}_i|/V} \tag{11.11}$$

である．上式において，V の中に粒子が 1 個存在するという規格化条件を用いた．

(11.10)，(11.11)，$d^3 p_f = |\boldsymbol{p}_f|^2\, d|\boldsymbol{p}_f|\, d\Omega$ を用いて，微分断面積 $d\sigma/d\Omega$ は

$$\frac{d\sigma}{d\Omega} = 4\frac{\hbar^2 Z^2 \alpha^2 m_e^2 c^6}{E_i |\boldsymbol{v}_i|} \frac{|\bar{u}(p_f, s_f)\,\gamma^0\, u(p_i, s_i)|^2}{|\boldsymbol{q}|^4} \frac{|\boldsymbol{p}_f|^2\, d|\boldsymbol{p}_f|}{E_f} \delta(E_f - E_i) \tag{11.12}$$

で与えられる．ここで，$|\boldsymbol{p}_f|$ に関する積分は (積分記号が明記されていないが暗黙のうちに) 実行されると考える．

相対論的な運動学的関係式を用いて，

$$\frac{c^4}{E_i |\boldsymbol{v}_i|} \frac{|\boldsymbol{p}_f|^2\, d|\boldsymbol{p}_f|}{E_f} \delta(E_f - E_i) \quad \to \quad 1 \tag{11.13}$$

が導かれる．具体的には，$E_f^2 = \boldsymbol{p}_f^2 c^2 + m_\mathrm{e}^2 c^4$ から導かれる $E_f\, dE_f = c^2 |\boldsymbol{p}_f| \times d|\boldsymbol{p}_f|$，および $E_i = E_f$，$|\boldsymbol{p}_i| = |\boldsymbol{p}_f|$，さらに $|\boldsymbol{p}_f|c^2/|\boldsymbol{v}_f| = |\boldsymbol{p}_i|c^2/|\boldsymbol{v}_i| = E_i$ を用いて変形し，E_f に関する積分を行うことにより (11.13) が導かれる．

(11.13) を用いて，(11.12) は次のようになる．

$$\frac{d\sigma}{d\Omega} = 4\frac{\hbar^2 Z^2 \alpha^2 m_\mathrm{e}^2 c^2}{|\boldsymbol{q}|^4} |\bar{u}(p_f, s_f)\, \gamma^0\, u(p_i, s_i)|^2 \tag{11.14}$$

11.2.3　モットの断面積

簡単のため，スピン状態に関する観測を行わないような実験と比較する．この場合，始状態のスピン状態は未知であるとして平均を取る．終状態に関してはあらゆる可能性を考慮に入れて和を取る．このとき微分断面積は

$$\frac{d\bar{\sigma}}{d\Omega} = 4\frac{\hbar^2 Z^2 \alpha^2 m_\mathrm{e}^2 c^2}{|\boldsymbol{q}|^4} \frac{1}{2} \sum_{\pm s_f, \pm s_i} |\bar{u}(p_f, s_f)\, \gamma^0\, u(p_i, s_i)|^2 \tag{11.15}$$

で与えられる．(11.14) と区別するため，σ に上線を付けた．

スピン状態に関する和を実行することにより，次のような公式を導くことができる．

$$\frac{d\bar{\sigma}}{d\Omega} = \frac{1}{4} \frac{\hbar^2 Z^2 \alpha^2}{|\boldsymbol{p}|^2 \beta^2 \sin^4 \dfrac{\theta}{2}} \left(1 - \beta^2 \sin^2 \frac{\theta}{2}\right) \tag{11.16}$$

ここで，$|\boldsymbol{p}| \equiv |\boldsymbol{p}_i| = |\boldsymbol{p}_f|$，$\beta \equiv |\boldsymbol{p}|c/E$，$\theta$ は $\boldsymbol{p}_i$ と $\boldsymbol{p}_f$ の成す角度である．(11.16) は**モットの断面積**(**Mott cross section**) とよばれる．

非相対論的極限において，

$$|\boldsymbol{p}| \ \to \ m_\mathrm{e} v_0, \qquad \beta \equiv \frac{|\boldsymbol{p}|c}{E} \ \to \ \frac{m_\mathrm{e} v_0 c}{m_\mathrm{e} c^2} = \frac{v_0}{c}, \qquad 1 - \beta^2 \sin^2 \frac{\theta}{2} \ \to \ 1 \tag{11.17}$$

であるから，(11.16) は

$$\frac{d\bar{\sigma}}{d\Omega}=\frac{1}{4}\frac{\hbar^2Z^2\alpha^2}{|\boldsymbol{p}|^2\beta^2\sin^4\dfrac{\theta}{2}}\left(1-\beta^2\sin^2\frac{\theta}{2}\right)\ \rightarrow\ \frac{1}{4}\left(\frac{Z\alpha c\hbar}{m_{\mathrm{e}}v_0^2}\right)^2\frac{1}{\sin^4\dfrac{\theta}{2}}\tag{11.18}$$

となり，散乱される荷電粒子の電荷（の大きさ）を2倍にすると，α 粒子の散乱過程を記述するラザフォードの散乱公式 (11.1) と完全に一致することがわかる．

【(11.15)から(11.16)の導出】　(11.15)においてスピン状態に関する和は，次のように変形することができる．

$$\begin{aligned}
&\sum_{\pm s_f,\pm s_i}|\bar{u}(p_f,s_f)\,\gamma^0\,u(p_i,s_i)|^2\\
&\quad=\sum_{\alpha,\beta}\sum_{\gamma,\gamma',\delta}\sum_{\pm s_f,\pm s_i}\bar{u}_\alpha(p_f,s_f)\,\gamma^0_{\alpha\beta}\,u_\beta(p_i,s_i)\cdot u^\dagger_\gamma(p_i,s_i)\,\gamma^{0\dagger}_{\gamma\gamma'}\gamma^{0\dagger}_{\gamma'\delta}\,u_\delta(p_f,s_f)\\
&\quad=\sum_{\alpha,\beta}\sum_{\gamma,\delta}\sum_{\pm s_f,\pm s_i}\bar{u}_\alpha(p_f,s_f)\,\gamma^0_{\alpha\beta}\,u_\beta(p_i,s_i)\cdot\bar{u}_\gamma(p_i,s_i)\,\gamma^0_{\gamma\delta}\,u_\delta(p_f,s_f)\\
&\quad=\sum_{\alpha,\delta}\sum_{\pm s_f}\bar{u}_\alpha(p_f,s_f)\left(\gamma^0\frac{\not{p}_i+m_{\mathrm{e}}c}{2m_{\mathrm{e}}c}\gamma^0\right)_{\alpha\delta}u_\delta(p_f,s_f)\\
&\quad=\sum_{\alpha,\delta}\left(\gamma^0\frac{\not{p}_i+m_{\mathrm{e}}c}{2m_{\mathrm{e}}c}\gamma^0\right)_{\alpha\delta}\left(\frac{\not{p}_f+m_{\mathrm{e}}c}{2m_{\mathrm{e}}c}\right)_{\delta\alpha}\\
&\quad=\mathrm{Tr}\left(\gamma^0\frac{\not{p}_i+m_{\mathrm{e}}c}{2m_{\mathrm{e}}c}\gamma^0\frac{\not{p}_f+m_{\mathrm{e}}c}{2m_{\mathrm{e}}c}\right)
\end{aligned}\tag{11.19}$$

ここで，Tr はスピノル空間に関するトレースを表す．また，(11.19) において，スピノルの双一次形式 $\bar{u}(f)\,\Gamma\,u(i)$ の絶対値の2乗に関する公式（11.4節で紹介する公式 (11.36) において $\Gamma=\gamma^0$ の場合）と，次の公式

$$\sum_{\pm s_i}u_\beta(p_i,s_i)\,\bar{u}_\gamma(p_i,s_i)=\left(\frac{\not{p}_i+m_{\mathrm{e}}c}{2m_{\mathrm{e}}c}\right)_{\beta\gamma}\tag{11.20}$$

$$\sum_{\pm s_f}u_\beta(p_f,s_f)\,\bar{u}_\alpha(p_f,s_f)=\left(\frac{\not{p}_f+m_{\mathrm{e}}c}{2m_{\mathrm{e}}c}\right)_{\beta\alpha}\tag{11.21}$$

を用いた．

上式は

$$\begin{aligned}
\sum_{\pm s}u_\beta(p,s)\,\bar{u}_\gamma(p,s)&=\sum_{r=1,2}w^r_\beta(\boldsymbol{p})\,\bar{w}^r_\gamma(\boldsymbol{p})\\
&=\sum_{r=1,2}(S(\Lambda)\,w^r(0))_\beta(\bar{w}^r(0)\,S^{-1}(\Lambda))_\gamma
\end{aligned}$$

に対して，(4.4)，(4.11)，(4.14)を用いて導くことができる．また参考のために，正エネルギー解を取り出す射影演算子 $[\Lambda_+(p)]_{\alpha\beta}=[(\not{p}+m_{\mathrm{e}}c)/2m_{\mathrm{e}}c]_{\alpha\beta}$ と完全

性(4.21)を用いた，以下のエレガントな導出法を紹介する．

$$\sum_{\pm s} u_\beta(p,s)\bar{u}_\gamma(p,s) = \sum_{r=1,2} w^r_\beta(\boldsymbol{p})\,\bar{w}^r_\gamma(\boldsymbol{p}) = \sum_{\gamma'}\sum_{r=1}^{4}\varepsilon_r\, w^r_\beta(\boldsymbol{p})\bar{w}^r_{\gamma'}(\boldsymbol{p})[\Lambda_+(p)]_{\gamma'\gamma}$$
$$= \sum_{\gamma'}\delta_{\beta\gamma'}[\Lambda_+(p)]_{\gamma'\gamma} = [\Lambda_+(p)]_{\beta\gamma} \qquad (11.22)$$

ここで，$\Lambda_+(p)$ が負エネルギー解に掛かると消えることを思い出そう．

(11.19) のトレースに関する部分は，11.4 節で与えられる公式や定理を用いて，次のように変形される．

$$\mathrm{Tr}\left(\gamma^0\frac{\not{p}_i + m_{\mathrm{e}}c}{2m_{\mathrm{e}}c}\gamma^0\frac{\not{p}_f + m_{\mathrm{e}}c}{2m_{\mathrm{e}}c}\right) = \frac{1}{4m_{\mathrm{e}}^2c^2}\left[\mathrm{Tr}(\gamma^0\not{p}_i\gamma^0\not{p}_f) + m_{\mathrm{e}}^2c^2\mathrm{Tr}(\gamma^0)^2\right]$$
$$= \frac{1}{4m_{\mathrm{e}}^2c^2}\left(8\frac{E_iE_f}{c^2} - 4p_fp_i + 4m_{\mathrm{e}}^2c^2\right) \qquad (11.23)$$

具体的には，1 番目から 2 番目の式変形の際に 11.4 節の定理 1 を用いた．また，2 番目から 3 番目の式変形の際に 11.4 節の定理 2 と 3 を用いた．さらに，相対論的な運動学的関係式 $E_i = E_f \equiv E$，$|\boldsymbol{p}_i| = |\boldsymbol{p}_f| \equiv |\boldsymbol{p}|$ と $\beta \equiv |\boldsymbol{p}|c/E$ を用いて，

$$c^2p_fp_i = E_fE_i - \boldsymbol{p}_f\cdot\boldsymbol{p}_ic^2 = E^2 - |\boldsymbol{p}|^2c^2\cos\theta$$
$$= |\boldsymbol{p}|^2c^2 + m_{\mathrm{e}}^2c^4 - |\boldsymbol{p}|^2c^2\cos\theta = |\boldsymbol{p}|^2c^2(1-\cos\theta) + m_{\mathrm{e}}^2c^4$$
$$= 2|\boldsymbol{p}|^2c^2\sin^2\frac{\theta}{2} + m_{\mathrm{e}}^2c^4 = 2\beta^2E^2\sin^2\frac{\theta}{2} + m_{\mathrm{e}}^2c^4 \qquad (11.24)$$

が導かれ，(11.24) を (11.23) に代入することにより次式が導かれる．

$$\mathrm{Tr}\left(\gamma^0\frac{\not{p}_i + m_{\mathrm{e}}c}{2m_{\mathrm{e}}c}\gamma^0\frac{\not{p}_f + m_{\mathrm{e}}c}{2m_{\mathrm{e}}c}\right) = \frac{2E^2}{m_{\mathrm{e}}^2c^4}\left(1 - \beta^2\sin^2\frac{\theta}{2}\right) \qquad (11.25)$$

さらに，(11.25) を (11.15) に代入することにより，

$$\frac{d\bar{\sigma}}{d\Omega} = 4\frac{\hbar^2Z^2\alpha^2m_{\mathrm{e}}^2c^2}{|\boldsymbol{q}|^4}\frac{1}{2}\mathrm{Tr}\left(\gamma^0\frac{\not{p}_i + m_{\mathrm{e}}c}{2m_{\mathrm{e}}c}\gamma^0\frac{\not{p}_f + m_{\mathrm{e}}c}{2m_{\mathrm{e}}c}\right)$$
$$= 4\frac{\hbar^2Z^2\alpha^2}{|\boldsymbol{q}|^4c^2}E^2\left(1-\beta^2\sin^2\frac{\theta}{2}\right) = \frac{1}{4}\frac{\hbar^2Z^2\alpha^2}{|\boldsymbol{p}|^2\beta^2\sin^4\dfrac{\theta}{2}}\left(1-\beta^2\sin^2\frac{\theta}{2}\right) \qquad (11.26)$$

が導かれる．最後の変形において，公式

$$|\boldsymbol{q}|^2 = |\boldsymbol{p}_f - \boldsymbol{p}_i|^2 = 2|\boldsymbol{p}|^2(1-\cos\theta) = 4|\boldsymbol{p}|^2\sin^2\frac{\theta}{2} = 4\frac{\beta E}{c}|\boldsymbol{p}|\sin^2\frac{\theta}{2} \qquad (11.27)$$

を用いた．(導出終了)

11.3　クーロンポテンシャルによる陽電子の散乱

次に，クーロンポテンシャル (11.2) による陽電子の散乱について考察する．負エネルギーの電子を用いた場合，S 行列要素は (9.26) を用いて，

$$S_{fi} = -i\frac{e}{\hbar}\int d^4x\,\bar{\psi}_f(x)\,\not{A}(x)\,\Psi_i^{(-)}(x) \tag{11.28}$$

で与えられる．図 11.3 のように，始状態は未来で 4 元運動量 $-p_f$ をもつ負エネルギーの電子が時間に逆行していると考えよう．図において 4 元運動量の方向は矢印の向きである．以後も同様である．

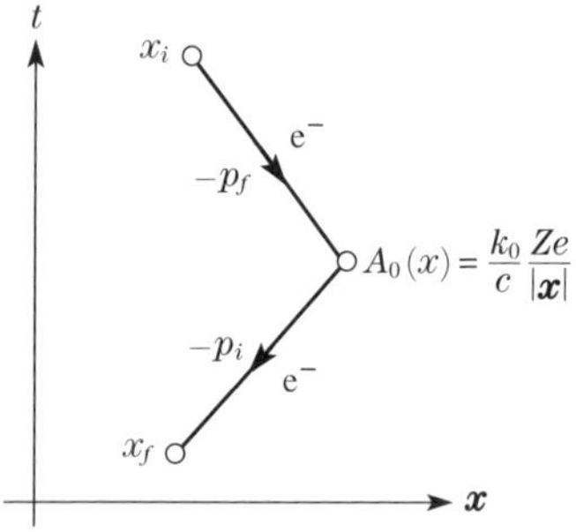

図 11.3　クーロンポテンシャルによる陽電子の散乱

摂動の最低次を考察しているので，$\Psi_i^{(-)}(x)$ は平面波

$$\psi_i(x) = \sqrt{\frac{m_e c^2}{E_f V}}\,v(p_f,\,s_f)\,e^{\frac{i}{\hbar}p_f x} \tag{11.29}$$

におきかえられる．同様にして，終状態は

$$\bar{\psi}_f(x) = \sqrt{\frac{m_e c^2}{E_i V}}\,\bar{v}(p_i,\,s_i)\,e^{-\frac{i}{\hbar}p_i x} \tag{11.30}$$

である．(11.2)，(11.29)，(11.30) を (11.28) に代入することにより，

$$S_{fi} = -i\frac{k_0 Ze^2}{c\hbar}\,\frac{1}{V}\,\frac{m_e c^2}{\sqrt{E_f E_i}}\,\bar{v}(p_i,\,s_i)\,\gamma^0\,v(p_f,\,s_f)\int d^4x\,\frac{e^{\frac{i}{\hbar}(p_f-p_i)x}}{|\boldsymbol{x}|} \tag{11.31}$$

となる．

電子に関する荷電共役変換 $\psi(x) \to \psi^c(x) = C\gamma^0\psi^*(x)$ を行い，陽電子（始状態は $\psi_f^c(x)$）を用いて S 行列要素を書き下し変形すると，

$$S_{fi} = -i\frac{e}{\hbar}\int d^4x\, \bar{\psi}_i^c(x)\, \not{A}(x)\, \psi_f^c(x) = i\frac{e}{\hbar}\int d^4x\, \psi_i^T(x)\, C^{-1}\not{A}(x)\, C\, \bar{\psi}_f^T(x)$$
$$= -i\frac{e}{\hbar}\int d^4x\, [\bar{\psi}_f(x)\, \not{A}(x)\, \psi_i(x)]^T = -i\frac{e}{\hbar}\int d^4x\, \bar{\psi}_f(x)\, \not{A}(x)\, \psi_i(x) \tag{11.32}$$

となり，摂動の最低次で (11.28) と同じものが得られる．ここで，$C^{-1}\gamma_\mu C = -\gamma_\mu^T$ を用いた．

(11.15) に対応する微分断面積は

$$\frac{d\bar{\sigma}}{d\Omega} = 4\frac{\hbar^2 Z^2\alpha^2 m_e^2 c^2}{|\boldsymbol{q}|^4}\frac{1}{2}\sum_{\pm s_f,\pm s_i}|\bar{v}(p_i, s_i)\,\gamma^0\, v(p_f, s_f)|^2 \tag{11.33}$$

で与えられる．公式

$$\sum_{\pm s} v_\beta(p, s)\,\bar{v}_\gamma(p, s) = -\left(\frac{-\not{p} + m_e c}{2m_e c}\right)_{\beta\gamma} \tag{11.34}$$

を用いて，

$$\frac{d\bar{\sigma}}{d\Omega} = 4\frac{\hbar^2 Z^2\alpha^2 m_e^2 c^2}{|\boldsymbol{q}|^4}\frac{1}{2}\mathrm{Tr}\left(\gamma^0\frac{\not{p}_i - m_e c}{2m_e c}\gamma^0\frac{\not{p}_f - m_e c}{2m_e c}\right)$$
$$= \frac{1}{4}\frac{\hbar^2 Z^2\alpha^2}{|\boldsymbol{p}|^2\beta^2\sin^4\dfrac{\theta}{2}}\left(1 - \beta^2\sin^2\frac{\theta}{2}\right) \tag{11.35}$$

のようにモットの断面積と同じものが導かれる．

このような結果は，荷電共役変換の下での不変性「$A_\mu(x)$ の下での電子の運動は，$-A_\mu(x)$ の下での陽電子の運動と等価である」から予想されるものと一致する．実際，α の最低次では S_{fi} において $A_\mu(x)$ は 1 次式で現われ，その符号の違いは絶対値の 2 乗を取るため結果に影響しない．高次の補正に

おいては，$A_\mu(x)$ の符号が影響する．

11.4　γ 行列に関する公式と定理

この節では，γ 行列に関するさまざまな公式と定理について紹介する．

【公式 1】　スピノルの双一次形式 $\bar{u}(f)\,\Gamma\,u(i)$ の絶対値の 2 乗に関して，

$$|\bar{u}(f)\,\Gamma\,u(i)|^2 = [\bar{u}(f)\,\Gamma\,u(i)][\bar{u}(i)\,\bar{\Gamma}\,u(f)] \tag{11.36}$$

が成り立つ．ここで，Γ は 4 行 4 列の行列，$\bar{\Gamma}$ は $\bar{\Gamma} \equiv \gamma^0\Gamma^\dagger\gamma^0$ で定義され，

$$\left.\begin{array}{c} \overline{\gamma^\mu} = \gamma^\mu, \qquad \overline{i\gamma_5} = i\gamma_5, \qquad \overline{\gamma^\mu\gamma_5} = \gamma^\mu\gamma_5 \\ \overline{\gamma^{\mu_1}\gamma^{\mu_2}\cdots\gamma^{\mu_n}} = \gamma^{\mu_n}\cdots\gamma^{\mu_2}\gamma^{\mu_1} \end{array}\right\} \tag{11.37}$$

が成り立つ．

【定理 1】　奇数個の γ 行列を含むトレースは 0 である．

【証明】　$\gamma_5\gamma_5 = I$ およびトレースの巡回性 $\mathrm{Tr}\,(ABC) = \mathrm{Tr}\,(CAB) = \mathrm{Tr}\,(BCA)$ を用いて，

$$\mathrm{Tr}(\not{a}_1\cdots\not{a}_n) = \mathrm{Tr}(\not{a}_1\cdots\not{a}_n\gamma_5\gamma_5) = \mathrm{Tr}(\gamma_5\not{a}_1\cdots\not{a}_n\gamma_5) \tag{11.38}$$

が導かれる．ここで $\not{a}_k \equiv \gamma_\mu a_k^\mu$ である．反可換性 $\gamma_5\gamma_\mu = -\,\gamma_\mu\gamma_5$ を用いて，左にある γ_5 を順次右に移動することにより，

$$\mathrm{Tr}(\not{a}_1\cdots\not{a}_n) = (-1)^n\,\mathrm{Tr}(\not{a}_1\cdots\not{a}_n\gamma_5\gamma_5) = (-1)^n\,\mathrm{Tr}(\not{a}_1\cdots\not{a}_n) \tag{11.39}$$

が得られる．(11.39) から，n が奇数の場合に $\mathrm{Tr}\,(\not{a}_1\cdots\not{a}_n) = 0$ であることがわかる．■

【定理 2】　次のようなトレースに関する公式が成り立つ．

$$\mathrm{Tr}\,I = 4, \qquad \mathrm{Tr}(\not{a}\not{b}) = 4a_\mu b^\mu = 4(ab) \tag{11.40}$$

【証明】　I は 4 行 4 列の単位行列であるから，$\mathrm{Tr}\,I = \delta_\mu^\mu = 4$ となり，

$$\mathrm{Tr}(\not{a}\not{b}) = \mathrm{Tr}(\not{b}\not{a}) = \frac{1}{2}\mathrm{Tr}(\not{a}\not{b} + \not{b}\not{a}) = \frac{1}{2}\mathrm{Tr}(a_\mu b_\nu\{\gamma^\mu,\,\gamma^\nu\})$$

$$= \frac{1}{2}\mathrm{Tr}(a_\mu b_\nu 2\eta^{\mu\nu} I) = a_\mu b^\mu \mathrm{Tr}\, I = 4 a_\mu b^\mu \tag{11.41}$$

となる．参考までに，(11.41) より $\mathrm{Tr}\,(\gamma^\mu\gamma^\nu) = 4\eta^{\mu\nu}$ が成り立つ．■

【定理 3】　次のようなトレースに関する公式が成り立つ．

$$\mathrm{Tr}(\not{a}_1 \cdots \not{a}_n) = (a_1 a_2)\mathrm{Tr}(\not{a}_3 \cdots \not{a}_n) - (a_1 a_3)\mathrm{Tr}(\not{a}_2 \not{a}_4 \cdots \not{a}_n) + \cdots + (a_1 a_n)\mathrm{Tr}(\not{a}_2 \cdots \not{a}_{n-1}) \tag{11.42}$$

ここで，n は偶数とした．

【証明】　公式 $\not{a}_1\not{a}_2 = -\not{a}_2\not{a}_1 + 2\,(a_1 a_2)$ を用いて，

$$\mathrm{Tr}(\not{a}_1\not{a}_2 \cdots \not{a}_n) = 2(a_1 a_2)\mathrm{Tr}(\not{a}_3 \cdots \not{a}_n) - \mathrm{Tr}(\not{a}_2\not{a}_1 \cdots \not{a}_n) \tag{11.43}$$

が導かれる．同様にして，$\not{a}_1$ を 1 つずつ右側に移動することにより，

$$\mathrm{Tr}(\not{a}_1 \cdots \not{a}_n) = 2(a_1 a_2)\mathrm{Tr}(\not{a}_3 \cdots \not{a}_n) - 2(a_1 a_3)\mathrm{Tr}(\not{a}_2\not{a}_4 \cdots \not{a}_n) + \cdots + 2(a_1 a_n)\mathrm{Tr}(\not{a}_2 \cdots \not{a}_{n-1}) - \mathrm{Tr}(\not{a}_2 \cdots \not{a}_n \not{a}_1) \tag{11.44}$$

が得られる．トレースの巡回性により，最後の項は $-\mathrm{Tr}\,(\not{a}_2 \cdots \not{a}_n\not{a}_1) = -\mathrm{Tr}\,(\not{a}_1\not{a}_2 \cdots \not{a}_n)$ となるため，(11.42) が導かれる．■

ちなみに，$n = 4$ の場合の公式を以下に記す．

$$\mathrm{Tr}(\not{a}_1\not{a}_2\not{a}_3\not{a}_4) = 4[(a_1 a_2)(a_3 a_4) + (a_1 a_4)(a_2 a_3) - (a_1 a_3)(a_2 a_4)] \tag{11.45}$$

【定理 4】　次のようなトレースに関する公式が成り立つ．

$$\mathrm{Tr}\gamma_5 = 0, \qquad \mathrm{Tr}(\gamma_5 \not{a}\not{b}) = 0, \qquad \mathrm{Tr}(\gamma_5 \not{a}\not{b}\not{c}\not{d}) = 4i\varepsilon_{\mu\nu\lambda\sigma} a^\mu b^\nu c^\lambda d^\sigma \tag{11.46}$$

ここで，$\varepsilon_{\mu\nu\lambda\sigma}$ は $(\mu, \nu, \lambda, \sigma)$ が $(0, 1, 2, 3)$ の偶置換で得られる場合は $+1$，奇置換で得られる場合は -1 である．

【証明】　$\gamma_5 = i\gamma^0\gamma^1\gamma^2\gamma^3$ であるから，定理 3 の公式を用いて最初の 2 つの公式を示す

ことができる．3番目の公式に関しては，消えずに残るのは成分が $(a^\mu, b^\nu, c^\lambda, d^\sigma)$ のうちで $(\mu, \nu, \lambda, \sigma)$ が $(0, 1, 2, 3)$，およびその置換となっている場合である．

公式の符号を固定するために $(\mu, \nu, \lambda, \sigma) = (0, 1, 2, 3)$ の場合を計算すると，

$$
\begin{aligned}
\mathrm{Tr}(\gamma_5\gamma_0\gamma_1\gamma_2\gamma_3 a^0b^1c^2d^3) &= -\mathrm{Tr}(\gamma_5\gamma^0\gamma^1\gamma^2\gamma^3 a^0b^1c^2d^3) \\
&= i\,\mathrm{Tr}(\gamma_5\gamma_5 a^0b^1c^2d^3) = i\varepsilon_{0123}\,a^0b^1c^2d^3\,\mathrm{Tr}(\gamma_5\gamma_5) \\
&= 4i\varepsilon_{0123}\,a^0b^1c^2d^3
\end{aligned}
\tag{11.47}
$$

となるため，$(0, 1, 2, 3)$ を置換することにより $(\mu, \nu, \lambda, \sigma)$ に関する公式（(11.46) の3番目の式）が導かれる．■

【定理5】　次のような γ 行列に関する公式が成り立つ．

$$
\left.
\begin{aligned}
&\gamma_\mu\gamma^\mu = 4, \qquad \gamma_\mu\not{a}\gamma^\mu = -2\not{a}, \qquad \gamma_\mu\not{a}\not{b}\gamma^\mu = 4(ab) \\
&\gamma_\mu\not{a}\not{b}\not{c}\gamma^\mu = -2\not{c}\not{b}\not{a}, \qquad \gamma_\mu\not{a}\not{b}\not{c}\not{d}\gamma^\mu = 2(\not{d}\not{a}\not{b}\not{c} + \not{c}\not{b}\not{a}\not{d})
\end{aligned}
\right\}
\tag{11.48}
$$

【定理6】　偶数個の γ 行列を含むトレースに関する次のような公式が成り立つ．

$$
\mathrm{Tr}(\not{a}_1\not{a}_2\cdots\not{a}_{2n}) = \mathrm{Tr}(\not{a}_{2n}\cdots\not{a}_2\not{a}_1)
\tag{11.49}
$$

【証明】　荷電共役変換より，$C\gamma_\mu C^{-1} = -\gamma_\mu^T$ を満たす行列 C が存在する．よって，$C^{-1}C = I$ を $\not{a}_k$ と $\not{a}_{k+1}$ の間に（トレース内では $\not{a}_{2n}$ と $\not{a}_1$ は隣同士と見なすことができ，これらの間にも）挿入し，$C\gamma_\mu C^{-1} = -\gamma_\mu^T$ とトレースの性質 $\mathrm{Tr}(M^TN^TL^T) = \mathrm{Tr}(LNM)^T = \mathrm{Tr}(LNM)$ を用いて，

$$
\begin{aligned}
\mathrm{Tr}(\not{a}_1\not{a}_2\cdots\not{a}_{2n}) &= \mathrm{Tr}(C\not{a}_1C^{-1}C\not{a}_2C^{-1}C\cdots C^{-1}C\not{a}_{2n}C^{-1}) \\
&= (-1)^{2n}\,\mathrm{Tr}(\not{a}_1^T\not{a}_2^T\cdots\not{a}_{2n}^T) = \mathrm{Tr}(\not{a}_{2n}\cdots\not{a}_2\not{a}_1)^T \\
&= \mathrm{Tr}(\not{a}_{2n}\cdots\not{a}_2\not{a}_1)
\end{aligned}
\tag{11.50}
$$

が導かれる．■

第 12 章 コンプトン散乱

この章では，コンプトン散乱と電子・陽電子の対消滅について考察する．目標は，クライン－仁科の公式および電子・陽電子の対消滅に関する散乱断面積を導出することである．

12.1 コンプトン散乱

12.1.1 コンプトン散乱の S 行列要素

コンプトン散乱とは光子と電子の間の弾性散乱で，電子に光子がぶつかり電子が弾き飛ばされる現象である (図 12.1)．光子の散乱角を θ とする．

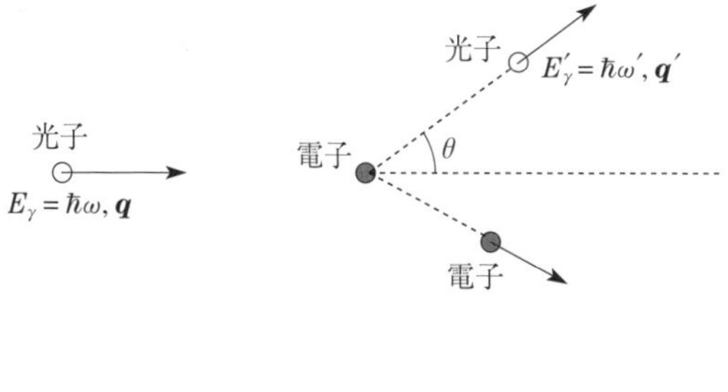

図 12.1 コンプトン散乱

図 12.2 (a)，(b) は，伝搬理論に基づいて描いたファインマンダイヤグラムとよばれる図で，中間状態として (時間に逆行する) 負エネルギーの電子

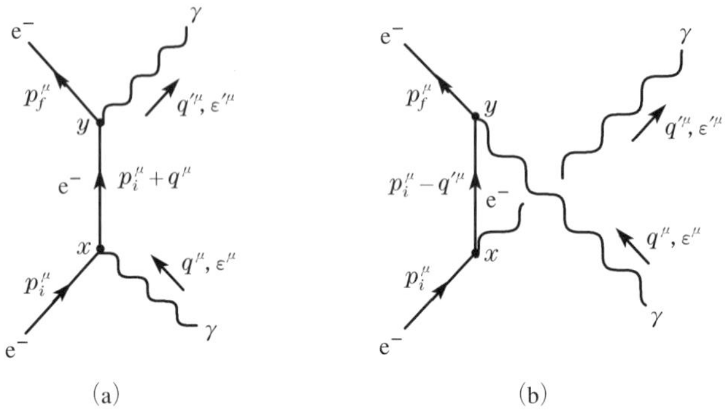

図 12.2　コンプトン散乱のファインマンダイヤグラム

の寄与も含んでいるとする．散乱が起こった地点を白丸 (○) から黒丸 (●) に変えた．γ は光子を，e^- は電子を表している．この散乱過程に関する S 行列要素は，

$$S_{fi} = -i\left(\frac{e}{\hbar}\right)^2 \int d^4x \int d^4y \, \bar{\psi}_f(y) \, [\not{A}(y\,;\,q')\, S_{\mathrm{F}}(y\,;\,x)\, \not{A}(x\,;\,q) + \not{A}(y\,;\,q)\, S_{\mathrm{F}}(y\,;\,x)\, \not{A}(x\,;\,q')] \, \psi_i(x) \tag{12.1}$$

で与えられる．図において時間軸を明記していないが，上向きが未来である．4 元運動量の方向は矢印の向きである．以後も同様である．

ファインマンダイヤグラムにおいて，実際に観測される粒子の運動は外線とよばれる (矢印つきの) 線 (波線，破線など) で，伝搬関数に対応する中間状態の粒子 (仮想粒子) の運動は内線とよばれる (矢印つきの) 線 (波線，破線など) で描かれ，相互作用する点は頂点とよばれ黒丸で指定される．内線の両端には黒丸が存在する．

始状態は運動量 p_i，スピン状態 s_i をもつ平面波

$$\psi_i(x) = \sqrt{\frac{m_{\mathrm{e}}c^2}{E_i V}} \, u(p_i, s_i) \, e^{-\frac{i}{\hbar} p_i x} \tag{12.2}$$

で記述される．同様にして，終状態は次式で与えられる．

$$\bar{\psi}_f(x) = \sqrt{\frac{m_e c^2}{E_f V}}\,\bar{u}(p_f, s_f)\,e^{\frac{i}{\hbar}p_f x} \tag{12.3}$$

$A^\mu(x\,;q)$ は運動量 q^μ，偏極ベクトル ε^μ をもつ光子に関する平面波で，

$$A^\mu(x\,;q) = \frac{\hbar\varepsilon^\mu}{\sqrt{2EV\varepsilon_0}}(e^{-\frac{i}{\hbar}qx} + e^{\frac{i}{\hbar}qx}), \qquad E = q^0 c \tag{12.4}$$

で与えられる．

(12.4) が，**ローレンスゲージ (Lorenz gauge, ローレンス条件)**† $\partial_\mu A^\mu(x) = 0$ の下でのマックスウェル方程式 $\Box A^\mu(x) = 0$ の解であるとすると，q^μ と ε^μ は

$$q_\mu q^\mu = 0, \qquad q_\mu \varepsilon^\mu = 0 \tag{12.5}$$

を満たす．(12.5) の 2 つの式は，ゲージ変換 $A^\mu(x) \to A^\mu(x) + \partial^\mu \lambda(x)$ に対応する，運動量空間における変換 $\varepsilon^\mu \to \varepsilon^\mu + aq^\mu$ (a は定数) の下での不変性と両立する．(12.4) の $A^\mu(x\,;q)$ を用いて，電磁場のエネルギーを計算すると，

$$E_{\mathrm{EM}} = \int_V d^3x \left(\frac{\varepsilon_0}{2}\boldsymbol{E}^2 + \frac{1}{2\mu_0}\boldsymbol{B}^2\right) = E = \hbar\omega \tag{12.6}$$

となり，体積 V の中に光子が 1 個存在するという規格化条件を採用していることがわかる．ここで，ω は光の角振動数で光量子仮説を用いた．

同様にして，$A^\mu(y, q')$ は運動量 q'^μ，偏極ベクトル ε'^μ をもつ平面波である．

$$A^\mu(y\,;q') = \frac{\hbar\varepsilon'^\mu}{\sqrt{2E'V\varepsilon_0}}(e^{-\frac{i}{\hbar}q'y} + e^{\frac{i}{\hbar}q'y}), \qquad E' = q'^0 c \tag{12.7}$$

(12.2)，(12.3)，(12.4)，(12.7)，(9.13) を (12.1) に代入すると S 行列要素は

---

† 通常，ローレンツゲージ（ローレンツ条件）とよばれているが，ローレンツ変換のローレンツ (Lorentz) と混同しないように留意してほしい．

$$S_{fi} = -i\left(\frac{e}{\hbar}\right)^2 \frac{\hbar^2}{c\varepsilon_0}\int d^4x \int d^4y \frac{m_e c^2}{V^2}\frac{1}{\sqrt{E_f E_i}}\frac{1}{\sqrt{2q'^0 2q^0}}$$
$$\times \bar{u}(p_f, s_f)\, \not{\varepsilon}' \int \frac{d^4p}{(2\pi\hbar)^4}\frac{\hbar}{\not{p} - m_e c} e^{-\frac{i}{\hbar}p(y-x)}\, \not{\varepsilon}\, u(p_i, s_i)$$
$$\times e^{\frac{i}{\hbar}p_f y}(e^{-\frac{i}{\hbar}q'y} + e^{\frac{i}{\hbar}q'y})\,(e^{-\frac{i}{\hbar}qx} + e^{\frac{i}{\hbar}qx})\, e^{-\frac{i}{\hbar}p_i x}$$
$$-i\left(\frac{e}{\hbar}\right)^2 \frac{\hbar^2}{c\varepsilon_0}\int d^4x \int d^4y \frac{m_e c^2}{V^2}\frac{1}{\sqrt{E_f E_i}}\frac{1}{\sqrt{2q'^0 2q^0}}$$
$$\times \bar{u}(p_f, s_f)\, \not{\varepsilon} \int \frac{d^4p}{(2\pi\hbar)^4}\frac{\hbar}{\not{p} - m_e c} e^{-\frac{i}{\hbar}p(y-x)}\, \not{\varepsilon}'\, u(p_i, s_i)$$
$$\times e^{\frac{i}{\hbar}p_f y}(e^{-\frac{i}{\hbar}qy} + e^{\frac{i}{\hbar}qy})\,(e^{-\frac{i}{\hbar}q'x} + e^{\frac{i}{\hbar}q'x})\, e^{-\frac{i}{\hbar}p_i x} \tag{12.8}$$

となる．なお，$i\varepsilon$ を省略した．$i\varepsilon$ と ε^μ を混同しないように注意する．またここでも斜線つきの量は，γ 行列との縮約（$\not{\varepsilon}'=\gamma_\mu \varepsilon'^\mu$，$\not{\varepsilon}=\gamma_\mu \varepsilon^\mu$）を表す．

4 元運動量の保存則 $p_f + q' = p_i + q$ を考慮して，x，y，p に関する積分を実行すると，

$$S_{fi} = \left(\frac{e}{\hbar}\right)^2 \frac{\hbar^2}{c\varepsilon_0}\frac{m_e c^2}{V^2}\frac{1}{\sqrt{E_f E_i}}\frac{1}{\sqrt{2q'^0 2q^0}}(2\pi\hbar)^4\,\delta^4(p_f + q' - p_i - q)$$
$$\times \bar{u}(p_f, s_f)\left[(-i\not{\varepsilon}')\frac{i\hbar}{\not{p}_i + \not{q} - m_e c}(-i\not{\varepsilon}) + (-i\not{\varepsilon})\frac{i\hbar}{\not{p}_i - \not{q}' - m_e c}(-i\not{\varepsilon}')\right] u(p_i, s_i) \tag{12.9}$$

となる．ここで，$-i$ を振り分けた．(12.9) の形から，コンプトン散乱の S 行列要素は次のような対称性を有していることがわかる．

（i） 交差対称性：2 つの光子の入れかえ q^μ, $\varepsilon^\mu \leftrightarrow -q'^\mu$, ε'^μ の下で S_{fi} は不変である．これは，光子がボース‐アインシュタイン統計 (Bose‐Einstein statistics) に従うことに起因する．

（ii） ゲージ対称性：運動量空間におけるゲージ変換 $\varepsilon_\mu \to \varepsilon_\mu + aq_\mu$,

$\varepsilon'_\mu \to \varepsilon'_\mu + a' q'_\mu$ (a, a' は定数) の下で，S_{fi} は不変である．2 つの寄与の和によりゲージ不変になることに注意してほしい．

12.1.2 コンプトン散乱の微分断面積

散乱断面積は散乱された粒子に関する運動量を変数として含み，それらを全て積分することにより，散乱の全断面積を得ることができる．運動量に関する積分が実行される前の散乱断面積 (積分記号が明記されていない形のもの) を，$d\sigma$ あるいは $d\bar{\sigma}$ と表記する．

コンプトン散乱の断面積 $d\sigma$ は

$$
\begin{aligned}
d\sigma &= \frac{|S_{fi}|^2}{\frac{|\boldsymbol{v}_i|}{V}} \frac{V\,d^3p_f}{(2\pi\hbar)^3} \frac{V\,d^3q'}{(2\pi\hbar)^3} \frac{1}{T} \\
&= \frac{e^4}{(c\varepsilon_0)^2 V^4} \frac{m_e^2 c^4}{E_f E_i} \frac{1}{2q'^0 2q^0} \left[(2\pi\hbar)^4 \delta^4(p_f + q' - p_i - q)\right]^2 \\
&\qquad \times \frac{V}{|\boldsymbol{v}_i|} |M_{fi}|^2 \frac{V\,d^3p_f}{(2\pi\hbar)^3} \frac{V\,d^3q'}{(2\pi\hbar)^3} \frac{1}{T} \\
&= \frac{e^4 m_e^2 c^5}{(c\varepsilon_0)^2 (2\pi\hbar)^2 q^0 E_i |\boldsymbol{v}_i|} \delta^4(p_f + q' - p_i - q)\, |M_{fi}|^2 \frac{d^3p_f}{2E_f} \frac{d^3q'}{2q'^0}
\end{aligned} \tag{12.10}
$$

となる．ここで T は時間で十分長く，V も十分大きいとして，

$$
\begin{aligned}
&\left[(2\pi\hbar)^4 \delta^4(p_f + q' - p_i - q)\right]^2 \\
&\quad \xrightarrow{T,V\to\infty} (2\pi\hbar)^4 \delta^4(p_f + q' - p_i - q) \int_{-T/2}^{T/2}\int_V e^{\frac{i}{\hbar}(p_f + q' - p_i - q)x}\, d^4x \\
&\qquad = (2\pi\hbar)^4 \delta^4(p_f + q' - p_i - q) \int_{-T/2}^{T/2}\int_V d^4x \\
&\qquad = (2\pi\hbar)^4 \delta^4(p_f + q' - p_i - q)\, cTV
\end{aligned} \tag{12.11}
$$

を用いた．また，M_{fi} は不変振幅と呼ばれる量で，

$$M_{fi} \equiv \bar{u}(p_f, s_f)\Big[(-i\not{\epsilon}')\frac{i\hbar}{\not{p}_i + \not{q} - m_\mathrm{e}c}(-i\not{\epsilon}) + (-i\not{\epsilon})\frac{i\hbar}{\not{p}_i - \not{q}' - m_\mathrm{e}c}(-i\not{\epsilon}')\Big]u(p_i, s_i) \tag{12.12}$$

で定義される．

実験室系（固定標的系）において，始状態で電子は固定されているので，$E_i = m_\mathrm{e}c^2$ が成り立つ．入射粒子は光子であるから $|\boldsymbol{v}_i| = c$ となる．

また，p_f の時間成分を p_{f0} として，

$$\begin{aligned}\int_{-\infty}^{\infty}\frac{c\,d^3p_f}{2E_f} &= \int_{-\infty}^{\infty}d^3p_f\int_0^{\infty}dp_{f0}\,\delta(p_f^2 - m_\mathrm{e}^2c^2)\\ &= \int_{-\infty}^{\infty}d^4p_f\,\delta(p_f^2 - m_\mathrm{e}^2c^2)\,\theta(p_{f0}) \quad (\theta(p_{f0})：\text{階段関数})\end{aligned} \tag{12.13}$$

を用いて，q' に関する立体角の微小素片 $d\Omega_{q'}$ を除く運動量についての積分を実行すると，

$$\begin{aligned}&d\Omega_{q'}\int_0^{\infty}\frac{|\boldsymbol{q}'|^2\,d|\boldsymbol{q}'|}{2q'^0}\int_{-\infty}^{\infty}\frac{c\,d^3p_f}{2E_f}\delta^4(p_f + q' - p_i - q)\\ &= d\Omega_{q'}\int_0^{\infty}\frac{|\boldsymbol{q}'|\,d|\boldsymbol{q}'|}{2}\int_{-\infty}^{\infty}d^4p_f\,\delta(p_f^2 - m_\mathrm{e}^2c^2)\,\theta(p_{f0})\,\delta^4(p_f + q' - p_i - q)\\ &= d\Omega_{q'}\int_0^{\infty}\frac{|\boldsymbol{q}'|\,d|\boldsymbol{q}'|}{2}\delta[(q + p_i - q')^2 - m_\mathrm{e}^2c^2]\,\theta(|\boldsymbol{q}| + m_\mathrm{e}c - |\boldsymbol{q}|')\\ &= d\Omega_{q'}\int_0^{|\boldsymbol{q}| + m_\mathrm{e}c}\frac{|\boldsymbol{q}'|\,d|\boldsymbol{q}'|}{2}\delta[2m_\mathrm{e}c(|\boldsymbol{q}| - |\boldsymbol{q}'|) - 2|\boldsymbol{q}||\boldsymbol{q}'|(1 - \cos\theta)]\\ &= \frac{|\boldsymbol{q}'|^2}{4m_\mathrm{e}c|\boldsymbol{q}|}d\Omega_{q'}\end{aligned} \tag{12.14}$$

となる．ここで，$q_0 = |\boldsymbol{q}|$，$q'_0 = |\boldsymbol{q}'|$，$\boldsymbol{q}\cdot\boldsymbol{q}' = |\boldsymbol{q}||\boldsymbol{q}'|\cos\theta$ および

$$\delta[2m_ec(|\boldsymbol{q}|-|\boldsymbol{q}'|)-2|\boldsymbol{q}||\boldsymbol{q}'|(1-\cos\theta)]$$
$$=\frac{1}{2m_ec+2|\boldsymbol{q}|(1-\cos\theta)}\delta\left(|\boldsymbol{q}'|-\frac{2m_ec|\boldsymbol{q}|}{2m_ec+2|\boldsymbol{q}|(1-\cos\theta)}\right)$$
$$=\frac{|\boldsymbol{q}'|}{2m_ec|\boldsymbol{q}|}\delta\left(|\boldsymbol{q}'|-\frac{2m_ec|\boldsymbol{q}|}{2m_ec+2|\boldsymbol{q}|(1-\cos\theta)}\right) \qquad (12.15)$$

を用いた．θ は光子の散乱角である．(12.15) の式変形において，δ 関数に関する公式 $\delta(f(x))=\sum_i\left|\frac{df(x)}{dx}\right|_{x=a_i}^{-1}\delta(x-a_i)$ を用いた．なおa_i は$f(x)=0$ の解である．

δ 関数の存在からわかるように，$|\boldsymbol{q}'|$ と $|\boldsymbol{q}|$ の間に

$$|\boldsymbol{q}'|=\frac{|\boldsymbol{q}|}{1+\frac{|\boldsymbol{q}|}{m_ec}(1-\cos\theta)}=\frac{|\boldsymbol{q}|}{1+\frac{2|\boldsymbol{q}|}{m_ec}\sin^2\frac{\theta}{2}} \qquad (12.16)$$

という関係が成り立つ．

このようにして，電子のスピン状態 s_i と光子の偏極状態 ε^μ から，スピン状態 s_f と偏極状態 ε'^μ への遷移過程に関する微分断面積は

$$\frac{d\sigma}{d\Omega_{q'}}=\alpha^2\left(\frac{|\boldsymbol{q}'|}{|\boldsymbol{q}|}\right)^2\left|\bar{u}(p_f,s_f)\left[\not{\varepsilon}'\frac{\hbar}{\not{p}_i+\not{q}-m_ec}\not{\varepsilon}\right.\right.$$
$$\left.\left.+\not{\varepsilon}\frac{\hbar}{\not{p}_i+\not{q}'-m_ec}\not{\varepsilon}'\right]u(p_i,s_i)\right|^2 \qquad (12.17)$$

となる．

12.1.3 クライン－仁科の公式

式を簡単にするために，実験室系から見て光子が横波成分に偏極しているようなゲージ

$$\varepsilon^\mu=(0,\boldsymbol{\varepsilon}),\qquad \boldsymbol{\varepsilon}\cdot\boldsymbol{q}=0,\qquad \varepsilon'^\mu=(0,\boldsymbol{\varepsilon}'),\qquad \boldsymbol{\varepsilon}'\cdot\boldsymbol{q}'=0 \qquad (12.18)$$

を選ぶ．この場合，実験室系では $p_i^\mu = (m_e c, \mathbf{0})$ であるから，$\varepsilon^\mu p_{i\mu} = 0$，$\varepsilon'^\mu p_{i\mu} = 0$ が成り立つ．よって，

$$M_{fi} = -i\hbar\,\bar{u}(p_f, s_f)\left[\not{\varepsilon}'\frac{\not{p}_i + \not{q} + m_e c}{(p_i+q)^2 - m_e^2 c^2}\not{\varepsilon} + \not{\varepsilon}\frac{\not{p}_i - \not{q}' + m_e c}{(p_i-q')^2 - m_e^2 c^2}\not{\varepsilon}'\right]u(p_i, s_i)$$

$$= i\hbar\,\bar{u}(p_f, s_f)\left(\frac{\not{\varepsilon}'\not{\varepsilon}\not{q}}{2qp_i} + \frac{\not{\varepsilon}\not{\varepsilon}'\not{q}'}{2q'p_i}\right)u(p_i, s_i) \tag{12.19}$$

となる．ここで，$u(p_i, s_i)$ がディラック方程式の解であること

$$\left.\begin{aligned}(\not{p}_i + m_e c)\,\not{\varepsilon}\,u(p_i, s_i) &= \not{\varepsilon}\,(-\not{p}_i + m_e c)\,u(p_i, s_i) = 0\\ (\not{p}_i + m_e c)\,\not{\varepsilon}'\,u(p_i, s_i) &= \not{\varepsilon}'\,(-\not{p}_i + m_e c)\,u(p_i, s_i) = 0\end{aligned}\right\} \tag{12.20}$$

と 4 元運動量の関係式 $p_i^2 = m_e^2 c^2$，$q^2 = 0$，$q'^2 = 0$ を用いた．

始状態では，電子のスピン状態は未知であるとして平均を取り，終状態では，あらゆる可能性を考慮に入れて和を取る．この場合の微分断面積は

$$\frac{d\bar{\sigma}}{d\Omega_{q'}} = \frac{1}{2}\sum_{\pm s_i, \pm s_f}\frac{d\sigma}{d\Omega_{q'}}$$

$$= \frac{\hbar^2\alpha^2}{2}\left(\frac{|\boldsymbol{q}'|}{|\boldsymbol{q}|}\right)^2 \mathrm{Tr}\left[\frac{\not{p}_f + m_e c}{2m_e c}\left(\frac{\not{\varepsilon}'\not{\varepsilon}\not{q}}{2qp_i} + \frac{\not{\varepsilon}\not{\varepsilon}'\not{q}'}{2q'p_i}\right)\frac{\not{p}_i + m_e c}{2m_e c}\left(\frac{\not{q}\not{\varepsilon}\not{\varepsilon}'}{2qp_i} + \frac{\not{q}'\not{\varepsilon}'\not{\varepsilon}}{2q'p_i}\right)\right] \tag{12.21}$$

となる．11.4 節で与えた定理を駆使することにより，

$$\frac{d\bar{\sigma}}{d\Omega_{q'}} = \frac{\hbar^2\alpha^2}{4m_e^2 c^2}\left(\frac{|\boldsymbol{q}'|}{|\boldsymbol{q}|}\right)^2\left[\frac{|\boldsymbol{q}'|}{|\boldsymbol{q}|} + \frac{|\boldsymbol{q}|}{|\boldsymbol{q}'|} + 4(\varepsilon'\varepsilon)^2 - 2\right] \tag{12.22}$$

を得ることができる．(12.22) は**クライン - 仁科の公式**とよばれている．

【(12.21) から (12.22) の導出】　(12.21) のトレース部分は

$$\mathrm{Tr}\left[\frac{\not{p}_f + m_e c}{2m_e c}\left(\frac{\not{\varepsilon}'\not{\varepsilon}\not{q}}{2qp_i} + \frac{\not{\varepsilon}\not{\varepsilon}'\not{q}'}{2q'p_i}\right)\frac{\not{p}_i + m_e c}{2m_e c}\left(\frac{\not{q}\not{\varepsilon}\not{\varepsilon}'}{2qp_i} + \frac{\not{q}'\not{\varepsilon}'\not{\varepsilon}}{2q'p_i}\right)\right] = T_1 + T_2 + T_3 + T_4 \tag{12.23}$$

$$T_1 \equiv \frac{1}{(2m_e c)^2(2qp_i)^2}\mathrm{Tr}[(\not{p}_f + m_e c)\not{\varepsilon}'\not{\varepsilon}\not{q}(\not{p}_i + m_e c)\not{q}\not{\varepsilon}\not{\varepsilon}'] \tag{12.24}$$

$$T_2 \equiv \frac{1}{(2m_e c)^2 (2q' p_i)^2} \mathrm{Tr}[(\not{p}_f + m_e c)\not{\varepsilon}\not{\varepsilon}'\not{q}'(\not{p}_i + m_e c)\not{q}'\not{\varepsilon}'\not{\varepsilon}] \tag{12.25}$$

$$T_3 \equiv \frac{1}{(2m_e c)^2 (2q p_i)(2q' p_i)} \mathrm{Tr}[(\not{p}_f + m_e c)\not{\varepsilon}'\not{\varepsilon}\not{q}(\not{p}_i + m_e c)\not{q}'\not{\varepsilon}'\not{\varepsilon}] \tag{12.26}$$

$$T_4 \equiv \frac{1}{(2m_e c)^2 (2q p_i)(2q' p_i)} \mathrm{Tr}[(\not{p}_f + m_e c)\not{\varepsilon}\not{\varepsilon}'\not{q}'(\not{p}_i + m_e c)\not{q}\not{\varepsilon}\not{\varepsilon}'] \tag{12.27}$$

のように展開される．

T_1 のトレース部分は

$$\begin{aligned}
&\mathrm{Tr}[(\not{p}_f + m_e c)\not{\varepsilon}'\not{\varepsilon}\not{q}(\not{p}_i + m_e c)\not{q}\not{\varepsilon}\not{\varepsilon}'] \\
&\qquad = \mathrm{Tr}[\not{p}_f\not{\varepsilon}'\not{\varepsilon}\not{q}\not{p}_i\not{q}\not{\varepsilon}\not{\varepsilon}'] + (m_e c)^2 \mathrm{Tr}[\not{\varepsilon}'\not{\varepsilon}\not{q}\not{q}\not{\varepsilon}\not{\varepsilon}'] \\
&\qquad = 2(qp_i)\mathrm{Tr}[\not{p}_f\not{\varepsilon}'\not{\varepsilon}\not{q}\not{\varepsilon}\not{\varepsilon}'] - \mathrm{Tr}[\not{p}_f\not{\varepsilon}'\not{\varepsilon}\not{p}_i\not{q}\not{q}\not{\varepsilon}\not{\varepsilon}'] \\
&\qquad = -2(qp_i)\mathrm{Tr}[\not{p}_f\not{\varepsilon}'\not{\varepsilon}\not{\varepsilon}\not{q}\not{\varepsilon}'] = 2(qp_i)\mathrm{Tr}[\not{p}_f\not{\varepsilon}'\not{q}\not{\varepsilon}'] \\
&\qquad = 2(qp_i)2(q\varepsilon')\mathrm{Tr}[\not{p}_f\not{\varepsilon}'] - 2(qp_i)\mathrm{Tr}[\not{p}_f\not{\varepsilon}'\not{\varepsilon}'\not{q}] \\
&\qquad = 8(qp_i)[(qp_f) + 2(q\varepsilon')(p_f\varepsilon')] = 8(qp_i)[(q'p_i) + 2(q\varepsilon')^2]
\end{aligned} \tag{12.28}$$

のように変形される．ここで，$\not{a}\not{b} = 2(ab) - \not{b}\not{a}$, $\not{q}\not{q} = q^2 = 0$, $\not{\varepsilon}\not{\varepsilon} = \varepsilon^2 = -1$, ゲージ不変性 $q\varepsilon = 0$, $q'\varepsilon' = 0$, および $q^\mu + p_i^\mu = q'^\mu + p_f^\mu$ から導かれる公式 $q'p_i = qp_f$, $\varepsilon' p_f = \varepsilon' q$ を用いた．

T_2 のトレース部分は T_1 のトレース部分に対して，入れかえ $\varepsilon^\mu \leftrightarrow \varepsilon'^\mu$, $q^\mu \leftrightarrow q'^\mu$ を行うことにより，

$$\begin{aligned}
&\mathrm{Tr}[(\not{p}_f + m_e c)\not{\varepsilon}\not{\varepsilon}'\not{q}'(\not{p}_i + m_e c)\not{q}'\not{\varepsilon}'\not{\varepsilon}] \\
&\qquad = 8(q'p_i)[(q'p_f) + 2(q'\varepsilon)(p_f\varepsilon)] = 8(q'p_i)[(qp_i) - 2(q'\varepsilon)^2]
\end{aligned} \tag{12.29}$$

のように求められる．最後の変形で $q^\mu + p_i^\mu = q'^\mu + p_f^\mu$ から導かれる公式 $qp_i = q'p_f$, $\varepsilon p_f = -\varepsilon q'$ を用いた．変数の入れかえを行うときは，関係式が入れかえの下で不変であるかどうかに注意を払いながら行おう．

T_3 のトレース部分は

$$
\begin{aligned}
&\mathrm{Tr}[(\not{p}_f + m_{\mathrm{e}}c)\not{\varepsilon}'\not{\varepsilon}\not{q}(\not{p}_i + m_{\mathrm{e}}c)\not{q}'\not{\varepsilon}'\not{\varepsilon}] \\
&\quad = \mathrm{Tr}[(\not{p}_i + \not{q} - \not{q}' + m_{\mathrm{e}}c)\not{\varepsilon}'\not{\varepsilon}\not{q}(\not{p}_i + m_{\mathrm{e}}c)\not{q}'\not{\varepsilon}'\not{\varepsilon}] \\
&\quad = \mathrm{Tr}[(\not{p}_i + m_{\mathrm{e}}c)\not{\varepsilon}'\not{\varepsilon}\not{q}(\not{p}_i + m_{\mathrm{e}}c)\not{q}'\not{\varepsilon}'\not{\varepsilon}] + \mathrm{Tr}[(\not{q} - \not{q}')\not{\varepsilon}'\not{\varepsilon}\not{q}(\not{p}_i + m_{\mathrm{e}}c)\not{q}'\not{\varepsilon}'\not{\varepsilon}] \\
&\quad = \mathrm{Tr}[(\not{p}_i + m_{\mathrm{e}}c)\not{q}(\not{p}_i + m_{\mathrm{e}}c)\not{q}'\not{\varepsilon}'\not{\varepsilon}\not{\varepsilon}'\not{\varepsilon}] \\
&\qquad\qquad + 2(q\varepsilon')\mathrm{Tr}[\not{\varepsilon}\not{q}\not{p}_i\not{q}'\not{\varepsilon}'\not{\varepsilon}] - 2(q'\varepsilon)\mathrm{Tr}[\not{\varepsilon}'\not{\varepsilon}\not{q}\not{p}_i\not{q}'\not{\varepsilon}'] \\
&\quad = 2(p_i q)\mathrm{Tr}[\not{p}_i\not{q}'\not{\varepsilon}'\not{\varepsilon}\not{\varepsilon}'\not{\varepsilon}] - 2(q\varepsilon')\mathrm{Tr}[\not{q}\not{p}_i\not{q}'\not{\varepsilon}'] + 2(q'\varepsilon)\mathrm{Tr}[\not{\varepsilon}\not{q}\not{p}_i\not{q}'] \\
&\quad = 8(p_i q)(p_i q')\,[2(\varepsilon\varepsilon')^2 - 1] - 8(q\varepsilon')^2(p_i q') + 8(q'\varepsilon)^2(p_i q)
\end{aligned}
\tag{12.30}
$$

のように変形される．ここで，$\varepsilon p_i = 0$，$\varepsilon' p_i = 0$ および (11.42) などを用いた．同様にして，T_4 のトレース部分は T_3 のものと同じであることがわかる．

よって，

$$
\begin{aligned}
&T_1 + T_2 + T_3 + T_4 \\
&\quad = \frac{1}{4m_{\mathrm{e}}^2c^2}\Biggl[\frac{8(qp_i)}{4(p_i q)^2}\{(q'p_i) + 2(q\varepsilon')^2\} + \frac{8(q'p_i)}{4(p_i q')^2}\{(qp_i) - 2(q'\varepsilon)^2\} \\
&\qquad + \frac{2}{4(p_i q)(p_i q')}\{8(p_i q)(p_i q')(2(\varepsilon\varepsilon')^2 - 1) - 8(q\varepsilon')^2(p_i q') + 8(q'\varepsilon)^2(p_i q)\}\Biggr] \\
&\quad = \frac{1}{2m_{\mathrm{e}}^2c^2}\left[\frac{(q'p_i)}{(p_i q)} + \frac{(qp_i)}{(p_i q')} + 4(\varepsilon\varepsilon')^2 - 2\right] \\
&\quad = \frac{1}{2m_{\mathrm{e}}^2c^2}\left[\frac{q'^0}{q^0} + \frac{q^0}{q'^0} + 4(\varepsilon\varepsilon')^2 - 2\right] = \frac{1}{2m_{\mathrm{e}}^2c^2}\left[\frac{|\boldsymbol{q}'|}{|\boldsymbol{q}|} + \frac{|\boldsymbol{q}|}{|\boldsymbol{q}'|} + 4(\varepsilon\varepsilon')^2 - 2\right]
\end{aligned}
\tag{12.31}
$$

となり，(12.21) に代入することにより (12.22) が導かれる．（導出終了）

$\boldsymbol{q} \to \boldsymbol{0}$ であるような低エネルギー極限において，(12.16) より $|\boldsymbol{q}| \to |\boldsymbol{q}'|$ であるから (12.22) は

$$
\left.\frac{d\bar{\sigma}}{d\Omega_{q'}}\right|_{\boldsymbol{q}\to\boldsymbol{0}} = \frac{\hbar^2\alpha^2}{m_{\mathrm{e}}^2c^2}(\varepsilon'\varepsilon)^2 \tag{12.32}
$$

となり，**トムソンの断面積** (**Thomson cross section**) に一致する．ここで，$\hbar\alpha/\,m_{\mathrm{e}}c$ は**古典電子半径**とよばれる長さの次元をもった量で，その大きさは

$$\frac{\hbar\alpha}{m_{\rm e}c} = 2.82 \times 10^{-15}\,{\rm m} \tag{12.33}$$

である．また $\theta \to 0$ においても $|\boldsymbol{q}| \to |\boldsymbol{q}'|$ となり，(12.22) はトムソンの断面積に帰着する．

12.1.4　コンプトン散乱の全断面積

最後に，始状態での光子の偏極状態は未知であるとして平均を取り，終状態では，あらゆる可能性を考慮に入れて和を取った場合について考察する．この場合，光子の偏極状態に依存しない項に関しては，

$$(\text{依存しない項}) \;\to\; \frac{1}{2}\sum_{a=1,2}\sum_{a'=1,2}(\text{依存しない項}) = 2\,(\text{依存しない項}) \tag{12.34}$$

となり，$(\varepsilon'\varepsilon)^2$ に関しては，

$$(\varepsilon'\varepsilon)^2 \;\to\; \frac{1}{2}\sum_{a=1,2}\sum_{a'=1,2}(\varepsilon'\varepsilon)^2 = \frac{1}{2}(1+\cos^2\theta) \tag{12.35}$$

となる．

なお，光子の偏極ベクトル（物理的な自由度は 2 個）については，ゲージ変換の自由度を用いて，純粋に空間的なベクトルのもの $\varepsilon^{\mu\,(a)} = (0,\,\boldsymbol{\varepsilon}^{(a)})$，$\varepsilon'^{\mu(a)} = (0,\,\boldsymbol{\varepsilon}'^{(a)})$ $(a = 1,\,2)$ を選んだ．さらに，$\boldsymbol{q}$ と $\boldsymbol{\varepsilon}^{(a)}$，$\boldsymbol{q}'$ と $\boldsymbol{\varepsilon}'^{(a)}$ はそれぞれ直交するので，偏極ベクトルとして $\boldsymbol{\varepsilon}^{(1)}\cdot\boldsymbol{\varepsilon}'^{(1)} = \cos\theta$，$\boldsymbol{\varepsilon}^{(2)}\cdot\boldsymbol{\varepsilon}'^{(2)} = 1$，

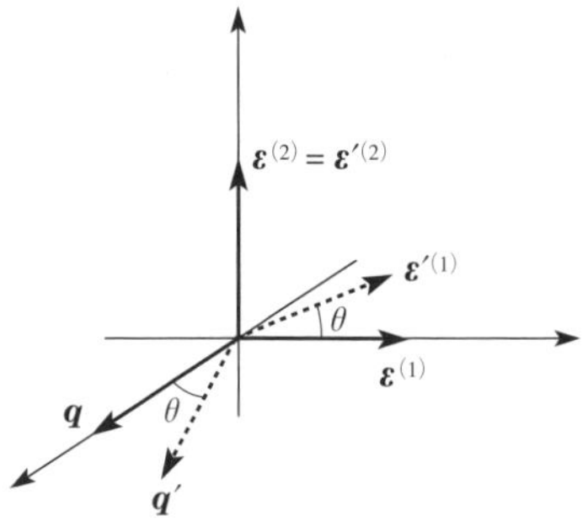

図 12.3　光子の偏極状態

$\boldsymbol{\varepsilon}^{(1)} \cdot \boldsymbol{\varepsilon}'^{(2)} = 0$，$\boldsymbol{\varepsilon}^{(2)} \cdot \boldsymbol{\varepsilon}'^{(1)} = 0$ のように選んだ（図 12.3 を参照）.

(12.22) に (12.34)，(12.35) を用いて，

$$\begin{aligned}\frac{d\bar{\sigma}}{d\Omega_{q'}} &= 2 \times \frac{\hbar^2\alpha^2}{4m_e^2c^2}\left(\frac{|\boldsymbol{q}'|}{|\boldsymbol{q}|}\right)^2\left[\frac{|\boldsymbol{q}'|}{|\boldsymbol{q}|} + \frac{|\boldsymbol{q}|}{|\boldsymbol{q}'|} + \sum(\varepsilon'\varepsilon)^2 - 2\right] \\ &= \frac{\hbar^2\alpha^2}{2m_e^2c^2}\left(\frac{|\boldsymbol{q}'|}{|\boldsymbol{q}|}\right)^2\left[\frac{|\boldsymbol{q}'|}{|\boldsymbol{q}|} + \frac{|\boldsymbol{q}|}{|\boldsymbol{q}'|} - \sin^2\theta\right]\end{aligned} \tag{12.36}$$

を得ることができる．さらに，$d\Omega_{q'} = -2\pi\, d\,(\cos\theta) = -2\pi\, dz$，$z = \cos\theta$ として，コンプトン散乱の全断面積 $\bar{\sigma}$ は

$$\bar{\sigma} = \frac{\pi\hbar^2\alpha^2}{m_e^2c^2}\int_{-1}^{1} dz\left[\frac{1}{\left\{1 + \dfrac{|\boldsymbol{q}|}{m_e c}(1-z)\right\}^3} + \frac{1}{1 + \dfrac{|\boldsymbol{q}|}{m_e c}(1-z)} - \frac{1-z^2}{\left\{1 + \dfrac{|\boldsymbol{q}|}{m_e c}(1-z)\right\}^2}\right] \tag{12.37}$$

となる．

低エネルギー極限 ($|\boldsymbol{q}|/\ (m_e c) \to 0$) において，$\bar{\sigma}$ は

$$\bar{\sigma} \quad \to \quad \frac{8\pi}{3}\frac{\hbar^2\alpha^2}{m_e^2c^2} \tag{12.38}$$

となる．また，高エネルギー極限 ($|\boldsymbol{q}|/(m_e c) \gg 1$) において，$\bar{\sigma}$ は

$$\bar{\sigma} \simeq \frac{\pi\hbar^2\alpha^2}{|\boldsymbol{q}|m_e c}\left[\ln\frac{2|\boldsymbol{q}|}{m_e c} + \frac{1}{2} + O\left(\frac{m_e c}{|\boldsymbol{q}|}\ln\frac{|\boldsymbol{q}|}{m_e c}\right)\right] \tag{12.39}$$

となる．

12.2　電子・陽電子の対消滅

コンプトン散乱の図を 90 度回転させると，電子と陽電子の対消滅による

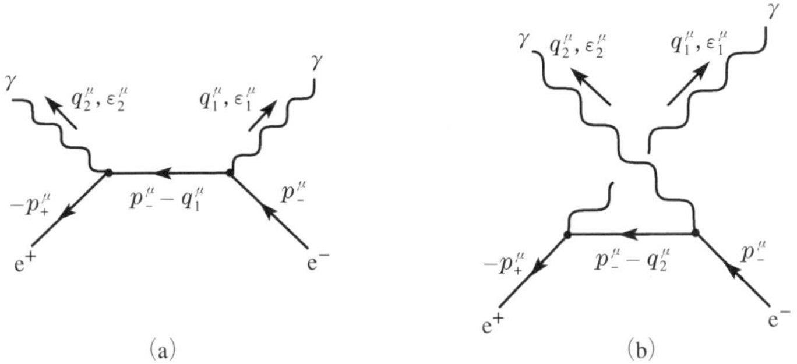

図 12.4 電子と陽電子の対消滅

2 つの光子の生成を記述する図に変わる（詳しくは図 12.4 (a)，(b) を参照せよ）．伝搬理論では，電子が 2 度散乱されて負エネルギー状態に変わり過去に伝搬していくと解釈される．

この過程に関する S 行列要素は

$$S_{fi} = -\left(\frac{e}{\hbar}\right)^2 \frac{\hbar^2}{c\varepsilon_0} \frac{m_e c^2}{V^2} \frac{1}{\sqrt{E_+ E_-}} \frac{1}{\sqrt{2q_2^0\, 2q_1^0}} (2\pi\hbar)^4 \delta^4(-p_+ + q_2 - p_- + q_1)$$
$$\times \bar{v}(p_+, s_+)\biggl[(-i\not{\varepsilon}_2) \frac{i\hbar}{\not{p}_- - \not{q}_1 - m_e c} (-i\not{\varepsilon}_1)$$
$$+ (-i\not{\varepsilon}_1) \frac{i\hbar}{\not{p}_- - \not{q}_2 - m_e c} (-i\not{\varepsilon}_2)\biggr] u(p_-, s_-) \tag{12.40}$$

となる．(12.40) の S_{fi} も「交差対称性：2 つの光子の入れかえ q_1^μ, $\varepsilon_1^\mu \leftrightarrow q_2^\mu$, ε_2^μ の下での不変性」と「ゲージ対称性：$\varepsilon_1^\mu \to \varepsilon_1^\mu + a q_1^\mu$，$\varepsilon_2^\mu \to \varepsilon_2^\mu + a' q_2^\mu$ の下での不変性」を有している．

ちなみに，光子を 1 個だけ放出して対消滅する過程は運動学的に許されない．実際，$e^- + e^+ \to \gamma$ が，運動学的に許されないことは次のようにしてわかる．

電子，陽電子，光子の 4 元運動量をそれぞれ $(E_e/c, \boldsymbol{p}_e)$，$(E_{\bar{e}}/c, \boldsymbol{p}_{\bar{e}})$，

$(E_\gamma/c,\, \boldsymbol{p}_\gamma)$ とする．4 元運動量の保存則 $(E_\gamma = E_{\mathrm{e}} + E_{\bar{\mathrm{e}}},\ \boldsymbol{p}_\gamma = \boldsymbol{p}_{\mathrm{e}} + \boldsymbol{p}_{\bar{\mathrm{e}}})$ と，電子および陽電子に関する 4 元運動量の関係式 ($E_{\mathrm{e}}^2 = |\boldsymbol{p}_{\mathrm{e}}|^2 c^2 + m_{\mathrm{e}}^2 c^4$ および $E_{\bar{\mathrm{e}}}^2 = |\boldsymbol{p}_{\bar{\mathrm{e}}}|^2 c^2 + m_{\mathrm{e}}^2 c^4$) を用いると，

$$\begin{aligned} E_\gamma^2 &= (E_{\mathrm{e}} + E_{\bar{\mathrm{e}}})^2 = |\boldsymbol{p}_{\mathrm{e}}|^2 c^2 + |\boldsymbol{p}_{\bar{\mathrm{e}}}|^2 c^2 + 2\,(E_{\mathrm{e}} E_{\bar{\mathrm{e}}} + m_{\mathrm{e}}^2 c^4) \\ &= |\boldsymbol{p}_\gamma|^2 c^2 + 2\,(E_{\mathrm{e}} E_{\bar{\mathrm{e}}} - \boldsymbol{p}_{\mathrm{e}} \cdot \boldsymbol{p}_{\bar{\mathrm{e}}} c^2 + m_{\mathrm{e}}^2 c^4) \end{aligned} \tag{12.41}$$

が導かれる．(12.41) の最後の表式における括弧内の量は 0 ではないので，光子に関する 4 元運動量の関係式 ($E_\gamma^2 = |\boldsymbol{p}_\gamma|^2\, c^2$) が成り立たない．よって，許されない理由が示された．ただし，仮想光子による過程は存在する．

(12.9) と (12.40) を比較すると，おきかえ

$$\left.\begin{array}{lllll} \varepsilon^\mu,\ q^\mu & \leftrightarrow & \varepsilon_1^\mu, & -q_1^\mu,\ \varepsilon'^\mu,\ q'^\mu & \leftrightarrow\ \ \varepsilon_2^\mu,\ q_2^\mu \\ p_i^\mu,\ s_i^\mu & \leftrightarrow & p_-^\mu, & s_-^\mu,\ p_f^\mu,\ s_f^\mu & \leftrightarrow\ \ -p_+^\mu,\ s_+^\mu \end{array}\right\} \tag{12.42}$$

により両者が関係していることがわかる．これは，一般的な規則「過程 $A + B \to C + D$ と過程 $A + \bar{C} \to \bar{B} + D$ は，物理量のおきかえにより関係づけることができる」の一例である．ここで，A, B, C, D は粒子を表し，$\bar{B}$ は B の反粒子，$\bar{C}$ は C の反粒子を表す．

電子のスピン状態も陽電子のスピン状態も，それぞれ未知であるとして平均を取った場合について考察する．この場合，散乱断面積 $d\bar{\sigma}$ は

$$\begin{aligned} d\bar{\sigma} = \frac{e^4}{(2\pi\hbar)^2}\frac{\hbar^2}{(c\varepsilon_0)^2}\frac{m_{\mathrm{e}}^2 c^5}{E_- E_+ v_+}\frac{-1}{4}\mathrm{Tr}\left[\frac{-\not{p}_+ + m_{\mathrm{e}} c}{2m_{\mathrm{e}} c}\left(\frac{\not{\varepsilon}_2 \not{q}_1 \not{\varepsilon}_1}{2q_1 p_-} + \frac{\not{\varepsilon}_1 \not{q}_2 \not{\varepsilon}_2}{2q_2 p_-}\right)\right. \\ \left. \times \frac{\not{p}_- + m_{\mathrm{e}} c}{2m_{\mathrm{e}} c}\left(\frac{\not{\varepsilon}_1 \not{q}_1 \not{\varepsilon}_2}{2q_1 p_-} + \frac{\not{\varepsilon}_2 \not{q}_2 \not{\varepsilon}_1}{2q_2 p_-}\right)\right]\delta^4(-p_+ + q_2 - p_- + q_1)\frac{d^3 q_1}{2|\boldsymbol{q}_1|}\frac{d^3 q_2}{2|\boldsymbol{q}_2|} \end{aligned} \tag{12.43}$$

となる．なお，E_- は電子のエネルギー，$v_+ = (p_+ c^2)\,/\,E_+$ は陽電子の速さである．1/4 はスピン状態の平均から，-1 は陽電子のスピノルから生じた．

また，電子が静止している系を採用し，光子が横波であることを表すゲージ $\varepsilon_1 p_- = 0$, $\varepsilon_2 p_- = 0$ を選んだ．この系で $E_- = m_{\mathrm{e}} c^2$ であり，$q_1^0 = |\boldsymbol{q}_1|$, q_2^0

$= |\boldsymbol{q}_2|$ を用いた．

陽電子の入射方向と，4 元運動量 q_1 を有する光子の放射方向の成す角度を θ として微分断面積を求めるために，次のような積分を実行する．

$$\int \delta^4(-p_+ + q_2 - p_- + q_1)\,\frac{d^3q_1}{2|\boldsymbol{q}_1|}\,\frac{d^3q_2}{2|\boldsymbol{q}_2|}$$

$$= \frac{d\Omega_{q_1}}{2}\int_0^\infty |\boldsymbol{q}_1|\,d|\boldsymbol{q}_1|\,\delta[(p_+ + p_-)^2 - 2q_1(p_+ + p_-)]\,\theta(E_+ + E_- - q_1)$$

$$= \frac{d\Omega_{q_1}}{2}\int_0^\infty |\boldsymbol{q}_1|\,d|\boldsymbol{q}_1|\,\delta\Big[2m_e^2c^2 + 2m_eE_+ - 2|\boldsymbol{q}_1|\Big(m_ec + \frac{E_+}{c} - |\boldsymbol{p}_+|\cos\theta\Big)\Big]$$

$$= \frac{1}{4}\,\frac{m_ec^2(m_ec^2 + E_+)}{(m_ec^2 + E_+ - c|\boldsymbol{p}_+|\cos\theta)^2}\,d\Omega_{q_1} \qquad (12.44)$$

次に (12.43) に対して，トレースの計算と (12.44) の積分を実行することにより，

$$\frac{d\bar{\sigma}}{d\Omega_{q_1}} = \frac{\hbar^2\alpha^2c(m_ec^2 + E_+)}{8|\boldsymbol{p}_+|(m_ec^2 + E_+ - c|\boldsymbol{p}_+|\cos\theta)^2}\left[\frac{|\boldsymbol{q}_2|}{|\boldsymbol{q}_1|} + \frac{|\boldsymbol{q}_1|}{|\boldsymbol{q}_2|} - 4(\varepsilon_1\varepsilon_2)^2 + 2\right]$$

$$= \frac{\hbar^2\alpha^2c(m_ec^2 + E_+)}{8|\boldsymbol{p}_+|(m_ec^2 + E_+ - c|\boldsymbol{p}_+|\cos\theta)^2}$$

$$\times\left[\frac{E_+ - c|\boldsymbol{p}_+|\cos\theta}{m_ec^2} + \frac{m_ec^2}{E_+ - c|\boldsymbol{p}_+|\cos\theta} - 4(\varepsilon_1\varepsilon_2)^2 + 2\right] \qquad (12.45)$$

を得ることができる．ここで，$|\boldsymbol{q}_1|$ と $|\boldsymbol{q}_2|$ は，それぞれ

$$|\boldsymbol{q}_1| = \frac{m_ec(m_ec^2 + E_+)}{m_ec^2 + E_+ - c|\boldsymbol{p}_+|\cos\theta} \qquad (12.46)$$

$$|\boldsymbol{q}_2| = m_ec + \frac{E_+}{c} - |\boldsymbol{q}_1| = \frac{E_+ - c|\boldsymbol{p}_+|\cos\theta}{m_ec^2}|\boldsymbol{q}_1| \qquad (12.47)$$

を満たす．

光子の偏極状態 $\varepsilon_1^{\mu(a)}$，$\varepsilon_2^{\mu(a)}$ は未知であるとして平均を取ることにする．

この場合，微分断面積は $\dfrac{1}{2}\sum_{a=1,2}\sum_{a'=1,2}\dfrac{d\bar{\sigma}}{d\Omega_{q_1}}$ となり，これを改めて $\dfrac{d\bar{\sigma}}{d\Omega_{q_1}}$ と記すことにする．放出される 2 個の光子は区別ができないので，全断面積 $\bar{\sigma}$ は

$$\bar{\sigma} = \frac{1}{2}\int \frac{d\bar{\sigma}}{d\Omega_{q_1}}\, d\Omega_{q_1} \tag{12.48}$$

のように積分した量をさらに 2 で割る必要がある．少し長い計算の後，

$$\bar{\sigma} = \frac{\pi\hbar^2\alpha^2}{m_e c^2 |\boldsymbol{p}_+|^2 (E_+ + m_e c^2)}\left[(E_+^2 + 4m_e c^2 E_+ + m_e^2 c^4)\ln\frac{E_+ + |\boldsymbol{p}_+|c}{m_e c^2} - (E_+ + 3m_e c^2)|\boldsymbol{p}_+|c\right] \tag{12.49}$$

を導くことができる．

低エネルギーの極限 ($\boldsymbol{p}_+ \to \boldsymbol{0}$，つまり，$\boldsymbol{q}_1 \to -\boldsymbol{q}_2$) では，$\bar{\sigma}$ は

$$\bar{\sigma} = \frac{\pi\hbar^2\alpha^2}{m_e c|\boldsymbol{p}_+|}\left[1 + O\left(\frac{|\boldsymbol{p}_+|^2}{(m_e c)^2}\right)\right] \tag{12.50}$$

となる．一方，高エネルギーの極限では，$\bar{\sigma}$ は

$$\bar{\sigma} = \frac{\pi\hbar^2\alpha^2}{m_e E_+}\left[\ln\frac{2E_+}{m_e c^2} - 1 + O\left(\frac{m_e c^2}{E_+}\ln\frac{2E_+}{m_e c^2}\right) + \cdots\right] \tag{12.51}$$

となる．

クライン－仁科の公式

クライン－仁科の公式は，1929 年にクラインと仁科芳雄による共同研究の末に導かれた公式で，ディラック方程式の実験による検証の一つとなった．量子論の創成期で，導出に際して 10.2 節で紹介した非相対論的摂動論が用いられ，その計算にかなりの時間を要したらしい．

相対論的摂動論を用いると，この章で示したように見通しよく計算が実行できる．ファインマン自身,「自分の開発した手法を用いて，ある研究者が 6ヶ月要した電子・中性子散乱に関する計算結果を，一晩でしかもより一般的な形で導出できた」と述懐している．相対論的共変性の威力，ご利益がうかがえる．

第13章 電子・電子散乱と電子・陽電子散乱

この章では，**メラー散乱** (Møller scattering) とよばれる電子・電子散乱と，**バーバ散乱** (Bhabha scattering) とよばれる電子・陽電子散乱について考察する．目標は，メラー散乱の公式とバーバ散乱の公式を導出することである．

13.1　電子・電子散乱

13.1.1　光子の伝搬関数

まずは，電磁場を媒介にした電子と電子の散乱について考察する．同種粒子は量子力学的に区別できないので，散乱過程として図 13.1 (a)，(b) のような過程を，フェルミ - ディラック統計に基づいて同時に取り入れる必要がある．

電子が，もう一方の電子により生成された電磁場を介して相互作用を受けて散乱されるとする．この場合，S 行列要素

$$S_{fi} = i\frac{e}{\hbar}\int d^4x\,\bar{\psi}_f(x)\,\gamma_\mu A^\mu(x)\,\psi_i(x) \tag{13.1}$$

の中にある電磁ポテンシャル $A^\mu(x)$ が，もう一方の電子の情報を担う．摂動の最低次を考えているので，(13.1) で始状態を自由な電子解 $\psi_i(x)$ にお

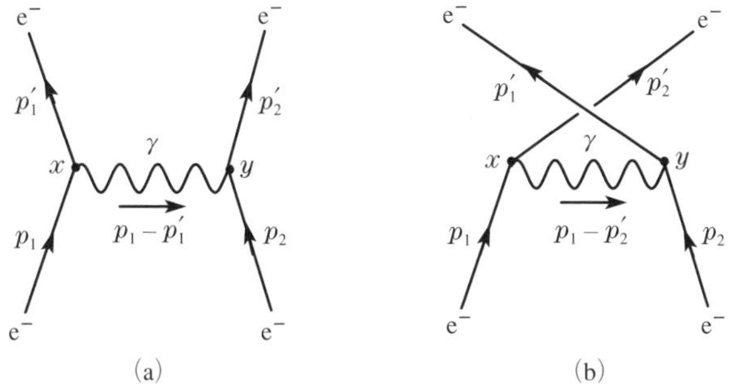

図 13.1　電子・電子散乱

きかえている．$A^\mu(x)$ はマックスウェル方程式

$$\Box A^\mu(x) - \partial^\mu \partial_\nu A^\nu(x) = \mu_0 j^\mu(x) \tag{13.2}$$

に従う．ここで，$j^\mu(x)$ はもう一方の電子に関する 4 元電流密度で，

$$j^\mu(x) = -ce\,\bar{\psi}_f^{(2)}(x)\,\gamma^\mu\,\psi_i^{(2)}(x) \tag{13.3}$$

で与えられる．なお，$\psi^{(2)}(x)$ はもう一方の電子に関する波動関数である．

ローレンスゲージ $\partial_\mu A^\mu(x) = 0$ において，(13.2) は$\Box A^\mu(x) = \mu_0 j^\mu(x)$ となり，この解を得るために次の方程式を満たす伝搬関数 $D_{\mathrm{F}}(x\,;y)$ を導入する．

$$\Box D_{\mathrm{F}}(x\,;y) = \delta^4(x-y) \tag{13.4}$$

ではフーリエ解析により，(13.4) の解を求めよう．フーリエ変換

$$D_{\mathrm{F}}(x\,;y) = \int \frac{d^4q}{(2\pi\hbar)^4}\,e^{-\frac{i}{\hbar}q(x-y)}\,\tilde{D}_{\mathrm{F}}(q) \tag{13.5}$$

を (13.4) に代入することにより，$\tilde{D}_{\mathrm{F}}(q) = -\hbar^2/q^2$ が導かれるが，$q^2 = 0$ における特異点を回避するために，

$$\tilde{D}_{\mathrm{F}}(q) = -\frac{\hbar^2}{q^2 + i\varepsilon} \tag{13.6}$$

とする．なお ε は，正の微小な定数で計算の最後に 0 に近づける操作をする

ものとする．

このように選ぶと，正エネルギー ($q^0c > 0$) の光子は未来に進行し，負エネルギー ($q^0c < 0$) の光子は過去に進行するような伝搬関数

$$D_{\mathrm{F}}(x\,;\,y) = \int \frac{d^4q}{(2\pi\hbar)^4} e^{-\frac{i}{\hbar}q(x-y)} \frac{-\hbar^2}{q^2 + i\varepsilon} \tag{13.7}$$

が得られる．(13.7) を用いて，(13.2) の解は

$$\begin{aligned} A^\mu(x) &= \mu_0 \int d^4y\, D_{\mathrm{F}}(x\,;\,y)\, j^\mu(y) \\ &= \mu_0 \int d^4y \int \frac{d^4q}{(2\pi\hbar)^4} e^{-\frac{i}{\hbar}q(x-y)} \frac{-\hbar^2}{q^2 + i\varepsilon} j^\mu(y) \end{aligned} \tag{13.8}$$

で与えられる．(13.1)，(13.3)，(13.8) を用いて，S 行列要素は

$$\begin{aligned} S_{fi} &= i\frac{\mu_0}{\hbar} \int d^4x \int d^4y\, [e\,\bar{\psi}_f(x)\, \gamma_\mu\, \psi_i(x)]\, D_{\mathrm{F}}(x\,;\,y)\, j^\mu(y) \\ &= -i\frac{e^2}{\hbar c\varepsilon_0} \int d^4x \int d^4y\, [\bar{\psi}_f(x)\, \gamma_\mu\, \psi_i(x)] \\ &\qquad \times \int \frac{d^4q}{(2\pi\hbar)^4} e^{-\frac{i}{\hbar}q(x-y)} \frac{-\hbar^2}{q^2} [\bar{\psi}_f^{(2)}(y)\, \gamma^\mu\, \psi_i^{(2)}(y)] \end{aligned} \tag{13.9}$$

となる．ここで $c^2 = 1/\varepsilon_0\mu_0$ を用いた．また $i\varepsilon$ を省略した．

片方の電子に着目して考察を始めたが，(13.9) の最後の表式からわかるように，2 つの電子は対等に記述されていることに注意してほしい．

13.1.2　電子・電子散乱の S 行列要素

始状態と終状態に関する電子は，図 13.1 (a) の過程に関して，

$$\psi_i(x) = \sqrt{\frac{m_e c^2}{E_1 V}}\, u(p_1,\, s_1)\, e^{-\frac{i}{\hbar}p_1 x}, \qquad \bar{\psi}_f(x) = \sqrt{\frac{m_e c^2}{E_1' V}}\, \bar{u}(p_1',\, s_1')\, e^{\frac{i}{\hbar}p_1' x} \tag{13.10}$$

$$\psi_i^{(2)}(y) = \sqrt{\frac{m_e c^2}{E_2 V}}\, u(p_2,\, s_2)\, e^{-\frac{i}{\hbar} p_2 y}, \qquad \bar{\psi}_f^{(2)}(y) = \sqrt{\frac{m_e c^2}{E_2' V}}\, \bar{u}(p_2',\, s_2')\, e^{\frac{i}{\hbar} p_2' y} \tag{13.11}$$

で記述される．図 13.1 (b) の過程に関しては，(13.10) と (13.11) に対しておきかえ $p_1', s_1' \leftrightarrow p_2', s_2'$ を行うことにより，

$$\psi_i(x) = \sqrt{\frac{m_e c^2}{E_1 V}}\, u(p_1,\, s_1)\, e^{-\frac{i}{\hbar} p_1 x}, \qquad \bar{\psi}_f(x) = \sqrt{\frac{m_e c^2}{E_2' V}}\, \bar{u}(p_2',\, s_2')\, e^{\frac{i}{\hbar} p_2' x}, \tag{13.12}$$

$$\psi_i^{(2)}(y) = \sqrt{\frac{m_e c^2}{E_2 V}}\, u(p_2,\, s_2)\, e^{-\frac{i}{\hbar} p_2 y}, \qquad \bar{\psi}_f^{(2)}(y) = \sqrt{\frac{m_e c^2}{E_1' V}}\, \bar{u}(p_1',\, s_1')\, e^{\frac{i}{\hbar} p_1' y} \tag{13.13}$$

となる．ここでも，体積 V の中に電子が 1 個存在するという規格化条件を採用した．

これらを (13.9) に代入すると，

$$\begin{aligned} S_{fi} = {} & i\frac{\hbar^2 e^2}{\hbar c \varepsilon_0} \frac{1}{V^2} \sqrt{\frac{m_e^4 c^8}{E_1 E_1' E_2 E_2'}} \int d^4x \int d^4y \int \frac{d^4q}{(2\pi\hbar)^4} e^{-\frac{i}{\hbar} q(x-y)} \frac{1}{q^2} \\ & \times \{\bar{u}(p_1',\, s_1')\, \gamma_\mu\, u(p_1,\, s_1) \cdot \bar{u}(p_2',\, s_2')\, \gamma^\mu\, u(p_2,\, s_2)\, e^{\frac{i}{\hbar}(p_1' - p_1) x}\, e^{\frac{i}{\hbar}(p_2' - p_2) y} \\ & - \bar{u}(p_2',\, s_2')\, \gamma_\mu\, u(p_1,\, s_1) \cdot \bar{u}(p_1',\, s_1')\, \gamma^\mu\, u(p_2,\, s_2)\, e^{\frac{i}{\hbar}(p_2' - p_1) x}\, e^{\frac{i}{\hbar}(p_1' - p_2) y}\} \end{aligned} \tag{13.14}$$

となる．

波括弧の中の第 1 項は図 13.1 (a) に第 2 項は図 13.1 (b) にそれぞれ対応し，これらの符号の違いは電子がフェルミ - ディラック統計に従うために，入れかえ（具体的には $p_1', s_1' \leftrightarrow p_2', s_2'$）の下で反対称性を示すことに起因する．実際，同種のフェルミ粒子から成る多体系を記述する波動関数は，粒子の入れかえの下で符号を変える．S 行列要素は波動関数で記述される状態間の遷移確率振幅を表すため，S 行列要素も同様の性質を有する．

次に (13.14) に対して，x, y, q に関する積分を実行することにより，

$$S_{fi} = 4\pi i\hbar^2 \frac{\alpha}{V^2}\sqrt{\frac{m_e^4 c^8}{E_1 E_1' E_2 E_2'}}\,(2\pi\hbar)^4\,\delta^4(p_1' + p_2' - p_1 - p_2)\,M_{fi} \tag{13.15}$$

$$M_{fi} \equiv \frac{\bar{u}(p_1', s_1')\,\gamma_\mu\,u(p_1, s_1)\cdot\bar{u}(p_2', s_2')\,\gamma^\mu\,u(p_2, s_2)}{(p_1 - p_1')^2} - \frac{\bar{u}(p_2', s_2')\,\gamma_\mu\,u(p_1, s_1)\cdot\bar{u}(p_1', s_1')\,\gamma^\mu\,u(p_2, s_2)}{(p_1 - p_2')^2} \tag{13.16}$$

が導かれる．

さらに，単位時間，単位体積当りの遷移確率 R_{fi} は

$$\begin{aligned} R_{fi} &\equiv \frac{|S_{fi}|^2}{VT}\frac{V\,d^3p_1'}{(2\pi\hbar)^3}\frac{V\,d^3p_2'}{(2\pi\hbar)^3} \\ &= (4\pi\hbar^2)^2\frac{c\alpha^2}{V^4}\frac{m_e^4 c^8}{E_1 E_1' E_2 E_2'}(2\pi\hbar)^4\,\delta^4(p_1' + p_2' - p_1 - p_2) \\ &\qquad \times |M_{fi}|^2 \frac{V\,d^3p_1'}{(2\pi\hbar)^3}\frac{V\,d^3p_2'}{(2\pi\hbar)^3} \end{aligned} \tag{13.17}$$

で与えられる．ここで T は時間で十分長く，V も十分大きいとして，

$$[(2\pi\hbar)^4\,\delta^4(p_1' + p_2' - p_1 - p_2)]^2 \xrightarrow{T,\,V\to\infty} (2\pi\hbar)^4\,\delta^4(p_1' + p_2' - p_1 - p_2)\,cTV \tag{13.18}$$

を用いた ((12.11) を参照せよ)．

よって散乱断面積は，R_{fi} を $|\boldsymbol{v}_1 - \boldsymbol{v}_2|/\,V^2$ (単位面積を単位時間当りに入射する電子の数 $|\boldsymbol{v}_1 - \boldsymbol{v}_2|/V$ ともう一方の電子の数 $1/V$ を掛け合わせた量で，それぞれの電子の速度を $\boldsymbol{v}_1$，$\boldsymbol{v}_2$ とし $\boldsymbol{v}_1/\!/\boldsymbol{v}_2$ とした) で割ることにより次のよ

うに得られる．

$$d\sigma = (4\pi\hbar^2)^2 \frac{c\alpha^2}{|\boldsymbol{v}_1 - \boldsymbol{v}_2|} \frac{m_e^4 c^8}{E_1 E_1' E_2 E_2'} (2\pi\hbar)^4 \, \delta^4(p_1' + p_2' - p_1 - p_2) \times |M_{fi}|^2 \frac{d^3 p_1'}{(2\pi\hbar)^3} \frac{d^3 p_2'}{(2\pi\hbar)^3} \tag{13.19}$$

以下では簡単のため，電子は偏極していなくて（特定のスピン状態になくて）高エネルギーの状態（$E \gg m_e c^2$）にあるとして，重心系における散乱断面積を計算する．

13.1.3 偏極していない電子に関する散乱断面積

電子が偏極していない場合，散乱断面積は

$$\begin{aligned} d\bar{\sigma} &= (4\pi\hbar^2)^2 \frac{c\alpha^2}{|\boldsymbol{v}_1 - \boldsymbol{v}_2|} \frac{m_e^4 c^8}{E_1 E_1' E_2 E_2'} (2\pi\hbar)^4 \, \delta^4(p_1' + p_2' - p_1 - p_2) \\ &\qquad \times \overline{|M_{fi}|^2} \frac{d^3 p_1'}{(2\pi\hbar)^3} \frac{d^3 p_2'}{(2\pi\hbar)^3} \\ &= \frac{16\hbar^2 c\alpha^2}{|\boldsymbol{v}_1 - \boldsymbol{v}_2|} \frac{m_e^4 c^8}{E_1 E_2} \delta^4(p_1' + p_2' - p_1 - p_2) \, \overline{|M_{fi}|^2} \frac{d^3 p_1'}{2E_1'} \frac{d^3 p_2'}{2E_2'} \end{aligned} \tag{13.20}$$

となる．ここで，$\overline{|M_{fi}|^2}$ は $|M_{fi}|^2$ に対してスピン状態に関して平均を取ったもので，(11.36)，(11.19)，(11.20)，(11.21) を用いて，

$$\begin{aligned} \overline{|M_{fi}|^2} &\equiv \frac{1}{4} \sum_{\pm s_1, \pm s_1'} \sum_{\pm s_2, \pm s_2'} |M_{fi}|^2 \\ &= \frac{1}{4} \Bigg[\frac{1}{\{(p_1 - p_1')^2\}^2} \mathrm{Tr}\left(\frac{\not{p}_1' + m_e c}{2m_e c} \gamma_\mu \frac{\not{p}_1 + m_e c}{2m_e c} \gamma_\nu \right) \\ &\qquad \times \mathrm{Tr}\left(\frac{\not{p}_2' + m_e c}{2m_e c} \gamma^\mu \frac{\not{p}_2 + m_e c}{2m_e c} \gamma^\nu \right) - \frac{1}{(p_1 - p_1')^2 (p_1 - p_2')^2} \end{aligned}$$

$$\times \mathrm{Tr}\left(\frac{\not{p}_1' + m_e c}{2m_e c}\gamma_\mu \frac{\not{p}_1 + m_e c}{2m_e c}\gamma_\nu \frac{\not{p}_2' + m_e c}{2m_e c}\gamma^\mu \frac{\not{p}_2 + m_e c}{2m_e c}\gamma^\nu\right)\Big]$$
$$+ (p_1' \leftrightarrow p_2') \tag{13.21}$$

で与えられる．

重心系において，各電子の4元運動量は

$$\left.\begin{aligned} p_1 &= (E_1/c,\, \boldsymbol{p}_1) = (E/c,\, \boldsymbol{p}), & p_2 &= (E_2/c,\, \boldsymbol{p}_2) = (E/c,\, -\boldsymbol{p}) \\ p_1' &= (E_1'/c,\, \boldsymbol{p}_1') = (E'/c,\, \boldsymbol{p}'), & p_2' &= (E_2'/c,\, \boldsymbol{p}_2') = (E'/c,\, -\boldsymbol{p}') \end{aligned}\right\} \tag{13.22}$$

で与えられ，エネルギーの保存則により $E = E'$ が導かれる．$E_1 + E_2$ は**重心系の全エネルギー**とよばれている．また，$|\boldsymbol{v}_1 - \boldsymbol{v}_2| = 2|\boldsymbol{p}|\, c^2/E$ という関係が成り立つ．

p_1' をもつ電子がどの方向に散乱されるかについて考察するために，まず，

$$d\bar{\sigma} = \frac{d^3p_1'}{2E'}\frac{d^3p_2'}{2E'}\delta^4(p_1' + p_2' - p_1 - p_2)\, F(p_1',\, p_2') \tag{13.23}$$

$$F(p_1',\, p_2') \equiv \frac{8\hbar^2\alpha^2 m_e^4 c^7}{|\boldsymbol{p}|E}\overline{|M_{fi}|^2} \tag{13.24}$$

のように因子化する．公式

$$\frac{d^3p_1'}{2E'} = \frac{|\boldsymbol{p}_1'|^2\, d|\boldsymbol{p}_1'|\, d\Omega_1'}{2E'}, \qquad \int \frac{d^3p_2'}{2E'} = \frac{1}{c}\int d^4p_2'\, \delta(p_2'^2 - m_e^2c^2)\, \theta(E') \tag{13.25}$$

を用いて，p_2'，$|\boldsymbol{p}_1'|$ に関する積分を実行すると，

$$\begin{aligned} d\bar{\sigma} &= d\Omega_1' \int_0^\infty \frac{|\boldsymbol{p}_1'|^2\, d|\boldsymbol{p}_1'|}{2E'c}\delta((p_1 + p_2 - p_1')^2 - m_e^2c^2) \\ &\qquad\qquad \times \theta(2E - E')\, F(p_1',\, p_2' = p_1 + p_2 - p_1') \\ &= d\Omega_1' \int_0^{2E} \frac{|\boldsymbol{p}_1'|\, dE'}{2c^3}\delta\left(\frac{4E^2 - 4EE'}{c^2}\right) F(p_1',\, p_2' = p_1 + p_2 - p_1') \end{aligned}$$

$$
\begin{aligned}
&= d\Omega_1' \frac{|\boldsymbol{p}_1'|}{8Ec} F(p_1',\ p_2' = p_1 + p_2 - p_1')\Big|_{E=E'} \\
&= d\Omega_1' \frac{\hbar^2\alpha^2 m_{\mathrm{e}}^4 c^6}{E^2} \overline{|M_{fi}|^2}\Big|_{E=E'}
\end{aligned}
\tag{13.26}
$$

となる．ここで $(p_1+p_2)^2 = 4E^2/c^2$，$(p_1+p_2)p_1' = 2EE'/c^2$，$p_1'^2 = m_{\mathrm{e}}^2c^2$，$c^2|\boldsymbol{p}_1'|d|\boldsymbol{p}_1'| = E'\,dE'$ を用いた．

13.1.4 メラー散乱の公式

高エネルギー極限 $(E \gg m_{\mathrm{e}}c^2)$ において，$\boldsymbol{p}^2c^2 = E^2 - m_{\mathrm{e}}^2c^4 \approx E^2$ で近似されるので 4 元運動量に関するスカラー積は，

$$
\left.
\begin{aligned}
p_1p_2 &= \frac{E^2}{c^2} + \boldsymbol{p}^2 \approx \frac{2E^2}{c^2}, \qquad p_1'p_2' = \frac{E'^2}{c^2} + \boldsymbol{p}'^2 \approx \frac{2E'^2}{c^2} \\
p_1p_2' &= \frac{EE'}{c^2} + \boldsymbol{p}\cdot\boldsymbol{p}' = \frac{EE'}{c^2} + |\boldsymbol{p}||\boldsymbol{p}'|\cos\theta \approx \frac{EE'}{c^2}(1+\cos\theta) \\
&= \frac{2EE'}{c^2}\cos^2\frac{\theta}{2} \\
p_1'p_2 &= \frac{EE'}{c^2} + \boldsymbol{p}\cdot\boldsymbol{p}' \approx \frac{2EE'}{c^2}\cos^2\frac{\theta}{2} \\
p_1p_1' &= \frac{EE'}{c^2} - \boldsymbol{p}\cdot\boldsymbol{p}' = \frac{EE'}{c^2} - |\boldsymbol{p}||\boldsymbol{p}'|\cos\theta \approx \frac{EE'}{c^2}(1-\cos\theta) \\
&= \frac{2EE'}{c^2}\sin^2\frac{\theta}{2} \\
p_2p_2' &= \frac{EE'}{c^2} - \boldsymbol{p}\cdot\boldsymbol{p}' \approx \frac{2EE'}{c^2}\sin^2\frac{\theta}{2}
\end{aligned}
\right\}
\tag{13.27}
$$

となる．なお，θ は散乱角 ($\boldsymbol{p}_1$ と $\boldsymbol{p}_1'$ の成す角度) である．

γ 行列に関する公式を駆使して $\overline{|M_{fi}|^2}$ を計算しよう．具体的には，

$$\mathrm{Tr}\left(\frac{\not{p}_1'+m_\mathrm{e}c}{2m_\mathrm{e}c}\gamma_\mu\frac{\not{p}_1+m_\mathrm{e}c}{2m_\mathrm{e}c}\gamma_\nu\right)$$
$$=\frac{1}{m_\mathrm{e}^2c^2}[p'_{1\mu}p_{1\nu}+p_{1\mu}p'_{1\nu}-\eta_{\mu\nu}(p'_1p_1-m_\mathrm{e}^2c^2)]$$
$$\approx\frac{1}{m_\mathrm{e}^2c^2}[p'_{1\mu}p_{1\nu}+p_{1\mu}p'_{1\nu}-\eta_{\mu\nu}(p'_1p_1)] \tag{13.28}$$

を用いて，$\overline{|M_{fi}|^2}$ の第１項は

$$\frac{1}{4}\frac{1}{[(p_1-p_1')^2]^2}\mathrm{Tr}\left(\frac{\not{p}_1'+m_\mathrm{e}c}{2m_\mathrm{e}c}\gamma_\mu\frac{\not{p}_1+m_\mathrm{e}c}{2m_\mathrm{e}c}\gamma_\nu\right)\mathrm{Tr}\left(\frac{\not{p}_2'+m_\mathrm{e}c}{2m_\mathrm{e}c}\gamma^\mu\frac{\not{p}_2+m_\mathrm{e}c}{2m_\mathrm{e}c}\gamma^\nu\right)$$
$$\approx\frac{1}{4m_\mathrm{e}^4c^4}\frac{[p'_{1\mu}p_{1\nu}+p_{1\mu}p'_{1\nu}-\eta_{\mu\nu}(p'_1p_1)][p_2'^{\mu}p_2^{\nu}+p_2^{\mu}p_2'^{\nu}-\eta^{\mu\nu}(p'_2p_2)]}{[(p_1-p_1')^2]^2}$$
$$=\frac{1}{2m_\mathrm{e}^4c^4}\frac{(p_1'p_2')(p_1p_2)+(p_1'p_2)(p_1p_2')}{[(p_1-p_1')^2]^2}\approx\frac{1}{8m_\mathrm{e}^4c^4}\frac{1+\cos^4\dfrac{\theta}{2}}{\sin^4\dfrac{\theta}{2}} \tag{13.29}$$

となる．この分母に対して，

$$(p_1-p_1')^2=p_1^2+p_1'^2-2(p_1p_1')=2m_\mathrm{e}^2c^2-2(p_1p_1')\approx-\frac{4EE'}{c^2}\sin^2\frac{\theta}{2} \tag{13.30}$$

を用いた．

同様にして，

$$\mathrm{Tr}\left(\frac{\not{p}_1'+m_\mathrm{e}c}{2m_\mathrm{e}c}\gamma_\mu\frac{\not{p}_1+m_\mathrm{e}c}{2m_\mathrm{e}c}\gamma_\nu\frac{\not{p}_2'+m_\mathrm{e}c}{2m_\mathrm{e}c}\gamma^\mu\frac{\not{p}_2+m_\mathrm{e}c}{2m_\mathrm{e}c}\gamma^\nu\right)$$
$$\approx\frac{1}{(2m_\mathrm{e}c)^4}\mathrm{Tr}(\not{p}_1'\gamma_\mu\not{p}_1\gamma_\nu\not{p}_2'\gamma^\mu\not{p}_2\gamma^\nu)=-\frac{2}{(m_\mathrm{e}c)^4}(p_1p_2)(p_1'p_2')$$

$$\approx -\frac{2}{(m_e c)^4}\left(\frac{2EE'}{c^2}\right)^2 \tag{13.31}$$

を用いて，$\overline{|M_{fi}|^2}$ の第2項は

$$-\frac{1}{4}\frac{1}{(p_1-p_1')^2(p_1-p_2')^2}\mathrm{Tr}\left(\frac{\not{p}_1'+m_e c}{2m_e c}\gamma_\mu\frac{\not{p}_1+m_e c}{2m_e c}\gamma_\nu \times\frac{\not{p}_2'+m_e c}{2m_e c}\gamma^\mu\frac{\not{p}_2+m_e c}{2m_e c}\gamma^\nu\right)\approx\frac{1}{8m_e^4c^4}\frac{1}{\sin^2\dfrac{\theta}{2}\cos^2\dfrac{\theta}{2}} \tag{13.32}$$

となる．分母に対して，(13.30) と

$$(p_1-p_2')^2 = p_1^2+p_1'^2-2(p_1p_2') = 2m_e^2c^2-2(p_1p_2') \approx -\frac{4EE'}{c^2}\cos^2\frac{\theta}{2} \tag{13.33}$$

を用いた．

$\overline{|M_{fi}|^2}$ の残りの項（$(p_1' \leftrightarrow p_2')$ の部分）についても，

$$(p_1' \leftrightarrow p_2') \approx \frac{1}{8m_e^4c^4}\left(\frac{1+\sin^4\dfrac{\theta}{2}}{\cos^4\dfrac{\theta}{2}}+\frac{1}{\sin^2\dfrac{\theta}{2}\cos^2\dfrac{\theta}{2}}\right) \tag{13.34}$$

のようになる．

これらを (13.26) に代入することにより，偏極していない高エネルギー状態の電子・電子散乱に関する重心系での微分断面積は，

$$\frac{d\bar{\sigma}}{d\Omega}(\mathrm{e}^- + \mathrm{e}^- \to \mathrm{e}^- + \mathrm{e}^-) = \frac{c^2\hbar^2\alpha^2}{8E^2}\left(\frac{1+\cos^4\dfrac{\theta}{2}}{\sin^4\dfrac{\theta}{2}}+\frac{2}{\sin^2\dfrac{\theta}{2}\cos^2\dfrac{\theta}{2}}+\frac{1+\sin^4\dfrac{\theta}{2}}{\cos^4\dfrac{\theta}{2}}\right) \tag{13.35}$$

のように求められる．(13.35) は**メラー散乱の公式**とよばれている．

13.2　電子・陽電子散乱

電子・陽電子散乱について考察しよう．4 元運動量に対するおきかえ

$$(p_1,\ p_1',\ p_2,\ p_2') \qquad \leftrightarrow \qquad (p_1,\ p_1',\ -\bar{p}_2',\ -\bar{p}_2) \tag{13.36}$$

を施すことにより，電子・陽電子散乱に関する過程 (図 13.2 (a)，(b)) を得ることができる．(13.15) に対して，おきかえ (13.36) を施すことにより，電子・陽電子散乱に関する S 行列要素と不変振幅は

$$S_{fi} = -4\pi i\hbar^2 \frac{\alpha}{V^2}\sqrt{\frac{m_e^4 c^8}{E_1 E_1' \tilde{E}_2 \tilde{E}_2'}}\,(2\pi\hbar)^4\,\delta^4(p_1' + \bar{p}_2' - p_1 - \bar{p}_2)\,M_{fi} \tag{13.37}$$

$$M_{fi} \equiv \frac{\bar{u}(p_1',\ s_1')\,\gamma_\mu\,u(p_1,\ s_1)\cdot\bar{v}(\bar{p}_2,\ \bar{s}_2)\,\gamma^\mu\,v(\bar{p}_2',\ \bar{s}_2')}{(p_1 - p_1')^2} - \frac{\bar{u}(p_1',\ s_1')\,\gamma_\mu\,v(\bar{p}_2',\ \bar{s}_2')\cdot\bar{v}(\bar{p}_2,\ \bar{s}_2)\,\gamma^\mu\,u(p_1,\ s_1)}{(p_1 + \bar{p}_2)^2} \tag{13.38}$$

となる．

(13.38) の右辺の第 1 項は図 13.2 (a) に，第 2 項は図 13.2 (b) にそれぞれ

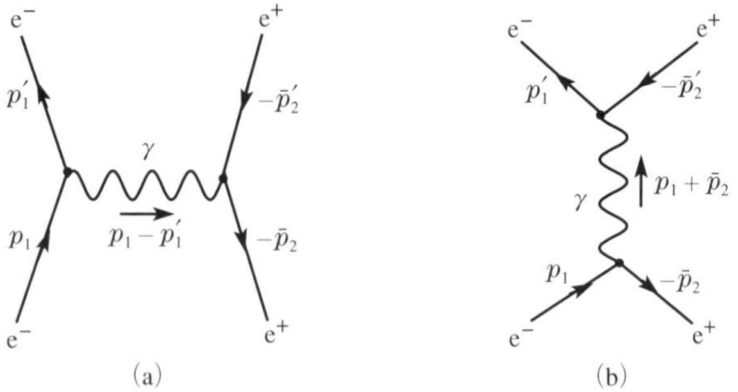

図 13.2　電子・陽電子散乱

対応し，これらの符号の違いは電子（陽電子）がフェルミ - ディラック統計に従い，入れかえ（具体的には $p_1', s_1' \leftrightarrow -\bar{p}_2, \bar{s}_2$ および $p_1, s_1 \leftrightarrow -\bar{p}_2', \bar{s}_2'$）の下で反対称性を示すことに起因する．

相対論的な高エネルギーの極限における微分断面積は，

$$\frac{d\bar{\sigma}}{d\Omega}(\mathrm{e}^- + \mathrm{e}^+ \to \mathrm{e}^- + \mathrm{e}^+) = \frac{c^2\hbar^2\alpha^2}{8E^2}\left(\frac{1+\cos^4\dfrac{\theta}{2}}{\sin^4\dfrac{\theta}{2}} - \frac{2\cos^4\dfrac{\theta}{2}}{\sin^2\dfrac{\theta}{2}} + \frac{1+\cos^2\theta}{2}\right) \tag{13.39}$$

となる．ここで，スピン状態に関しては平均を取っている．(13.39) は**バーバ散乱の公式**とよばれている．

相対論的量子力学を，さまざまな素粒子が関与する散乱過程に適用しよう．まず，ディラック方程式に従う電荷 eQ，質量 m の粒子 X について考察する．

CPT 定理により，電荷 $-eQ$，質量 m を有する反粒子 $\bar{\mathrm{X}}$ が存在する．荷電粒子は電磁相互作用を受けるので，電子と陽電子の衝突における重心系の全エネルギーが $2mc^2$ を超えたとき，X と $\bar{\mathrm{X}}$ の対生成 $\mathrm{e}^- + \mathrm{e}^+ \to \mathrm{X} + \bar{\mathrm{X}}$ が起こると予想される．摂動の最低次では図 13.3 のような過程が関与する．光子を放出・吸収して，電子が別の粒子に変わるような過程は観測されていないので，図 13.2 (a) に対応する過程（図 13.2 (a) において終状態の電子と陽電子をそれぞれ X と $\bar{\mathrm{X}}$ におきかえたもの）は存在しないと考えられる．

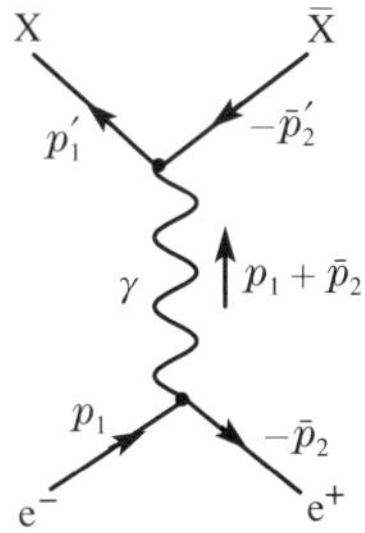

図 13.3　電子・陽電子衝突による X と $\overline{\mathrm{X}}$ の対生成

よって，相対論的な高エネルギーの極限における微分断面積は

$$\frac{d\bar{\sigma}}{d\Omega}(\mathrm{e}^- + \mathrm{e}^+ \to \mathrm{X} + \bar{\mathrm{X}}) = \frac{c^2\hbar^2\alpha^2 Q^2}{16E^2}(1+\cos^2\theta) \tag{13.40}$$

となる．ここで $E \gg mc^2$，スピン状態に関しては平均を取っている．さらに，立体角 Ω に関する積分を実行することにより，全断面積に関する公式

$$\bar{\sigma}(\mathrm{e}^- + \mathrm{e}^+ \to \mathrm{X} + \bar{\mathrm{X}}) = \frac{\pi c^2 \hbar^2 \alpha^2 Q^2}{3E^2} \tag{13.41}$$

が導かれる．

このような考察の意義は，散乱断面積が新粒子の発見に活用できることである． 実際に，ミューオン（μ^-）とよばれる電荷 $-e$，質量 $m = 1.88 \times 10^{-28}$ kg のスピン 1/2 の素粒子が存在し，$\mathrm{e}^- + \mathrm{e}^+ \to \mu^- + \mu^+$ という散乱過程が存在する（ここで，μ^+ はミューオンの反粒子（反ミューオン）である）．摂動の最低次で，相対論的な高エネルギーの極限における散乱の全断面積は (13.41) に対して，$Q = -1$ と選んだもので与えられる．

さらに，電子・陽電子のエネルギーを上げるとさまざまな粒子（例えば，陽子を含むハドロンとよばれる粒子）が生成される．電子・陽電子衝突によるハドロンが生成される散乱の全断面積をミューオン・反ミューオンが生成される散乱の全断面積で割った量は ***R* 比**とよばれ，ハドロンを構成するクォークを含むさまざまな新粒子の発見に役立っている．

13.3　電磁場に関する補足

この節では，電磁場に関する補足説明を与える．先を急ぎたい読者は飛ばしても構わない．

13.3.1　電磁場の扱い

第 12 章およびこの章において，電磁場を電子と同じように粒子として扱った．具体的には，コンプトン散乱は 1 個の電子と 1 個の光子との間の弾性散乱として，電子・電子散乱は電子と電子の間で 1 個の光子をやりとりする過程として散乱断面積を計算し，近似の精度内で実験値と整合する公式を導いた．その際，光子が満たす波動方程式としてマックスウェル方程式を採用していることに注意しよう．

そもそもマックスウェル方程式は，古典物理学において電磁場に関する方程式として定式化されたものである．微視的には，光量子仮説により振動数 ν の電磁場はエネルギー $h\nu$ の光子の集まりであると解釈される．ただし，光子が 1 個存在する状態 (1 光子状態) が，電磁場と同じ方程式に従うかどうかについては自明ではない．

本書の内容を超えるので詳しい説明は省くが，**場の量子論に基づいた考察より，量子力学の波動関数は行列要素と考えられ，1 粒子を記述する波動関数は場の演算子と同じ形の方程式に従うことが知られている**．ここで場の演算子とは，粒子を生成したり消滅したりする演算子を含む波動方程式に従う場の量である．さらに対応原理により，古典論における場の方程式は量子論においても有効であると考えられる．

これにより，**1 光子状態および電磁場の演算子はマックスウェル方程式に従い，1 電子状態および電子場の演算子はディラック方程式に従う**ことがわかる．このような物理的特徴が，第 8 章の最初に述べた「相対論的量子力学を駆使して，やれるところまでやる」という本書の立場・精神を支える柱になっている．

13.3.2 ゲージ条件

13.1.1 項で，ローレンス条件 $\partial_\mu A^\mu(x) = 0$ を選んで，光子の伝搬関数を導いた．ここで，次のような疑問が浮かぶ．

（1） もしも，ゲージ条件を設定しなかったらどうなるのだろうか．

（2） 別の形のゲージ条件を選んだらどうなるのだろうか．

これらの疑問に以下で答えよう．

ゲージ条件が課されていないマックスウェル方程式は，

$$(\eta^{\mu\nu}\,\Box - \partial^\mu\partial^\nu)\,A_\nu(x) = \mu_0\, j^\mu(x) \tag{13.42}$$

と書き表される．(13.42) の解を求めるために，方程式

$$(\eta^{\mu\nu}\,\Box - \partial^\mu\partial^\nu)\,D_{\mathrm{F}\nu\lambda}(x\,;\,y) = \delta^\mu{}_\lambda\,\delta^4(x-y) \tag{13.43}$$

を満たす伝搬関数 $D_{\mathrm{F}\nu\lambda}(x\,;\,y)$ を求めてみよう．フーリエ解析により，(13.43) の解を求めることは

$$(\eta^{\mu\nu}q^2-q^\mu q^\nu)\,\widetilde{D}_{\mathrm{F}\nu\lambda}(q)=-\hbar^2\delta^\mu{}_\lambda \tag{13.44}$$

を満たす $\widetilde{D}_{\mathrm{F}\nu\lambda}(q)$ を求めることと等価である．ゲージ不変性に起因する関係式 $(\eta^{\mu\nu}q^2-q^\mu q^\nu)\,q_\nu=0$ のため，(13.44) を満たす $\widetilde{D}_{\mathrm{F}\nu\lambda}(q)$ は存在しないことがわかる．

つまり，ローレンツ共変な一般形 $\widetilde{D}_{\mathrm{F}\nu\lambda}(q)=Aq^2\eta_{\nu\lambda}+Bq_\nu q_\lambda$ (A，B は q^2 の関数) を (13.44) に代入すると $Aq^2(\delta^\mu{}_\lambda q^2-q^\mu q_\lambda)=-\hbar^2\delta^\mu{}_\lambda$ が導かれるが，この式を満足する A は存在しない．よって，ゲージ条件を設定する必要がある．

物理量はゲージ不変性を有するため，ゲージ条件の選び方によらず一意的な値を取るはずである．実際，物理的なS行列はゲージ固定の仕方に依存しないことが示されている．まずは，ローレンスゲージを一般化したゲージ条件について考察しよう．ローレンツ共変性は尊重して，(13.42) の代わりに，

$$\left[\eta^{\mu\nu}\Box-\left(1-\frac{1}{\alpha}\right)\partial^\mu\partial^\nu\right]A_\nu(x)=\mu_0 j^\mu(x) \tag{13.45}$$

を出発点に取ろう．ここで，α はゲージパラメータとよばれる実定数である．

(13.45) において，$|\alpha|=\infty$ を除いてゲージ不変性が損なわれていることに注意しよう．(13.45) の解を求めるために，方程式

$$\left[\eta^{\mu\nu}\Box-\left(1-\frac{1}{\alpha}\right)\partial^\mu\partial^\nu\right]D_{\mathrm{F}\nu\lambda}(x\,;\,y)=\delta^\mu{}_\lambda\,\delta^4(x-y) \tag{13.46}$$

を満たす伝搬関数は

$$D_{\mathrm{F}\nu\lambda}(x\,;\,y)=\int\frac{d^4q}{(2\pi\hbar)^4}e^{-\frac{i}{\hbar}q(x-y)}\frac{-\hbar^2}{q^2+i\varepsilon}\left[\eta_{\nu\lambda}-(1-\alpha)\frac{q_\nu q_\lambda}{q^2}\right] \tag{13.47}$$

で与えられる．$\alpha=1$ の場合がローレンスゲージを選んだ場合に相当し，**ファインマンゲージ**とよばれている．ファインマンゲージでは光子の伝播関数は

$$D_{\mathrm{F}\mu\nu}(x\,;y) = \int \frac{d^4q}{(2\pi\hbar)^4} e^{-\frac{i}{\hbar}q(x-y)} \frac{-\hbar^2\eta_{\mu\nu}}{q^2+i\varepsilon} \qquad (13.48)$$

となり，10.2.3 項で与えた予想 (10.43) と合致する．

13.3.3 マックスウェル方程式の対称性

最後に，マックスウェル方程式で記述される物理系が有する，主な不変性（対称性）について紹介する．

（a） ポアンカレ変換の下での不変性（ポアンカレ不変性）

マックスウェル方程式 (13.2) はポアンカレ変換

$$x'^{\mu} = \Lambda^{\mu}{}_{\nu}x^{\nu} + a^{\mu}, \qquad A'^{\mu}(x') = \Lambda^{\mu}{}_{\nu}A^{\nu}(x), \qquad j'^{\mu}(x') = \Lambda^{\mu}{}_{\nu}j^{\nu}(x) \qquad (13.49)$$

の下で共変である．ここで，$\Lambda^{\mu}{}_{\nu}$ は $\eta_{\alpha\beta}\Lambda^{\alpha}{}_{\mu}\Lambda^{\beta}{}_{\nu} = \eta_{\mu\nu}$ を満たす定数行列，a^{μ} は定数ベクトルである．ポアンカレ変換に関するより詳しい説明については，付録 D.1 節を参照しよう．

（b） ゲージ変換の下での不変性（局所ゲージ不変性）

マックスウェル方程式 (13.2) およびディラック方程式 (2.6) はゲージ変換

$$A'^{\mu}(x) = A^{\mu}(x) + \partial^{\mu}f(x), \qquad \psi'(x) = e^{i\frac{e}{\hbar}f(x)}\,\psi(x) \quad (13.50)$$

の下で不変である．ここで，$f(x)$ は任意の実関数である．

もしも光子の質量が 0 でなかったならば，ゲージ対称性は厳密には成立していない．つまり，厳密なゲージ対称性を要請することにより，光子の質量が 0 であることがわかる．

（c） 共形変換の下での不変性（共形不変性）

4 元電流密度 $j^{\mu}(x)$ が 0 のマックスウェル方程式は，時空に関する対称性としてポアンカレ変換に加えて，スケール変換と特殊共形変換の下での不変性を有する．

ポアンカレ変換，スケール変換，特殊共形変換を合わせて**共形変換**とよぶ．共形変換については，付録D.4.1項を参照してほしい．

（d）双対変換の下での不変性（電磁双対性）

4元電流密度が0の真空中のマックスウェル方程式

$$\boldsymbol{\nabla} \cdot \boldsymbol{H} = 0, \qquad \mu_0 \frac{\partial \boldsymbol{H}}{\partial t} + \boldsymbol{\nabla} \times \boldsymbol{E} = \boldsymbol{0} \tag{13.51}$$

$$\boldsymbol{\nabla} \cdot \boldsymbol{E} = 0, \qquad \boldsymbol{\nabla} \times \boldsymbol{H} - \varepsilon_0 \frac{\partial \boldsymbol{E}}{\partial t} = \boldsymbol{0} \tag{13.52}$$

は，電場$\boldsymbol{E}$と磁場$\boldsymbol{H}$の入れかえ

$$\sqrt{\varepsilon_0}\boldsymbol{E} \to \sqrt{\mu_0}\boldsymbol{H}, \qquad \sqrt{\mu_0}\boldsymbol{H} \to -\sqrt{\varepsilon_0}\boldsymbol{E} \tag{13.53}$$

の下で不変である．磁気単極子が導入された理論においては，4元電流密度が0でない場合にも双対性が存在する．

光のお導き（？）

光は身の周りに満ちあふれ，生命を維持するために欠かせないものであるのみならず，物理学の発展に極めて重要な役割を演じている．

対称性の観点から述べると，光速度不変の原理に関係するポアンカレ不変性から相対性理論が誕生し，非可換ゲージ理論を含むゲージ場の量子論は，ゲージ不変性を指導原理として構築された．素粒子の標準模型は$SU(3) \times SU(2) \times U(1)$に基づくゲージ場の量子論である．

また，共形不変性は共形場理論に発展し，数理科学的な側面および低次元物理系（相転移，臨界現象の解明）において美しく花開いている．さらに，双対性は場の量子論や超弦理論において進化を遂げ，AdS/CFT 対応とよばれる重要な概念にまで登り詰めた．

実験と絡めると，黒体放射の問題や光電効果，原子スペクトルの解明などを通して量子論が誕生し，太陽の近傍を通過する光線の観測は一般相対性理論の検証の

1つとなり，また，宇宙背景放射の観測はビッグバンに基づく宇宙の標準模型の検証の1つとなった．未知の物理法則を探求する上で，今後も光は重要な役割を演じるのではないだろうか．改めて，光に敬意を表したい．

第 14 章 高次補正 —その1—

第 11 章から第 13 章において導出した，散乱の全断面積および微分断面積に関する公式は摂動の最低次の寄与のみを含み，そのような近似の精度内で実験結果と整合する．実験で精密に測定される物理量と比較する場合，高次の量子補正が重要となる．

この章では，散乱過程を系統的に取り扱うための処方箋を紹介した後，電子・陽電子散乱の高次補正として，e に関する 4 次の次数の寄与について考察する．閉線（ループ）を含んだ 3 種類の積分に発散が現われ，それらを処理するための手続きである「正則化」と「くりこみ」について紹介する．

14.1　ファインマン則

14.1.1　散乱過程に関するルール

伝搬理論およびそれを応用した散乱過程（クーロン散乱，コンプトン散乱，電子・電子散乱，電子・陽電子散乱）の考察に基づいて，より高い次数の補正（高次補正）を含む散乱過程を系統的に計算する上で便利な処方箋・ルールを見つけよう．

まず，電子が電磁ポテンシャルから n 次の寄与を受ける場合，S 行列要素は

$$S_{fi} = \left(i\frac{e}{\hbar}\right)^n \int d^4y_1 \cdots \int d^4y_n \, \bar{\psi}_f^{(+)}(y_n) \, \not{A}(y_n) \, i\,S_{\mathrm{F}}(y_n\,;\,y_{n-1}) \, \not{A}(y_{n-1})$$
$$\cdots i\,S_{\mathrm{F}}(y_2\,;\,y_1) \, \not{A}(y_1) \; \psi_i^{(+)}(y_1) \tag{14.1}$$

で与えられる（(9.27) を参照せよ）．ここで，$-i(-e/\hbar)^n = (ie/\hbar)^n \, i^{n-1}$ で i^{n-1} を $n-1$ 個の S_{F} に振り分けた．(14.1) に基づいて，電子の伝搬に関して次のようなルールを設定しよう．

【電子の内線に関するルール】

y から x に自由に伝搬する仮想電子は矢印を含む実線で表し（**電子の内線**とよばれ），伝搬関数に虚数単位 i が掛かったもの

$$i\,S_{\mathrm{F}}(x\,;\,y) = \int \frac{d^4p}{(2\pi\hbar)^4} \, e^{-\frac{i}{\hbar}p(x-y)} \, \frac{i\hbar}{\not{p} - m_{\mathrm{e}}c + i\varepsilon} \tag{14.2}$$

を対応させる．

【電子の外線に関するルール】

観測される電子も矢印を含む実線で表し（**電子の外線**とよばれ），平面波を記述する波動関数が対応する．クーロン散乱などで用いた体積 V の中に電子が 1 個存在するという規格化条件に基づく波動関数を採用する．

4 元運動量 p_i をもつ正エネルギーの電子が入射し，p_f をもつ正エネルギーの電子が放出される場合，それぞれ

$$\psi_i(x) = \sqrt{\frac{m_{\mathrm{e}}c^2}{E_iV}} \, u(p_i,\, s_i) \, e^{-\frac{i}{\hbar}p_ix} \tag{14.3}$$

$$\bar{\psi}_f(x) = \sqrt{\frac{m_{\mathrm{e}}c^2}{E_fV}} \, \bar{u}(p_f,\, s_f) \, e^{\frac{i}{\hbar}p_fx} \tag{14.4}$$

で，$-\bar{p}_f$ をもつ負エネルギーの電子が入射，$-\bar{p}_i$ をもつ負エネルギーの電子が放出される場合，それぞれ

$$\psi_i(x) = \sqrt{\frac{m_{\mathrm{e}}c^2}{E_fV}} \, v(\bar{p}_f,\, s_f) \, e^{\frac{i}{\hbar}\bar{p}_fx} \tag{14.5}$$

$$\bar{\psi}_f(x) = \sqrt{\frac{m_e c^2}{E_i V}}\, \bar{v}(\bar{p}_i, s_i)\, e^{-\frac{i}{\hbar}\bar{p}_i x} \tag{14.6}$$

である．ここで，負エネルギーの電子の入射，放出はそれぞれ正エネルギーの陽電子の放出，入射に対応する．

次に，電子・電子散乱に関する最低次の寄与に関するS行列要素は，

$$S_{fi} = -\left(i\frac{e}{\sqrt{\hbar c\varepsilon_0}}\right)^2 \int d^4x \int d^4y\, [\bar{\psi}_f(x)\, \gamma^\mu\, \psi_i(x)] \times i\, D_{\mathrm{F}}(x\,;\,y)\, \eta_{\mu\nu}\, [\bar{\psi}_f^{(2)}(y)\, \gamma^\nu\, \psi_i^{(2)}(y)] \tag{14.7}$$

で与えられる (なお (13.9) を参照せよ)．これを参考にして，光子の伝搬および相互作用点 (頂点) に関して次のようなルールを設定しよう．

【光子の内線に関するルール】

y から x に伝搬する仮想光子は波線で表し (**光子の内線**とよばれ)，伝搬関数に $i\eta_{\mu\nu}$ が掛かったもの

$$i\, D_{\mathrm{F}\mu\nu}(x\,;\,y) \equiv \int \frac{d^4q}{(2\pi\hbar)^4}\, e^{-\frac{i}{\hbar}q(x-y)}\, \frac{-i\hbar^2\eta_{\mu\nu}}{q^2 + i\varepsilon} \tag{14.8}$$

を対応させる．これはローレンス条件の下で得られたものである．

【頂点に関するルール】

相互作用する点は**頂点**とよばれ，黒丸で表し，

$$i\frac{e}{\sqrt{\hbar c\varepsilon_0}}\,\gamma_\mu \int d^4x \tag{14.9}$$

を対応させる．

【光子の外線に関するルール】

観測される光子も波線で表し (**光子の外線**とよばれ)，平面波を記述する波動関数 (電磁ポテンシャル) が対応する．コンプトン散乱を計算する際には (12.4) を用いたが，この場合，頂点は $i\dfrac{e}{\hbar}\gamma_\mu \int d^4x$ と考えられる．頂点と光子の波動関数の積は変わらないので，頂点を (14.9) と選んだ場合，$(q^\mu,\, \varepsilon^\mu)$

を有する光子の波動関数は

$$A^{\mu}(x) = \sqrt{\frac{\hbar c}{2EV}}\,\varepsilon^{\mu}(e^{-\frac{i}{\hbar}qx} + e^{\frac{i}{\hbar}qx}) \tag{14.10}$$

となる．ここで，$E = q^0 c$ である．

【粒子の入れかえに関するルール】

同種粒子の場合，それらの入れかえにより得られる過程は，電子（陽電子）に関しては，フェルミ - ディラック統計性を考慮して相対的に -1 を掛ける．光子に関しては，ボース - アインシュタイン統計性を考慮して同符号とする．

14.1.2 散乱断面積の公式とファインマン則

粒子 1 と粒子 2 がぶつかって，n 個の粒子 $(1', 2', \cdots, n')$ が生成される散乱過程 $1 + 2 \to 1' + 2' + \cdots + n'$ について考察しよう．それぞれの粒子の 4 元運動量，質量をそれぞれ $(p_1, p_2, p_1', p_2', \cdots, p_n')$，$(m_1, m_2, m_1', m_2', \cdots, m_n')$ とする．

まず，散乱過程に対応する図を描き，前述のルールに基づいて S 行列要素を書き下し，その中に含まれる積分（時空に関する全ての積分と 4 元運動量に関する特定の積分）を実行することにより，

$$S_{fi} = (2\pi\hbar)^4\,\delta^4\Bigl(p_1 + p_2 - \sum_{j=1}^{n} p_j'\Bigr)\mathcal{M}_{fi}\prod_{i=1,2}\sqrt{\frac{N_i}{2E_iV}}\prod_{j=1}^{n}\sqrt{\frac{N_j}{2E_j'V}} \tag{14.11}$$

$$N_i,\,N_j = 2m_e c^2\ (\text{電子・陽電子}), \qquad N_i,\,N_j = \hbar c\ (\text{光子}) \tag{14.12}$$

が得られる．ここで，$\prod$ は積 $(\prod_{i=1}^{n} a_i = a_1 a_2 \cdots a_n)$ を表し，$\mathcal{M}_{fi}$ は頂点の係数を含む不変振幅で具体的な求め方は後ほど述べる．参考までに，第 12 章と第 13 章で用いた M_{fi} は頂点の係数を含まない不変振幅である．

(14.12) を用いて，散乱断面積は

$$d\sigma = \frac{S}{4\sqrt{(p_1 p_2)^2 - m_1^2 m_2^2 c^4}} (2\pi\hbar)^4 \delta^4\left(p_1 + p_2 - \sum_{j=1}^{n} p'_j\right) \times |\mathscr{M}_{fi}|^2 \prod_{j=1}^{n} \frac{N_j}{2E'_j} \frac{d^3 p'_j}{(2\pi\hbar)^3} \tag{14.13}$$

で与えられる．なお $\sqrt{(p_1 p_2)^2 - m_1^2 m_2^2 c^4}$ はローレンツ不変量で，粒子1と粒子2の運動方向（速度 $\boldsymbol{v}_1$, $\boldsymbol{v}_2$ の向き）が，平行あるいは反平行（どちらかの粒子の速度が $\boldsymbol{0}$ である場合も含む）の場合は $E_1 E_2 |\boldsymbol{v}_1 - \boldsymbol{v}_2|/c^3$ になる．また，$S = \prod_k 1/n_k!$ である．ここで，n_k は終状態に存在する（k でラベルされた）同種粒子の数で，$n_k!$ 個の過程が観測により区別できないことに起因する．

ファインマン則とよばれる以下のようなルール（1）〜（7）を用いると，$\mathscr{M}_{fi}$ を比較的容易に書き下すことができる．

（1）　散乱過程に関する**ファインマンダイヤグラム**とよばれる図を描く．

・電子，陽電子は矢印つきの実線で表す．光子は波線で表す．

・各粒子に関する4元運動量を保存則を考慮して書き込む．

（2）　始状態と終状態に運動量表示の波動関数をあてがう．

始状態の正エネルギーの電子には u_α，終状態の正エネルギーの電子には $\bar{u}_\alpha$，始状態の正エネルギーの陽電子（終状態の負エネルギーの電子）には $\bar{v}_\alpha$，終状態の正エネルギーの陽電子（始状態の負エネルギーの電子）には v_α，光子には偏極を表す4元ベクトル ε_μ をあてがう．

（3）　各頂点に相互作用定数を含む因子をあてがう．

電磁相互作用の場合，$-i(eQ/\sqrt{\hbar c \varepsilon_0})\gamma^\mu$ をあてがう．

（4）　各内線には以下のようなファインマンの伝搬関数をあてがう．

電子に対しては $i\tilde{S}_{\mathrm{F}}(p) = i\hbar/(\not{p} - m_{\mathrm{e}}c + i\varepsilon)$ で，光子に対しては $i\tilde{D}_{\mathrm{F}\mu\nu}(p) = -i\hbar^2 \eta_{\mu\nu}/(p^2 + i\varepsilon)$ である．ここで，p は内線を飛ぶ粒子の4元運動量，ε は正の微小な定数で計算の最後で0に近づける．また，光子についてローレンス条件の下で得られたもの（ファインマ

ンゲージにおける伝搬関数）を記した．より一般的な光子の伝搬関数に関しては，13.3.2 項を参照してほしい．

（5）　閉線に関して，閉線を回る 4 元運動量 p に関する 4 重積分 $\int_{-\infty}^{\infty}\frac{d^4p}{(2\pi\hbar)^4}$ を行う．

（6）　フェルミ粒子に関する閉線には (-1) を掛ける．

（7）　同種のフェルミ粒子に対して，入れかえを行ったグラフに関しては (-1) を掛ける．

（2）～（7）の各因子を‘掛け合わせたもの’が不変振幅 $\mathscr{M}_{fi}$ に相当する．次の節で具体的な過程に対して，これを確かめる．

14.2　電子・陽電子散乱における高次補正

電子・陽電子散乱の e に関する 4 次の次数の寄与を考察する．18 種類のファインマンダイヤグラムが存在するが，そのうちの 5 つ（図 14.1(a) ～ (e)）に基づいて S 行列要素を書き下す．煩雑になるため，これらに図において 4 元運動量の記載を省いた．

残りの 13 個のファインマンダイヤグラムの内訳は，(a)，(b) の過程に対して光子を入れかえたもの（1 個ずつ），(c) の過程に対して光子の伝搬を始状態間に変えたもの（1 個），(d) の過程に対して光子の伝搬を別の電子や陽電子に変えたもの（3 個），光子の伝搬場所が異なるものを含め，(c)，(d)，(e) の図を 90 度回転させたもの（7 個）である．

図 14.1(a) の過程に関する S 行列要素は，

$$S_{fi}^{4a} = -\left(i\frac{e}{\sqrt{\hbar c\varepsilon_0}}\right)^4 \int d^4w \int d^4x \int d^4y \int d^4z$$
$$\times [\bar{\psi}_f^{(+)}(x)\,\gamma^\mu i\,S_{\rm F}(x\,;\,y)\,\gamma^\nu\,\psi_i^{(+)}(y)]$$
$$\times i\,D_{{\rm F}\mu\mu'}(x\,;\,w)\,i\,D_{{\rm F}\nu\nu'}(y\,;\,z)\,[\bar{\psi}_{i'}^{(-)}(z)\,\gamma^{\nu'} i\,S_{\rm F}(z\,;\,w)\,\gamma^{\mu'}\,\psi_{f'}^{(-)}(w)] \tag{14.14}$$

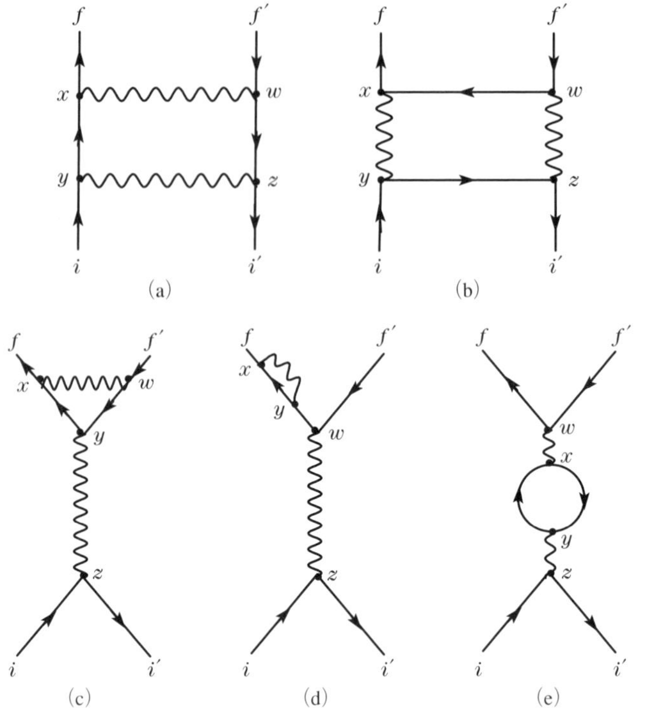

図 14.1　e に関する 4 次の次数の補正

となる．同様にして，(b) の過程に関する S 行列要素は

$$S_{fi}^{4\mathrm{b}} = \left(i\frac{e}{\sqrt{\hbar c\varepsilon_0}}\right)^4 \int d^4w \int d^4x \int d^4y \int d^4z$$
$$\times [\bar{\psi}_f^{(+)}(x)\,\gamma^{\mu} i\,S_{\mathrm{F}}(x\,;\,w)\,\gamma^{\nu}\,\psi_{f'}^{(-)}(w)]$$
$$\times\, i\,D_{\mathrm{F}\mu\mu'}(x\,;\,y)\,i\,D_{\mathrm{F}\nu\nu'}(w\,;\,z)\,[\bar{\psi}_{i'}^{(-)}(z)\,\gamma^{\nu'} i\,S_{\mathrm{F}}(z\,;\,y)\,\gamma^{\mu'}\,\psi_i^{(+)}(y)] \tag{14.15}$$

となる．$S_{fi}^{4\mathrm{a}}$ と $S_{fi}^{4\mathrm{b}}$ における相対的な符号の違いは，(始状態の電子の) 入れかえ $\psi_i^{(+)} \leftrightarrow \psi_{f'}^{(-)}$ に関する反対称性に起因する．

(c) の過程に関する S 行列要素は，

$$S_{fi}^{4c} = \left(i\frac{e}{\sqrt{\hbar c\varepsilon_0}}\right)^4 \int d^4w \int d^4x \int d^4y \int d^4z \, i\,D_{\mathrm{F}\mu\mu'}(x\,;\,w)\, i\,D_{\mathrm{F}\nu\nu'}(y\,;\,z)$$
$$\times [\bar{\psi}_f^{(+)}(x)\,\gamma^{\mu'} i\,S_{\mathrm{F}}(x\,;\,y)\,\gamma^{\nu} i\,S_{\mathrm{F}}(y\,;\,w)\,\gamma^{\mu}\,\psi_{f'}^{(-)}(w)]\,[\bar{\psi}_{i'}^{(-)}(z)\,\gamma^{\nu'}\,\psi_i^{(+)}(z)] \tag{14.16}$$

となる．S_{fi}^{4a} と S_{fi}^{4c} における相対的な符号の違いは，図 14.1(a)，(c) で示される電子の入れかえに関する反対称性に起因する．

具体的には，図 14.1(a) で $\psi_i^{(+)}(y)$ の電子と $iS_{\mathrm{F}}(z\,;\,w)$ の電子を入れかえる ($\psi_i^{(+)}(y)$ を $\psi_i^{(+)}(z)$ に，$iS_{\mathrm{F}}(z\,;\,w)$ を $iS_{\mathrm{F}}(y\,;\,w)$ にかえる）ことにより，図 14.1(c) の過程を得ることができる．(14.16) に対して，4 元運動量を指定して積分を行うことにより，

$$S_{fi}^{4c} = (2\pi\hbar)^4\,\delta^4(p_1 + q_1 - p_1' - q_1')\sqrt{\frac{m_{\mathrm{e}}^4 c^8}{E_{p_1}E_{p_1'}E_{q_1}E_{q_1'}V^4}}\,\mathcal{M}_{fi}^{4c} \tag{14.17}$$

$$\mathcal{M}_{fi}^{4c} \equiv \frac{-i\hbar^2}{(p_1+q_1)^2 + i\varepsilon}\left[\bar{u}(p_1')\int \frac{d^4k}{(2\pi\hbar)^4}\,\frac{-i\hbar^2}{k^2 + i\varepsilon}\,i\frac{e}{\sqrt{\hbar c\varepsilon_0}}\,\gamma_\mu\right.$$
$$\times \frac{i\hbar}{\not{p}_1' - \not{k} - m_{\mathrm{e}}c + i\varepsilon}\,i\frac{e}{\sqrt{\hbar c\varepsilon_0}}\,\gamma_\nu\,\frac{i\hbar}{-\not{q}_1' - \not{k} - m_{\mathrm{e}}c + i\varepsilon}\,i\frac{e}{\sqrt{\hbar c\varepsilon_0}}\,\gamma^\mu\, v(q_1')\Bigg]$$
$$\times \left[\bar{v}(q_1)\,i\frac{e}{\sqrt{\hbar c\varepsilon_0}}\,\gamma^\nu\,u(p_1)\right] \tag{14.18}$$

が得られる．不変振幅 $\mathcal{M}_{fi}^{4c}$ は，ファインマン則（1）～（7）に基づいて求めたものと一致することがわかる．煩雑になるため，スピノルにおけるスピン状態の記載を省いた．この章では以後も同様に省略する．

さらに最低次の寄与と比較することにより，頂点に関する部分が

$$\bar{u}(p_1')\,i\frac{e}{\sqrt{\hbar c\varepsilon_0}}\,\gamma_\nu\,v(q_1') \quad \Rightarrow \quad \bar{u}(p_1')\,i\frac{e}{\sqrt{\hbar c\varepsilon_0}}\,\Lambda_\nu(p_1',\,-q_1')\,v(q_1') \tag{14.19}$$

$$\Lambda_\nu(p_1', -q_1') = \int \frac{d^4k}{(2\pi\hbar)^4}\left(\frac{-i\hbar^2}{k^2+i\varepsilon} i\frac{e}{\sqrt{\hbar c\varepsilon_0}}\gamma_\mu \frac{i\hbar}{\not{p}_1' - \not{k} - m_e c + i\varepsilon}\gamma_\nu \right.$$
$$\left. \times \frac{i\hbar}{-\not{q}_1' - \not{k} - m_e c + i\varepsilon} i\frac{e}{\sqrt{\hbar c\varepsilon_0}}\gamma^\mu\right) \tag{14.20}$$

のように変更されていることがわかる．これは**頂点の補正**とよばれる補正である．閉線に関する 4 元運動量積分が残ることに注意してほしい．

次に，(d) の過程に関する S 行列要素は

$$S_{fi}^{4\mathrm{d}} = \left(i\frac{e}{\sqrt{\hbar c\varepsilon_0}}\right)^4 \int d^4w \int d^4x \int d^4y \int d^4z\, i\,D_{\mathrm{F}\mu\mu'}(x\,;\,y)\, i\,D_{\mathrm{F}\nu\nu'}(w\,;\,z)$$
$$\times [\bar{\psi}_f^{(+)}(x)\,\gamma^\mu i\,S_{\mathrm{F}}(x\,;\,y)\,\gamma^{\mu'} i\,S_{\mathrm{F}}(y\,;\,w)\,\gamma^\nu\,\psi_{f'}^{(-)}(w)]\,[\bar{\psi}_{i'}^{(-)}(z)\,\gamma^{\nu'}\,\psi_i^{(+)}(z)] \tag{14.21}$$

となる．この過程は，(c) の過程から w と y に向かう光子を入れかえることにより得ることができる．光子の入れかえの下で対称なので，$S_{fi}^{4\mathrm{c}}$ と $S_{fi}^{4\mathrm{d}}$ は相対的に同符号である．

そして，4 元運動量を指定して積分を行い，最低次の寄与と比較することにより，電子の波動関数に関する部分が

$$\bar{u}(p_1') \quad \Rightarrow \quad \bar{u}(p_1')(-i\,\Sigma(p_1'))\frac{i\hbar}{\not{p}_1' - m_e c + i\varepsilon} \tag{14.22}$$

$$\Sigma(p_1') = i\int \frac{d^4q}{(2\pi\hbar)^4}\left(\frac{-i\hbar^2}{q^2+i\varepsilon} i\frac{e}{\sqrt{\hbar c\varepsilon_0}}\gamma_\nu \frac{i\hbar}{\not{p}_1' - \not{q} - m_e c + i\varepsilon} i\frac{e}{\sqrt{\hbar c\varepsilon_0}}\gamma^\nu\right) \tag{14.23}$$

のように変更されていることがわかる．これは**電子の自己エネルギー**とよばれる補正である．

最後に，(e) の過程に関する S 行列要素は

$$S_{fi}^{4\mathrm{e}} = -\left(i\frac{e}{\sqrt{\hbar c\varepsilon_0}}\right)^4 \int d^4w \int d^4x \int d^4y \int d^4z\, [\bar{\psi}_f^{(+)}(w)\,\gamma_\mu\,\psi_{f'}^{(-)}(w)]$$
$$\times i\,D_{\mathrm{F}}(w\,;x)\,\mathrm{Tr}[\gamma^\nu i\,S_{\mathrm{F}}(y\,;x)\,\gamma^\mu i\,S_{\mathrm{F}}(x\,;y)]$$
$$\times i\,D_{\mathrm{F}}(y\,;z)\,[\bar{\psi}_{i'}^{(-)}(z)\,\gamma^\nu\,\psi_i^{(+)}(z)] \tag{14.24}$$

となる．電子に関する閉線を含むため余分な符号 -1 が先頭に加わっている．積分を行い最低次の寄与と比較することにより，光子の伝搬関数が

$$\frac{-i\hbar^2\eta_{\mu\nu}}{(p_1+q_1)^2+i\varepsilon} \quad\Rightarrow\quad -\left(\frac{-i\hbar^2}{(p_1+q_1)^2+i\varepsilon}\right)^2 I_{\mu\nu}(p_1+q_1) \tag{14.25}$$

$$I_{\mu\nu}(p_1+q_1) = \int \frac{d^4p}{(2\pi\hbar)^4}\,\mathrm{Tr}\left(i\frac{e}{\sqrt{\hbar c\varepsilon_0}}\gamma_\mu \frac{i\hbar}{\not{p}-m_{\mathrm{e}}c+i\varepsilon}\right.$$
$$\left.\times\, i\frac{e}{\sqrt{\hbar c\varepsilon_0}}\gamma_\nu \frac{i\hbar}{\not{p}-\not{p}_1-\not{q}_1-m_{\mathrm{e}}c+i\varepsilon}\right) \tag{14.26}$$

のように変更されていることがわかる．これは**真空偏極**とよばれる補正である．

以下の節で，「真空偏極」，「電子の自己エネルギー」，「頂点の補正」について順番に考察する．関連するファインマンダイヤグラムについては，それぞれ図 G.2，図 G.3，図 G.4 を参照してほしい．

14.3 真空偏極

14.3.1 真空偏極の正則化

ゲージ不変性により，(14.26) で与えられた $I_{\mu\nu}(q)$ ($q = p_1 + q_1$ とする) は

$$I_{\mu\nu}(q)\,q^\nu = 0, \qquad q^\mu\, I_{\mu\nu}(q) = 0 \tag{14.27}$$

を満たす．例えば (14.27) の第 1 式は，外場として偏極ベクトル ε^ν をもつ

電磁ポテンシャルによる電子の散乱振幅（の一部）に関する補正，

$$\frac{e}{\sqrt{\hbar c\varepsilon_0}}\bar{u}_f\gamma^\mu u_i\left(\frac{-i\hbar^2}{q^2+i\varepsilon}\right)^2 I_{\mu\nu}(q)\,\varepsilon^\nu \tag{14.28}$$

に対するゲージ変換 $\varepsilon^\nu \to \varepsilon^\nu + aq^\nu$ の下での不変性から導かれる．$I_{\mu\nu}(q)$ が $q^\mu \to 0$ において特異性をもたないとすると，ゲージ不変性により，

$$I_{\mu\nu}(q) = -\frac{i}{\hbar^2}(\eta_{\mu\nu}q^2 - q_\mu q_\nu)\,I(q^2) \tag{14.29}$$

のような形になるはずである．ここで，$I(q^2)$ は $q^2 \to 0$ において特異性をもたない関数である．

光子の伝搬関数は補正を加えることにより，

$$\begin{aligned} i\,\tilde{D}'_{\mathrm{F}\mu\nu}(q) &= i\,\tilde{D}_{\mathrm{F}\mu\nu}(q) + i\,\tilde{D}_{\mathrm{F}\mu\lambda}(q)\,I^{\lambda\rho}(q)\,i\,\tilde{D}_{\mathrm{F}\rho\nu}(q) \\ &= \frac{-i\hbar^2\eta_{\mu\nu}}{q^2+i\varepsilon}(1-I(q^2)) \end{aligned} \tag{14.30}$$

となる．ここで，$q_\mu q_\nu$ に比例する項は 4 元電流密度の保存則（$q_\mu j^\mu = 0$）により，物理量に影響を及ぼさないため省いた．

さて，(14.26) で与えられた $I_{\mu\nu}(q)$ は発散を含む．物理的に意味のある量を得るために，ゲージ不変性を保ちつつ $I_{\mu\nu}(q)$ を数学的にきちんと定義する必要がある．そのような手続きを**正則化**という．ゲージ不変な正則化として，**パウリ - ビラース正則化法**（**Pauli - Villars regularization**）がある．これは重い質量をもつ仮想的な粒子を導入して，その寄与を加えることにより積分を有限にする方法である．

例えば，この方法を用いて $I_{\mu\nu}(q)$ を正則化すると，

$$\left.\begin{aligned} I_{\mu\nu}(q) &= -\frac{i}{\hbar^2}(\eta_{\mu\nu}q^2 - q_\mu q_\nu)\,I_{\mathrm{PV}}(q^2) \\ I_{\mathrm{PV}}(q^2) &\equiv \frac{e^2}{12\pi^2\hbar c\varepsilon_0}\ln\frac{M^2}{m_{\mathrm{e}}^2} - \frac{e^2}{2\pi^2\hbar c\varepsilon_0}\int_0^1 (1-z)z\ln\left(1-\frac{q^2(1-z)z}{m_{\mathrm{e}}^2c^2}\right)dz \end{aligned}\right\} \tag{14.31}$$

のようになる（(14.31) の導出に関しては付録 G.2 節を参照せよ）．ここで，M は正則化のために導入された**切断パラメータ（カットオフパラメータ）**とよばれる量で，パウリ - ビラース正則化法の場合，仮想的な粒子の質量 M に相当する．なお，$I_{\mathrm{PV}}(q^2)$ の第 1 項は $M \to \infty$ で対数発散するので注意する．

高エネルギー $(M^2c^4 \gg -q^2c^2 \gg m_{\mathrm{e}}^2c^4)$ の散乱では，

$$I_{\mathrm{PV}}(q^2) = \frac{e^2}{12\pi^2\hbar c\varepsilon_0} \ln \frac{M^2c^2}{-q^2} \tag{14.32}$$

のようになる．また，低エネルギー $(-q^2c^2 \le m_{\mathrm{e}}^2c^4)$ の散乱では，

$$I_{\mathrm{PV}}(q^2) = \frac{e^2}{12\pi^2\hbar c\varepsilon_0} \ln \frac{M^2}{m_{\mathrm{e}}^2} + \frac{e^2}{60\pi^2\hbar c\varepsilon_0} \frac{q^2}{m_{\mathrm{e}}^2c^2} \tag{14.33}$$

となる．このようにして，光子の伝搬関数は補正を受けて $q^2 \to 0$ で，

$$\frac{-i\hbar^2\eta_{\mu\nu}}{q^2 + i\varepsilon} \quad \Rightarrow \quad Z_3 \frac{-i\hbar^2\eta_{\mu\nu}}{q^2 + i\varepsilon} \tag{14.34}$$

$$Z_3 \equiv 1 - I_{\mathrm{PV}}(0) = 1 - \frac{e^2}{12\pi^2\hbar c\varepsilon_0} \ln \frac{M^2}{m_{\mathrm{e}}^2} = 1 - \frac{\alpha}{3\pi} \ln \frac{M^2}{m_{\mathrm{e}}^2} \tag{14.35}$$

のように変わる．ここで，Z_3 はくりこみ定数とよばれる因子である．

外線に飛ぶ光子も，遠く離れた場所で荷電粒子を源泉として生成されたと考えられ，伝搬関数と同様の量子補正を受ける．伝搬関数は，一般にその粒子の波動関数を用いて 2 次式として表すことができるので，光子の波動関数 A_μ は $\sqrt{Z_3}$ の補正を受ける．

このような補正を受けた波動関数（$\sqrt{Z_3}$ 倍されたもの）を，改めて光子の波動関数として再定義することにより A_μ の発散を取り除くことができる．**この手続きは，散乱過程の行列要素の計算において，（各外線が内線の補正の形で量子補正を含むため）光子の各外線に対して $\sqrt{Z_3}$ で割ることと等価である．**

14.3.2 真空偏極に関するくりこみ

真空偏極による補正を受けて，クーロン散乱の振幅（の一部）は

$$e^2 \frac{\bar{u}_f(p_f)\,\gamma^\mu\,u_i(p_i)}{|\boldsymbol{q}|^2} \quad \Rightarrow \quad e^2 \frac{\bar{u}_f(p_f)\,\gamma^\mu\,u_i(p_i)}{|\boldsymbol{q}|^2}[1 - I(q^2)]$$

$$= e^2 \frac{\bar{u}_f(p_f)\,\gamma^\mu\,u_i(p_i)}{|\boldsymbol{q}|^2}\left(1 - \frac{e^2}{12\pi^2\hbar c\varepsilon_0}\ln\frac{M^2}{m_{\mathrm{e}}^2} + \frac{e^2}{60\pi^2\hbar c\varepsilon_0}\frac{|\boldsymbol{q}|^2}{m_{\mathrm{e}}^2c^2}\right) \tag{14.36}$$

のように変わる．ここで，$q^\mu = p_f^\mu - p_i^\mu = (0,\,\boldsymbol{q})$，$q^2 = -|\boldsymbol{q}|^2$ を用いた．また，$|\boldsymbol{q}|^2 \ll m_{\mathrm{e}}^2c^2$ とした．電気素量 e を，

$$e_R \equiv \sqrt{Z_3}\,e \tag{14.37}$$

のように再定義することにより，(14.36) は

$$e^2 \frac{\bar{u}_f(p_f)\,\gamma^\mu\,u_i(p_i)}{|\boldsymbol{q}|^2} \quad \Rightarrow \quad e_R^2 \frac{\bar{u}_f(p_f)\,\gamma^\mu\,u_i(p_i)}{|\boldsymbol{q}|^2}\left[1 + \frac{e_R^2}{60\pi^2\hbar c\varepsilon_0}\frac{|\boldsymbol{q}|^2}{m_{\mathrm{e}}^2c^2} + O(e_R^4)\right] \tag{14.38}$$

のように変わり，M に関する依存性が消える．注目すべきことは，**再定義された電荷を観測値と考えれば，発散は表に現れない**ことである．このように，観測されない裸の電荷と切断パラメータ（M）を含む量を組み合わせて，物理量を有限な観測量でおきかえる操作を**くりこみ**という．

量子補正が十分強く効いて Z_3 が 1 から大きくずれた場合，摂動論の有効性が疑わしくなる．例えば，Z_3 が 0 になるような M は (14.35) より $(\alpha/3\pi)\times\ln(M^2/m_{\mathrm{e}}^2) = 1$ を解くことで，

$$\left.\begin{aligned} \Lambda \equiv Mc^2 = e^{\frac{3\pi}{2\alpha}} m_{\mathrm{e}}c^2 \simeq 10^{280} m_{\mathrm{e}}c^2 \\ \frac{\hbar}{Mc} \simeq 10^{-295}\mathrm{m} \end{aligned}\right\} \tag{14.39}$$

となる．このような極端に高いエネルギー状態，あるいは極端に短い距離に

行くと摂動論が信頼できなくなるが，実際は，従来の理論がそのままの形でどこまでも有効であるとは考えにくいので，それほど深刻になる必要はない．

クーロン散乱の振幅の修正は，クーロンポテンシャルが

$$
\begin{aligned}
-\frac{Ze^2}{4\pi\varepsilon_0}\frac{1}{r} &= -\frac{Ze^2}{\varepsilon_0}\int_{-\infty}^{\infty}\frac{d^3q}{(2\pi\hbar)^3}\frac{\hbar^2}{|\boldsymbol{q}|^2}e^{\frac{i}{\hbar}\boldsymbol{q}\cdot\boldsymbol{x}} \\
\Rightarrow\quad & -\frac{Ze_R^2}{\varepsilon_0}\int_{-\infty}^{\infty}\frac{d^3q}{(2\pi\hbar)^3}\frac{\hbar^2}{|\boldsymbol{q}|^2}e^{\frac{i}{\hbar}\boldsymbol{q}\cdot\boldsymbol{x}}\left(1+\frac{e_R^2}{60\pi^2\hbar c\varepsilon_0}\frac{|\boldsymbol{q}|^2}{m_{\mathrm{e}}^2c^2}\right) \\
&= -\frac{Ze_R^2}{4\pi\varepsilon_0}\frac{1}{r}-\frac{Ze_R^4}{60\pi^2\hbar c\varepsilon_0^2}\frac{\hbar^2}{m_{\mathrm{e}}^2c^2}\delta^3(\boldsymbol{x})
\end{aligned}
\tag{14.40}
$$

のように修正されることを意味する．(14.40) の矢印より右側にある式における右辺の第 2 項が，水素様原子のエネルギー準位 E_{nl} の値を，

$$
\varDelta E_{nl} = -\frac{Ze_R^4}{60\pi^2\hbar c\varepsilon_0^2}\frac{\hbar^2}{m_{\mathrm{e}}^2c^2}\,|\,\psi_{nl}(0)|^2\,\delta_{l0} \tag{14.41}
$$

のように変化させる．ここで，ψ_{nl} は主量子数 n，方位量子数 l をもつ状態に関する電子の波動関数である．(14.41) を用いて，$2\mathrm{S}_{1/2}$($n=2$, $l=0$ の状態) と $2\mathrm{P}_{1/2}$($n=2$，$l=1$ の状態) の間のエネルギー差から振動数の差を求めてみると，-27.1 MHz という値を得ることができる．

しかし 6.2.3 項で述べたように，水素原子 ($Z=1$) において $2\mathrm{S}_{1/2}$ と $2\mathrm{P}_{1/2}$ の間にはラムシフトとよばれる 1057.845 MHz の分離が存在している．この観測値を説明するために，真空偏極以外の効果を取り入れる必要がある．この事柄については，15.2 節で具体的に考察する．

14.4　電子の自己エネルギー

1 ループの補正を加えた電子の伝搬関数は (14.23) の $\Sigma(p)$ を用いて，

$$
\begin{aligned}
i\tilde{S}'_{\mathrm{F}}(p) &= i\tilde{S}_{\mathrm{F}}(p) + i\tilde{S}_{\mathrm{F}}(p)[-i\Sigma(p)]\,i\tilde{S}_{\mathrm{F}}(p) \\
&= \frac{i\hbar}{\not{p} - m_{\mathrm{e}}c + i\varepsilon} + \frac{i\hbar}{\not{p} - m_{\mathrm{e}}c + i\varepsilon}[-i\Sigma(p)]\frac{i\hbar}{\not{p} - m_{\mathrm{e}}c + i\varepsilon} \\
&= \frac{i\hbar}{\not{p} - m_{\mathrm{e}}c + i\varepsilon}\left[1 - i\Sigma(p)\frac{i\hbar}{\not{p} - m_{\mathrm{e}}c + i\varepsilon}\right] \\
&\simeq \frac{i\hbar}{\not{p} - m_{\mathrm{e}}c + i\varepsilon}\frac{1}{1 + i\Sigma(p)\dfrac{i\hbar}{\not{p} - m_{\mathrm{e}}c + i\varepsilon}} = \frac{i\hbar}{\not{p} - m_{\mathrm{e}}c - \hbar\Sigma(p) + i\varepsilon}
\end{aligned}
\tag{14.42}
$$

のようになる．$\Sigma(p)$ を $\not{p} = m_{\mathrm{e}}c$ の周りで，

$$
\Sigma(p) = \Sigma(m_{\mathrm{e}}) + \Sigma'(m_{\mathrm{e}})(\not{p} - m_{\mathrm{e}}c) + \Sigma^R(p) \tag{14.43}
$$

のように展開して，これを (14.42) に代入すると，

$$
\begin{aligned}
i\tilde{S}'_{\mathrm{F}}(p) &\simeq \frac{i\hbar}{\not{p} - m_{\mathrm{e}}c - \hbar[\Sigma(m_{\mathrm{e}}) + \Sigma'(m_{\mathrm{e}})(\not{p} - m_{\mathrm{e}}c) + \Sigma^R(p)] + i\varepsilon} \\
&\simeq \frac{i\hbar}{[1 - \hbar\Sigma'(m_{\mathrm{e}})][\not{p} - m_{\mathrm{e}}c - \hbar\Sigma(m_{\mathrm{e}})] + i\varepsilon} \\
&\simeq \frac{[1 + \hbar\Sigma'(m_{\mathrm{e}})]\,i\hbar}{\not{p} - m_{\mathrm{e}}c - \hbar\Sigma(m_{\mathrm{e}}) + i\varepsilon} \equiv Z_2 i\tilde{S}_{\mathrm{F}}(p)\Big|_{m_{\mathrm{e}} \to m_{\mathrm{e}} + \delta m_{\mathrm{e}}}
\end{aligned}
\tag{14.44}
$$

のようになる．ここで，$\Sigma(m_{\mathrm{e}}) = \Sigma(p)\Big|_{\not{p} = m_{\mathrm{e}}c}$，$\Sigma'(m_{\mathrm{e}}) = \dfrac{\partial}{\partial \not{p}}\Sigma(p)\Big|_{\not{p} = m_{\mathrm{e}}c}$ である．また，Z_2 は電子の伝搬関数に関するくりこみ定数，δm_{e} は電子の自己質量（自己エネルギーは $\delta m_{\mathrm{e}}c^2$）とよばれる量で，それぞれ

$$
\left.
\begin{aligned}
Z_2 &\equiv 1 + \hbar\Sigma'(m_{\mathrm{e}}) \\
\delta m_{\mathrm{e}} &\equiv \frac{\hbar}{c}\Sigma(m_{\mathrm{e}})
\end{aligned}
\right\}
\tag{14.45}
$$

で定義される．また，$\Sigma^R(p)$ の寄与は小さいので無視した．

$\Sigma(p)$ は発散しているため正則化が必要である．実際に，パウリ－ビラース正則化法を用いると，

$$\Sigma_{\rm PV}(p) = \frac{e^2}{8\pi^2\hbar^2 c\varepsilon_0}\int_0^1 (2m_{\rm e}c - z\not{p}) \times \ln\frac{zM^2c^2}{(1-z)\,m_{\rm e}^2c^2 + z\mu_\gamma^2c^2 - (1-z)zp^2}\,dz \tag{14.46}$$

のようになる ((14.46) の導出に関しては付録 G.3 節を参照せよ). ここで, μ_γ は**赤外発散**を正則化するために, 仮想的に導入された光子に関する微小な質量である. この場合, μ_γ が 0 の極限で積分が発散する. 赤外発散については, 15.1 節で考察する.

(14.46) を用いて,

$$\delta m_{\rm e} = \frac{\hbar}{c}\,\Sigma_{\rm PV}(p)\Big|_{\not{p}=m_{\rm e}c,\,\mu_\gamma=0} = \frac{3e^2 m_{\rm e}}{16\pi^2\hbar c\varepsilon_0}\left(\ln\frac{M^2}{m_{\rm e}^2} + \frac{1}{2}\right) \tag{14.47}$$

が導かれる. 電子の質量を,

$$m_{\rm e}{}_R \equiv m_{\rm e} + \delta m_{\rm e} \tag{14.48}$$

のように再定義することにより, $\delta m_{\rm e}$ に含まれる M に関する依存性を消し去る (発散を取り除く) ことができる. $m_{{\rm e}R}$ はくりこまれた電子の質量で, 実際に観測される物理的な電子の質量と同定する.

同様に, (14.46) を用いて,

$$Z_2 = 1 + \hbar\frac{\partial}{\partial\not{p}}\,\Sigma_{\rm PV}(p)\Big|_{\not{p}=m_{\rm e}c} = 1 - \frac{e^2}{16\pi^2\hbar c\varepsilon_0}\left(\ln\frac{M^2}{m_{\rm e}^2} + 2\ln\frac{\mu_\gamma^2}{m_{\rm e}^2} + \frac{9}{2}\right) \tag{14.49}$$

が導かれる. Z_2 は M の他に μ_γ にも依存し, μ_γ が 0 の極限で発散する. さらに, Z_2 はゲージ条件の選び方による (ゲージパラメータに依存する) ことが知られている. 電子の自己エネルギーの補正が電荷にどのように寄与するかについては, 頂点の補正を求めた後に考察する. (14.47) および (14.49) の導出に関しても付録 G.3 節を参照してほしい.

電子の伝搬関数は, 電子の波動関数を用いて 2 次式 (例えば, (9.16) を参照）として表すことができるので，電子の波動関数 ψ は $\sqrt{Z_2}$ の補正を受ける．このような補正を受けた波動関数（$\sqrt{Z_2}$ 倍されたもの）を，改めて電子の波動関数として再定義することにより ψ の発散を取り除くことができる．

この手続きは，散乱過程の行列要素の計算において（各外線が内線の補正の形で量子補正を含むため）電子の各外線に対して，$\sqrt{Z_2}$ で割ることと等価である．

14.5　頂点の補正

1ループの補正を加えた頂点は

$$\Gamma_\mu(p', p) = \gamma_\mu + \Lambda_\mu(p', p) \tag{14.50}$$

のようになる．(14.20) で与えられた補正 $\Lambda_\mu(p', p)$ は，$k^2 \to \infty$ で対数発散している．また，電子の自己エネルギーと同様に赤外発散も存在する．赤外発散の処理については，先ほども述べたが15.1節で考察する．

以下では，$\bar{u}(p')\,\Lambda_\mu(p', p)\,u(p)$ という量について考察する．多くの場合，$\bar{u}(p')$，$u(p)$ を省略するが，左から $\bar{u}(p')$ が右から $u(p)$ が作用しているとして，必要に応じてそれぞれ $\not{p}' \to m_{\mathrm{e}}c$，$\not{p} \to m_{\mathrm{e}}c$ というおきかえを行う．$\Lambda_\mu(p', p)$ を $p'_\mu = p_\mu$ の周りで，

$$\left.\begin{aligned} \Lambda_\mu(p', p) &= \Lambda_\mu(p, p) + \Lambda_\mu^R(p', p) \\ \Lambda_\mu^R(p', p) &\equiv \Lambda_\mu(p', p) - \Lambda_\mu(p, p) \end{aligned}\right\} \tag{14.51}$$

のように展開する．ここで，$\Lambda_\mu(p, p)$ は発散するが $\Lambda_\mu^R(p', p)$ は有限の値を取る．

$\Lambda_\mu(p, p)$ の添字 μ は γ_μ や p_μ が担うと考えられるが，ゴルドン分解（例えば，(4.51) を参照）により，$p'_\mu = p_\mu$ において γ_μ は p_μ に比例するので，$\Lambda_\mu(p, p)$ は

$$\Lambda_\mu(p, p) = ({Z_1}^{-1} - 1)\gamma_\mu \tag{14.52}$$

のように書き表すことができる．ここで，Z_1 は頂点に関するくりこみ定数

で，後に出てくる関係式 (14.57) が綺麗な形になるように係数の形を選んだ．

(14.20) および (14.23) より，**ウォード恒等式** (**Ward identity**) とよばれる関係式

$$\hbar \frac{\partial \Sigma(p)}{\partial p^{\mu}} = -\Lambda_{\mu}(p, p) \tag{14.53}$$

が導かれる．ここで，公式

$$\frac{\partial}{\partial p^{\mu}}(\tilde{S}_{\mathrm{F}}(p)\,\tilde{S}_{\mathrm{F}}^{-1}(p)) = \frac{\partial \tilde{S}_{\mathrm{F}}(p)}{\partial p^{\mu}}\,\tilde{S}_{\mathrm{F}}^{-1}(p) + \tilde{S}_{\mathrm{F}}(p)\,\frac{\partial \tilde{S}_{\mathrm{F}}^{-1}(p)}{\partial p^{\mu}} = 0 \tag{14.54}$$

すなわち，

$$\frac{\partial}{\partial p^{\mu}}\left(\frac{1}{\not{p} - m_{\mathrm{e}}c + i\varepsilon}\right) = -\frac{1}{\not{p} - m_{\mathrm{e}}c + i\varepsilon}\gamma_{\mu}\frac{1}{\not{p} - m_{\mathrm{e}}c + i\varepsilon} \tag{14.55}$$

を用いた．

さらに，(14.43) および (14.45) を用いて，

$$\hbar \frac{\partial \Sigma(p)}{\partial p^{\mu}}\bigg|_{\not{p}=m_{\mathrm{e}}c} = \hbar\,\Sigma'(m_{\mathrm{e}})\,\gamma_{\mu} = (Z_2 - 1)\gamma_{\mu} = -({Z_2}^{-1} - 1)\,\gamma_{\mu} \tag{14.56}$$

が導かれる．3番目から4番目の式変形では $|{Z_2}^{-1} - 1| \ll 1$ であると仮定し，$Z_2 - 1 = -{Z_2}^{-1} + 1$ とした．$O(e_R^4)$ の項はその取り扱いに関して，より高次の補正を導入する必要があり，これらの項を無視すれば，等号と見なすことができる．(14.52)，(14.53)，(14.56) より，くりこみ定数の間の関係式

$$Z_1 = Z_2 \tag{14.57}$$

が $O(e_R^4)$ の次数で導かれる．高次補正を取り入れることにより，(14.57) は任意の次数で成立する関係式になる．

ラザフォード散乱の1ループまでの寄与を図14.2で示す．ここで，電子に関する矢印は繁雑になるので省略した．電子に関する × 印を含む線は，

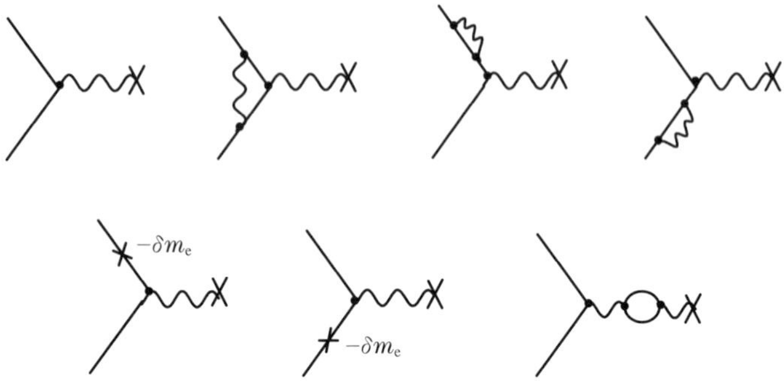

図 14.2　1 ループまでの量子補正

電子の質量の発散 δm_e を相殺するために加えられた項に相当する．外線の波動関数の量子補正を考慮に入れて（光子の各外線に対しては $\sqrt{Z_3}$ で割ること，電子の各外線に対しては $\sqrt{Z_2}$ で割ることにより），1 ループの補正を全て足し合わせると $q^\mu \to 0$ の極限で $ie\gamma_\mu$ は

$$\frac{ie\gamma_\mu}{(\sqrt{Z_2})^2\sqrt{Z_3}}[1+({Z_1}^{-1}-1)-2({Z_2}^{-1}-1)+(Z_3-1)]$$
$$\approx \frac{ie\gamma_\mu}{Z_2\sqrt{Z_3}}\frac{[1+({Z_1}^{-1}-1)][1+(Z_3-1)]}{[1+({Z_2}^{-1}-1)]^2}=i\frac{Z_2}{Z_1}\sqrt{Z_3}e\gamma_\mu \tag{14.58}$$

のように修正される．ここで，切断パラメータ (M) を含む項は 1 に比べて十分小さい $(|{Z_1}^{-1}-1|, |{Z_2}^{-1}-1|, |Z_3-1| \ll 1)$ と仮定している．

(14.57) を用いると，電気素量に関するくりこみが

$$e_R = \sqrt{Z_3}e \tag{14.59}$$

で与えられることがわかる．(14.59) より，Z_3 は光子の伝搬関数の補正から生じ，あらゆる荷電粒子は光子と同じ形の相互作用をする（電荷 $q=eQ$ を有する荷電粒子に関する電磁相互作用は電子に関するもので，$-e$ を eQ におきかえることにより得られる）ので，荷電粒子の電荷に対して同じ（共通の）寄与を与える．よって，電気素量がくりこまれても**電荷の普遍性**

$$\frac{q}{e} = \frac{q_R}{e_R} = Q \tag{14.60}$$

が保たれる．ここで，q_R は q に関するくりこまれた電荷である．

以上のような考察により，1ループのレベルで，発散を光子と電子の波動関数，電子の質量，電気素量にくりこむことができた．このような手続きを摂動の各次数で行うことにより，電磁相互作用に現れる全ての発散を処理できることが証明されている．

このように，発散を有限個のパラメータや波動関数にくりこむことが可能な理論は**くりこみ可能な理論**とよばれ，高い予言能力を兼ね備えている．以後，暗黙の内に電荷に対して，くりこみが施されているとする．さらに，e_R の代わりに e と表記する．α の中の e も明記しないが e_R と考える．電子の質量に関しても，くりこみが施されているとし m_{eR} を m_e と記す．

最後に，有限部分 $\Lambda_\mu^R(p', p)$ について考察する．$\Lambda_\mu^R(p', p)$ を計算すると，

$$\left.\begin{aligned} \Lambda_\mu^R(p', p) &= \gamma_\mu F_1(q^2) + \frac{i}{2m_e c}\sigma_{\mu\nu}q^\nu F_2(q^2) \\ F_1(q^2) &\simeq \frac{\alpha}{3\pi}\frac{q^2}{m_e^2c^2}\left(\ln\frac{m_e}{\mu_\gamma} - \frac{3}{8}\right), \qquad F_2(0) = \frac{\alpha}{2\pi} \end{aligned}\right\} \tag{14.61}$$

となる．ここで，$q^\nu = p'^\nu - p^\nu$，$q^2 = q^\mu q_\mu$ である．(14.61) の導出に関しては付録 G.4 節を参照してほしい．

この補正は 4 元電流密度（およびそのゴルドン分解）が，

$$\begin{aligned} -ce\,\bar{u}(p')\,\gamma_\mu\,u(p) &= -\frac{e}{2m_e}\bar{u}(p')\,[(p'+p)_\mu + i\sigma_{\mu\nu}q^\nu]\,u(p) \\ \Rightarrow\quad -\frac{e}{2m_e}\bar{u}(p')&\left[(p'+p)_\mu\left(1 + \frac{\alpha}{3\pi}\frac{q^2}{m_e^2c^2}\left(\ln\frac{m_e}{\mu_\gamma} - \frac{3}{8}\right)\right)\right. \\ &\qquad\left. + i\left(1 + \frac{\alpha}{2\pi}\right)\sigma_{\mu\nu}q^\nu\right]u(p) \end{aligned} \tag{14.62}$$

のように修正されることを意味する．

(14.62) を用いて，電子が電磁場と結合することにより以下で与えられる (修正された) パウリ項

$$\left(1+\frac{\alpha}{2\pi}\right)\frac{e\hbar}{2m_{\mathrm{e}}}\boldsymbol{\sigma}\cdot\boldsymbol{B} \tag{14.63}$$

が導かれる．**パウリ項**は**ボーア磁子** $\mu_{\mathrm{B}} \equiv e\hbar/2m_{\mathrm{e}}$ と**磁気回転比** g を用いて，$(g\mu_{\mathrm{B}}/\hbar)\,\boldsymbol{S}\cdot\boldsymbol{B}$ と表記される．電子のスピンは $\boldsymbol{S} = \hbar\boldsymbol{\sigma}/2$ なので，(14.63) は

$$g = 2\left(1+\frac{\alpha}{2\pi}\right) \simeq 2(1+0.00116141) \tag{14.64}$$

を意味する．

一方，g の観測値は

$$\left.\frac{g-2}{2}\right|_{\mathrm{obs}} = 0.00115965218073 \pm 0.00000000000028 \tag{14.65}$$

で，理論値とよく一致していることがわかる．ごくわずかな違いは，より高次の補正や弱い相互作用の影響などによる．

くりこみ理論

量子補正の計算に伴う発散量から，有限な物理量を引き出す処方箋であるくりこみを扱う理論形式は**くりこみ理論**とよばれている．このような理論は，電磁相互作用を含む量子論における発散の問題を巡って，1940 年代に日米の研究者が独立に発展させたものである．

その中心となったのは，朝永，シュウィンガー，ファインマン，およびダイソン (Dyson) である．くりこみ理論を用いて，ラムシフトや異常磁気モーメントの値が理論的に極めて正確に予言できるようになった．さらに実験技術の進歩と相まって，10 桁以上の精度で理論値と実験値が一致するという驚異的な成果が得られている．現在，人類が有する最も精密な理論といってよいであろう．

第15章 高次補正 —その2—

制動放射について考察した後，ラムシフトについて探求する．量子補正を正しく評価することにより精密実験の結果と整合する理論値が得られることを見る．最後に，今後の展望について述べる．

15.1 制動放射

15.1.1 制動放射と赤外破綻

頂点の補正において現れた赤外発散は見かけだけのもので，**制動放射** (**bremsstrahlung**) を考慮することにより取り除けることを示そう．制動放射とは，図15.1のような光子を放出する非弾性散乱過程で，そのS行列要素は

$$S_{fi} = \frac{e}{\sqrt{\hbar c \varepsilon_0}} \frac{e}{\hbar} \int d^4x \int d^4y \, \bar{\psi}_f(x) \, [i \not{A}(x, k) \, i S_{\mathrm{F}}(x, y) \, i\gamma^0 A_0^{(\mathrm{C})}(y) + i\gamma^0 A_0^{(\mathrm{C})}(x) \, i S_{\mathrm{F}}(x, y) \, i \not{A}(y, k)] \, \psi_i(y) \tag{15.1}$$

で与えられる．ここで，$A_0^{(\mathrm{C})}(x) = (k_0/c)(Ze/|\boldsymbol{x}|)$ である．

(14.2)，(14.3)，(14.4)，(14.10) を (15.1) に代入することにより，

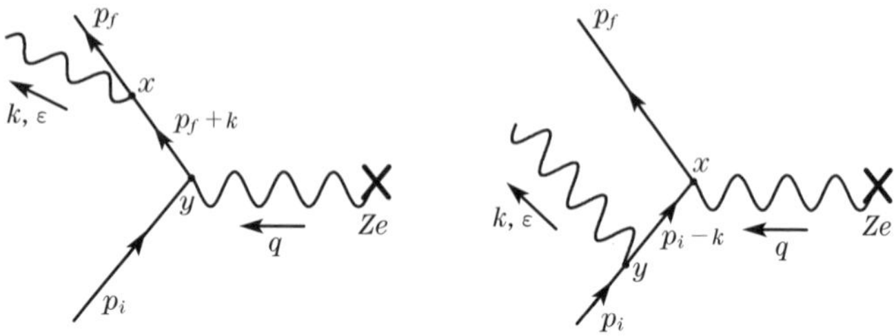

図 15.1　クーロン散乱における制動放射

$$
\begin{aligned}
S_{fi} = & \frac{k_0 Ze^3}{\sqrt{\hbar c\varepsilon_0}\,\hbar c}\frac{m_e c^2}{\sqrt{E_f E_i}\,V}\sqrt{\frac{\hbar}{2k^0 V}}\int d^4x\int d^4y\,\bar{u}(p_f,\,s_f)\,e^{\frac{i}{\hbar}p_f x} \\
& \times\int\frac{d^4p}{(2\pi\hbar)^4}\Bigg[i\not{\varepsilon}\,(e^{-\frac{i}{\hbar}kx}+e^{\frac{i}{\hbar}kx})\,e^{-\frac{i}{\hbar}p(x-y)}\frac{i\hbar}{\not{p}-m_e c+i\varepsilon}\frac{i\gamma^0}{|\boldsymbol{y}|} \\
& +\frac{i\gamma^0}{|\boldsymbol{x}|}e^{-\frac{i}{\hbar}p(x-y)}\frac{i\hbar}{\not{p}-m_e c+i\varepsilon}i\not{\varepsilon}\,(e^{-\frac{i}{\hbar}ky}+e^{\frac{i}{\hbar}ky})\Bigg]u(p_i,\,s_i)\,e^{-\frac{i}{\hbar}p_i y}
\end{aligned}
\tag{15.2}
$$

となる．積分を実行することにより，

$$
\begin{aligned}
S_{fi} = & -i\frac{k_0 Ze^3}{\sqrt{\hbar c\varepsilon_0}}\frac{m_e c^2}{\sqrt{E_f E_i}\,V}\sqrt{\frac{\hbar}{2k^0 V}}\,2\pi\hbar\,\delta(E_f+|\boldsymbol{k}|c-E_i)\,\frac{4\pi\hbar^2}{|\boldsymbol{q}|^2} \\
& \times\bar{u}(p_f,\,s_f)\left[\not{\varepsilon}\frac{\not{p}_f+\not{k}+m_e c}{(p_f+k)^2-m_e^2c^2}\gamma^0+\gamma^0\frac{\not{p}_i-\not{k}+m_e c}{(p_i-k)^2-m_e^2c^2}\not{\varepsilon}\right]u(p_i,\,s_i)
\end{aligned}
\tag{15.3}
$$

のようになる．ここで，$k^\mu=(k^0,\,\boldsymbol{k})$ は放射される光子の 4 元運動量を表している．波数ベクトル（運動量を $\hbar$ で割ったもの）や $k_0\equiv 1/(4\pi\varepsilon_0)$ と混同しないように注意してほしい．

放射される光子の 4 元運動量が十分小さい場合 ($k^\mu\simeq 0$) について考察する．(15.3) における電子の伝搬関数の分母は，

$$
(p_f+k)^2-m_e^2c^2 = p_f^2+2p_f k+k^2-m_e^2c^2 = 2p_f k \tag{15.4}
$$

$$(p_i - k)^2 - m_e^2c^2 = p_i^2 - 2p_ik + k^2 - m_e^2c^2 = -2p_ik \qquad (15.5)$$

となる．ここで，4 元運動量の関係式 $p_f^2 = m_e^2c^2$, $p_i^2 = m_e^2c^2$, $k^2 = 0$ を用いた．

また，電子の伝搬関数の分子に $\not\varepsilon$ および波動関数 $\bar{u}(p_f, s_f)$ または $u(p_i, s_i)$ が掛かった因子は，

$$\begin{aligned}\bar{u}(p_f, s_f)\not\varepsilon(\not p_f + \not k + m_ec) &\xrightarrow{k^\mu \simeq 0} \bar{u}(p_f, s_f)\not\varepsilon(\not p_f + m_ec)\\ &= \bar{u}(p_f, s_f)\,[2\varepsilon p_f + (-\not p_f + m_ec)\not\varepsilon] = \bar{u}(p_f, s_f)\,2\varepsilon p_f\end{aligned} \qquad (15.6)$$

$$\begin{aligned}(\not p_i - \not k + m_ec)\not\varepsilon\, u(p_i, s_i) &\xrightarrow{k^\mu \simeq 0} (\not p_i + m_ec)\not\varepsilon\, u(p_i, s_i)\\ &= [2\varepsilon p_i + \not\varepsilon(-\not p_i + m_ec)]\, u(p_i, s_i) = 2\varepsilon p_i\, u(p_i, s_i)\end{aligned} \qquad (15.7)$$

で近似される．上式の導出に際して，$\bar{u}(p_f, s_f)\,(\not p_f - m_ec) = 0$, $(\not p_i - m_ec) \times u(p_i, s_i) = 0$ を用いた．よって，S 行列要素は

$$S_{fi} = S_{fi}^{(\mathrm{el})}F_1^{(\mathrm{br})}, \qquad F_1^{(\mathrm{br})} \equiv -\frac{\hbar e}{\sqrt{\hbar c\varepsilon_0}}\sqrt{\frac{\hbar}{2k^0V}}\left(\frac{\varepsilon p_f}{kp_f} - \frac{\varepsilon p_i}{kp_i}\right) \qquad (15.8)$$

で近似される．ここで，$S_{fi}^{(\mathrm{el})}$ は弾性散乱の S 行列要素 (11.6) である．

したがって，電子に関する微分断面積は

$$\begin{aligned}\frac{d\sigma}{d\Omega} &= \left(\frac{d\sigma}{d\Omega}\right)_{\mathrm{el}}|F_1^{(\mathrm{br})}|^2\frac{V\,d^3k}{(2\pi\hbar)^3}\theta(E_i - m_ec^2 - |\boldsymbol{k}|c)\\ &= \left(\frac{d\sigma}{d\Omega}\right)_{\mathrm{el}}\frac{\hbar^2e^2}{\hbar c\varepsilon_0}\frac{\hbar}{2k^0V}\left(\frac{\varepsilon p_f}{kp_f} - \frac{\varepsilon p_i}{kp_i}\right)^2\frac{V\,d^3k}{(2\pi\hbar)^3}\theta(E_i - m_ec^2 - |\boldsymbol{k}|c)\\ &= \left(\frac{d\sigma}{d\Omega}\right)_{\mathrm{el}}\frac{\alpha}{4\pi^2}\left(\frac{\varepsilon p_f}{kp_f} - \frac{\varepsilon p_i}{kp_i}\right)^2\frac{|\boldsymbol{k}|^2\,d|\boldsymbol{k}|}{k^0}d\Omega_k\,\theta(E_i - m_ec^2 - |\boldsymbol{k}|c)\end{aligned} \qquad (15.9)$$

で近似される．ここで，$(d\sigma/\,d\Omega)_{\mathrm{el}}$ は弾性散乱の微分断面積 (11.14) である．階段関数 $\theta\,(E_i - m_ec^2 - |\boldsymbol{k}|c)$ の存在は，$E_i = E_f + |\boldsymbol{k}|c \geq m_ec^2 + |\boldsymbol{k}|c$ に起因

する．(15.9) において，$|\boldsymbol{k}|$ に関する積分は $\int \frac{d|\boldsymbol{k}|}{|\boldsymbol{k}|} = \ln|\boldsymbol{k}|$ のように評価され，$k^0 = |\boldsymbol{k}| = 0$ で発散する（**赤外発散**する）ことがわかる．これが**赤外破綻** (**infrared catastrophe**) とよばれる振舞である．

このような異常な振舞の原因は，散乱過程を故意に分離したことに起因する．具体的には，どのような検出器も有限の分解能を有し，$k^\mu \simeq 0$ では弾性散乱と制動放射のような非弾性散乱を区別することができない．よって，両者を取り込んで評価する必要がある．つまり，(15.9) の微分断面積に量子補正された弾性散乱の微分断面積を加えることにより，赤外破綻が解消されると期待される．

15.1.2　赤外発散の相殺

量子補正された弾性散乱の微分断面積は，$(d\sigma/d\Omega)_{\mathrm{el}}$ に頂点の補正を加えたものと考えられるので，係数の和

$$|1+\tilde{F}_1(q^2)|^2 + \int_{k^0c<\Delta E} \sum_{\varepsilon} |F_1^{(\mathrm{br})}|^2 \frac{V\,d^3k}{(2\pi\hbar)^3} \tag{15.10}$$

において赤外発散が相殺されると考えられる．ここで，$\tilde{F}_1(q^2)$ は (14.61) の $F_1(q^2)$ に真空偏極による効果 ((14.38) の括弧内の第 2 項) を加えた，

$$\tilde{F}_1(q^2) = \frac{\alpha}{3\pi}\frac{q^2}{m_{\mathrm{e}}^2c^2}\left(\ln\frac{m_{\mathrm{e}}}{\mu_\gamma} - \frac{3}{8} - \frac{1}{5}\right) \tag{15.11}$$

で与えられる．(15.10) の第 2 項において，ΔE はエネルギー分解能，$\sum_{\varepsilon}$ は光子の偏極に関する和を表す．以下で，(15.10) が赤外発散を正則化するためのパラメータ μ_γ に依存しないことを確かめよう．

まず，$\sum_{\varepsilon}|F_1^{(\mathrm{br})}|^2$ に現れる因子に関する公式

$$\sum_{\varepsilon}\left(\frac{\varepsilon p_f}{kp_f} - \frac{\varepsilon p_i}{kp_i}\right)^2 = -\frac{m_{\mathrm{e}}^2c^2}{(kp_f)^2} - \frac{m_{\mathrm{e}}^2c^2}{(kp_i)^2} + \frac{2(p_fp_i)}{(kp_f)(kp_i)} \tag{15.12}$$

を示そう．和の中身を $(\varepsilon p_f/kp_f - \varepsilon p_i/kp_i)^2 = \varepsilon_\mu\varepsilon_\nu J^{\mu\nu}$ と書き表す．詳しく書き下すと，

$$J^{\mu\nu}=\frac{p_f^\mu p_f^\nu}{(kp_f)^2}+\frac{p_i^\mu p_i^\nu}{(kp_i)^2}-\frac{p_f^\mu p_i^\nu+p_f^\nu p_i^\mu}{(kp_f)(kp_i)} \tag{15.13}$$

で, ゲージ不変性に由来する関係式 $k_\mu J^{\mu\nu}=0$ および $k_\nu J^{\mu\nu}=0$ が成り立つ.

(15.12) の左辺は，スカラー量 (ローレンツ不変量) であるから慣性系を 1 つ選んで計算すれば十分である．なお，$k^\mu=(k,k,0,0)$ であるような系を選ぶ．ゲージ不変性より $J^{0\nu}=J^{1\nu}$ および $J^{\mu 0}=J^{\mu 1}$，つまり $J^{00}=J^{11}$ が成り立つ．さらに，$A^0=0$ というゲージの下で，$\boldsymbol{\varepsilon}^\mu$ として $(0,0,1,0)$ と $(0,0,0,1)$ を選ぶと

$$\sum_\varepsilon \varepsilon_\mu\varepsilon_\nu J^{\mu\nu}=J^{22}+J^{33}=-J^2{}_2-J^3{}_3 \tag{15.14}$$

となる．よって $J^{00}=J^{11}$，すなわち $J^0{}_0+J^1{}_1=0$ と絡めて，

$$\sum_\varepsilon \varepsilon_\mu\varepsilon_\nu J^{\mu\nu}=-(J^0{}_0+J^1{}_1)-J^2{}_2-J^3{}_3=-J^\mu{}_\mu \tag{15.15}$$

となり，(15.13) を用いて変形することにより (15.12) の右辺が導かれる．ここで，$p_f^2=m_\mathrm{e}^2c^2$，$p_i^2=m_\mathrm{e}^2c^2$ を用いた．

次に，(15.12) の右辺を非相対論的な極限 ($|\boldsymbol{p}_f|,|\boldsymbol{p}_i|\ll m_\mathrm{e}c$) において評価しよう．このような極限で，

$$(kp_f)=k^0\frac{E_f}{c}-\boldsymbol{k}\cdot\boldsymbol{p}_f=Em_\mathrm{e}\sqrt{1+\frac{\boldsymbol{p}_f^2}{m_\mathrm{e}^2c^2}}-\boldsymbol{k}\cdot\boldsymbol{p}_f\simeq Em_\mathrm{e}-\boldsymbol{k}\cdot\boldsymbol{p}_f \tag{15.16}$$

となる．ここで $E=k^0c$ とした．同様にして，$(kp_i)\simeq Em_\mathrm{e}-\boldsymbol{k}\cdot\boldsymbol{p}_i$ が成り立つ．また，$k^\mu k_\mu=0$，$q^\mu=(0,\boldsymbol{q})$ を用いると，4 元運動量の保存則 $p_f^\mu-p_i^\mu=k^\mu-q^\mu$ より $2(p_fp_i)=2m_\mathrm{e}^2c^2-2\boldsymbol{k}\cdot\boldsymbol{q}+|\boldsymbol{q}|^2$ が成り立つ．

これらを用いて，(15.12) の右辺は

$$-\frac{m_\mathrm{e}^2c^2}{(kp_f)^2}-\frac{m_\mathrm{e}^2c^2}{(kp_i)^2}+\frac{2(p_fp_i)}{(kp_f)(kp_i)}=\frac{|\boldsymbol{q}|^2}{m_\mathrm{e}^2E^2}\left[1-\frac{c^2(\boldsymbol{q}\cdot\boldsymbol{k})^2}{|\boldsymbol{q}|^2E^2}\right] \tag{15.17}$$

のように近似される．よって，(15.10) の第2項は

$$\int_{k^0c<\Delta E}\sum_{\varepsilon}|F_1^{(\mathrm{br})}|^2\frac{V\,d^3k}{(2\pi\hbar)^3}=\int_{k^0c<\Delta E}\frac{\alpha}{4\pi^2}\left(\frac{\varepsilon p_f}{kp_f}-\frac{\varepsilon p_i}{kp_i}\right)^2\frac{|\boldsymbol{k}|^2\,d|\boldsymbol{k}|}{k^0}\,d\Omega_k$$

$$=\int_{E<\Delta E}\frac{\alpha}{4\pi^2}\frac{|\boldsymbol{q}|^2c}{m_{\mathrm{e}}^2E^2}\left[1-\frac{c^2(\boldsymbol{q}\cdot\boldsymbol{k})^2}{|\boldsymbol{q}|^2E^2}\right]\frac{|\boldsymbol{k}|^2\,d|\boldsymbol{k}|}{E}\,d\Omega_k$$

$$=\frac{\alpha}{4\pi^2}\frac{|\boldsymbol{q}|^2}{m_{\mathrm{e}}^2c^2}\int_{\mu_\gamma c^2}^{\Delta E}\frac{dE}{E^2}\sqrt{E^2-\mu_\gamma^2c^4}\int d\Omega_k\left[1-\frac{c^2(\boldsymbol{q}\cdot\boldsymbol{k})^2}{|\boldsymbol{q}|^2E^2}\right]$$

$$=\frac{\alpha}{\pi}\frac{|\boldsymbol{q}|^2}{m_{\mathrm{e}}^2c^2}\int_{\mu_\gamma c^2}^{\Delta E}\frac{dE}{E^2}\sqrt{E^2-\mu_\gamma^2c^4}\left(1-\frac{1}{3}\frac{E^2-\mu_\gamma^2c^4}{E^2}\right)$$

$$=\frac{2\alpha}{3\pi}\frac{|\boldsymbol{q}|^2}{m_{\mathrm{e}}^2c^2}\left(\ln\frac{2\,\Delta E}{\mu_\gamma c^2}-\frac{5}{6}\right)\tag{15.18}$$

となる．

3番目から4番目の式変形において，$E^2=|\boldsymbol{k}|^2c^2+\mu_\gamma^2c^4$，$E\,dE=c^2|\boldsymbol{k}|\,d|\boldsymbol{k}|$ を用いた．ここでも，光子に関する仮想的な質量 μ_γ を導入して赤外発散を正則化した．立体角に関する積分は，$d\Omega_k=-d(\cos\theta_k)\,d\phi_k$，$\boldsymbol{q}\cdot\boldsymbol{k}=|\boldsymbol{q}||\boldsymbol{k}|\cos\theta_k$ を考慮した．また，E に関する積分については公式

$$\int dE\frac{\sqrt{E^2-a^2}}{E^2}=-\frac{\sqrt{E^2-a^2}}{E^2}+\ln(E+\sqrt{E^2-a^2})\tag{15.19}$$

$$\int dE\frac{\sqrt{E^2-a^2}}{E^4}=\frac{1}{3a^2}\frac{(E^2-a^2)^{\frac{3}{2}}}{E^3}\tag{15.20}$$

を用いた．なお，$\mu_\gamma c^2\ll\Delta E$ とした．

(15.11)，(15.18) を (15.10) に代入することにより，

$$|1+\tilde{F}_1(q^2)|^2+\int_{k^0c<\Delta E}\sum_{\varepsilon}|F_1^{(\mathrm{br})}|^2\frac{V\,d^3k}{(2\pi\hbar)^3}$$

$$=\left|1+\frac{\alpha}{3\pi}\frac{q^2}{m_{\mathrm{e}}^2c^2}\left(\ln\frac{m_{\mathrm{e}}}{\mu_\gamma}-\frac{3}{8}-\frac{1}{5}\right)\right|^2+\frac{2\alpha}{3\pi}\frac{|\boldsymbol{q}|^2}{m_{\mathrm{e}}^2c^2}\left(\ln\frac{2\,\Delta E}{\mu_\gamma c^2}-\frac{5}{6}\right)$$

$$=\left|1+\frac{\alpha}{3\pi}\frac{q^2}{m_{\mathrm{e}}^2c^2}\left(\ln\frac{m_{\mathrm{e}}}{\mu_\gamma}-\frac{3}{8}-\frac{1}{5}\right)\right|^2+\frac{2\alpha}{3\pi}\frac{q^2}{m_{\mathrm{e}}^2c^2}\left(\ln\frac{\mu_\gamma c^2}{2\,\Delta E}+\frac{5}{6}\right)$$

$$\simeq \left|1+\frac{\alpha}{3\pi}\frac{q^2}{m_e^2c^2}\left(\ln\frac{m_ec^2}{2\,\varDelta E}-\frac{3}{8}-\frac{1}{5}+\frac{5}{6}\right)\right|^2 \tag{15.21}$$

となり，μ_γ の依存性が消えることがわかる．ここで，$q^2=-|\boldsymbol{q}|^2$ を用いた．また，$O(\alpha^2)$ の項は小さいとして無視した．

このようにして，真空偏極と制動放射を含めた頂点に関する有限の補正は次のようになる．

$$\left.\begin{aligned}\tilde{\varLambda}_\mu^R(p',\,p) &= \gamma_\mu\,\tilde{F}_1'(q^2)+\frac{i}{2m_ec}\sigma_{\mu\nu}q^\nu F_2(q^2)\\ \tilde{F}_1'(q^2) &\simeq \frac{\alpha}{3\pi}\frac{q^2}{m_e^2c^2}\left(\ln\frac{m_ec^2}{2\,\varDelta E}-\frac{3}{8}-\frac{1}{5}+\frac{5}{6}\right),\qquad F_2(0)=\frac{\alpha}{2\pi}\end{aligned}\right\} \tag{15.22}$$

15.2 ラムシフト

ラムシフトの原因は量子補正であると考えられる．量子補正に寄与する仮想光子のエネルギー E の値に応じて，クーロン相互作用の修正による補正とベクトルポテンシャルの寄与による補正に分けて考察することができる．

15.2.1 クーロン相互作用の修正による補正

$E\geq\varDelta E\,(\gg(Z\alpha)^2m_ec^2)$ の場合，(14.40)，(14.41) を参考にすると補正 (15.22) はクーロン相互作用が

$$\begin{aligned}-ce\gamma_0A^0 &= -\frac{Ze^2}{4\pi\varepsilon_0}\gamma_0\frac{1}{r} = -\frac{Ze^2}{\varepsilon_0}\gamma_0\int_{-\infty}^{\infty}\frac{d^3q}{(2\pi\hbar)^3}\frac{\hbar^2}{|\boldsymbol{q}|^2}e^{\frac{i}{\hbar}\boldsymbol{q}\cdot\boldsymbol{x}}\\ \Rightarrow\quad & -\frac{Ze^2}{\varepsilon_0}\gamma_0\int_{-\infty}^{\infty}\frac{d^3q}{(2\pi\hbar)^3}\frac{\hbar^2}{|\boldsymbol{q}|^2}e^{\frac{i}{\hbar}\boldsymbol{q}\cdot\boldsymbol{x}}\left[1+\tilde{F}_1'(q^2)+\frac{i}{2m_ec}\gamma_0\sigma_{0\nu}q^\nu F_2(q^2)\right]\\ &= -ce\gamma_0A^0-e\gamma_0\left[\frac{\alpha}{3\pi}\frac{\hbar^2}{m_e^2c}\left(\ln\frac{m_ec^2}{2\,\varDelta E}-\frac{3}{8}-\frac{1}{5}+\frac{5}{6}\right)\boldsymbol{\nabla}^2A^0\right.\\ &\qquad\left.+\frac{\alpha}{2\pi}\frac{i\hbar}{2m_e}\boldsymbol{\gamma}\cdot\boldsymbol{\nabla}A^0\right]\end{aligned} \tag{15.23}$$

のように修正されると解釈できる．ここで，$\sigma_{0\nu} = (i/2)[\gamma_0, \gamma_\nu]$，$q^\nu = i\hbar\partial^\nu$ を用いた．(15.23) の補正項を適切な波動関数で挟んで空間積分することにより，エネルギーの補正を求めることができる．

(15.23) の最後の項に対して，ディラック表示において非相対論的近似に基づく波動関数

$$\psi = \begin{pmatrix} \varphi \\ \chi \end{pmatrix}, \qquad \chi = -\frac{i\hbar}{2m_e c}\boldsymbol{\sigma}\cdot\boldsymbol{\nabla}\varphi \tag{15.24}$$

を代入し，部分積分などを行うことによりエネルギーの補正は

$$\begin{aligned} \Delta E^{(2)} &= -\int \bar{\psi}\left(e\gamma_0 \frac{\alpha}{2\pi}\frac{i\hbar^2}{2m_e}\boldsymbol{\gamma}\cdot\boldsymbol{\nabla}A^0\right)\psi\, d^3x \\ &= -\frac{e\alpha\hbar^2}{8\pi m_e^2 c}\left(\int \varphi^\dagger(\boldsymbol{\nabla}^2 A^0)\varphi\, d^3x + \frac{2}{\hbar}\int \varphi^\dagger \frac{1}{r}\frac{dA^0}{dr}\boldsymbol{\sigma}\cdot\boldsymbol{L}\varphi\, d^3x\right) \end{aligned} \tag{15.25}$$

となる．ここで，$(\boldsymbol{\sigma}\cdot\boldsymbol{a})(\boldsymbol{\sigma}\cdot\boldsymbol{b}) = \boldsymbol{a}\cdot\boldsymbol{b} + i\boldsymbol{\sigma}\cdot(\boldsymbol{a}\times\boldsymbol{b})$，$\boldsymbol{L} = -i\hbar\boldsymbol{r}\times\boldsymbol{\nabla}$，$\boldsymbol{\nabla}A^0 = (\boldsymbol{r}/r)(dA^0/dr)$ を用いた．よって，エネルギーの補正は

$$\Delta E_{E\geq\Delta E} = \Delta E^{(1)} + \Delta E^{(2)} \tag{15.26}$$

$$\Delta E^{(1)} = -\frac{e\alpha\hbar^2}{3\pi m_e^2 c}\int \varphi^\dagger\left(\ln\frac{m_e c^2}{2\,\Delta E} - \frac{3}{8} - \frac{1}{5} + \frac{5}{6}\right)(\boldsymbol{\nabla}^2 A^0)\varphi\, d^3x \tag{15.27}$$

となる．

15.2.2　ベクトルポテンシャルの寄与による補正

$E \leq \Delta E$ ($\ll m_e c^2$) の場合，非相対論的極限と考えられるので，クーロンゲージ ($\boldsymbol{\nabla}\cdot\boldsymbol{A} = 0$) の下で時間に依存しないシュレーディンガー方程式

$$\left(-\frac{\hbar^2}{2m_e}\boldsymbol{\nabla}^2 - \frac{ie\hbar}{m_e}\boldsymbol{A}\cdot\boldsymbol{\nabla} + \frac{e^2}{2m_e}\boldsymbol{A}^2 - k_0\frac{Ze^2}{r}\right)\varphi = E\varphi \tag{15.28}$$

を取り扱う．

$\boldsymbol{A}$ の2次の項を無視して，$H' = -(ie\hbar/m_{\mathrm{e}})\boldsymbol{A}\cdot\boldsymbol{\nabla}$ を摂動ハミルトニアンと考えると，エネルギーの2次の補正は

$$\varDelta E_{E\leq\varDelta E} = \sum_{m,\boldsymbol{k},a}\frac{|\langle m,\boldsymbol{k},\boldsymbol{\varepsilon}^{(a)}|H'|n\rangle|^2}{E_n - E_m - E} \tag{15.29}$$

となる．ここで，$|m,\boldsymbol{k},\boldsymbol{\varepsilon}^{(a)}\rangle$ は電子と仮想光子が共存する中間状態，m は電子のエネルギー状態，$\boldsymbol{k}$ は光子の運動量，$a(=1,2)$ は光子の横波偏極状態，E は光子のエネルギーを表す．$|n\rangle$ は $H_0 = (-\hbar^2/2m_{\mathrm{e}})\boldsymbol{\nabla}^2 - k_0Ze^2/r$ に関する固有状態 $(H_0|n\rangle = E_n|n\rangle)$ である．

$\boldsymbol{A}$ として (12.4) を用いると，

$$\varDelta E_{E\leq\varDelta E} = \sum_{m,a}\int_{E\leq\varDelta E}\frac{\hbar^5\,d^3k}{2E(2\pi\hbar)^3}\frac{4\pi\alpha}{m_{\mathrm{e}}^2}\frac{|\langle m|e^{i\boldsymbol{k}\cdot\boldsymbol{x}}\,\boldsymbol{\varepsilon}^{(a)}\cdot\boldsymbol{\nabla}|n\rangle|^2}{E_n - E_m - E} \tag{15.30}$$

となる．さらに，偏極ベクトルに関する完全性

$$\int d\Omega_k\sum_{a=1}^{2}\varepsilon_i^{(a)*}\varepsilon_j^{(a)} = \frac{2}{3}4\pi\delta_{ij} \tag{15.31}$$

と，速度演算子 $\hat{\boldsymbol{v}} = \hat{\boldsymbol{p}}/m_{\mathrm{e}} = -i\hbar\boldsymbol{\nabla}/m_{\mathrm{e}}$ および $c^2|\boldsymbol{k}|\,d|\boldsymbol{k}| = E\,dE$ を用いて，

$$\begin{aligned}\varDelta E_{E\leq\varDelta E} &= \sum_m\int\frac{\hbar^5|\boldsymbol{k}|^2\,d|\boldsymbol{k}|}{2E(2\pi\hbar)^3}\frac{4\pi\alpha}{m_{\mathrm{e}}^2}\frac{2}{3}4\pi\frac{|\langle m|\boldsymbol{\nabla}|n\rangle|^2}{E_n - E_m - E}\\ &= \frac{2\alpha}{3\pi c^2}\int_0^{\varDelta E}E\,dE\sum_m\frac{|\langle m|\hat{\boldsymbol{v}}|n\rangle|^2}{E_n - E_m - E}\end{aligned} \tag{15.32}$$

と変形される．(15.31) は，横波偏極ベクトルに関する具体的な表式

$$\boldsymbol{\varepsilon}^{(1)} = (\cos\theta\cos\phi,\ \cos\theta\sin\phi,\ -\sin\theta), \qquad \boldsymbol{\varepsilon}^{(2)} = (-\sin\phi,\ \cos\phi,\ 0) \tag{15.33}$$

を用いて導くことができる．

$\hat{\boldsymbol{v}}$ の固有状態である自由な電子に関しても，同様の補正

$$\varDelta E_{E\leq\varDelta E}|_{\mathrm{free}} = \frac{2\alpha}{3\pi c^2}\int_0^{\varDelta E}E\,dE\frac{\boldsymbol{v}^2}{-E} = \frac{2\alpha}{3\pi c^2}\int_0^{\varDelta E}E\,dE\sum_m\frac{|\langle m|\hat{\boldsymbol{v}}|n\rangle|^2}{-E} \tag{15.34}$$

が存在するので，物理的なエネルギーの補正は引き算されたもの

$$\begin{aligned}\varDelta E^{\mathrm{R}}_{E\le\varDelta E} &= \frac{2\alpha}{3\pi c^2}\int_0^{\varDelta E} E\,dE\sum_m \frac{|\langle m|\hat{\boldsymbol{v}}|n\rangle|^2}{E_n-E_m-E} - \frac{2\alpha}{3\pi c^2}\int_0^{\varDelta E} E\,dE\sum_m \frac{|\langle m|\hat{\boldsymbol{v}}|n\rangle|^2}{-E} \\ &= \frac{2\alpha}{3\pi c^2}\int_0^{\varDelta E} E\,dE\sum_m |\langle m|\hat{\boldsymbol{v}}|n\rangle|^2\left(\frac{1}{E_n-E_m-E}+\frac{1}{E}\right) \\ &= \frac{2\alpha}{3\pi c^2}\int_0^{\varDelta E} dE\sum_m |\langle m|\hat{\boldsymbol{v}}|n\rangle|^2\frac{E_n-E_m}{E_n-E_m-E} \end{aligned} \tag{15.35}$$

と考えられる．

$\varDelta E \gg |E_n - E_m|$ として，E に関する積分は $E_m > E_n$ のとき，

$$\begin{aligned}\int_0^{\varDelta E} dE\frac{1}{E_n-E_m-E} &= -\int_0^{\varDelta E} dE\frac{1}{E+E_m-E_n} \\ &= -\ln\frac{\varDelta E+E_m-E_n}{E_m-E_n} \simeq -\ln\frac{\varDelta E}{E_m-E_n}\end{aligned} \tag{15.36}$$

となる．同様にして，$E_m < E_n$ のとき，$\displaystyle\int_0^{\varDelta E} dE\frac{1}{E_n-E_m-E} \simeq -\ln\frac{\varDelta E}{E_n-E_m}$ となる．後の便宜のため，この対数を，

$$\ln\frac{\varDelta E}{|E_m-E_n|} = \ln\frac{2\,\varDelta E}{m_{\mathrm{e}}c^2} - 2\ln(Z\alpha) + \ln\frac{(Z\alpha)^2 m_{\mathrm{e}}c^2/2}{|E_m-E_n|} \tag{15.37}$$

のように書きかえる．ここで，最後の項の対数の中身は，基底状態の束縛エネルギーの大きさ $(Z\alpha)^2 m_{\mathrm{e}}c^2/2$ を単位とするエネルギー差の逆数である．

(15.37) を用いて，$\varDelta E^{\mathrm{R}}_{E\le\varDelta E}$ は

$$\begin{aligned}\varDelta E^{\mathrm{R}}_{E\le\varDelta E} &= \frac{2\alpha}{3\pi c^2}\left(\ln\frac{2\,\varDelta E}{m_{\mathrm{e}}c^2} - 2\ln(Z\alpha)\right)\sum_m |\langle m|\hat{\boldsymbol{v}}|n\rangle|^2(E_m-E_n) \\ &\quad + \frac{2\alpha}{3\pi c^2}\sum_m |\langle m|\hat{\boldsymbol{v}}|n\rangle|^2(E_m-E_n)\ln\frac{(Z\alpha)^2 m_{\mathrm{e}}c^2/2}{|E_m-E_n|}\end{aligned} \tag{15.38}$$

と書き表される．

(15.38) の右辺の第1項に対して，和則に関する公式

$$
\begin{aligned}
\sum_m |\langle m|\hat{\boldsymbol{v}}|n\rangle|^2 (E_m - E_n) &= \sum_m \langle n|\hat{\boldsymbol{v}}|m\rangle\langle m|\hat{\boldsymbol{v}}|n\rangle (E_m - E_n) \\
&= \frac{1}{2}\sum_m \big(\langle n|\hat{\boldsymbol{v}}H_0|m\rangle\langle m|\hat{\boldsymbol{v}}|n\rangle + \langle n|\hat{\boldsymbol{v}}|m\rangle\langle m|H_0\hat{\boldsymbol{v}}|n\rangle \\
&\qquad - \langle n|H_0\hat{\boldsymbol{v}}|m\rangle\langle m|\hat{\boldsymbol{v}}|n\rangle - \langle n|\hat{\boldsymbol{v}}|m\rangle\langle m|\hat{\boldsymbol{v}}H_0|n\rangle\big) \\
&= -\frac{1}{2}\langle n|(2\hat{\boldsymbol{v}}H_0\hat{\boldsymbol{v}} - H_0\hat{\boldsymbol{v}}^2 - \hat{\boldsymbol{v}}^2 H_0)|n\rangle \\
&= -\frac{1}{2m_{\mathrm{e}}^2}\langle n|[\hat{\boldsymbol{p}},\ [\hat{\boldsymbol{p}},\ H_0]]|n\rangle \\
&= -\frac{e\hbar^2 c}{2m_{\mathrm{e}}^2}\langle n|\boldsymbol{\nabla}^2 A^0|n\rangle
\end{aligned}
\tag{15.39}
$$

を用いることにより，以下のように書き表される．

$$
\begin{aligned}
\Delta E^{\mathrm{R}}_{E\le\Delta E} = &-\frac{e\alpha\hbar^2}{3\pi m_{\mathrm{e}}^2 c}\left(\ln\frac{2\,\Delta E}{m_{\mathrm{e}}c^2} - 2\ln(Z\alpha)\right)\langle n|\boldsymbol{\nabla}^2 A^0|n\rangle \\
&+ \frac{2\alpha}{3\pi c^2}\sum_m |\langle m|\hat{\boldsymbol{v}}|n\rangle|^2 (E_m - E_n)\ln\frac{(Z\alpha)^2 m_{\mathrm{e}}c^2/2}{|E_m - E_n|}
\end{aligned}
\tag{15.40}
$$

15.2.3 ラムシフトの理論値

2つの場合におけるエネルギーの補正から，それら((15.25)，(15.27)，(15.40))を加えることで，状態 $|n\rangle$ にある電子のエネルギーの補正は

$$
\begin{aligned}
\Delta E_n = &-\frac{e\alpha\hbar^2}{3\pi m_{\mathrm{e}}^2 c}\left(\frac{5}{6} - \frac{1}{5} - 2\ln(Z\alpha)\right)\langle n|\boldsymbol{\nabla}^2 A^0|n\rangle \\
&- \frac{e\alpha\hbar}{4\pi m_{\mathrm{e}}^2 c}\left\langle n\left|\frac{1}{r}\frac{dA^0}{dr}\boldsymbol{\sigma}\cdot\boldsymbol{L}\right|n\right\rangle \\
&+ \frac{2\alpha}{3\pi c^2}\sum_m |\langle m|\hat{\boldsymbol{v}}|n\rangle|^2 (E_m - E_n)\ln\frac{(Z\alpha)^2 m_{\mathrm{e}}c^2/2}{|E_m - E_n|}
\end{aligned}
\tag{15.41}
$$

で与えられる．

$A^0 = (k_0/c)(Ze/r)$ なので，

$$\nabla^2 A^0 = -4\pi \frac{k_0 Ze}{c} \delta^3(\boldsymbol{x}), \qquad \frac{1}{r}\frac{dA^0}{dr} = -\frac{k_0 Ze}{cr^3} \tag{15.42}$$

である．よって，

$$\langle n|\nabla^2 A^0|n\rangle = -4\pi \frac{k_0 Ze}{c} |\varphi_n(\mathbf{0})|^2 = -4\pi \frac{k_0 Ze}{c} \frac{(Z\alpha)^3 m_e^3 c^3}{\pi \hbar^3 n^3} \delta_{l0} \tag{15.43}$$

$$\left\langle n \middle| \frac{1}{r}\frac{dA^0}{dr} \middle| n \right\rangle = -\frac{k_0 Ze}{c} \frac{2(Z\alpha)^3 m_e^3 c^3}{l(l+1)(2l+1)\hbar^3 n^3} \tag{15.44}$$

である．ここで (6.51)，(6.41) を用いた．さらに，(6.7) より，

$$\hbar \boldsymbol{L}\cdot\boldsymbol{\sigma} = \hbar^2 \left[j(j+1) - l(l+1) - \frac{3}{4} \right] = \begin{cases} \hbar^2 l & \left(j = l + \dfrac{1}{2}\right) \\ -\hbar^2 (l+1) & \left(j = l - \dfrac{1}{2}\right) \end{cases} \tag{15.45}$$

が導かれる．

(15.43)，(15.44)，(15.45) を用いて，n，$j = l \pm (1/2)$ で指定される状態に対するエネルギーの補正は

$$\Delta E_{njl} = \frac{4m_e c^2}{3\pi n^3} \alpha (Z\alpha)^4 \left[\left(\frac{19}{30} - 2\ln(Z\alpha) \right) \delta_{l0} \pm \frac{3}{4} \frac{1}{(2j+1)(2l+1)} (1 - \delta_{l0}) + L_{nl} \right] \tag{15.46}$$

のように書き表される．なお，因子 $(1 - \delta_{l0})$ は $l = 0$ の状態で $\boldsymbol{L}\cdot\boldsymbol{\sigma} = 0$ であることを表している．

また，

$$L_{nl} \equiv \frac{n^3}{2m_e c^4 (Z\alpha)^4} \sum_m |\langle m|\hat{\boldsymbol{v}}|n\rangle|^2 (E_m - E_n) \ln \frac{(Z\alpha)^2 m_e c^2/2}{|E_m - E_n|} \tag{15.47}$$

で，数値計算により $Z=1$ の場合は次のようになる．

$$L_{20} \simeq -2.81177, \qquad L_{21} \simeq 0.03002 \tag{15.48}$$

水素原子 $(Z=1)$ に対して，$2S_{1/2}$ に関する補正は

$$\begin{aligned} \Delta E_{2S_{1/2}} = \Delta E_{n=2,j=1/2,l=0} &\simeq \frac{4m_e c^2}{3\pi 2^3} \alpha^5 \left(\frac{19}{30} - 2\ln\alpha - 2.81177 \right) \\ &= \frac{m_e c^2}{6\pi} \alpha^5 \times (7.66205) = 4.29828 \times 10^{-6}\,\mathrm{eV} \\ &= 1039.3\,\mathrm{MHz} \cdot (2\pi\hbar) \end{aligned} \tag{15.49}$$

で，同様にして $2P_{1/2}$ に関する補正は以下のようになる．

$$\begin{aligned} \Delta E_{2P_{1/2}} = \Delta E_{n=2,j=1/2,l=1} &\simeq \frac{4m_e c^2}{3\pi 2^3} \alpha^5 \left(-\frac{1}{8} + 0.03002 \right) \\ &= \frac{m_e c^2}{6\pi} \alpha^5 \times (-0.09498) = -5.328 \times 10^{-8}\,\mathrm{eV} \\ &= -12.9\,\mathrm{MHz} \cdot (2\pi\hbar) \end{aligned} \tag{15.50}$$

したがって，ラムシフトの理論値として，

$$E_{\mathrm{lamb}} = \Delta E_{2S_{1/2}} - \Delta E_{2P_{1/2}} \simeq 1052.2\,\mathrm{MHz} \cdot (2\pi\hbar) \tag{15.51}$$

が導かれ，実験値である 1057.845 MHz に近い値が得られる．実験値との違いは α^6 以上の補正や陽子の質量による反跳効果などで，これらの効果を取り入れることにより，$\alpha^2 m_e c^2/2$を基準にして10^{-11}の精度で実験値をうまく説明できることがわかっている．このようにして，相対論的量子力学は水素原子に対して有効な理論であることが立証された．

15.3 今後の展望

相対論的量子力学は，水素原子のエネルギー準位および電子・陽電子・光

子が絡んだ，さまざまな散乱過程の理論的な解析と実験による検証を通して，その有効性が立証されている．ただし，実験精度の向上により，さらなる理論的な解析が要求される．そのためには，本書では考察しなかったさまざまな効果を取り込む必要がある．

具体的には，電磁相互作用以外の相互作用や，電子・陽電子・光子以外の粒子が引き起こす効果などである．例えば，電子や陽電子は弱い相互作用を受ける．ミューオンやクォーク，弱い相互作用を媒介するウィークボソンなど，さまざまな素粒子の存在が知られている．これらの粒子は仮想粒子として量子補正に寄与する．こうなると，相対論的量子力学だけでは太刀打ちできない状況に追い込まれる．

相対論的量子力学の技術的な難点として，複雑な散乱過程やその高次補正を取り扱うのが厄介であることを指摘しておこう．つまり，散乱過程を特定し，それに関係するあらゆるファインマンダイヤグラムを描き，ファインマン則を適用して散乱振幅を書き下して計算を実行するという作業をする．その際に相対符号や重みをその都度，検討し導入する必要がある．より組織的に，散乱過程などを処理する理論形式があれば便利である．

さらに π 中間子は，自由粒子の状態においてクライン－ゴルドン方程式に従う実在の粒子である．多くの素粒子は不安定で平均寿命に従って崩壊する．素粒子の生成・消滅を記述し，電子，光子，π 中間子など，あらゆる素粒子を同じ枠組みで記述するような理論形式があれば，それらを含む状態変化の遷移確率を計算する際に有用であるに違いない．

実際，このような理論形式として「場の量子論」が存在する．相対論的場の量子論は，相対論的量子力学より適用範囲が広く，散乱過程などの組織的な計算にも優れ，微視的な世界におけるさまざまな現象を説明するのに役立っている．

場の量子論では，波動方程式に従う場は粒子およびその反粒子に関する生成・消滅演算子と解釈される．電子の場合，負エネルギー解に関する部分は陽電子の生成演算子に相当し，(負エネルギー解を対処するために導入された) 空孔理論はもはや不要となる．また，4 元確率の流れ (時間成分は確率密度) は場の量子論において 4 元粒子数の流れ (時間成分は粒子数密度) に相当し，「粒子数密度＝粒子の数密度－反粒子の数密度」であるため負の値も許される．したがって，クライン－ゴルドン方程式に従う粒子も場の量子論の枠内で市民権を得ることになる．

このように場の量子論の利点を並べると，相対論的量子力学を学ぶ意義が薄れるように思うかもしれないが，このような結論づけは早計である．例えば，ニュートン力学と特殊相対論的力学の関係を思い出そう．物体の速さが大きくなったとき，特殊相対論的力学がニュートン力学に取って代わるため特殊相対論的力学の方が適用範囲が広い．ニュートン力学で成立したいくつかの性質・概念 (例えば，「ガリレイ変換不変性」，「速度の合成則」，「同時刻という概念」) は変更を受ける．

しかしニュートン力学は，さまざまな重要な物理的概念を含み身の周りの物理現象と深く関わり，比較的理解しやすい対象を多く含んでいる．さらに基本的な概念は，特殊相対論的力学においてもほぼ同じ形で成り立つ．よって，ニュートン力学を理解した上で，特殊相対論的力学を学習するのが適切である．

計算手法に関しても同様の考えに基づいて，パウリ－ビラース正則化法を紹介した．実際，さまざまな素粒子を含む系では，多くの場合，別の正則化法 (次元正則化法など) を用いるのが便利である．

種々の理論・考え方・方法に精通することは長い目で見れば強みになると思うので，時間に余裕のある読者は実践して欲しい．

相対論的量子力学の理解がある程度進んだら，場の量子論の習得とそれを応用した素粒子物理学，および物性物理学の学習を次の目標にして欲しい．

電子は伝道師（?）

場の量子論は素粒子物理学のみならず，物性物理学でも極めて重要な理論形式としてさまざまな物理系の解明に役立てられている．非相対論的な場の量子論に基づいた解析が大部分を占めているが，相対論的量子力学や相対論的な場の量子論が適用できる（ディラック方程式と同形の方程式により記述される）物理系も少なからず存在する．

その多くは，固体中で電子が $E \propto |\boldsymbol{p}|$ に従う準粒子として振舞うような系で，グラフェン（単原子層グラファイト），有機導体，トポロジカル絶縁体などである．

さらに，ディラック演算子 $\not{D} = \gamma^\mu[(\partial/\partial x^\mu) - i(e/\hbar)A_\mu(x)]$ の拡張（カイラルスピノルに関する演算子など）に関する数理科学的な解析により，指数定理を含むさまざまな代数的および位相幾何学的性質が明らかになり，場の量子論や超弦理論における量子力学的異常項の解明に役立っている．

このように，電子は電気を運ぶという‘電導子’の役割の他に，類似の特徴を有する物理系を仲立ちにして‘物理の道’を伝えるという役割も果たしているようだ．電子の今後の活躍に期待したい．

付　録

A．国際単位系

B．特殊相対性理論

C．量子力学

D．ポアンカレ群

E．スピノル解析

F．さまざまな時空におけるスピノル

G．正則化

H．表記法，公式集

付録 A　国際単位系

物理量を数量化する際に設ける基準を**単位**とよぶ．基本的な物理量として，質量 (M)，長さ (L)，時間 (T) が考えられる．ここで，括弧内の記号は物理量を表す記号である．**MKS 単位系**とは，質量の単位であるキログラム (kg)，長さの単位であるメートル (m)，時間の単位である秒 (s) を基本単位として構成された，十進法による計量単位系のことである．ここで，括弧内のアルファベットは単位を表す記号である．

さらに，MKS 単位系の拡張版で「キログラム (kg)，メートル (m)，秒 (s)，電流の単位であるアンペア (A)，温度の単位であるケルビン (K)，光度の単位であるカンデラ (cd)，物質量の単位であるモル (mol)」の 7 種類を基本単位として構成され

表 A.1　主な物理定数

物理量	記号	値
真空中の光の速さ	c	3.00×10^{8} m/s
プランク定数	h	6.63×10^{-34} J・s
換算プランク定数	$\hbar \equiv \dfrac{h}{2\pi}$	1.05×10^{-34} J・s
電気素量	e	1.60×10^{-19} C
電子の質量	m_{e}	9.11×10^{-31} kg
陽子の質量	m_{p}	1.67×10^{-27} kg
真空の誘電率	ε_0	8.85×10^{-12} F/m
真空の透磁率	μ_0	1.26×10^{-6} N/A^2
微細構造定数	$\alpha \equiv \dfrac{e^2}{4\pi\varepsilon_0 \hbar c}$	$7.30 \times 10^{-3} \approx \dfrac{1}{137}$
電子のコンプトン波長	$\dfrac{h}{m_{\mathrm{e}} c}$	2.43×10^{-12} m
ボーア半径	$a_0 \equiv \dfrac{4\pi\varepsilon_0 \hbar^2}{m_{\mathrm{e}} e^2}$	5.29×10^{-11} m
ボーア磁子	$\mu_{\mathrm{B}} \equiv \dfrac{e\hbar}{2m_{\mathrm{e}}}$	9.27×10^{-24} C・m^2/s

た，十進法による計量単位系である**国際単位系**（SI **単位系**）が設けられている．これらの基本単位は SI 基本単位とよばれている．

基本単位をもつ物理量以外の物理量の単位は，基本単位を組み合わせてつくられた**組立単位**とよばれる単位をもつ．例えば，速度はメートル毎秒（m/s），加速度はメートル毎秒毎秒（m/s^2）である．便宜上，組立単位のうち固有の名称と記号が使用されているものがある．例えば，力はニュートン（N）で，仕事はジュール（J）で，電気量はクーロン（C）で，静電容量はファラド（F）で，それぞれ $1\,N = 1\,kg \cdot m/s^2$，$1\,J = 1\,N \cdot m = 1\,kg \cdot m^2/s^2$，$1C = 1s \cdot A$，$1\,F = 1\,kg \cdot s^4 \cdot A^2/m^2$ である．組立単位として，無次元の物理量に対する単位（数値の 1 で与えられる単位）を含んでいる．

ここで，本書で関連の深い**物理定数**とその値を表 A.1 に列挙する．値は有効数字 3 桁で示されている．

物理量の**次元**は，基本的な物理量の値を独立に定数倍する変換により，以下のように定義される．$(M, L, T) \to (\xi M, \eta L, \zeta T)$（$\xi, \eta, \zeta$ は定数）という変換に対して，物理量 Q が

$$Q \to \xi^a \eta^b \zeta^c Q \tag{A.1}$$

という変換を受けたとする．このとき，質量，長さ，時間に関する Q の次元はそれぞれ a, b, c で，$[Q] = [M^a L^b T^c]$ と表される．例えば，力の次元は $[MLT^{-2}]$ である．変換 (A.1) は，質量，長さ，時間の単位を変更したことに相当する．

物理法則は，単位の選び方とは独立に成り立つはずである．つまり，物理現象を表す方程式は変換 (A.1) の下で不変である．これが成り立つためには，物理現象を表す方程式の各項が同じ次元をもつ必要がある．このような次元に関する性質を用いて，無次元の係数を除いて方程式の形を予測することが可能となる．この方法は**次元解析**とよばれ，物理法則を探る際に有用な手段となる．

我々の身の周りの現象を記述する際に SI 単位系は便利であるが，素粒子が関与する高エネルギーの現象に対しては必ずしも適しているとは限らない．素粒子物理学や高エネルギー物理学など，より専門的な分野を学習する読者のために，必要となるであろう自然単位系について紹介する．

基本単位の設定および選択には任意性があり，独立な単位をもつ適当な物理量を基準にして定義すればよい．よって，力学の単位として，3種類の物理量

$$\text{エネルギー}(E):[ML^2T^{-2}],\qquad \text{作用}(S):[ML^2T^{-1}],\qquad \text{速さ}(v):[LT^{-1}] \tag{A.2}$$

を選ぶことにする．ここで，それぞれの物理量に対する次元を併記した．

エネルギーの単位としては，電子ボルト (eV)，あるいはそれを 10^3 倍ずつしたもの ($1\,\mathrm{keV}=10^3\,\mathrm{eV}$，$1\,\mathrm{MeV}=10^6\,\mathrm{eV}$，$1\,\mathrm{GeV}=10^9\,\mathrm{eV}$，$1\,\mathrm{TeV}=10^{12}\,\mathrm{eV}$ など) を用いる．ちなみに $1\,\mathrm{eV}=1.60\times10^{-19}\,\mathrm{J}$ である．また作用，速さに関しては，それぞれ物理定数である換算プランク定数 $\hbar$，光の速さ c をそのまま用いることにする．この単位系とSI単位系との間の換算は (有効数字3桁として)，

$$\left.\begin{array}{c} 1\,\mathrm{kg}=5.61\times10^{29}\,\mathrm{MeV}/c^2,\qquad 1\,\mathrm{m}=5.07\times10^{12}\,\hbar c/\mathrm{MeV} \\ 1\,\mathrm{s}=1.52\times10^{21}\,\hbar/\mathrm{MeV} \end{array}\right\} \tag{A.3}$$

で与えられる．また，$\hbar c=197\times10^{-15}\,\mathrm{MeV\cdot m}$ を覚えておくと換算の際に便利である．例えば，

$$\frac{\hbar}{Mc}=\left(\frac{1\,\mathrm{MeV}}{Mc^2}\right)\cdot197\times10^{-15}\,\mathrm{m} \tag{A.4}$$

を用いて，質量を長さに換算することができる．

さらに，手間を省くために $\hbar=c=1$ として，それらをあらわに表記しないことにする．次元解析を用いて，いつでも $\hbar$ や c を復活することができるので特に不都合が生じることはない．このようにして，**自然単位系**とよばれる，エネルギーの単位のみをあらわに用いる単位系に到達した．この単位系では，質量の逆数と長さと時間は同じ単位 (例えば，GeV^{-1}) で表される．また，質量とエネルギーと運動量は同じ単位 (例えば，GeV) で表される．

最後に，ギリシア文字の読み方と，それらを用いた本書で関連の深い物理学・数学用語を表 A.2 に列挙する．日本語読みは標準的なものを記載した．

表 A.2 ギリシア文字の読み方と主な物理学・数学用語

大文字	小文字	読み方	主な物理学・数学用語
A	α	alpha：アルファ	α 粒子，微細構造定数
B	β	beta：ベータ	β 崩壊
Γ	γ	gamma：ガンマ	γ 行列，Γ 関数，光子
Δ	δ	delta：デルタ	δ 関数
E	ε	epsilon：イプシロン	誘電率
Z	ζ	zeta：ゼータ	
H	η	eta：イータ	計量テンソル，スピノル
Θ	θ	theta：シータ	天頂角，階段関数
I	ι	iota：イオタ	
K	κ	kappa：カッパ	
Λ	λ	lambda：ラムダ	波長
M	μ	mu：ミュー	透磁率，ミューオン
N	ν	nu：ニュー	振動数
Ξ	ξ	xi：クシー	スピノル
O	o	omicron：オミクロン	
Π	π	pi：パイ	円周率，π 中間子
P	ρ	rho：ロー	確率密度，電荷密度
Σ	σ	sigma：シグマ	和の記号，パウリ行列
T	τ	tau：タウ	固有時
Υ	υ	upsilon：ウプシロン	
Φ	ϕ φ	phi：ファイ	方位角，波動関数
X	χ	chi：カイ	波動関数
Ψ	ψ	psi：プサイ	波動関数
Ω	ω	omega：オメガ	角速度，角振動数

付録 B　特殊相対性理論

B.1　ニュートン力学

物理学は，対象の違いにより幾つかの学問分野に分かれる．例えば力学とは，物体の運動と物体にはたらく力の関係を論ずる学問である．物理学の各分野を特徴づける構成要素として，役者である「対象」と役者が運動する舞台である「時間と空間」(まとめて，**時空**とよぶ) と脚本である「物理法則」に大別される．

ニュートン力学に関する構成要素について簡単に述べる．主な役者は，我々の周りにある物体 (りんご，ボール，おもり，…，天体など) である．舞台は **3 次元ユークリッド空間** (three - dimensional Euclidean space) と**絶対時間**である．ここで，ユークリッド空間とは曲率がゼロの (曲がっていない) 一様・等方な空間である．

また絶対時間は，空間とは独立に一様に流れる時間のことである．脚本に関しては，物体の運動に関する法則「ニュートンの運動法則」と，物体にはたらく力に関する法則「ニュートンの万有引力の法則やフックの法則 (Hooke's law) など」から成る．以下に，**ニュートンの運動法則**を列挙する．

【運動の第 1 法則】　物体にはたらく力 (正確には合力) がゼロの場合，物体は等速直線運動を行う．つまり，物体の運動状態は変化しない．

【運動の第 2 法則】　物体に力がはたらくとき，物体は力に比例する加速度をもつ．物体にはたらく力は物体の運動量の変化に等しい．

【運動の第 3 法則】　物体 1 が別の物体 2 に力を及ぼすとき，物体 1 は物体 2 から同じ大きさで逆向きの力を受ける．力は 2 つの質点を結ぶ方向にはたらく．

物体が，その運動状態を保ち続けようとする性質は**慣性**とよばれ，運動の第 1 法則は，別名，**慣性の法則**とよばれている．慣性の法則が成り立つ系を**慣性系**とよぶ．慣性系は無数に存在する．

実際に，ある慣性系に対して原点をずらした系も慣性系であり，原点の周りに任意の角度で回転させた系も慣性系である．さらに，慣性系に対して，任意の速度で等速直線運動している観測者を基準にした座標系も慣性系である．しかも運動の相対性から，運動法則を用いて特別な慣性系を選び出すことは原理的に不可能である．この性質は，**相対性原理「あらゆる慣性系で同じ運動法則が成立する」**という形で理解されている．

ニュートン力学では，この原理は**ガリレイの相対性原理**（Galilean principle of relativity）とよばれ，互いに等速直線運動している慣性系は**ガリレイ変換**で結ばれる．慣性系 I で物体の位置（位置ベクトル）を $\boldsymbol{x} = (x, y, z)$ とし，I に対して一定の速度 $\boldsymbol{u} = (u_x, u_y, u_z)$ で並進運動をしている慣性系 I′ では，$\boldsymbol{x}' = (x', y', z')$ とする．この場合，ガリレイ変換は

$$\boldsymbol{x}' = \boldsymbol{x} - \boldsymbol{u}t \qquad \text{(B.1)}$$

と表される．ここで，t は時間を表す変数である．

また，距離が定義された空間を**距離空間**とよぶ．ユークリッド空間は距離空間の一種である．直交座標を選んだ場合，点 (x, y, z) と点 $(x + \Delta x, y + \Delta y, z + \Delta z)$ との間の距離 Δs の 2 乗は

$$\Delta s^2 = (\Delta x)^2 + (\Delta y)^2 + (\Delta z)^2 \qquad \text{(B.2)}$$

で与えられる．**距離**は長さの次元をもつ基本的な物理量である．ある座標系に対して，原点をずらした座標系や原点の周りに任意の角度で回転させた座標系においても，(B.2) で定義された距離は変わらない．さらに，絶対時間を想定した場合，ガリレイ変換に対して (B.2) で定義された距離が不変であることがわかる．

以上より，ニュートン力学の舞台は，3 次元ユークリッド空間と絶対時間（の直積からなる時空）と考えられる．

運動の第 2 法則を式で表すと

$$m\frac{d^2\boldsymbol{x}}{dt^2} = \boldsymbol{F}, \ \text{あるいは,} \ \frac{d}{dt}(m\boldsymbol{v}) = \boldsymbol{F} \qquad \text{(B.3)}$$

となる．ここで，質量 m は物体の運動状態の変えづらさ（慣性の大きさ）を表す比例係数で，**慣性質量**とよばれている．また，$\boldsymbol{F}$ は物体にはたらく力，$m\boldsymbol{v} = m d\boldsymbol{x}/dt$ は運動量である．

B.2　ミンコフスキー時空

現在知られている物理学の各分野は，それぞれ守備範囲をもっていてニュートン力学も例外ではない．実験により，**あらゆる慣性系で真空中の光の速さ c は同一である**ことが確かめられている．この性質はガリレイ変換不変性と相容(あいい)れず，ニュートン力学の適用限界は c と関連する．さらに，アインシュタインはこの光の性質を**光速度不変の原理**とよばれる原理に格上げし，相対性原理と併用して特殊相対性理論に基づく力学（特殊相対論的力学）を構築した．

特殊相対性理論では，時間を含めた形で距離（世界間隔）の定義が変更されて，その舞台は**4次元ミンコフスキー時空**とよばれる4次元時空になる．そこでは，ローレンツ変換不変性がガリレイ変換不変性に取って代わる．物体の速さ v と光の速さ c の比 $\beta \equiv v/c$ が0の極限で，特殊相対論的力学はニュートン力学に帰着する．

まず，4次元ミンコフスキー時空とローレンツ変換について復習する．時空内の任意の点は，4つの数 $x^\mu = (ct, \boldsymbol{x}) = (ct, x, y, z)$ により指定される．なお，$\mu = 0, 1, 2, 3$ である．時空のある領域に属する点に，x^μ を割り振ったものが**座標系**（$\{x^\mu\}$ と表す）である．4次元ミンコフスキー時空において，座標系として直交座標系を採用すると，点 x^μ と点 $x^\mu + dx^\mu$ との間の**世界間隔**の2乗 ds^2 は

$$\begin{aligned} ds^2 &\equiv c^2\,dt^2 - dx^2 - dy^2 - dz^2 \\ &= \sum_{\mu,\nu=0}^{3} \eta_{\mu\nu}\,dx^\mu\,dx^\nu = \eta_{\mu\nu}\,dx^\mu\,dx^\nu \end{aligned} \tag{B.4}$$

で定義される．上式の $\eta_{\mu\nu}$ は，**計量テンソル**で行列を用いて表示すると，

$$\eta_{\mu\nu} = \begin{pmatrix} 1 & 0 & 0 & 0 \\ 0 & -1 & 0 & 0 \\ 0 & 0 & -1 & 0 \\ 0 & 0 & 0 & -1 \end{pmatrix} \tag{B.5}$$

となる．(B.4) の最後の表式で，「添字として同じギリシア文字が上下に現れたとき，和の記号を省く」という**アインシュタインの和の規約**を用いている．以後，多くの場合，何の断りもなしにこの規約を用いることにする．

慣性系同士をつなぐ変換として，**ローレンツ変換**と**並進**（$x'^\mu = x^\mu + a^\mu$）があり

(a^μ は任意の定数ベクトル)，これらを合わせた変換は**ポアンカレ変換**とよばれている．ローレンツ変換はローレンツブースト，空間回転，空間反転 ($\boldsymbol{x} \to -\boldsymbol{x}$)，時間反転 ($t \to -t$) から成る．これらの変換は**ローレンツ群**とよばれる群 $O(3,1)$ を成す．[†] ここで，**ローレンツブースト**とは互いに等速直線運動している座標系の間の変換である．

具体的な表式を用いると，ローレンツ変換により慣性系 $\{x^\mu\}$ と慣性系 $\{x'^\mu\}$ は，変換行列 $\Lambda^\mu{}_\nu$ が

$$\eta_{\mu\nu}\Lambda^\mu{}_\alpha\Lambda^\nu{}_\beta = \eta_{\alpha\beta} \tag{B.6}$$

を満たすような1次変換

$$x'^\mu = \Lambda^\mu{}_\nu x^\nu \tag{B.7}$$

で結ばれる．なお，(B.6) は**ローレンツ変換の下で ds^2 が不変に保たれる**という性質と等価で，光速度不変の原理 ($|d\boldsymbol{x}/dt| = |d\boldsymbol{x}'/dt'| = c$，すなわち，$ds^2 = ds'^2 = 0$) を含んでいる．(B.7) において，恒等変換から無限小変換を逐次行うことにより得られる変換は**本義ローレンツ変換**とよばれ，ローレンツ群の部分群 (**本義ローレンツ群** $O^\uparrow_+(3,1)$) を成す．その元はローレンツブーストと空間回転から成り，$\det \Lambda^\mu{}_\nu = 1$ および $\Lambda^0{}_0 \geq 1$ を満たす (詳しくは，付録 D.1 節を参照せよ)．

本義ローレンツ変換に関する具体例を2つ挙げる．

(1)　x 軸方向のローレンツブースト

$$\Lambda^\mu{}_\nu = \begin{pmatrix} \cosh\omega & -\sinh\omega & 0 & 0 \\ -\sinh\omega & \cosh\omega & 0 & 0 \\ 0 & 0 & 1 & 0 \\ 0 & 0 & 0 & 1 \end{pmatrix} \tag{B.8}$$

ここで，ローレンツ角 ω と座標間の相対速度の大きさ v の間には，

$$\sinh\omega = \frac{\beta}{\sqrt{1-\beta^2}}, \qquad \cosh\omega = \frac{1}{\sqrt{1-\beta^2}} \tag{B.9}$$

のような関係がある．ここで，$\beta = v/c$ である．この場合，(B.7) は

† 2次式 $-(x^1)^2 - \cdots - (x^p)^2 + (x^{p+1})^2 + \cdots + (x^{p+q})^2$ を不変に保つ1次変換 $x'^A = \sum_{B=1}^{p+q} \Lambda^A{}_B x^B$ が成す群を，$O(p,q)$ と表記する．

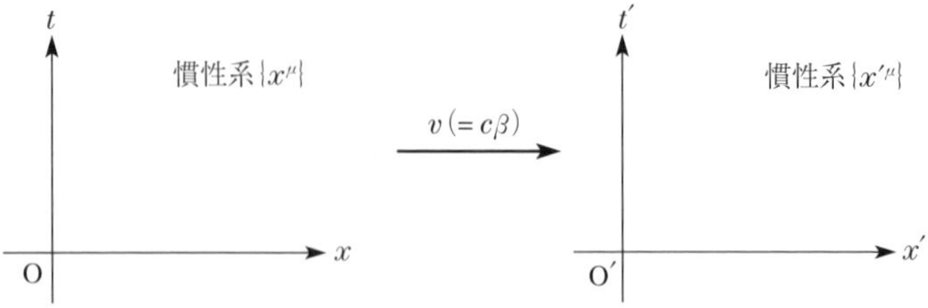

図 B.1　x 軸方向のローレンツブースト

$$t' = \frac{t - \frac{v}{c^2}x}{\sqrt{1-\left(\frac{v}{c}\right)^2}}, \qquad x' = \frac{x - vt}{\sqrt{1-\left(\frac{v}{c}\right)^2}}, \qquad y' = y, \qquad z' = z \tag{B.10}$$

となる（図 B.1 を参照せよ）.

参考までに，$\boldsymbol{v}$ 方向のローレンツブーストに関する変換公式は

$$t' = \frac{t - \frac{1}{c^2}\boldsymbol{v}\cdot\boldsymbol{x}}{\sqrt{1-\left(\frac{v}{c}\right)^2}}, \qquad \boldsymbol{x}' = \boldsymbol{x}_\perp + \frac{\boldsymbol{x}_{/\!/} - \boldsymbol{v}t}{\sqrt{1-\left(\frac{v}{c}\right)^2}} \tag{B.11}$$

で与えられる．上式に出てくる $\boldsymbol{x}_\perp$, $\boldsymbol{x}_{/\!/}$ は，それぞれ $\boldsymbol{x}$ の $\boldsymbol{v}$ 方向に垂直な成分，平行な成分で，

$$\boldsymbol{x}_\perp = \boldsymbol{x} - \frac{(\boldsymbol{x}\cdot\boldsymbol{v})}{|\boldsymbol{v}|^2}\boldsymbol{v}, \qquad \boldsymbol{x}_{/\!/} = \frac{(\boldsymbol{x}\cdot\boldsymbol{v})}{|\boldsymbol{v}|^2}\boldsymbol{v} \tag{B.12}$$

である．

（2）　z 軸の周りの空間回転

$$\Lambda^\mu{}_\nu = \begin{pmatrix} 1 & 0 & 0 & 0 \\ 0 & \cos\varphi & \sin\varphi & 0 \\ 0 & -\sin\varphi & \cos\varphi & 0 \\ 0 & 0 & 0 & 1 \end{pmatrix} \tag{B.13}$$

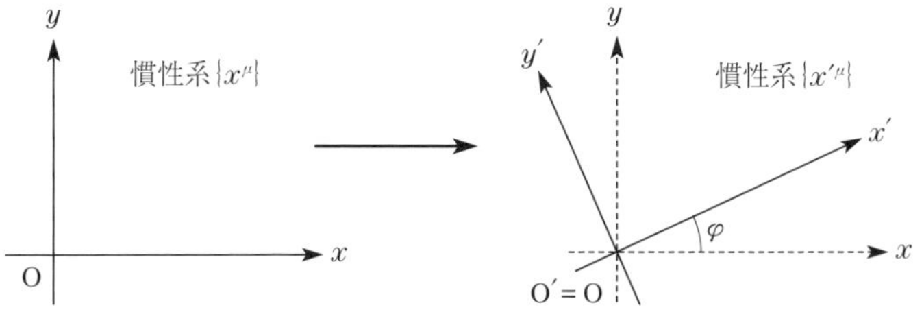

図 B.2　z 軸の周りの空間回転

なお φ は回転角である．この場合，(B.7) は

$$t' = t, \qquad x' = x\cos\varphi + y\sin\varphi, \qquad y' = -x\sin\varphi + y\cos\varphi, \qquad z' = z \tag{B.14}$$

となる (図 B.2 を参照せよ)．

ポアンカレ変換により慣性系同士が結ばれているから，**特殊相対性原理**を「理論はポアンカレ変換の下で不変である」，つまり，「方程式はポアンカレ変換の下で共変である」と読み替えることができる．ただし，空間反転や時間反転に対する物理法則の不変性を要求する必然性はない (事実，不変性が成立しない例が見つかっている) ため，**理論は本義ローレンツ変換と並進の下で不変である**，と要請するのが妥当である．並進の下での不変性は，ハミルトニアンが x^μ をあらわに含まない限り自明である．以後，この付録では多くの場合，「本義」という言葉を省略する．

ローレンツ変換の下で，不変な理論を構築する常套手段は次の通りである．**ローレンツ群の表現となる量を用いて，ローレンツ変換の下での不変量 (ローレンツ不変量) である作用積分 $S = \int L\,dt = \frac{1}{c}\int \mathscr{L}\,d^4x$ を構成する．S から変分原理を用いて導かれる運動方程式は，自動的にローレンツ変換の下で共変な方程式となる．ここで，L はラグランジアン (Lagrangian)，$\mathscr{L}$ はラグランジアン密度，$d^4x \equiv dx^0dx^1dx^2dx^3 = c\,dt\,dx\,dy\,dz = c\,dt\,d^3x$ である．**

いくつかの場とそのローレンツ変換性を紹介する．

(a)　スカラー場 $\Theta(x)$

$$\Theta'(x') = \Theta(x) \tag{B.15}$$

（b）反変ベクトル場（その成分を $V^{\mu}(x)$ とする）：その成分が dx^{μ} と同じ変換性をするベクトル場である．

$$V'^{\mu}(x') = \Lambda^{\mu}{}_{\nu}\, V^{\nu}(x) \tag{B.16}$$

（c）共変ベクトル場（その成分を $W_{\mu}(x)$ とする）：その成分が $\partial/\partial x^{\mu}$ と同じ変換性をするベクトル場である．

$$W'_{\mu}(x') = (\Lambda^{-1})^{\nu}{}_{\mu}\, W_{\nu}(x) \equiv \Lambda_{\mu}{}^{\nu}\, W_{\nu}(x) \tag{B.17}$$

ここで，変換行列 $(\Lambda^{-1})^{\nu}{}_{\mu}$ は $\Lambda^{\mu}{}_{\nu}$ の逆行列 $(\Lambda^{\mu}{}_{\lambda}(\Lambda^{-1})^{\lambda}{}_{\nu} = (\Lambda^{-1})^{\mu}{}_{\lambda}\,\Lambda^{\lambda}{}_{\nu} = \delta^{\mu}{}_{\nu}$，$\delta^{\mu}{}_{\nu}$ は単位行列）である．

（d）i 階反変 j 階共変テンソル場（その成分を $T^{\mu_1\cdots\mu_i}{}_{\nu_1\cdots\nu_j}(x)$ とする）

$$T'^{\mu_1\cdots\mu_i}{}_{\nu_1\cdots\nu_j}(x') = \Lambda^{\mu_1}{}_{\alpha_1}\cdots\Lambda^{\mu_i}{}_{\alpha_i}\Lambda_{\nu_1}{}^{\beta_1}\cdots\Lambda_{\nu_j}{}^{\beta_j}T^{\alpha_1\cdots\alpha_i}{}_{\beta_1\cdots\beta_j}(x) \tag{B.18}$$

ここで，場の変数である4次元座標 x^{μ} を簡単のために x と記した．以後も，この表記法を使用する（$\boldsymbol{x}$ の第1成分と混同しないように注意してほしい）．$\eta_{\mu\nu}$，$\eta^{\mu\nu}$，$\delta^{\mu}{}_{\nu}$ はそれぞれ（成分が全て定数であるような）2階共変テンソル，2階反変テンソル，1階反変1階共変テンソルである．また，$\eta^{\mu\nu}$ は $\eta_{\mu\nu}$ の逆行列で，行列を用いて表示すると $\eta_{\mu\nu}$ と同じ成分をもつ（(B.5) を参照せよ）．

方程式の各項がローレンツ変換の下で同じ変換性を示すとき，そのような方程式は特殊相対性原理を満たす．例えば，$T^{\mu_1\cdots\mu_i}{}_{\nu_1\cdots\nu_j}(x)$ と同じローレンツ変換性を示すテンソル量 $S^{\mu_1\cdots\mu_i}{}_{\nu_1\cdots\nu_j}(x)$ と $U^{\mu_1\cdots\mu_i}{}_{\nu_1\cdots\nu_j}(x)$ が存在し，これらの間に，

$$S^{\mu_1\cdots\mu_i}{}_{\nu_1\cdots\nu_j}(x) = a\, T^{\mu_1\cdots\mu_i}{}_{\nu_1\cdots\nu_j}(x) + b\, U^{\mu_1\cdots\mu_i}{}_{\nu_1\cdots\nu_j}(x) \quad (a,\ b：\text{定数}) \tag{B.19}$$

が成立したとする．この場合，ローレンツ変換で結びつく別の慣性系 $\{x'^{\mu}\}$ でも同じ形の方程式が成立することは，(B.19) の各項が (B.18) と同じ形の変換に従い，

$$S'^{\mu_1\cdots\mu_i}{}_{\nu_1\cdots\nu_j}(x') = a\, T'^{\mu_1\cdots\mu_i}{}_{\nu_1\cdots\nu_j}(x') + b\, U'^{\mu_1\cdots\mu_i}{}_{\nu_1\cdots\nu_j}(x') \tag{B.20}$$

が成り立つことからわかる．

$V^{\mu}(x)$ と $W_{\mu}(x)$ の**スカラー積**は，$C(x) \equiv V^{\mu}(x)\, W_{\mu}(x)$ で定義される．反変ベクトル $V^{\nu}(x)$ に $\eta_{\mu\nu}$ を掛けることにより，共変ベクトル $V_{\mu}(x) \equiv \eta_{\mu\nu}V^{\nu}(x)$ を得ることができる．また，逆に共変ベクトル $V_{\nu}(x)$ に $\eta^{\mu\nu}$ を掛けることにより，反変ベクトル $V^{\mu}(x) \equiv \eta^{\mu\nu}V_{\nu}(x)$ を得ることができる．

$A^\mu = (A^0, \boldsymbol{A})$ に対して，$A_\mu \equiv \eta_{\mu\nu}A^\nu = (A^0, -\boldsymbol{A})$ $(A_0 = A^0)$ である．A^μ と $A_\mu \equiv \eta_{\mu\nu}A^\nu$ とのスカラー積は，ベクトル A^μ の大きさの 2 乗 $A^2 \equiv \eta_{\mu\nu}A^\mu A^\nu = A^\mu A_\mu$ でローレンツ不変量である．$A^2 > 0$ であるとき A^μ は**時間的ベクトル**，$A^2 < 0$ であるとき**空間的ベクトル**，$A^2 = 0$ であるとき**光的ベクトル**（または，**ヌルベクトル**）とよばれている（図 B.3 を参照せよ）．

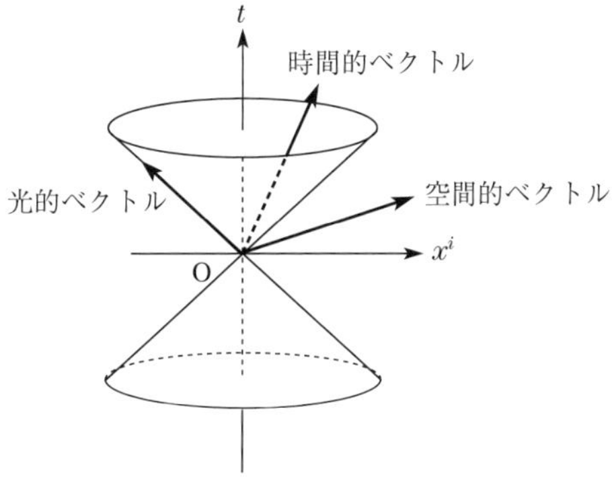

図 B.3　光円錐と各種ベクトル

時空点間の位置関係に関するローレンツ不変量として，点 x^μ と点 y^μ の間の距離の 2 乗 $(x-y)^2 \equiv (x^\mu - y^\mu)(x_\mu - y_\mu)$ を挙げることができる．$(x-y)^2 < 0$ のとき，点 x^μ に対して点 y^μ は光円錐の外にあるため，この 2 点間で因果関係がない．このような x^μ と y^μ は空間的に離れた位置にあるという．$(x-y)^2 = 0$ のとき，2 点は光円錐上にある．$(x-y)^2 > 0$ のとき，この 2 点間で因果関係がある．このような x^μ と y^μ は時間的に離れた位置にあるという．また，相対論的な**因果律**とは次のような性質である．

【因果律】　原因から生じる影響は光の速さより速く伝わることはない．

因果律により，粒子は互いに空間的に離れた 2 点間を移動できない．

B.3　特殊相対論的力学

特殊相対性理論に基づき，質量 m の物体の運動について考える．4 元ベクトルとして変換する運動量（**4 元運動量**）を，

$$p^\mu \equiv m\frac{dx^\mu}{d\tau}, \qquad p_\mu \equiv m\frac{dx_\mu}{d\tau} \tag{B.21}$$

のように定義する．ここで，τ は**固有時**とよばれるローレンツ不変なパラメータで，

$$d\tau^2 \equiv \frac{ds^2}{c^2} = \frac{dx^\mu\, dx_\mu}{c^2} \tag{B.22}$$

で定義される．物体が静止して見える座標系において，$ds^2 = c^2dt^2$ であるから，τ は物体と一緒に運動している時計が示す時間と考えられる．

よって，

$$d\tau = \frac{1}{c}\sqrt{dx^\mu\, dx_\mu} = \sqrt{1-\left(\frac{\boldsymbol{v}}{c}\right)^2}\, dt \equiv \sqrt{1-\beta^2}\, dt \tag{B.23}$$

が成り立つ．ここで，$\boldsymbol{v}$ は 3 次元速度 $\boldsymbol{v} = d\boldsymbol{x}/dt$, $\beta \equiv v/c$ $(v = |\boldsymbol{v}|)$ である．また，$dx^\mu/d\tau$ は **4 元速度**である．p^μ の大きさの 2 乗は，(B.21) を用いて

$$p^\mu p_\mu = m^2 \frac{dx^\mu}{d\tau}\frac{dx_\mu}{d\tau} = m^2c^2 \tag{B.24}$$

となり定数である．

運動の第 2 法則「物体にはたらく力は物体の運動量の変化に等しい」に基づき，

$$\frac{dp^\mu}{d\tau} = f^\mu \tag{B.25}$$

が成り立つとする．なお $f^\mu = (f^0, \boldsymbol{f})$ は **4 元力**で，p^μ と f^μ の間に，

$$\frac{d}{d\tau}(p^\mu p_\mu) = 2f^\mu p_\mu = 0 \tag{B.26}$$

が成り立つ．

(B.23) と (B.25) から $d\boldsymbol{p}/dt = (d\boldsymbol{p}/d\tau)(d\tau/dt) = \boldsymbol{f}(d\tau/dt) = \boldsymbol{f}\sqrt{1-\beta^2}$ が導かれるので，$\boldsymbol{f}\sqrt{1-\beta^2} \equiv \boldsymbol{F}$ がニュートン力学における力に相当する．(B.26) は，$f^\mu(dx_\mu/d\tau) = 0$ つまり $f^0c = \boldsymbol{f}\cdot(d\boldsymbol{x}/\mathrm{d}\tau)(d\tau/dt) = \boldsymbol{F}\cdot(d\boldsymbol{x}/d\tau)$ を意味し，運動方程式の第 0 成分を τ に関して積分したものに，この関係式を適用すると，

$$p^0c = \int f^0c\, d\tau = \int \boldsymbol{F}\cdot\frac{d\boldsymbol{x}}{d\tau}d\tau = \int \boldsymbol{F}\cdot d\boldsymbol{x} \tag{B.27}$$

が導かれる．上式の $\int \boldsymbol{F}\cdot d\boldsymbol{x}$ は力がする仕事なので，p^0c はエネルギー E である．

このようにして，4 元運動量 $p^\mu = (E/c, \boldsymbol{p})$ に関する関係式 (B.24) は，

$$E^2 = \boldsymbol{p}^2c^2 + m^2c^4 \tag{B.28}$$

のように書き表される．(B.24) すなわち (B.28) を，**4 元運動量の関係式**とよぶことにする．E，$\boldsymbol{p}$ を $\boldsymbol{v}$ と β を用いて表すと，それぞれ

$$E = p^0 c = m\frac{dx^0}{d\tau}c = \frac{mc^2}{\sqrt{1-\beta^2}} = mc^2 + \frac{1}{2}mv^2 + \frac{3}{8}m\frac{v^4}{c^2} + O(\beta^6) \tag{B.29}$$

$$\boldsymbol{p} = m\frac{d\boldsymbol{x}}{d\tau} = \frac{m\dfrac{d\boldsymbol{x}}{dt}}{\sqrt{1-\beta^2}} = \frac{m\boldsymbol{v}}{\sqrt{1-\beta^2}} \tag{B.30}$$

となる．式変形に際して，(B.23) を用いた．(B.29) の右辺第 1 項は静止エネルギー，第 2 項はニュートン力学における運動エネルギーである．β が 0 の極限で，$\boldsymbol{p}$ はニュートン力学における運動量 $m\boldsymbol{v}$ に帰着する．

さらに，自由粒子に関する運動方程式は

$$\frac{dp^\mu}{d\tau} = m\frac{d^2x^\mu}{d\tau^2} = 0, \quad \text{あるいは，} \quad \frac{d}{dt}\boldsymbol{p} = \frac{d}{dt}\left(\frac{m\dfrac{d\boldsymbol{x}}{dt}}{\sqrt{1-\beta^2}}\right) = \boldsymbol{0} \tag{B.31}$$

で与えられ，このような方程式を導く作用積分として，

$$\begin{aligned} S &= -mc\int ds = -mc\int\sqrt{\eta_{\mu\nu}\,dx^\mu\,dx^\nu} \\ &= -mc\int\sqrt{\eta_{\mu\nu}\frac{dx^\mu}{d\lambda}\frac{dx^\nu}{d\lambda}}\,d\lambda \qquad \text{(B.32)} \\ &= -mc^2\int\sqrt{1-\frac{1}{c^2}\left(\frac{d\boldsymbol{x}}{dt}\right)^2}\,dt = \int L\,dt \qquad \text{(B.33)} \end{aligned}$$

が考えられる．ここで，λ は任意パラメータである．2 行目から 3 行目に移るところで $\lambda = t$ とした．

実際に $\lambda = \tau$ として，(B.32) を x^μ で変分し，$\eta_{\mu\nu}(dx^\mu/d\tau)(dx^\nu/d\tau) = c^2$ を用いることにより，オイラー－ラグランジュの方程式として (B.31) の前者の式を導くことができる．また，(B.33) を $\boldsymbol{x}$ で変分することにより，後者の式を導くことができる．$\boldsymbol{x}$ に正準共役な運動量 $\partial L/\partial\dot{\boldsymbol{x}}$ は，(B.30) で与えられた $\boldsymbol{p}$ である．ここ

で，$\dot{\boldsymbol{x}} \equiv d\boldsymbol{x}/dt(=\boldsymbol{v})$ である．

ルジャンドル変換 (Legendre transformation) を用いて，ハミルトニアン

$$H = \boldsymbol{p} \cdot \frac{d\boldsymbol{x}}{dt} - L = c\sqrt{m^2c^2 + \boldsymbol{p}^2} \tag{B.34}$$

が導かれる．計算の途中で，(B.30) から得られる公式 $(d\boldsymbol{x}/dt)^2 = c^2\boldsymbol{p}^2/(m^2c^2 + \boldsymbol{p}^2)$ を用いた．$H = E(>0)$ とすると，(B.34) は (B.28) と等価である．

λ を時間変数と見なした場合，x^μ に正準共役な運動量 Π_μ は，

$$\Pi_\mu \equiv \frac{\partial \tilde{L}}{\partial\left(\dfrac{dx^\mu}{d\lambda}\right)} = -\frac{mc\dfrac{dx_\mu}{d\lambda}}{\sqrt{\eta_{\mu\nu}\dfrac{dx^\mu}{d\lambda}\dfrac{dx^\nu}{d\lambda}}}, \qquad \tilde{L} \equiv -mc\sqrt{\eta_{\mu\nu}\frac{dx^\mu}{d\lambda}\frac{dx^\nu}{d\lambda}} \tag{B.35}$$

で定義される．(B.35) から $\Pi^\mu\Pi_\mu = m^2c^2$ で，ハミルトニアンに相当するものは

$$\mathcal{R} \equiv \Pi_\mu\frac{dx^\mu}{d\lambda} - \tilde{L} = \frac{dt}{d\lambda}\left(c\Pi_0 - \boldsymbol{\Pi} \cdot \frac{d\boldsymbol{x}}{dt} - L\right) = 0 \tag{B.36}$$

で与えられる．(B.36) は，軌道を表すパラメータ λ の目盛りの刻み方（パラメータづけ）における任意性を反映した拘束条件である．$\lambda = \tau$ の場合，$\Pi_\mu = -p_\mu$ である．よって，拘束条件は

$$\mathcal{R}\Big|_{\lambda=\tau} = \Pi_\mu\frac{dx^\mu}{d\tau} - \tilde{L}\Big|_{\lambda=\tau} = -\frac{dt}{d\tau}(cp_0 - H) = 0 \tag{B.37}$$

となり，$E = cp^0(>0)$ なので (B.37) は (B.28) と等価である（4 元運動量の関係式は $\Pi^\mu\Pi_\mu = m^2c^2$ からも導かれる）．

このように，特殊相対論的な自由粒子は世界線の長さが停留点を取るような経路をたどり，4 元運動量の関係式

$$E^2 = \boldsymbol{p}^2c^2 + m^2c^4$$

に従う．

自由粒子は独立に運動するため，このような多粒子系を記述する作用積分は，次のような各粒子に関する作用積分の和の形で与えられる．

$$S = -\sum_{k=1}^{N} m_k c^2 \int ds_k$$
$$= -\sum_{k=1}^{N} m_k c \int \sqrt{\eta_{\mu\nu} \frac{dx_k^\mu}{d\lambda_k} \frac{dx_k^\nu}{d\lambda_k}}\, d\lambda_k \qquad \text{(B.38)}$$

各粒子に対して，軌道を表すパラメータ λ_k として固有時 τ_k を用いると，拘束条件

$$R_k \equiv cp_k^0 - H_k = 0, \qquad H_k \equiv c\sqrt{m_k^2 c^2 + \boldsymbol{p}_k^2} \qquad \text{(B.39)}$$

が導かれる．ここで，k 番目の粒子の質量を m_k，4 元座標を x_k^μ，4 元運動量を $p_k^\mu \equiv m(dx_k^\mu/d\tau_k)$，ハミルトニアンを H_k とした．各粒子ごとに 4 次元座標が導入されていて，明白にローレンツ共変であることに留意してほしい．全ての粒子は互いに空間的に離れた位置にあるとする．

全系のハミルトニアンを求めるために，$\lambda_k = x_k^0/c$ $(k = 1, \cdots, N)$ とし，これらを共通の時間 t に選ぶ (ローレンツ共変性を犠牲にしていることに留意せよ)．そのとき，作用積分は

$$S = -\sum_{k=1}^{N} m_k c^2 \int \sqrt{1 - \frac{1}{c^2}\left(\frac{d\boldsymbol{x}_k}{dt}\right)^2}\, dt \qquad \text{(B.40)}$$

となり，次のようなハミルトニアンが導かれる．

$$H = \sum_{k=1}^{N} H_k = \sum_{k=1}^{N} c\sqrt{m_k^2 c^2 + \boldsymbol{p}_k^2} \qquad \text{(B.41)}$$

B.4 電磁気学

マックスウェル方程式を基礎方程式とする電磁気学は，ローレンツ変換不変性を有する理論である．**マックスウェル方程式**は 4 組の方程式

$$\nabla \cdot \boldsymbol{B} = 0 \qquad \text{(磁気単極子の非存在)} \qquad \text{(B.42)}$$

$$\frac{\partial \boldsymbol{B}}{\partial t} + \nabla \times \boldsymbol{E} = \boldsymbol{0}$$

(ファラデーの電磁誘導の法則 (Faraday's law of induction)) (B.43)

$$\nabla \cdot \boldsymbol{D} = \rho \qquad \text{(ガウスの法則)} \qquad \text{(B.44)}$$

$$\nabla \times \boldsymbol{H} - \frac{\partial \boldsymbol{D}}{\partial t} = \boldsymbol{j}$$

（マックスウェル - アンペールの法則 (Maxwell - Ampère law)）

(B.45)

から成る．ここで，$\boldsymbol{B} = (B_x, B_y, B_z)$，$\boldsymbol{E} = (E_x, E_y, E_z)$，$\boldsymbol{D}$，$\boldsymbol{H}$ はそれぞれ磁束密度，電場，電束密度，磁場である．また，ρ，$\boldsymbol{j}$ はそれぞれ電荷密度，電流密度である．これらの物理量は全て場の量である．

(B.44) と (B.45) を用いて，電荷の保存則を表す連続の方程式

$$\frac{\partial \rho}{\partial t} + \nabla \cdot \boldsymbol{j} = 0 \tag{B.46}$$

を導くことができる．(B.46) を，

$$0 = \frac{\partial \rho}{\partial t} + \nabla \cdot \boldsymbol{j} = \frac{\partial (c\rho)}{\partial (ct)} + \nabla \cdot \boldsymbol{j} = \frac{\partial j^\mu}{\partial x^\mu} \tag{B.47}$$

のように変形することにより，$j^\mu \equiv (c\rho, \boldsymbol{j})$ が 4 元ベクトルであることがわかる．j^μ は **4 元電流密度**である．

真空中では，

$$\boldsymbol{D} = \varepsilon_0 \boldsymbol{E}, \qquad \boldsymbol{B} = \mu_0 \boldsymbol{H} \tag{B.48}$$

という関係がある．ここで ε_0 は真空の誘電率，μ_0 は真空の透磁率で，

$$c = \frac{1}{\sqrt{\varepsilon_0 \mu_0}} \tag{B.49}$$

という関係がある．(B.42) から，ベクトルポテンシャル $\boldsymbol{A}$ を用いて，

$$\boldsymbol{B} = \nabla \times \boldsymbol{A} \tag{B.50}$$

と表すことができる．さらに (B.43) と (B.50) から，ポテンシャル Φ を用いて，

$$\boldsymbol{E} = -\frac{\partial \boldsymbol{A}}{\partial t} - \nabla \Phi \tag{B.51}$$

と表すことができる．

(B.51) を (B.44) に代入することにより，

$$-\nabla^2\Phi - \frac{\partial}{\partial t}(\nabla\cdot\boldsymbol{A}) = \frac{\rho}{\varepsilon_0} \tag{B.52}$$

が導かれる．(B.52) の左辺に $(1/c^2)(\partial^2/\partial t^2)\,\Phi - (1/c^2)(\partial^2/\partial t^2)\,\Phi$ を加えて，両辺を c で割り，(B.49) を用いて変形することにより，

$$\left(\frac{1}{c^2}\frac{\partial^2}{\partial t^2} - \nabla^2\right)\left(\frac{\Phi}{c}\right) - \frac{1}{c}\frac{\partial}{\partial t}\left[\frac{1}{c}\frac{\partial}{\partial t}\left(\frac{\Phi}{c}\right) + \nabla\cdot\boldsymbol{A}\right] = \mu_0 c\rho \tag{B.53}$$

が導かれる．同様にして，(B.50) と (B.51) を (B.45) に代入することにより，

$$\left(\frac{1}{c^2}\frac{\partial^2}{\partial t^2} - \nabla^2\right)\boldsymbol{A} + \nabla\left[\frac{1}{c}\frac{\partial}{\partial t}\left(\frac{\Phi}{c}\right) + \nabla\cdot\boldsymbol{A}\right] = \mu_0\boldsymbol{j} \tag{B.54}$$

が導かれる．

$j^\mu \equiv (c\rho, \boldsymbol{j})$ は 4 元ベクトルで，(B.53) と (B.54) から予想されるように

$$A^\mu \equiv \left(\frac{\Phi}{c}, \boldsymbol{A}\right), \qquad A_\mu \equiv \left(\frac{\Phi}{c}, -\boldsymbol{A}\right) \tag{B.55}$$

で定義される，A^μ および A_μ が 4 元電磁ポテンシャルとよばれる 4 元ベクトルとなる．A^μ を用いると，(B.53) と (B.54) は

$$\Box A^\mu - \partial^\mu\partial_\nu A^\nu = \mu_0 j^\mu \tag{B.56}$$

となり，ローレンツ変換の下で明白に共変な形の方程式に書き表される．ここで，$\partial^\mu = \partial/\partial x_\mu = (\partial^0, -\nabla)$，$\partial_\nu = \partial/\partial x^\nu = (\partial_0, \nabla)$，$\Box \equiv \partial^\mu\partial_\mu = (1/c^2)(\partial^2/\partial t^2) - \nabla^2$ である．また(B.56) は，

$$\partial_\mu F^{\mu\nu} = \mu_0 j^\nu \tag{B.57}$$

のように書きかえることができる．

ここで，

$$F^{\mu\nu} \equiv \partial^\mu A^\nu - \partial^\nu A^\mu = \begin{pmatrix} 0 & -E_x/c & -E_y/c & -E_z/c \\ E_x/c & 0 & -B_z & B_y \\ E_y/c & B_z & 0 & -B_x \\ E_z/c & -B_y & B_x & 0 \end{pmatrix} \tag{B.58}$$

で，ローレンツ変換の下で，

$$F'^{\mu\nu}(x') = \Lambda^\mu{}_\alpha \Lambda^\nu{}_\beta F^{\alpha\beta}(x) \tag{B.59}$$

のように2階反変テンソルとして変換する．

(B.42) および (B.43) は

$$\partial^\lambda F^{\mu\nu} + \partial^\mu F^{\nu\lambda} + \partial^\nu F^{\lambda\mu} = 0 \tag{B.60}$$

と表される．(B.60) は (B.58) を用いると A^μ に関する恒等式である．(B.56) あるいは (B.57) は

$$S = \frac{1}{c}\int \mathscr{L}_{\mathrm{EM}}\, d^4x, \qquad \mathscr{L}_{\mathrm{EM}} = -\frac{1}{4\mu_0}F_{\mu\nu}F^{\mu\nu} - A_\mu j^\mu \tag{B.61}$$

に変分原理を適用することにより導くことができる．

電荷 q の荷電粒子に電磁場が作用している場合，荷電粒子は

$$m\frac{d^2x^\mu}{d\tau^2} = qF^{\mu\nu}\frac{dx_\nu}{d\tau} \tag{B.62}$$

に従って運動する．(B.62) は (B.58) を用いて，

$$m\frac{d^2\boldsymbol{x}}{d\tau^2} = \frac{q(\boldsymbol{E} + \boldsymbol{v}\times\boldsymbol{B})}{\sqrt{1-\beta^2}} \tag{B.63}$$

と書き表すことができる．

このような運動方程式を導く作用積分は，

$$S = \int\left(-mc\sqrt{\eta_{\mu\nu}\frac{dx^\mu}{d\lambda}\frac{dx^\nu}{d\lambda}} - qA_\mu\frac{dx^\mu}{d\lambda}\right)d\lambda \tag{B.64}$$

$$= \int\left(-mc^2\sqrt{1-\frac{1}{c^2}\left(\frac{dx}{dt}\right)^2} - q\Phi + q\boldsymbol{A}\cdot\frac{d\boldsymbol{x}}{dt}\right)dt$$

$$= \int L\, dt \tag{B.65}$$

で与えられる．$\boldsymbol{x}$ に正準共役な運動量は

$$\boldsymbol{p} = \frac{\partial L}{\partial\dot{\boldsymbol{x}}} = \frac{m\dot{\boldsymbol{x}}}{\sqrt{1-\beta^2}} + q\boldsymbol{A} \tag{B.66}$$

で与えられ，ルジャンドル変換を用いて，ハミルトニアン H が

$$H = \boldsymbol{p}\cdot\frac{d\boldsymbol{x}}{dt} - L = c\sqrt{m^2c^2 + (\boldsymbol{p} - q\boldsymbol{A})^2} + q\Phi \tag{B.67}$$

のように求められる．これが荷電粒子のエネルギーに相当する．自由粒子の場合

と比べると，

$$p^0 \;\Rightarrow\; p^0 - qA^0 \,(H \;\Rightarrow\; H - q\Phi), \qquad \boldsymbol{p} \;\Rightarrow\; \boldsymbol{p} - q\boldsymbol{A} \tag{B.68}$$

のようなおきかえにより，電磁相互作用が導入されていることがわかる．

多粒子系については，作用積分は

$$S = \sum_{k=1}^{N} \int \left(-m_k c \sqrt{\eta_{\mu\nu} \frac{dx_k^\mu}{d\lambda_k} \frac{dx_k^\nu}{d\lambda_k}} - q_k A_\mu(x_k) \frac{dx_k^\mu}{d\lambda_k} \right) d\lambda_k \tag{B.69}$$

で与えられ，各粒子に対して，

$$R_k \equiv cp_k^0 - H_k = 0 \tag{B.70}$$

のような拘束条件が導かれる．ここで，q_k は k 番目の粒子の電荷，H_k は k 番目の粒子のハミルトニアンで，

$$H_k = c\sqrt{m_k^2 c^2 + [\boldsymbol{p}_k - q_k \boldsymbol{A}(x_k)]^2} + q_k \Phi(x_k) \tag{B.71}$$

である．また，$\lambda_k = x_k^0/c \; (k = 1, \cdots, N)$ とし，これらを共通の時間 t に選ぶことにより，荷電粒子系に関するハミルトニアン

$$H_{\mathrm{M}} = \sum_{k=1}^{N} H_k = \sum_{k=1}^{N} [c\sqrt{m_k^2 c^2 + (\boldsymbol{p}_k - q_k \boldsymbol{A}(\boldsymbol{x}_k, t))^2} + q_k \Phi(\boldsymbol{x}_k, t)] \tag{B.72}$$

を導くことができる．

付録C　量子力学

C.1　量子力学の枠組み

量子力学の主な対象は，微視的な世界の物体（電子，原子，分子など）である．非相対論的な場合，舞台はユークリッド空間と絶対時間である．微視的な世界で物理現象は量子力学の原理・法則に従う．量子力学の基本的な要素は「物理状態：ヒルベルト空間の元（要素）」，「物理量：エルミート演算子」，「測定値：ある状態における物理量に関する期待値」から成り，確率解釈を伴う．これらの要素に基づいて，量子力学の枠組みについて紹介する．

物理状態 $|\psi\rangle$ は，ヒルベルト空間の元で重ね合わせの原理に従う．**シュレーディンガー表示**において，物理状態は時間依存性を有し，

$$i\hbar \frac{d}{dt}|\psi(t)\rangle = \widehat{H}|\psi(t)\rangle \tag{C.1}$$

に従って時間発展する．ここで，$\widehat{H}$ はハミルトニアン（エネルギー演算子）である．演算子であることを明確にするためハット（^）を付けているが，以後，紛らわしい場合を除いてハットを省略する．

(C.1) の形式解は H が時間に依存しない場合，

$$|\psi(t)\rangle = U(t,0)|\psi(0)\rangle, \qquad U(t,0) \equiv e^{-\frac{i}{\hbar}Ht} \tag{C.2}$$

で与えられる．$U(t,0)$ を**時間発展演算子**という．

座標表示を採用し，(C.1) の両辺に左から $\langle \boldsymbol{x}|$ を作用することにより，

$$i\hbar \frac{\partial}{\partial t}\psi(\boldsymbol{x},t) = H\psi(\boldsymbol{x},t) \tag{C.3}$$

が導かれる．なお，$H = H(\boldsymbol{x}, \boldsymbol{p} = -i\hbar\boldsymbol{\nabla})$，$\boldsymbol{x} = (x, y, z)$ である．また，$\psi(\boldsymbol{x}, t)$ $(= \langle \boldsymbol{x}|\psi(t)\rangle)$ は波動関数である．質量 m の粒子に関するハミルトニアンとして，ニュートン力学に基づく関係式 $H = p^2/2m + V(\boldsymbol{x})\,(= E)$ を採用した場合，(C.3) は以下の

$$i\hbar\frac{\partial}{\partial t}\psi(\boldsymbol{x},t)=\left(-\frac{\hbar^2}{2m}\nabla^2+V(\boldsymbol{x})\right)\psi(\boldsymbol{x},t) \qquad \text{(C.4)}$$

となる．(C.4) は**シュレーディンガー方程式**とよばれ，非相対論的な量子力学の基礎方程式である．

このようにエネルギーと運動量に関する関係式を基にして，おきかえ

$$E \;\Rightarrow\; i\hbar\frac{\partial}{\partial t}, \qquad \boldsymbol{p} \;\Rightarrow\; -i\hbar\nabla$$

を施し，この関係を波動関数に作用させることにより，量子力学の波動方程式を得ることができる．

波動関数 $\psi(\boldsymbol{x},t)$ は複素数の値をもつ関数で，波動関数そのものは観測量ではない．(C.4) の左辺に虚数単位 i が存在することに注意してほしい．以下，多くの場合，$\psi(\boldsymbol{x},t)$ は電子を記述する波動関数とする．観測に関する標準的な考え方は**確率解釈**と**波束の収縮**から成る．

【確率解釈】 電子が，時刻 t において位置 $\boldsymbol{x}$ と $\boldsymbol{x}+d\boldsymbol{x}$ の中に観測される確率 $P(\boldsymbol{x},t)$ は，次で与えられる．

$$P(\boldsymbol{x},t)=\frac{|\psi(\boldsymbol{x},t)|^2\,d^3x}{\int|\psi(\boldsymbol{x},t)|^2\,d^3x} \qquad \text{(C.5)}$$

【波束の収縮】 我々が観測しないときは，電子はシュレーディンガー方程式に従い波のように振舞っている．電子を観測すると，電子の波は収縮して粒子として振舞う．つまり瞬時のうちに，重ね合わせの状態から局在した状態に移行する．

(C.5) からわかるように，$\psi(\boldsymbol{x},t)$ が $\int|\psi(\boldsymbol{x},t)|^2\,d^3x=1$ のように規格化されている場合，$\rho\equiv|\psi(\boldsymbol{x},t)|^2$ は電子が時刻 t に位置 $\boldsymbol{x}$ で観測される確率密度を表し，**確率の保存**を表す連続の方程式

$$\frac{\partial\rho}{\partial t}+\nabla\cdot\boldsymbol{j}=0 \qquad \text{(C.6)}$$

を満足する．ここで $\boldsymbol{j}$ は確率の流れで，

$$\boldsymbol{j} \equiv -\frac{i\hbar}{2m}[\psi^*(\boldsymbol{x}, t)\, \nabla\psi(\boldsymbol{x}, t) - \{\nabla\psi^*(\boldsymbol{x}, t)\}\, \psi(\boldsymbol{x}, t)] \qquad \text{(C.7)}$$

で定義される．ここで，$*$は複素共役を表す．例えば，ρと$\boldsymbol{j}$の定義式を (C.6) の左辺に代入し，(C.4) とその複素共役を用いて (C.6) が $V(\boldsymbol{x}) = V^*(\boldsymbol{x})$ のとき成り立つことが示される．

物理量にはエルミート演算子Ωが対応し，その固有値ω_nが測定値（観測値）を与える．Ωに関する固有値方程式は以下のように与えられる．

$$\Omega\,|\phi_n\rangle = \omega_n\,|\phi_n\rangle \qquad \text{(C.8)}$$

ここで，$|\phi_n\rangle$ は ω_n の固有状態である．固有状態の組 $\{|\phi_n\rangle\}$ は正規直交完全系 $(\langle\phi_m|\phi_n\rangle = \delta_{mn},\ \sum_n |\phi_n\rangle\,\langle\phi_n| = 1)$ を張り，物理状態 $|\psi(t)\rangle$ は $|\phi_n\rangle$ を用いて，

$$|\psi(t)\rangle = \sum_n a_n(t)\,|\phi_n\rangle \qquad \text{(C.9)}$$

のように展開することができる．(C.9) を用いて $\langle\psi(t)\,|\psi(t)\rangle$ を計算すると，

$$\langle\psi(t)|\psi(t)\rangle = \sum_{m,n}\langle\phi_m|\, a_m^*(t)\, a_n(t)\,|\phi_n\rangle = \sum_n |a_n(t)|^2 = 1 \qquad \text{(C.10)}$$

が導かれる．上式において，$|\psi(t)\rangle$ は規格化 $(\langle\psi(t)\,|\psi(t)\rangle = 1)$ されているとした．また，Ωを $\langle\psi(t)|$ と $|\psi(t)\rangle$ で挟んだ量を計算すると，

$$\langle\psi(t)|\Omega|\psi(t)\rangle = \sum_n |a_n(t)|^2\omega_n \equiv \langle\Omega\rangle \qquad \text{(C.11)}$$

となる．

確率規則により，$|a_n(t)|^2$ **は時刻 t で Ω を観測して ω_n という値を得る確率を与え，$\langle\Omega\rangle$ は物理状態 $|\psi\rangle$ において Ω の期待値を与える**と考える．「確率の和が1であること」と「期待値は固有値とその確率の積の総和であること」を思い出そう．展開係数 $a_n(t)\,(= \langle\phi_n|\psi(t)\rangle)$ は**確率振幅**とよばれている．観測値は実数であるため，期待値が実数を与えるような演算子 $(\langle\Omega\rangle^* = \langle\Omega\rangle$ が成立する演算子) が物理量に対応する．このような性質をもつ演算子を**エルミート演算子**とよぶ．固有値が連続的な値を取る場合は，和が積分に代わる．

Hが時間に依存する場合，(C.1) を積分することにより，

$$|\psi(t)\rangle = |\psi(0)\rangle - \frac{i}{\hbar}\int_0^t dt'\, H(t')\, |\psi(t')\rangle \tag{C.12}$$

が導かれる．(C.12) の右辺に現れる時間変数に依存した物理状態に，(C.12) を逐次代入することにより，

$$|\psi(t)\rangle = U(t,0)\,|\psi(0)\rangle \tag{C.13}$$

$$\begin{aligned} U(t,0) &= I + \sum_{n=1}^{\infty}\left(-\frac{i}{\hbar}\right)^n \int_0^t dt_1 \int_0^{t_1} dt_2 \cdots \int_0^{t_{n-1}} dt_n\, H(t_1)\, H(t_2) \cdots H(t_n) \\ &= \mathrm{T}\left[I + \sum_{n=1}^{\infty} \frac{1}{n!}\left(-\frac{i}{\hbar}\right)^n \int_0^t dt_1 \int_0^t dt_2 \cdots \int_0^t dt_n\, H(t_1)\, H(t_2) \cdots H(t_n)\right] \\ &\equiv \mathrm{T}\exp\left[-\frac{i}{\hbar}\int_0^t H(t')\, dt'\right] \end{aligned} \tag{C.14}$$

が導かれる．ここで T は**時間順序積**を表し，演算子の積を時間の遅い順に左から右に並びかえる操作を含んで定義される．異なる時刻の H が互いに交換する場合は，$U(t,0) = \exp\left[-\frac{i}{\hbar}\int_0^t H(t')\, dt'\right]$ となる．

ハイゼンベルク表示において，物理状態は時間依存性をもたない（$|\psi\rangle = |\psi(0)\rangle$）．一方，演算子は

$$\Omega_{\mathrm{H}}(t) \equiv U^{\dagger}(t,0)\, \Omega\, U(t,0) \tag{C.15}$$

で定義され，H が時間に依存しない場合は，$\Omega_{\mathrm{H}}(t)$ は

$$\frac{d}{dt}\Omega_{\mathrm{H}}(t) = \frac{i}{\hbar}[H, \Omega_{\mathrm{H}}(t)] \tag{C.16}$$

に従って時間発展する．参考までに，Ω が（シュレーディンガー表示においても）時間に依存する場合，$\Omega_{\mathrm{H}}(t)$ は

$$\frac{d}{dt}\Omega_{\mathrm{H}}(t) = \frac{i}{\hbar}[H_{\mathrm{H}}(t), \Omega_{\mathrm{H}}(t)] + \frac{\partial \Omega_{\mathrm{H}}(t)}{\partial t} \tag{C.17}$$

に従って時間発展する．(C.16) や (C.17) は**ハイゼンベルクの運動方程式**とよばれている．

H が $H = H_0 + V(t)$ で与えられている場合，**相互作用表示**を用いると解析が便利である．ここで，H_0 は無摂動ハミルトニアンで時間に依存しないとする．また，$V(t)$ は摂動ポテンシャルで $\lim_{t\to\pm\infty} V(t) = 0$ とする．

まず相互作用表示において，物理状態は（シュレーディンガー表示における物理状態 $|\psi(t)\rangle$ を用いて）

$$|\psi(t)_{\rm I}\rangle \equiv e^{\frac{i}{\hbar}H_0 t}|\psi(t)\rangle \tag{C.18}$$

で定義され，

$$i\hbar\frac{d}{dt}|\psi(t)_{\rm I}\rangle = V_{\rm I}(t)\,|\psi(t)_{\rm I}\rangle \tag{C.19}$$

に従って時間発展する．ここで，$V_{\rm I}(t) = e^{\frac{i}{\hbar}H_0 t}\,V(t)\,e^{-\frac{i}{\hbar}H_0 t}$ である．(C.19) の形式解は，(C.14) を参考にすると，

$$|\psi(t)_{\rm I}\rangle = U_{\rm I}(t,0)\,|\psi(0)_{\rm I}\rangle, \qquad U_{\rm I}(t,0) \equiv {\rm T}\exp\left[-\frac{i}{\hbar}\int_0^t V_{\rm I}(t')\,dt'\right] \tag{C.20}$$

で与えられる．

また **S 行列**は

$$S \equiv U_{\rm I}(\infty,-\infty) = {\rm T}\exp\left[-\frac{i}{\hbar}\int_{-\infty}^{\infty} V_{\rm I}(t)\,dt\right] \tag{C.21}$$

で定義され，これを用いて，始状態 $|\psi_i\rangle$（$t=-\infty$ における H_0 の固有状態）から終状態 $|\psi_f\rangle$（$t=\infty$ における H_0 の固有状態）への遷移確率振幅は，行列要素

$$S_{fi} = \langle\psi_f|U_{\rm I}(\infty,-\infty)|\psi_i\rangle \tag{C.22}$$

で与えられる．S_{fi} は **S 行列要素**とよばれている．

相互作用表示では，演算子は

$$\Omega_{\rm I}(t) \equiv e^{\frac{i}{\hbar}H_0 t}\,\Omega\,e^{-\frac{i}{\hbar}H_0 t} \tag{C.23}$$

で定義され，Ω が時間に依存していない場合，

$$\frac{d}{dt}\Omega_{\rm I}(t) = \frac{i}{\hbar}[H_0,\,\Omega_{\rm I}(t)] \tag{C.24}$$

に従って時間発展する．

表示の違いは記述の仕方の違いにすぎず，物理的には等価である． 実際に，いずれの表示においても物理量の期待値は同じ値を与える．

$$\langle\psi(t)|\Omega|\psi(t)\rangle = \langle\psi(0)|\Omega_{\rm H}(t)|\psi(0)\rangle = \langle\psi(t)_{\rm I}|\Omega_{\rm I}(t)|\psi(t)_{\rm I}\rangle \tag{C.25}$$

N 個の電子が存在する系において，波動関数は $\psi(\boldsymbol{x}_1, \boldsymbol{x}_2, \cdots, \boldsymbol{x}_N\,;t)$ で与えられる．ψ は，$(\boldsymbol{x}_1, \boldsymbol{x}_2, \cdots, \boldsymbol{x}_N)$ で張られる $3N$ 次元の空間 $\boldsymbol{R}^{3N}$ 上の波と考えられる．波動関数が規格化されている場合，$|\psi(\boldsymbol{x}_1, \boldsymbol{x}_2, \cdots, \boldsymbol{x}_N\,;t)|^2$ は時刻 t で電子がそれぞれ位置 $\boldsymbol{x}_1, \boldsymbol{x}_2, \cdots, \boldsymbol{x}_N$ で観測される確率密度を表す．

この電子系を記述するシュレーディンガー方程式は，

$$i\hbar\frac{\partial}{\partial t}\psi(\boldsymbol{x}_1, \cdots, \boldsymbol{x}_N\,;t) = \left[-\sum_{k=1}^{N}\frac{\hbar^2}{2m_\mathrm{e}}\boldsymbol{\nabla}_k^2 + V(\boldsymbol{x}_1, \cdots, \boldsymbol{x}_N)\right]\psi(\boldsymbol{x}_1, \cdots, \boldsymbol{x}_N\,;t) \tag{C.26}$$

である．$V(\boldsymbol{x}_1, \cdots, \boldsymbol{x}_N) = \sum_{k=1}^{N} V(\boldsymbol{x}_k)$ のとき，(C.26) の解は

$$\psi(\boldsymbol{x}_1, \cdots, \boldsymbol{x}_N\,;t) = e^{-\frac{i}{\hbar}Et}\frac{1}{\sqrt{N!}}\sum_{(P)}\phi_{l_1}(\boldsymbol{x}_1)\cdots\phi_{l_N}(\boldsymbol{x}_N) \tag{C.27}$$

$$E = E_{l_1} + \cdots + E_{l_N} \tag{C.28}$$

で与えられる．上式において，$\phi_l(\boldsymbol{x})$ は，エネルギー演算子 $H = -(\hbar^2/2m_\mathrm{e})\,\boldsymbol{\nabla}^2 + V(\boldsymbol{x})$ の固有状態

$$H\,\phi_l(\boldsymbol{x}) = E_l\,\phi_l(\boldsymbol{x}) \tag{C.29}$$

で，以下のように正規直交完全系を成す．

$$\int \phi_l^*(\boldsymbol{x})\,\phi_{l'}(\boldsymbol{x})\,d^3x = \delta_{ll'}, \qquad \sum_l \phi_l(\boldsymbol{x})\,\phi_l^*(\boldsymbol{x}') = \delta^3(\boldsymbol{x}-\boldsymbol{x}') \tag{C.30}$$

また $\sum_{(P)}$ は（電子がフェルミ－ディラック統計に従うことを反映して），任意の電子の入れかえに対して，反対称になるように適切に負符号を挿入した和を表す．ちなみにボース粒子の場合は，任意の粒子の入れかえに対して対称になるように和を取る．

C.2　シュレーディンガー方程式の解

シュレーディンガー方程式の一般解の求め方について説明する．H は時間に依存しないとする．解として振動型 $\psi(\boldsymbol{x}, t) = e^{-\frac{i}{\hbar}Et}\varphi(\boldsymbol{x})$ を想定し，(C.3) に代入すると，

$$H\varphi(\boldsymbol{x}) = E\,\varphi(\boldsymbol{x}) \tag{C.31}$$

が得られる．(C.31) はエネルギー E を固有値とする固有値方程式で，時間に依存しないシュレーディンガー方程式とよばれている．

ここで(C.31) の解として，エネルギー固有値 E_n とその固有関数 $\varphi_n(\boldsymbol{x})$ (固有状態を表す定常解) の完全系が求まったとする．つまり，$H\,\varphi_n(\boldsymbol{x}) = E_n\,\varphi_n(\boldsymbol{x})$ とする．シュレーディンガー方程式は波動関数に関して線形の方程式なので，重ね合わせの原理に従って，その一般解 (非定常状態を表す解) は

$$\psi(\boldsymbol{x},\,t) = \sum_n c_n\,\varphi_n(\boldsymbol{x})\,e^{-\frac{i}{\hbar}E_n t} \tag{C.32}$$

のように構成することができる．なお，係数 c_n は定数である．$|c_n|^2$ は状態 $\psi(\boldsymbol{x},\,t)$ において，エネルギーを測って E_n という値を観測する確率である．エネルギー固有値が連続的な値を取る場合は，和が積分に代わる．

ハイゼンベルクの運動方程式 (C.16) は，

$$\frac{d}{dt}\Omega_{\mathrm{H}}(t) = \frac{i}{\hbar}U^\dagger(t,\,0)\,[H,\,\Omega]\,U(t,\,0) \tag{C.33}$$

と書きかえられるため，$[H,\,\Omega] = 0$ のとき $(d/dt)\,\Omega_{\mathrm{H}}(t) = 0$ となり，Ω は保存量となる．この場合，

$$H\Omega\,\varphi(\boldsymbol{x}) = \Omega H\,\varphi(\boldsymbol{x}) = \Omega E\,\varphi(\boldsymbol{x}) = E\Omega\,\varphi(\boldsymbol{x}) \tag{C.34}$$

が成り立つため，固有値 E_n に対して固有関数 $\varphi_n(\boldsymbol{x})$ と $\Omega\,\varphi_n(\boldsymbol{x})$ が存在する．ここで，$\varphi_n(\boldsymbol{x})$ と $\Omega\,\varphi_n(\boldsymbol{x})$ は異なる状態であるとする．このように，1つの固有値に独立な複数の固有関数が存在することを**縮退**とよび，保存量の存在 (対称性の存在) が縮退の起源となることがわかる．

念のため，保存量と対称性の関係について復習する．Ω を生成子とする変換の下で，ハミルトニアン H は $H' = e^{-\frac{i}{\hbar}a\Omega}He^{\frac{i}{\hbar}a\Omega}$ (a は実定数) に移る．Ω が保存量の場合，$[H,\,\Omega] = 0$ から，Ω による変換の下での H の不変性 $H' = H$ (H で記述される物理系の対称性) が導かれる．

物理的に興味深い2つの系 (「水素様原子」と「調和振動子」) について，実際に(C.31) を解いて，定常状態に関する解 (エネルギー固有値) を求めよう．

C.2.1 水素様原子

原点に Ze の電荷をもつ原子核が存在し，その周りを電子がクーロン力を受けて運動している物理系（水素様原子とよばれ，水素原子は $Z=1$ に相当する）について，そのエネルギー準位を求めよう．解くべき固有値方程式は

$$\left(-\frac{\hbar^2}{2m_{\mathrm{e}}}\nabla^2 - k_0\frac{Ze^2}{r}\right)\varphi(\boldsymbol{r}) = E\,\varphi(\boldsymbol{r}), \qquad k_0 \equiv \frac{1}{4\pi\varepsilon_0} \tag{C.35}$$

である．ここで，$r=|\boldsymbol{r}|=\sqrt{x^2+y^2+z^2}$ で，この項では表記法として $\boldsymbol{x}$ の代わりに $\boldsymbol{r}$ を用いることにする．また，電子に比べて原子核の質量は十分重いので，電子と原子核の換算質量として電子の質量 m_{e} を用いて近似した．

上式に極座標 (r, θ, ϕ)（θ は天頂角，ϕ は方位角，図 6.1 を参照）を用いると，(C.35) は

$$\left[-\frac{\hbar^2}{2m_{\mathrm{e}}}\left(\frac{\partial^2}{\partial r^2}+\frac{2}{r}\frac{\partial}{\partial r}-\frac{1}{\hbar^2 r^2}\boldsymbol{L}^2\right)-k_0\frac{Ze^2}{r}\right]\varphi = E\varphi \tag{C.36}$$

となる．ただし，$\boldsymbol{L}=\boldsymbol{r}\times\boldsymbol{p}$ は軌道角運動量である．

$[L^2, L_z]=0$ であるため，$\boldsymbol{L}^2$ と L_z に関する同時固有状態が存在する．同時固有関数は球面調和関数 $Y_{lm}(\theta, \phi) = (-1)^m\sqrt{\{(2l+1)/4\pi\}\{(l-m)!/(l+m)!\}}\times P_l^m(\cos\theta)\,e^{im\phi}$（$P_l^m(\cos\theta)$ はルジャンドルの随伴多項式）で与えられ，固有値方程式

$$\boldsymbol{L}^2\,Y_{lm}(\theta, \phi) = \hbar^2 l(l+1)\;Y_{lm}(\theta, \phi) \tag{C.37}$$

$$L_z\,Y_{lm}(\theta, \phi) = \hbar m\;Y_{lm}(\theta, \phi) \tag{C.38}$$

を満足する．なお，$l=0, 1, 2, \cdots$ である．各 l に対して，m は $2l+1$ 個の値（$m=-l, -l+1, \cdots, l-1, l$）を取る．$m$ は整数であるため，$Y_{lm}(\theta, \phi+2\pi)=Y_{lm}(\theta, \phi)$ となり波動関数は一価である．l は**方位量子数**，m は**磁気量子数**とよばれている．

ここで，変数分離 $\varphi = R_{Elm}(r)\,Y_{lm}(\theta, \phi)$ を行う．(C.37) を用いて，(C.36) は

$$\left[-\frac{\hbar^2}{2m_{\mathrm{e}}}\left(\frac{d^2}{dr^2}+\frac{2}{r}\frac{d}{dr}-\frac{l(l+1)}{r^2}\right)-k_0\frac{Ze^2}{r}\right]R_{Elm}(r) = E\,R_{Elm}(r) \tag{C.39}$$

となる．(C.39) を解くために，

$$\rho \equiv \sqrt{\frac{8m_{\mathrm{e}}|E|}{\hbar^2}}\,r, \qquad \lambda \equiv \frac{k_0 Z e^2}{\hbar}\sqrt{\frac{m_{\mathrm{e}}}{2|E|}} \tag{C.40}$$

として変数を無次元化する．ρ および λ を用いて，(C.39) は

$$\frac{d^2R}{d\rho^2} + \frac{2}{\rho}\frac{dR}{d\rho} - \frac{l(l+1)}{\rho^2}R + \left(\frac{\lambda}{\rho} - \frac{1}{4}\right)R = 0 \tag{C.41}$$

となる．ここで，$R = R\,(\rho)\,(= R_{Elm}(r))$ である．

$\rho \to \infty$ において，(C.41) は漸近的に $d^2R/d\rho^2 - (1/4)\,R \simeq 0$ となるので，無限遠において $R \sim e^{-\frac{\rho}{2}}$ である．確率解釈が成り立つためには，無限遠で波動関数が 0 になる必要がある．また，原点近傍 ($r \sim 0$) において，(C.41) は漸近的に $d^2R/d\rho^2 + (2/\rho)\,(dR/d\rho) - \{l(l+1)\,/\,\rho^2\}\,R \simeq 0$ となるので，原点近傍における有限な解は $R \sim \rho^l$ である．

無限遠と原点近傍での振舞がわかったので，$R(\rho) = L(\rho)\,\rho^l e^{-\frac{\rho}{2}}$ として (C.41) に代入し，$L(\rho)$ に関する方程式を求めると，

$$\frac{d^2L}{d\rho^2} + \left(\frac{2l+2}{\rho} - 1\right)\frac{dL}{d\rho} + \frac{\lambda - 1 - l}{\rho}L = 0 \tag{C.42}$$

となる．ベキ級数展開 $L(\rho) = \sum_{k=0}^{\infty} a_k \rho^k$ を (C.42) に代入し，ρ の各ベキが 0 になるためには，係数 a_k ($k = 0, 1, 2, \cdots$) の間に以下の関係が成立する必要がある．

$$(k+1)\,(k+2l+2)\,a_{k+1} = (k+l+1-\lambda)\,a_k \tag{C.43}$$

さらに，無限遠で $R(\rho) = L(\rho)\,\rho^l e^{-\frac{\rho}{2}}$ が 0 になるためには，$L(\rho)$ が多項式であればよい．(C.43) から，

$$a_k \neq 0, \qquad k+l+1-\lambda = 0, \qquad a_{k+1} = a_{k+2} = \cdots = 0 \tag{C.44}$$

の場合，$L(\rho)$ は多項式になる．この場合，

$$\lambda \equiv \frac{k_0 Z e^2}{\hbar}\sqrt{\frac{m_{\mathrm{e}}}{2|E|}} = k+l+1 \equiv n \quad (n = 1, 2, \cdots) \tag{C.45}$$

となり，エネルギー固有値 E_n は

$$E_n = -\frac{k_0^2 Z^2 e^4 m_{\mathrm{e}}}{2\hbar^2}\frac{1}{n^2} = -\frac{1}{2}m_{\mathrm{e}}c^2 Z^2 \alpha^2 \frac{1}{n^2} \tag{C.46}$$

となる．ここで，n は**主量子数**である．

また，α は**微細構造定数**とよばれる無次元のパラメータで，

$$\alpha \equiv \frac{e^2}{4\pi\varepsilon_0}\frac{1}{\hbar c} = \frac{k_0 e^2}{\hbar c} \approx \frac{1}{137} \tag{C.47}$$

である．$\lambda = n(= 1, 2, \cdots)$ のとき，(C.42) の解はラゲール随伴多項式 $L_{n-l-1}^{(2l+1)}(\rho)$ で与えられる．水素原子の基底状態 ($n = 1$) のエネルギーは以下のようになる．

$$E_1 = -\frac{1}{2}m_e c^2\alpha^2 = -13.6\,\mathrm{eV} \tag{C.48}$$

(C.46) からわかるように，E_n は主量子数 n にのみ依存する．これはエネルギー固有状態に，磁気量子数 m や方位量子数 l に関する縮退が存在することを意味する．具体的にどのように縮退が現れるかを見よう．

(a) $n = 1$ のとき，$(k, l) = (0, 0)$ で状態数は 1 である．この状態は 1S と名づけられている．

(b) $n = 2$ のとき，$(k, l) = (1, 0)$ と $(k, l) = (0, 1)$ の状態が存在する．$(k, l) = (1, 0)$ の状態数は 1 で 2S と名づけられている．$(k, l) = (0, 1)$ の状態は磁気量子数として $m = 1, 0, -1$ を取るため，状態数は 3 で 2P と名づけられている．全状態数は 4 $(= 1 + 3)$ である．

(c) $n = 3$ のとき，$(k, l) = (2, 0)$ と $(k, l) = (1, 1)$ と $(k, l) = (0, 2)$ の状態が存在する．$(k, l) = (2, 0)$ の状態数は 1 で 3S と名づけられている．$(k, l) = (1, 1)$ の状態は $m = 1, 0, -1$ を取るため，状態数は 3 で 3P と名づけられている．$(k, l) = (0, 2)$ の状態は $m = 2, 1, 0, -1, -2$ を取るため，状態数は 5 で 3D と名づけられている．全状態数は 9 $(= 1 + 3 + 5)$ である．

(d) 一般に，n のとき，$(k, l) = (n, 0), (n-1, 1), \cdots, (0, n)$ の状態が存在する．各状態数は $1, 3, \cdots, 2n-1$ で，全状態数は n^2 である．

このようにして，$n(= k + l + 1)$ ごとに n^2 重縮退が現れることがわかる．$l = 0, 1, 2, 3, \cdots$ の軌道は，それぞれ s 軌道，p 軌道，d 軌道，f 軌道，…とよばれ，さまざまな原子に関する実験から，各軌道に入る電子の定員は，s 軌道が 2，p 軌道が 6，d 軌道が 10，f 軌道が 14 (n 番目の軌道が $4n - 2$) であることがわかっている．

定員が状態数の2倍に相当し，このことは (k, l, m) で指定される各状態に電子が2個まで入ることを意味する．この特徴と，**パウリの排他律**である，「電子は個別性がなく同時に同じ状態に存在することはできない」との間の無矛盾性から，自由度2をもつ内部量子数の存在が示唆される．この自由度を担うのが**スピン（スピン角運動量）**とよばれる物理量である．

m に関する縮退は空間回転対称性に起因する．空間回転を引き起こす演算子は

$$R(\boldsymbol{\varphi}) = \exp\left(\frac{i}{\hbar}\boldsymbol{\varphi}\cdot\boldsymbol{L}\right) \tag{C.49}$$

で与えられる．ここで $\boldsymbol{\varphi} = \varphi \boldsymbol{s}$ で，$|\boldsymbol{s}| = 1$ とすると，$\boldsymbol{s}$ の方向を軸とする角度 φ $(= |\boldsymbol{\varphi}|)$ の回転を表す．太字の $\boldsymbol{\varphi}$ はベクトルで，回転角 φ はスカラーであることに注意する．$Y_{lm}(\theta, \phi)$ において，指定された l に対して $2l+1$ 個の固有状態 Y_{lm} $(m = -l, -l+1, \cdots, l-1, l)$ が既約表現の基底を成す．(C.39) は m をあらわに含んでいないので，エネルギー固有値に m に関する $2l+1$ 重の縮退が現れる．別のいい方をすると，ハミルトニアン $H = -(\hbar^2/2m_{\mathrm{e}})\boldsymbol{\nabla}^2 - k_0(Ze^2/r)$ の空間回転の下での不変性（$[H, \boldsymbol{L}] = \boldsymbol{0}$，すなわち $H' = R(\boldsymbol{\varphi})^{-1}HR(\boldsymbol{\varphi}) = H$）により，$L_z$ に関する縮退が現れる．

一方，l に関する縮退は，クーロンポテンシャルの形に関する力学的な対称性に起因する．$\boldsymbol{L}$ のほかに H と可換な演算子として，

$$\boldsymbol{R} \equiv \frac{1}{2m_{\mathrm{e}}}(\boldsymbol{L}\times\boldsymbol{p} - \boldsymbol{p}\times\boldsymbol{L}) + k_0 Ze^2\frac{\boldsymbol{r}}{r} \tag{C.50}$$

が存在する．$\boldsymbol{R}$ は**ルンゲ‐レンツ‐パウリベクトル**（**Runge‐Lenz‐Pauli Vector**）とよばれている．$\boldsymbol{L}$ および $\boldsymbol{R}$ に関して，交換関係

$$\left.\begin{aligned} [L^i, L^j] &= i\hbar\sum_{k=1}^{3}\varepsilon^{ijk}L^k, \qquad [R^i, R^j] = -\frac{2i\hbar}{m_{\mathrm{e}}}\sum_{k=1}^{3}\varepsilon^{ijk}L^k H \\ [L^i, R^j] &= i\hbar\sum_{k=1}^{3}\varepsilon^{ijk}R^k \quad (i, j = 1, 2, 3) \end{aligned}\right\} \tag{C.51}$$

が成立する．$[H, \boldsymbol{L}] = \boldsymbol{0}$ および $[H, \boldsymbol{R}] = \boldsymbol{0}$ であるから，エネルギーの固有状態を扱う場合，H をその固有値 E (<0) におきかえることができる．以後，このよう

な状態を考える．

ここで，$\tilde{\boldsymbol{R}} \equiv \sqrt{-m_{\mathrm{e}}/2E}\,\boldsymbol{R}$ を用いると，交換関係は

$$\left.\begin{aligned}[][L^i, L^j] = i\hbar \sum_{k=1}^{3} \varepsilon^{ijk} L^k, \qquad [\tilde{R}^i, \tilde{R}^j] = i\hbar \sum_{k=1}^{3} \varepsilon^{ijk} L^k \\ [L^i, \tilde{R}^j] = i\hbar \sum_{k=1}^{3} \varepsilon^{ijk} \tilde{R}^k\end{aligned}\right\} \tag{C.52}$$

となる．さらに，$\boldsymbol{M} \equiv (\boldsymbol{L} + \tilde{\boldsymbol{R}})/2$ および $\boldsymbol{N} \equiv (\boldsymbol{L} - \tilde{\boldsymbol{R}})/2$ を用いると，交換関係は

$$\left.\begin{aligned}[][M^i, M^j] = i\hbar \sum_{k=1}^{3} \varepsilon^{ijk} M^k, \qquad [N^i, N^j] = i\hbar \sum_{k=1}^{3} \varepsilon^{ijk} N^k \\ [M^i, N^j] = 0\end{aligned}\right\} \tag{C.53}$$

となり，独立した2つの角運動量代数を構成する．角運動量代数の元を $i\hbar$ で割った量 T^i は，$SU(2)$ のリー代数 (Lie algebra) $[T^i, T^j] = \sum_{k=1}^{3} \varepsilon^{ijk} T^k$ の元となる．

よって，エネルギー固有状態は $SU(2) \times SU(2)$ の表現になる．$SU(2) \times SU(2)$ は $SO(4)$ と局所同型で，空間回転に関する群 $SO(3)$ を部分群として含んでいる．演算子 $\boldsymbol{M}^2$ および $\boldsymbol{N}^2$ に関する固有値は，それぞれ $\mu(\mu+1)\hbar^2$ ($\mu = 0, 1/2, 1, \cdots$) および $\nu(\nu+1)\hbar^2$ ($\nu = 0, 1/2, 1, \cdots$) であるが，

$$\boldsymbol{M}^2 = \boldsymbol{N}^2 = \frac{1}{4}(\boldsymbol{L}^2 + \tilde{\boldsymbol{R}}^2) \tag{C.54}$$

という関係があるので $\mu = \nu$ が成り立つ．ここで，$\boldsymbol{R} \cdot \boldsymbol{L} = 0$ および $\boldsymbol{L} \cdot \boldsymbol{R} = 0$ を用いた．

また，

$$\tilde{\boldsymbol{R}}^2 = -\frac{m_{\mathrm{e}}}{2E}\boldsymbol{R}^2 = -\boldsymbol{L}^2 - \hbar^2 - k_0^2 Z^2 e^4 \frac{m_{\mathrm{e}}}{2E} \tag{C.55}$$

が成り立つ．(C.54) と (C.55) より，固有状態に対して，

$$\mu(\mu+1)\hbar^2 = -\frac{1}{4}\left(\hbar^2 + k_0^2 Z^2 e^4 \frac{m_{\mathrm{e}}}{2E}\right) \tag{C.56}$$

が成り立つ．(C.56) を変形することにより，

$$E = -\frac{k_0^2 Z^2 e^4 m_\mathrm{e}}{2\hbar^2(2\mu+1)^2} \tag{C.57}$$

が導かれる．(C.46) と比較すると，$2\mu+1=0, 1, 2, \cdots$が主量子数nに相当し，$\mu=\nu$より既約表現の次元は，$(2\mu+1)(2\nu+1)=n^2$であることがわかる．よって，nごとにn^2重縮退が現れる．

C.2.2　調和振動子

1次元の調和振動子に関するエネルギー準位を求めよう．座標をx，運動量をpと表す．解くべき固有値方程式は

$$\left(-\frac{\hbar^2}{2m}\frac{d^2}{dx^2}+\frac{1}{2}m\omega^2x^2\right)\varphi(x) = E\,\varphi(x) \tag{C.58}$$

である．ここで，mとωはそれぞれ振動子の質量と角振動数である．xとp $(=-i\hbar\, d/dx)$から，

$$a \equiv \sqrt{\frac{m\omega}{2\hbar}}\left(x+\frac{ip}{m\omega}\right), \qquad a^\dagger \equiv \sqrt{\frac{m\omega}{2\hbar}}\left(x-\frac{ip}{m\omega}\right) \tag{C.59}$$

で定義される演算子aおよび$a^\dagger$を用いて，ハミルトニアンは

$$H = -\frac{\hbar^2}{2m}\frac{d^2}{dx^2}+\frac{1}{2}m\omega^2x^2 = \hbar\omega\left(a^\dagger a+\frac{1}{2}\right) \tag{C.60}$$

のように書き表される．xとpは正準交換関係$[x, p]=i\hbar$を満たすので，aと$a^\dagger$は交換関係$[a, a^\dagger]=1$を満たす．

Hの固有値E_n，規格化された固有ベクトル$|u_n\rangle$は，それぞれ

$$E_n = \hbar\omega\left(n+\frac{1}{2}\right), \qquad |u_n\rangle = \frac{1}{\sqrt{n!}}(a^\dagger)^n|u_0\rangle \tag{C.61}$$

で与えられる．ここで$n=0, 1, 2, \cdots$，$|u_0\rangle$は，基底状態を表す規格化されたベクトルで$a|u_0\rangle=0$を満たす．また，$|u_n\rangle$は

$$\langle u_m|u_n\rangle = \delta_{mn} \tag{C.62}$$

を満たすような正規直交系を成す．さらにa，$a^\dagger$は，それぞれ

$$a|u_n\rangle = \sqrt{n}\,|u_{n-1}\rangle, \qquad a^\dagger|u_n\rangle = \sqrt{n+1}\,|u_{n+1}\rangle \tag{C.63}$$

を満たす．固有関数は規格化因子を除いて，$u_n(y) = H_n(y)\, e^{-\frac{y^2}{2}}$ である．ここで $y \equiv \sqrt{m\omega/\hbar}\, x$，$H_n(y)$ は n 次のエルミート多項式である．

C.3 パウリ方程式

ニュートン力学において，質量 m，電荷 q をもつ粒子が電磁場から受ける力は

$$\boldsymbol{F} = q(\boldsymbol{E} + \boldsymbol{v} \times \boldsymbol{B}) \tag{C.64}$$

である．ここで，$\boldsymbol{E}$ は電場，$\boldsymbol{B}$ は磁束密度，$\boldsymbol{v}$ は荷電粒子の速度である．

(C.64) が作用する粒子の運動を記述するハミルトニアンは，

$$H = \frac{1}{2m}(\boldsymbol{p} - q\boldsymbol{A})^2 + q\Phi \tag{C.65}$$

で与えられる．ここで，$\boldsymbol{A}$ は電磁場に関するベクトルポテンシャル，Φ はスカラーポテンシャルである．(C.65) において $H = E$ として，おきかえ

$$E \;\Rightarrow\; i\hbar\frac{\partial}{\partial t}, \qquad \boldsymbol{p} \;\Rightarrow\; -i\hbar\boldsymbol{\nabla} \tag{C.66}$$

を施し，この関係を波動関数に作用させることにより，

$$i\hbar\frac{\partial}{\partial t}\psi(\boldsymbol{x}, t) = \left[-\frac{\hbar^2}{2m}\left(\boldsymbol{\nabla} - i\frac{q}{\hbar}\boldsymbol{A}\right)^2 + q\Phi\right]\psi(\boldsymbol{x}, t) \tag{C.67}$$

を得ることができる．

あるいは，自由粒子に関する関係式 $H = \boldsymbol{p}^2/2m$ に対して，おきかえ

$$H \;\to\; H - q\Phi, \qquad \boldsymbol{p} \;\to\; \boldsymbol{p} - q\boldsymbol{A} \tag{C.68}$$

を施すことにより (C.65) を得ることができるので，自由粒子に関する波動方程式 $i\hbar(\partial/\partial t)\,\psi(\boldsymbol{x}, t) = -\,(\hbar^2/2m)\,\boldsymbol{\nabla}^2\,\psi(x, t)$ に対して，量子論的なおきかえ

$$i\hbar\frac{\partial}{\partial t} \;\to\; i\hbar\frac{\partial}{\partial t} - q\Phi, \qquad -i\hbar\boldsymbol{\nabla} \;\to\; -i\hbar\boldsymbol{\nabla} - q\boldsymbol{A} = -i\hbar\left(\boldsymbol{\nabla} - i\frac{q}{\hbar}\boldsymbol{A}\right) \tag{C.69}$$

を施すことにより (C.67) を得ることができる．

(C.67) は**ゲージ変換**

$$\Phi \ \to \ \Phi' = \Phi + \frac{\partial}{\partial t} f, \qquad \boldsymbol{A} \ \to \ \boldsymbol{A}' = \boldsymbol{A} - \nabla f, \qquad \psi \ \to \ \psi' = e^{-i\frac{q}{\hbar}f}\psi \tag{C.70}$$

の下で不変である．なお，$f = f(x)$ は任意の実関数で，このような局所的な変換に関する不変性（対称性）は**局所ゲージ不変性（対称性）**とよばれている．

(C.67) に対して，**パウリ項**とよばれる $\boldsymbol{B}(= \nabla \times \boldsymbol{A})$ に依存した項 $(e\hbar/2m_{\mathrm{e}})\,\boldsymbol{\sigma}\cdot\boldsymbol{B}$ を加えることで，非相対論的な世界で現象論的に有効な電子に関する波動方程式

$$i\hbar \frac{\partial}{\partial t}\varphi(\boldsymbol{x}, t) = \left[-\frac{\hbar^2}{2m_{\mathrm{e}}}\left(\nabla + i\frac{e}{\hbar}\boldsymbol{A}\right)^2 + \frac{e\hbar}{2m_{\mathrm{e}}}\boldsymbol{\sigma}\cdot\boldsymbol{B} - e\Phi\right]\varphi(\boldsymbol{x}, t) \tag{C.71}$$

に到達する．(C.71) は**パウリ方程式**とよばれ，この方程式もゲージ不変性を有している．ただし，電子の電荷は $q = -e$ であることを用いた．

$\boldsymbol{\sigma} = (\sigma^1, \sigma^2, \sigma^3) = (\sigma_x, \sigma_y, \sigma_z)$ は**パウリ行列**とよばれる 2 行 2 列の行列で，

$$\sigma^1 = \begin{pmatrix} 0 & 1 \\ 1 & 0 \end{pmatrix}, \qquad \sigma^2 = \begin{pmatrix} 0 & -i \\ i & 0 \end{pmatrix}, \qquad \sigma^3 = \begin{pmatrix} 1 & 0 \\ 0 & -1 \end{pmatrix} \tag{C.72}$$

で与えられる．パウリ行列の出現からわかるように，$\varphi(\boldsymbol{x}, t)$ は 2 成分の波動関数でスピンの自由度を含んでいる．

ここで，スピンを $\boldsymbol{S}$ とする．$\boldsymbol{S}$ は**角運動量代数**の元で，

$$[S^i, S^j] = i\hbar \sum_{k=1}^{3} \varepsilon^{ijk} S^k \tag{C.73}$$

を満たす．全角運動量は $\boldsymbol{J} \equiv \boldsymbol{L} + \boldsymbol{S}$ で定義され，角運動量代数を満たす．自由度 2 を有するスピン（スピン 1/2）はパウリ行列を用いて，

$$\boldsymbol{S} = \hbar\frac{\boldsymbol{\sigma}}{2} \tag{C.74}$$

で与えられる．この場合，スピンの z 成分 $S_z(= S^3)$ は

$$S_z = \hbar\frac{\sigma^3}{2} = \frac{\hbar}{2}\begin{pmatrix} 1 & 0 \\ 0 & -1 \end{pmatrix} \tag{C.75}$$

で，その固有値および固有関数は以下の通りである．

$$\text{固有値}：S_z = \frac{\hbar}{2}, \qquad \text{固有関数}：u_\uparrow = \begin{pmatrix} 1 \\ 0 \end{pmatrix} \tag{C.76}$$

$$\text{固有値}：S_z = -\frac{\hbar}{2}, \qquad \text{固有関数}：u_\downarrow = \begin{pmatrix} 0 \\ 1 \end{pmatrix} \tag{C.77}$$

パウリ項 $(e\hbar/2m_{\mathrm{e}})\,\boldsymbol{\sigma}\cdot\boldsymbol{B}$ は**ボーア磁子** $\mu_{\mathrm{B}} \equiv e\hbar/2m_{\mathrm{e}}$ と**磁気回転比（g 因子）**g を用いて，$(g\mu_{\mathrm{B}}/\hbar)\,\boldsymbol{S}\cdot\boldsymbol{B}$ と表記される．電子のスピンは $\boldsymbol{S} = \hbar\boldsymbol{\sigma}/2$ なので，$g = 2$ を意味する．g の観測値は

$$\left.\frac{g-2}{2}\right|_{\mathrm{obs}} = 0.00115965218073 \pm 0.00000000000028 \tag{C.78}$$

で 2 からわずかにずれているが，そのずれは量子補正によると考えられる．その詳細については，14.5 節を参照してほしい．

$\boldsymbol{A} = (1/2)\,\boldsymbol{B}\times\boldsymbol{x}$ で与えられる弱い一様な磁束密度 $\boldsymbol{B}$ に対して，(C.71) は

$$i\hbar\frac{\partial}{\partial t}\varphi(\boldsymbol{x},t) = \left[-\frac{\hbar^2}{2m_{\mathrm{e}}}\boldsymbol{\nabla}^2 + \frac{e}{2m_{\mathrm{e}}}(\boldsymbol{L}+2\boldsymbol{S})\cdot\boldsymbol{B}\right]\varphi(\boldsymbol{x},t) \tag{C.79}$$

となる．上式において，$\Phi = 0$ とした．また，$\boldsymbol{A}$ の 2 次以上の項は無視している．$\boldsymbol{B}$ と結合している量が $\boldsymbol{J} \equiv \boldsymbol{L} + \boldsymbol{S}$ ではなくて，$\boldsymbol{L} + 2\boldsymbol{S}$ であることに注意する．

さらに以下で，パウリ項の起源に関する補足説明を行う．質量 m の自由粒子を記述する波動関数 $\varphi(\boldsymbol{x},t)$ は 2 成分を有し，波動方程式

$$i\hbar\frac{\partial}{\partial t}\varphi(\boldsymbol{x},t) = -\frac{\hbar^2}{2m}(\boldsymbol{\sigma}\cdot\boldsymbol{\nabla})^2\varphi(\boldsymbol{x},t) \tag{C.80}$$

に従うと仮定する．ここで，$\boldsymbol{\nabla}^2$ を $(\boldsymbol{\sigma}\cdot\boldsymbol{\nabla})^2$ に替えていることに注意してほしい．$(\boldsymbol{\sigma}\cdot\boldsymbol{\nabla})^2 = \boldsymbol{\nabla}^2 I$（$I$ は 2 行 2 列の単位行列）なので，自由粒子に関しては単なる書きかえにすぎない．(C.80) に対して，量子論的なおきかえ (C.69) を施すことにより電磁相互作用が導入され，電子に関して，

$$i\hbar\frac{\partial}{\partial t}\varphi(\boldsymbol{x},t) = \left[-\frac{\hbar^2}{2m_{\mathrm{e}}}\left\{\boldsymbol{\sigma}\cdot\left(\boldsymbol{\nabla} + i\frac{e}{\hbar}\boldsymbol{A}\right)\right\}^2 - e\Phi\right]\varphi(\boldsymbol{x},t) \tag{C.81}$$

を得ることができる．ここで，m を m_{e} に q を $-e$ に代えた．

パウリ行列に関する公式

$$(\boldsymbol{\sigma}\cdot\boldsymbol{a})(\boldsymbol{\sigma}\cdot\boldsymbol{b}) = (\boldsymbol{a}\cdot\boldsymbol{b})I + i\boldsymbol{\sigma}\cdot(\boldsymbol{a}\times\boldsymbol{b}) \tag{C.82}$$

を用いて，(C.81) の右辺のパウリ行列を含む因子を

$$\begin{aligned}
\left[\boldsymbol{\sigma}\cdot\left(\boldsymbol{\nabla}+i\frac{e}{\hbar}\boldsymbol{A}\right)\right]^2 &= \left[\boldsymbol{\sigma}\cdot\left(\boldsymbol{\nabla}+i\frac{e}{\hbar}\boldsymbol{A}\right)\right]\left[\boldsymbol{\sigma}\cdot\left(\boldsymbol{\nabla}+i\frac{e}{\hbar}\boldsymbol{A}\right)\right] \\
&= \left(\boldsymbol{\nabla}+i\frac{e}{\hbar}\boldsymbol{A}\right)^2 + i\boldsymbol{\sigma}\cdot\left(\boldsymbol{\nabla}+i\frac{e}{\hbar}\boldsymbol{A}\right)\times\left(\boldsymbol{\nabla}+i\frac{e}{\hbar}\boldsymbol{A}\right) \\
&= \left(\boldsymbol{\nabla}+i\frac{e}{\hbar}\boldsymbol{A}\right)^2 - \frac{e}{\hbar}\boldsymbol{\sigma}\cdot\boldsymbol{B}
\end{aligned} \tag{C.83}$$

のように変形することができる．(C.83) において，Iを省略している．(C.83) を用いることにより，(C.81) をパウリ方程式 (C.71) に書きかえることができる（つまりパウリ項があらわになる）．**このようにして，スピンの自由度の導入（パウリ行列の導入による波動関数の2成分化）が，パウリ項の出現と関わりがあることがわかる．**

付録 D　ポアンカレ群

D.1　ポアンカレ変換

ローレンツ変換 ($x'^{\mu} = \Lambda^{\mu}{}_{\nu} x^{\nu}$) と並進 ($x'^{\mu} = x^{\mu} + a^{\mu}$) を組み合わせた変換は**ポアンカレ変換**とよばれ，座標系の間の変換性は

$$x'^{\mu} = \Lambda^{\mu}{}_{\nu} x^{\nu} + a^{\mu} \tag{D.1}$$

で与えられる．ここで，$\Lambda^{\mu}{}_{\nu}$ は

$$\eta_{\mu\nu} \Lambda^{\mu}{}_{\alpha} \Lambda^{\nu}{}_{\beta} = \eta_{\alpha\beta} \tag{D.2}$$

を満たす定数行列，a^{μ} は定数ベクトルである．$\eta_{\mu\nu}$ は (B.5) で与えられた計量テンソルである．

ポアンカレ変換の下で世界間隔の 2 乗 $ds^2 = \eta_{\mu\nu} dx^{\mu} dx^{\nu}$ は不変に保たれ，この性質は**光速度不変の原理**である，「あらゆる慣性系で真空中の光の速さ c は同一である」を含んでいる．この原理を式で表すと，

$$\left|\frac{d\boldsymbol{x}}{dt}\right| = \left|\frac{d\boldsymbol{x}'}{dt'}\right| = c, \text{ すなわち, } ds^2 = ds'^2 = 0 \tag{D.3}$$

となる．すなわち，慣性系同士はポアンカレ変換により結ばれると考えられる．

ポアンカレ変換は群を成し，**ポアンカレ群** (または，非斉次ローレンツ群) とよばれている．群の元は変換のパラメータで指定される．ポアンカレ変換のパラメータは $\Lambda^{\mu}{}_{\nu}$ と a^{μ} でまとめて (Λ, a) と略記することで，ポアンカレ群の元を表すことにする．変換を連続して行うと，

$$\begin{aligned} x''^{\mu} &= \Lambda'^{\mu}{}_{\nu} x'^{\nu} + a'^{\mu} = \Lambda'^{\mu}{}_{\nu} (\Lambda^{\nu}{}_{\rho} x^{\rho} + a^{\nu}) + a'^{\mu} \\ &= \Lambda'^{\mu}{}_{\nu} \Lambda^{\nu}{}_{\rho} x^{\rho} + \Lambda'^{\mu}{}_{\nu} a^{\nu} + a'^{\mu} \end{aligned} \tag{D.4}$$

となる．

よって，ポアンカレ群の元の積は

$$(\Lambda_2, a_2)(\Lambda_1, a_1) = (\Lambda_2 \Lambda_1, \Lambda_2 a_1 + a_2) \tag{D.5}$$

である．ポアンカレ群の単位元は $(I, 0)$ で，(Λ, a) の逆元は $(\Lambda^{-1}, -\Lambda^{-1} a)$ で

ある．ここで I は単位行列，Λ^{-1} は Λ の逆行列を表す．

ローレンツ群の元は $(\Lambda, 0)$ で与えられ，ポアンカレ群の部分群を成す．ローレンツ群は，数学的には4次元擬直交群（の一種）で $O(3, 1)$ と表記される．また，並進の元は (I, a) で与えられ，並進はポアンカレ群の**不変部分群**を成す．なお不変部分群とは，群 G の任意の元 g に対して，$gHg^{-1} = H$ となるような部分群 H のことをいう．例えば，(I, a) に対して (D.5) を用いると

$$
\begin{aligned}
(\Lambda, b)(I, a)(\Lambda, b)^{-1} &= (\Lambda, b)(I, a)(\Lambda^{-1}, -\Lambda^{-1}b) \\
&= (\Lambda, b)(\Lambda^{-1}, -\Lambda^{-1}b + a) \\
&= (I, \Lambda a)
\end{aligned}
\tag{D.6}
$$

が導かれ，並進がポアンカレ群の不変部分群であることがわかる．

(D.2) の両辺の行列式を計算すると，

$$
\left.
\begin{array}{c}
\det \eta_{\mu\nu} \det \Lambda^{\mu}{}_{\alpha} \det \Lambda^{\nu}{}_{\beta} = \det \eta_{\alpha\beta} \\
\text{すなわち，}\ (\det \Lambda)^2 = 1
\end{array}
\right\}
\tag{D.7}
$$

となり，$\det\Lambda = 1$ あるいは $\det\Lambda = -1$ が導かれる．また，(D.2) の両辺の $(0, 0)$ 成分を書き下すと，

$$
\left.
\begin{array}{c}
\eta_{\mu\nu} \Lambda^{\mu}{}_{0} \Lambda^{\nu}{}_{0} = \eta_{00} \\
\text{すなわち，}\ (\Lambda^{0}{}_{0})^2 - \sum_{i=1}^{3} (\Lambda^{i}{}_{0})^2 = 1
\end{array}
\right\}
\tag{D.8}
$$

となり，$(\Lambda^{0}{}_{0})^2 \geq 1$ すなわち，$\Lambda^{0}{}_{0} \geq 1$ あるいは $\Lambda^{0}{}_{0} \leq -1$ が導かれる．よって，ローレンツ群は次のような4つの連結成分から成る．ここで連結成分とは，ある元から連続的な変換により結ばれる元の全体である．

(1)　$\det\Lambda = 1$，$\Lambda^{0}{}_{0} \geq 1$：単位元 I に連結な成分 $L_{+}^{\uparrow}$．

(2)　$\det\Lambda = -1$，$\Lambda^{0}{}_{0} \geq 1$：空間反転 Λ_{S} に連結な成分 $L_{-}^{\uparrow}$．

(3)　$\det\Lambda = -1$，$\Lambda^{0}{}_{0} \leq -1$：時間反転 Λ_{T} に連結な成分 $L_{-}^{\downarrow}$．

(4)　$\det\Lambda = 1$，$\Lambda^{0}{}_{0} \leq -1$：全反転 $\Lambda_{\mathrm{S}}\Lambda_{\mathrm{T}}$ に連結な成分 $L_{+}^{\downarrow}$．

ここで，

$$
\left.\begin{array}{l}
I = \begin{pmatrix} 1 & 0 & 0 & 0 \\ 0 & 1 & 0 & 0 \\ 0 & 0 & 1 & 0 \\ 0 & 0 & 0 & 1 \end{pmatrix}, \quad \Lambda_{\mathrm{S}} = \begin{pmatrix} 1 & 0 & 0 & 0 \\ 0 & -1 & 0 & 0 \\ 0 & 0 & -1 & 0 \\ 0 & 0 & 0 & -1 \end{pmatrix} \\
\Lambda_{\mathrm{T}} = \begin{pmatrix} -1 & 0 & 0 & 0 \\ 0 & 1 & 0 & 0 \\ 0 & 0 & 1 & 0 \\ 0 & 0 & 0 & 1 \end{pmatrix}, \quad \Lambda_{\mathrm{S}}\Lambda_{\mathrm{T}} = \begin{pmatrix} -1 & 0 & 0 & 0 \\ 0 & -1 & 0 & 0 \\ 0 & 0 & -1 & 0 \\ 0 & 0 & 0 & -1 \end{pmatrix}
\end{array}\right\} \tag{D.9}
$$

である．$L_+^\uparrow$ は群を成し，**本義ローレンツ群**とよばれ，その元は I に無限小ローレンツ変換を繰り返し施すことにより得られる．本義ローレンツ群はその元の行列式が 1 であるため，4 次元特殊擬直交群（の一種）で $O_+^\uparrow(3, 1)$ と表記される．$L_-^\uparrow$，$L_-^\downarrow$，$L_+^\downarrow$ の任意の元は，それぞれ Λ_{S}，Λ_{T}，$\Lambda_{\mathrm{S}}\Lambda_{\mathrm{T}}$ に本義ローレンツ群の元を掛けることにより得られる．

空間反転や時間反転を含むローレンツ変換の下で，テンソル（スカラー，ベクトルを含む）はテンソルと**擬テンソル**に細分化される．具体的には，成分の変換性が次式で与えられる i 階反変 j 階共変テンソル場

$$
T'^{\mu_1\cdots\mu_i}{}_{\nu_1\cdots\nu_j}(x') = \Lambda^{\mu_1}{}_{\alpha_1}\cdots\Lambda^{\mu_i}{}_{\alpha_i}\Lambda_{\nu_1}{}^{\beta_1}\cdots\Lambda_{\nu_j}{}^{\beta_j}\,T^{\alpha_1\cdots\alpha_i}{}_{\beta_1\cdots\beta_j}(x) \tag{D.10}
$$

と，成分の変換性が次式で与えられる i 階反変 j 階共変擬テンソル場

$$
G'^{\mu_1\cdots\mu_i}{}_{\nu_1\cdots\nu_j}(x') = \det\Lambda\cdot\Lambda^{\mu_1}{}_{\alpha_1}\cdots\Lambda^{\mu_i}{}_{\alpha_i}\Lambda_{\nu_1}{}^{\beta_1}\cdots\Lambda_{\nu_j}{}^{\beta_j}\,G^{\alpha_1\cdots\alpha_i}{}_{\beta_1\cdots\beta_j}(x) \tag{D.11}
$$

に分けられる．ここで，(D.11) の右辺に $\det\Lambda$ が登場していることに注目する．

また，不変擬テンソルとして，$\varepsilon^{\mu\nu\lambda\sigma}$（完全反対称テンソルで $\varepsilon^{0123} = 1$）が存在する．下付き添字をもつ不変擬テンソル $\varepsilon_{\mu\nu\lambda\sigma}$ は，上付きのものと符号が異なること

$$
\varepsilon_{\mu\nu\lambda\sigma} = -\varepsilon^{\mu\nu\lambda\sigma}, \qquad \varepsilon_{0123} = -1 \tag{D.12}
$$

に注意する．$\varepsilon^{\mu\nu\lambda\sigma}$ はレビ - チビタテンソル (Levi - Civita tensor) とよばれる．

群 G の部分群 H の各元に対して，G のある元 g を右から掛けて得られる集合 Hg を G の H による右剰余類，g を左から掛けて得られる集合 gH を G の H による左剰余類という．H が不変部分群の場合，任意の元 g に対して $gHg^{-1} = H$ が成り立つので，右剰余類と左剰余類は集合として等しく，単に剰余類とよばれる．こ

の場合，剰余類の集合の積を $(Hg_1)(Hg_2) = Hg_1g_2$ で定義すると，この集合は群を成す．このような剰余類を元とする群は**剰余類群**とよばれ，G/H と表される．

2つの群 G，G' があって，写像 f により G の元 g と G' の元 g' の間に関係 $g' = f(g)$ があるとする．このとき，G の任意の元 g_a と g_b に対して，

$$f(g_a)\,f(g_b) = f(g_a g_b) \tag{D.13}$$

が成り立つとき，f を G から G' への**準同型写像**という．準同型写像で結ばれる群 G，G' は**準同型**であるといい，$G \sim G'$ と表記する．準同型写像 f によって，G' の単位元 e' に写るような G の元の集合を写像 f の核という．

特に，準同型写像 f が全単射（上への1対1写像）のとき，f を**同型写像**という．同型写像で結ばれる群 G，G' は**同型**であるといい，$G \simeq G'$ と表記する．なお，準同型写像に関して次のような定理が成り立つ．

【準同型定理】　2つの群 G，G' は準同型とし，準同型写像 f の核を H とすると，H は G の不変部分群を成す．剰余類群 G/H から G' への全射 $\hat{f}: G/H \to G'$ を $\hat{f}(Hg_a) = f(g_a)$ によって定義すると，$\hat{f}$ は同型写像となる．よって，$G/H \simeq G'$ が成り立つ．（証明略）

ポアンカレ群の元 (Λ, a) を，ローレンツ群の元 $(\Lambda, 0)$ に移す写像は準同型写像で，その核は並進群である．並進群 T はポアンカレ群 P の不変部分群を成す．よって準同型定理により，P/T はローレンツ群 $O(3,1)$ と同型である．また，本義ローレンツ群 $O_+^\uparrow(3,1)$ はローレンツ群の不変部分群を成し，$O(3,1)\,/\,O_+^\uparrow(3,1)$ は $(I, \Lambda_\mathrm{S}, \Lambda_\mathrm{T}, \Lambda_\mathrm{S}\Lambda_\mathrm{T})$ を要素とする有限群と同型である．

ここで，ローレンツ群を除く本書で関連の深いリー群について，表D.1に列挙する．表D.1の群の元は行列の指数関数を用いて，$e^{tX} = \sum_{n=0}^{\infty} t^n X^n/n!$（$t$ は実パラメータ）と書き表すことができる．行列 X の全体を**リー代数**（あるいは**リー環**）といい，その元は群に特有の交換関係を満たす．

例えば，$SU(2)$ のリー代数の元 T^i $(i = 1, 2, 3)$ は $[T^i, T^j] = \sum_{k=1}^{3} \varepsilon^{ijk} T^k$ を満たす．また，$SL(N, \boldsymbol{C})$ のリー代数の元はトレースが0の行列であり，$SU(N)$ のリー代数の元はトレースが0の反エルミート行列 $(X^\dagger = -X)$ である．さらに，$SO(N)$ のリー代数の元はトレースが0の実交代行列 $(X^T = -X,\ X^* = X)$ であ

表 D.1　主なリー群

群	記号	群の元
複素特殊1次変換群	$SL(N, \boldsymbol{C})$	行列式が1の複素行列
ユニタリー群	$U(N)$	ユニタリー行列
特殊ユニタリー群	$SU(N)$	行列式が1のユニタリー行列
直交群	$O(N)$	実直交行列
特殊直交群（回転群）	$SO(N)$	行列式が1の実直交行列

る．行列式が1の群の元に関するリー代数の元のトレースが0であるのは，公式 $\det\exp(tX) = \exp[\mathrm{Tr}(tX)]$ からわかる．

群の作用の下で不変に保たれる量が存在する．例えば，$|z^1|^2 + |z^2|^2 + \cdots + |z^N|^2$（$z^B$：複素数）を不変に保つ1次変換 $z'^A = \sum_{B=1}^{N} U^A{}_B z^B$ が成す群は $U(N)$ であり，$(x^1)^2 + (x^2)^2 + \cdots + (x^N)^2$（$x^B$：実数）を不変に保つ1次変換 $x'^A = \sum_{B=1}^{N} O^A{}_B x^B$ が成す群は $O(N)$ である．ちなみに，擬直交群 $O(p, q)$ は，$-(x^1)^2 - \cdots - (x^p)^2 + (x^{p+1})^2 + \cdots + (x^{p+q})^2$（$x^B$：実数）を不変に保つ1次変換 $x'^A = \sum_{B=1}^{p+q} \Lambda^A{}_B x^B$ が成す群で，$O(0, N) = O(N)$ である．

関数 $f(x)$ に対して，

$$f(x+\varepsilon) = f(x) + \varepsilon^\mu \partial_\mu f(x) + O(\varepsilon^2) \tag{D.14}$$

が成り立つので，並進群の生成子は $T_\mu = \partial/\partial x^\mu$ である．なお，ε^μ は無限小の実定数である．よって，並進群の元は

$$T(a) = \exp(a^\mu T_\mu) = \exp\left(-\frac{i}{\hbar} a^\mu P_\mu\right) \tag{D.15}$$

で与えられる．ここで，P_μ は以下のような4元運動量演算子である．

$$P_\mu = i\hbar \frac{\partial}{\partial x^\mu} \tag{D.16}$$

また，

$$f(x^\rho + \varepsilon^{\rho\sigma} x_\sigma) = f(x^\rho) + \frac{1}{2}\varepsilon^{\mu\nu}(x_\nu \partial_\mu - x_\mu \partial_\nu) f(x^\rho) + O(\varepsilon^2) \tag{D.17}$$

であるから，ローレンツ群の生成子は $R_{\mu\nu} = x_\nu(\partial/\partial x^\mu) - x_\mu(\partial/\partial x^\nu)$ である．

ここで，$\varepsilon^{\mu\nu}(=-\varepsilon^{\nu\mu})$ は無限小の実定数であり，無限小ローレンツ変換は $\Lambda^{\mu}{}_{\nu}=\delta^{\mu}{}_{\nu}+\varepsilon^{\mu}{}_{\nu}$ で生成される．

実際，

$$\eta_{\mu\nu}\Lambda^{\mu}{}_{\alpha}\Lambda^{\nu}{}_{\beta}=\eta_{\mu\nu}(\delta^{\mu}{}_{\alpha}+\varepsilon^{\mu}{}_{\alpha})(\delta^{\nu}{}_{\beta}+\varepsilon^{\nu}{}_{\beta})=\eta_{\alpha\beta}+O(\varepsilon^{2}) \qquad \text{(D.18)}$$

が成り立ち，(D.2) を満たす．よって，ローレンツ群の元は

$$L(\Lambda)=\exp\left(\frac{1}{2}\omega^{\mu\nu}R_{\mu\nu}\right)=\exp\left(\frac{i}{2\hbar}\omega^{\mu\nu}L_{\mu\nu}\right) \qquad \text{(D.19)}$$

で与えられる．

ここで，$L_{\mu\nu}$ は4次元 (軌道) 角運動量演算子で，

$$L_{\mu\nu}=i\hbar\left(x_{\mu}\frac{\partial}{\partial x^{\nu}}-x_{\nu}\frac{\partial}{\partial x^{\mu}}\right) \qquad \text{(D.20)}$$

である．P_{μ} および $L_{\mu\nu}$ は**ポアンカレ代数**の元で次の交換関係に従う．

$$\left.\begin{aligned}&[P_{\mu},P_{\nu}]=0, \qquad [L_{\mu\nu},P_{\rho}]=-i\hbar(\eta_{\mu\rho}P_{\nu}-\eta_{\rho\nu}P_{\mu})\\&[L_{\mu\nu},L_{\rho\sigma}]=-i\hbar(\eta_{\mu\rho}L_{\nu\sigma}-\eta_{\nu\rho}L_{\mu\sigma}-\eta_{\mu\sigma}L_{\nu\rho}+\eta_{\nu\sigma}L_{\mu\rho})\end{aligned}\right\} \qquad \text{(D.21)}$$

ポアンカレ変換により，

$$\Phi_{l}(x) \quad \to \quad \Phi'_{l}(x')=\sum_{m=1}^{N}D(\Lambda,a)_{l}{}^{m}\,\Phi_{m}(x), \qquad x'^{\mu}=\Lambda^{\mu}{}_{\nu}x^{\nu}+a^{\mu} \qquad \text{(D.22)}$$

のように変換するような，N 個の成分を有する古典場，あるいは1粒子波動関数 $\Phi_{l}(x)\ (l=1,\cdots,N)$ について考察する．ポアンカレ群の元の積 (D.5) に対して，$D(\Lambda,a)_{l}{}^{m}$ が次のような積の関係

$$D(\Lambda_{2}\Lambda_{1},\Lambda_{2}a_{1}+a_{2})_{l}{}^{m}=\sum_{n=1}^{N}D(\Lambda_{2},a_{2})_{l}{}^{n}D(\Lambda_{1},a_{1})_{n}{}^{m} \qquad \text{(D.23)}$$

を満たすとき，$D(\Lambda,a)_{l}{}^{m}$ は**ポアンカレ群の表現**とよばれる．$D(\Lambda,a)_{l}{}^{m}$ の分類に関しては，付録D.2節で考察する．

また量子論において，物理状態は，ヒルベルト空間の元 (状態ベクトル) $|\alpha\rangle$ で与えられる．$|\alpha\rangle$ はポアンカレ変換の下で，

$$|\alpha\rangle \;\rightarrow\; |\alpha'\rangle = U(\Lambda, a)\,|\alpha\rangle \tag{D.24}$$

と変換され，(D.5) に相当する関係式 $U(\Lambda_2\Lambda_1, \Lambda_2 a_1 + a_2) = U(\Lambda_2, a_2)\,U(\Lambda_1, a_1)$ が成り立つとする．物理状態は，あらゆる慣性系で等価であるから，状態ベクトル $|\alpha\rangle$ の大きさ（ノルム）$\sqrt{\langle\alpha|\alpha\rangle}$ はポアンカレ変換 (D.24) の下で不変であり，

$$\langle\alpha|\alpha\rangle = \langle\alpha|U^\dagger(\Lambda, a)\,U(\Lambda, a)|\alpha\rangle \tag{D.25}$$

が成り立つ．よって $U(\Lambda, a)$ は，ヒルベルト空間上のポアンカレ群の表現となるようなユニタリー変換である．$U(\Lambda, a)$ の分類に関しては，付録 D.3 節で考察する．

慣性系 I（その座標を x^μ とする）で，1 粒子波動関数と状態ベクトルとの間の関係は，行列要素

$$\Phi_l(x) = \langle 0|\hat{\phi}_l(x)|\Phi\rangle \tag{D.26}$$

で与えられる．ここで，$\hat{\phi}_l(x)$ は粒子 Φ_l を時空点 x で消滅させる場の演算子（量子場），$\langle 0|$ は真空状態を表すブラベクトル，$|\Phi\rangle$ は物理状態を表すケットベクトルである．

一方，慣性系 I′（その座標を x'^μ とする）では，波動関数は $\Phi'_l(x') = \langle 0'|\hat{\phi}_l(x')|\Phi'\rangle$ で与えられる．(D.22) および (D.24) より，

$$\sum_{m=1}^{N} D(\Lambda, a)_l{}^m\,\langle 0|\hat{\phi}_m(x)|\Phi\rangle = \langle 0|U^\dagger(\Lambda, a)\,\hat{\phi}_l(x')\,U(\Lambda, a)|\Phi\rangle \tag{D.27}$$

が導かれる．任意の行列要素に関して，同様の関係式が成立するはずなので

$$U(\Lambda, a)\,\hat{\phi}_l(x)\,U^\dagger(\Lambda, a) = \sum_{m=1}^{N} D^{-1}(\Lambda, a)_l{}^m\,\hat{\phi}_m(x') \tag{D.28}$$

が成り立つと考えられる．

D.2　本義ローレンツ群の表現　―場の分類―

時空の一様性により，並進に関して場そのものは変化しないとすると，

$$\Phi_l(x) \;\rightarrow\; \Phi'_l(x') = \Phi_l(x), \qquad x'^\mu = x^\mu + a^\mu \tag{D.29}$$

$$|\alpha\rangle \rightarrow |\alpha'\rangle = U(I, a)\,|\alpha\rangle, \qquad U(I, a)\,\hat{\phi}_l(x)\,U^\dagger(I, a) = \hat{\phi}_l(x') \tag{D.30}$$

が成り立つ．ここで $U(I, a)$ は，ヒルベルト空間上の並進の表現となるような

ユニタリー変換である．

ポアンカレ群の既約表現は，並進群の表現とそれに直交するローレンツ群の表現の積から構成される．(D.30) より，場の成分に関する並進群の表現は恒等表現 ($D(I,a)_l{}^m = \delta_l{}^m$) であるから，これと直交する表現はローレンツ群の表現そのもの ($D(\Lambda)_l{}^m \equiv D(\Lambda,0)_l{}^m$) である．また，前の節で述べたように本義ローレンツ群 $O_+^\uparrow(3,1)$ はローレンツ群 $O(3,1)$ の不変部分群を成している．

このようにして，場の成分に関するポアンカレ群の表現を分類することは，本義ローレンツ群の表現を分類することに帰着する． この節では $O_+^\uparrow(3,1)$ の有限次元の既約表現について考察しよう．

手始めに，反変ベクトル V^μ に関する表現行列を求めてみよう．V^μ に関する無限小ローレンツ変換は

$$V'^\mu = \Lambda^\mu{}_\nu V^\nu = (\delta^\mu{}_\nu + \varepsilon^\mu{}_\nu)V^\nu = \left(1 - \frac{i}{2\hbar}\varepsilon^{\alpha\beta}M_{\alpha\beta}\right)^\mu{}_\nu V^\nu \tag{D.31}$$

のように書き表される．なお，

$$(1)^\mu{}_\nu = \delta^\mu{}_\nu, \qquad (M_{\alpha\beta})^\mu{}_\nu = i\hbar(\delta^\mu{}_\alpha\eta_{\beta\nu} - \delta^\mu{}_\beta\eta_{\alpha\nu}) \tag{D.32}$$

で与えられる．$(M_{\alpha\beta})^\mu{}_\nu$ は μ を行，ν を列とする 4 行 4 列の行列で，V^μ に関する本義ローレンツ変換の表現行列である．$(M_{\alpha\beta})^\mu{}_\nu$ は 6 個の元から成り，$L_{\mu\nu}$ と同じ交換関係

$$[M_{\alpha\beta}, M_{\gamma\delta}] = -i\hbar(\eta_{\alpha\gamma}M_{\beta\delta} - \eta_{\beta\gamma}M_{\alpha\delta} - \eta_{\alpha\delta}M_{\beta\gamma} + \eta_{\beta\delta}M_{\alpha\gamma}) \tag{D.33}$$

を満たす．

また，(D.33) は

$$\left.\begin{aligned} [M_{\alpha\beta}, M_{\gamma\delta}] &= i\hbar C_{\alpha\beta}{}^{\rho\sigma}{}_{\gamma\delta}M_{\rho\sigma} \\ C_{\alpha\beta}{}^{\rho\sigma}{}_{\gamma\delta} &= -\eta_{\alpha\gamma}\delta^\rho{}_\beta\delta^\sigma{}_\delta + \eta_{\beta\gamma}\delta^\rho{}_\alpha\delta^\sigma{}_\delta + \eta_{\alpha\delta}\delta^\rho{}_\beta\delta^\sigma{}_\gamma - \eta_{\beta\delta}\delta^\rho{}_\alpha\delta^\sigma{}_\gamma \end{aligned}\right\} \tag{D.34}$$

と書き表すこともできる．この $(M_{\alpha\beta})^\mu{}_\nu$ を用いて，V^μ に関する有限な本義ローレンツ変換の表現行列は，

$$\Lambda^\mu{}_\nu = \left[\exp\left(-\frac{i}{2\hbar}\omega^{\alpha\beta}M_{\alpha\beta}\right)\right]^\mu{}_\nu \tag{D.35}$$

で与えられる．

実際 (2.25) を参考にして，$\omega^{\alpha\beta} = N\varepsilon^{\alpha\beta}$ の下で無限小変換 (D.31) を繰り返し行うことにより求めることができる．$\Lambda^{\mu}{}_{\nu}$ に対する N 次元の表現行列は，次の

$$D(\Lambda)_l{}^m = \left[\exp\left(-\frac{i}{2\hbar}\omega^{\alpha\beta}S_{\alpha\beta}\right)\right]_l^m \tag{D.36}$$

と表記される．ここで，$(S_{\alpha\beta})_l{}^m = D(M_{\alpha\beta})_l{}^m$ で (D.33) を満足する．また，ヒルベルト空間上の本義ローレンツ群の表現 $U(\Lambda)\,(\equiv U(\Lambda, 0))$ を，

$$U(\Lambda) = \exp\left(-\frac{i}{2\hbar}\omega^{\alpha\beta}\hat{J}_{\alpha\beta}\right) \tag{D.37}$$

とする．なお，$\hat{J}_{\alpha\beta}$ は状態に作用する線形演算子で (D.33) を満足する．

以上から，(D.28) に対して (D.19)，(D.36)，(D.37) を用いて，無限小ローレンツ変換に関して，

$$\left(1 - \frac{i}{2\hbar}\varepsilon^{\alpha\beta}\hat{J}_{\alpha\beta}\right)\hat{\phi}_l(x)\left(1 + \frac{i}{2\hbar}\varepsilon^{\alpha'\beta'}\hat{J}_{\alpha'\beta'}\right)$$
$$= \sum_{m=1}^{N}\left(1 + \frac{i}{2\hbar}\varepsilon^{\alpha\beta}S_{\alpha\beta}\right)_l^m\left(1 + \frac{i}{2\hbar}\varepsilon^{\alpha'\beta'}L_{\alpha'\beta'}\right)\phi_m(x)$$

が成り立ち，$\varepsilon^{\alpha\beta}$ に関する 2 次以上の項を無視して

$$[\hat{J}_{\alpha\beta}, \hat{\phi}_l(x)] = -L_{\alpha\beta}\,\hat{\phi}_l(x) - \sum_{m=1}^{N}(S_{\alpha\beta})_l{}^m\,\hat{\phi}_m(x) \tag{D.38}$$

を導くことができる．

ちなみに，生成演算子に相当する場の演算子 $\hat{\phi}_l^{\dagger}(x)$ に関する公式は，

$$[\hat{J}_{\alpha\beta}, \hat{\phi}_l^{\dagger}(x)] = L_{\alpha\beta}\,\hat{\phi}_l^{\dagger}(x) + \sum_{m=1}^{N}(S_{\alpha\beta})_l{}^m\,\hat{\phi}_m^{\dagger}(x) \tag{D.39}$$

である．よって，$(S_{\alpha\beta})_l{}^m$ はスピンに関する角運動量，$\hat{J}_{\alpha\beta}$ は全角運動量演算子と考えられる．

$D(\Lambda)_l{}^m$ を分類する ($O_+^{\uparrow}(3, 1)$ の既約表現を求める) ために，$S^{\alpha\beta}$ を用いて，

$$J^i \equiv \sum_{j,k=1}^{3}\frac{1}{2}\varepsilon^{ijk}S^{jk}, \qquad K^i \equiv S^{0i} \tag{D.40}$$

を定義する．ここで，添字 l，m を省略した．また，J^i は空間回転の生成子を表し

$J^1 = S^{23}$，$J^2 = S^{31}$，$J^3 = S^{12}$ である．K^i はローレンツブーストの生成子を表す．

実際，$\boldsymbol{\varphi} = \varphi \boldsymbol{s} = (-\omega^{23}, -\omega^{31}, -\omega^{12})$（$\boldsymbol{s}$ は単位ベクトルで φ は $\boldsymbol{s}$ 方向の軸に関する回転角），および $\boldsymbol{\omega} = \omega \boldsymbol{n} = (\omega^{01}, \omega^{02}, \omega^{03})$（$\boldsymbol{n}$ は単位ベクトルで，ω はローレンツ角）を用いて，

$$\exp\left(-\frac{i}{2\hbar}\omega^{\alpha\beta}S_{\alpha\beta}\right) = \exp\left[\frac{i}{\hbar}(\boldsymbol{\varphi}\cdot\boldsymbol{J} + \boldsymbol{\omega}\cdot\boldsymbol{K})\right] \tag{D.41}$$

と表すことができる．J^i および K^i は次のような交換関係

$$\left.\begin{aligned} [J^i, J^j] = i\hbar\sum_{k=1}^{3}\varepsilon^{ijk}J^k, \qquad [J^i, K^j] = i\hbar\sum_{k=1}^{3}\varepsilon^{ijk}K^k \\ [K^i, K^j] = -i\hbar\sum_{k=1}^{3}\varepsilon^{ijk}J^k \end{aligned}\right\} \tag{D.42}$$

を満たす．ここで，ε^{ijk} は3次元の完全反対称テンソルで $\varepsilon^{123} = 1$ である．

さらに，J^i と K^i から次のような線形結合

$$A^i \equiv \frac{1}{2\hbar}(J^i + iK^i), \qquad B^i \equiv \frac{1}{2\hbar}(J^i - iK^i) \tag{D.43}$$

を定義すると，A^i および B^i は次のような交換関係を満たす．

$$[A^i, A^j] = i\sum_{k=1}^{3}\varepsilon^{ijk}A^k, \qquad [B^i, B^j] = i\sum_{k=1}^{3}\varepsilon^{ijk}B^k, \qquad [A^i, B^j] = 0 \tag{D.44}$$

これは，$su(2) \oplus su(2)$ と等価である（A^i および B^i を i で割った量は $SU(2)$ のリー代数 $su(2)$ の元である）．このようにして，本義ローレンツ群 $O_+^\uparrow(3, 1)$ のリー代数は $su(2) \oplus su(2)$（ただし，パラメータが複素数 $\pm i\omega$ を含む，(D.45) を参照せよ）であることがわかった．

$su(2) \oplus su(2)$ の有限次元の既約表現は，$\boldsymbol{A}$ スピンの大きさ A と $\boldsymbol{B}$ スピンの大きさ B で指定され，表現空間の次元は $(2A+1)(2B+1)$ である．対応する本義ローレンツ群の表現行列は，エルミート行列 A^i および B^i を用いて

$$D(\Lambda) \equiv \exp\left(-\frac{i}{2\hbar}\omega^{\alpha\beta}S_{\alpha\beta}\right) = \exp[i\boldsymbol{\varphi}\cdot(\boldsymbol{A}+\boldsymbol{B}) + \boldsymbol{\omega}\cdot(\boldsymbol{A}-\boldsymbol{B})] \tag{D.45}$$

と書き表される．(D.45) において，指数関数の肩の第 2 項がエルミート行列であるため $D(\Lambda)^\dagger \neq D(\Lambda)^{-1}$ となり，$D(\Lambda)$ はユニタリー行列ではない．つまり，ローレンツブーストの存在によりユニタリー表現ではない．[†]

場は，(A, B) および A^3 の固有値 $a(=-A, -A+1, \cdots, A-1, A)$ と B^3 の固有値 $b(=-B, -B+1, \cdots, B-1, B)$ を用いて，

$$\Phi_{ab}^{(A,B)}(x) \tag{D.46}$$

のようにラベルづけすることができる．

$\Phi_{ab}^{(A,B)}(x)$ に関する具体例を，以下に 2 つ挙げる．

（例 1）　$(A, B) = \left(\dfrac{1}{2}, 0\right)$

$\xi_\alpha(x) \equiv \Phi_{ab}^{(1/2,0)}(x)\ (\alpha = 1, 2)$，すなわち，

$$\xi_1(x) \equiv \Phi_{1/2\,0}^{(1/2,0)}(x), \qquad \xi_2(x) \equiv \Phi_{-1/2\,0}^{(1/2,0)}(x) \tag{D.47}$$

とする．$\boldsymbol{A}$，$\boldsymbol{B}$ は，それぞれ

$$\boldsymbol{A} = \frac{\boldsymbol{\sigma}}{2}, \qquad \boldsymbol{B} = \boldsymbol{0} \tag{D.48}$$

で与えられる．よって $\boldsymbol{J}$，$\boldsymbol{K}$ は，それぞれ

$$\boldsymbol{J} = \hbar\frac{\boldsymbol{\sigma}}{2}, \qquad \boldsymbol{K} = -i\hbar\frac{\boldsymbol{\sigma}}{2} \tag{D.49}$$

となり，ローレンツ変換に関する表現行列は

$$D(\Lambda)_\alpha{}^\beta = \left[\exp\left(i\boldsymbol{\varphi}\cdot\frac{\boldsymbol{\sigma}}{2} + \boldsymbol{\omega}\cdot\frac{\boldsymbol{\sigma}}{2}\right)\right]_\alpha{}^\beta \equiv a_\alpha{}^\beta \tag{D.50}$$

で与えられる．

したがって，$\xi_\alpha(x)$ はローレンツ変換の下で，

$$\xi_\alpha(x) \quad\rightarrow\quad \xi'_\alpha(x') = \sum_{\beta=1,2} a_\alpha{}^\beta\, \xi_\beta(x) \tag{D.51}$$

のように変換する．ここで，α, β は表現行列の行や列を指定する添字（$D(\Lambda, a)_l{}^m$ における l や m に相当する）である．4 元ベクトルの添字と混同しないよう

---

† 　ローレンツ群は非コンパクトな群で，「非コンパクトな群のユニタリー表現は無限次元である」という定理が存在する．

に注意せよ．$\boldsymbol{\sigma}$ はトレースが0の行列であるから，変換行列 ${a_\alpha}^\beta$ の行列式は

$$\det {a_\alpha}^\beta = 1 \tag{D.52}$$

である．行列 M に関する公式 $\det \exp M = \exp \mathrm{Tr}\, M$ を思い出そう．また，$\boldsymbol{\varphi}$ および $\boldsymbol{\omega}$ は実数なので，${a_\alpha}^\beta$ は複素数である．

よって ${a_\alpha}^\beta$ は，2次元複素特殊一次変換群 $SL(2, \boldsymbol{C})$ の元である．2π 回転 $(\varphi \to \varphi + 2\pi)$ の下で時空点は元に戻るが，${a_\alpha}^\beta$ は符号を変える．

$${a_\alpha}^\beta(\varphi + 2\pi) = -{a_\alpha}^\beta(\varphi) \tag{D.53}$$

4π 回転により元の値に戻るため，${a_\alpha}^\beta(\varphi)$ は二価関数である．また，$\xi_\alpha(x)$ は**共変スピノル**とよばれるローレンツ共変量である．

（例2）　$(A, B) = \left(0, \dfrac{1}{2}\right)$

$\eta^{\dot\alpha}(x) \equiv \Phi_{ab}^{(0,1/2)}(x)\,(\dot\alpha = 1, 2)$，すなわち，

$$\eta^1(x) \equiv \Phi_{0\,1/2}^{(0,1/2)}(x), \qquad \eta^2(x) \equiv \Phi_{0\,-1/2}^{(0,1/2)}(x) \tag{D.54}$$

とする．$\boldsymbol{A}$，$\boldsymbol{B}$ は，それぞれ

$$\boldsymbol{A} = \boldsymbol{0}, \qquad \boldsymbol{B} = \frac{\boldsymbol{\sigma}}{2} \tag{D.55}$$

で与えられる．よって $\boldsymbol{J}$，$\boldsymbol{K}$ は，それぞれ

$$\boldsymbol{J} = \hbar\frac{\boldsymbol{\sigma}}{2}, \qquad \boldsymbol{K} = i\hbar\frac{\boldsymbol{\sigma}}{2} \tag{D.56}$$

となり，ローレンツ変換に関する表現行列は

$$D(\Lambda)^{\dot\alpha}{}_{\dot\beta} = \left[\exp\left(i\boldsymbol{\varphi}\cdot\frac{\boldsymbol{\sigma}}{2} - \boldsymbol{\omega}\cdot\frac{\boldsymbol{\sigma}}{2}\right)\right]^{\dot\alpha}{}_{\dot\beta} \equiv (a^{*-1})^{T\dot\alpha}{}_{\dot\beta} \tag{D.57}$$

で与えられる．

したがって，$\eta^{\dot\alpha}$ はローレンツ変換の下で，

$$\eta^{\dot\alpha}(x) \to \eta'^{\dot\alpha}(x') = \sum_{\dot\beta=1,2} (a^{*-1})^{T\dot\alpha}{}_{\dot\beta}\,\eta^{\dot\beta}(x) \tag{D.58}$$

のように変換する．$(a^{*-1})^{T\dot\alpha}{}_{\dot\beta}$ も $SL(2, \boldsymbol{C})$ の元で，$\eta^{\dot\alpha}$ は点つきの反変スピノルである．

$\xi_\alpha(x)$ の複素共役量 $(\xi_\alpha(x))^*$ を $\xi_{\dot\alpha}(x)$ と記すことにする．$\xi_{\dot\alpha}(x)$ はローレンツ

変換の下で，

$$\xi_{\dot{\alpha}}(x) \quad \to \quad \xi'_{\dot{\alpha}}(x') = \sum_{\dot{\beta}=1,2} a^{*\dot{\beta}}_{\dot{\alpha}}\, \xi_{\dot{\beta}}(x) \tag{D.59}$$

のように変換する．

ここで，

$$a^{*\dot{\beta}}_{\dot{\alpha}} = \left[\exp\left(-i\boldsymbol{\varphi}\cdot\frac{\boldsymbol{\sigma}^*}{2} + \boldsymbol{\omega}\cdot\frac{\boldsymbol{\sigma}^*}{2}\right)\right]_{\dot{\alpha}}^{\ \dot{\beta}} \tag{D.60}$$

である．すなわち，$\boldsymbol{A} = \boldsymbol{0}$, $\boldsymbol{B} = -\boldsymbol{\sigma}^*/2$($\boldsymbol{J} = -\hbar\boldsymbol{\sigma}^*/2$, $\boldsymbol{K} = -i\hbar\boldsymbol{\sigma}^*/2$) である．$-\boldsymbol{\sigma}^*/2$ も $su(2)$ を満たすこと，および $\xi_{\dot{\alpha}}(x)$ は $\eta_{\dot{\alpha}}(x) \equiv \eta^{\dot{\beta}}(x)\varepsilon_{\dot{\beta}\dot{\alpha}}$ ($\varepsilon_{\dot{\alpha}\dot{\beta}} = i\sigma^2$) と同じ変換性を示すことに注意してほしい．$a^{*\dot{\beta}}_{\dot{\alpha}}$ も $SL(2, \boldsymbol{C})$ の元で，$\xi_{\dot{\alpha}}$ は点つきの共変スピノルである．

同様にして，点なしの反変スピノル $\xi^{\alpha}(x) \equiv \varepsilon^{\alpha\beta}\xi_{\beta}$ ($\varepsilon^{\alpha\beta} = i\sigma^2$) はローレンツ変換の下で，

$$\xi^{\alpha}(x) \quad \to \quad \xi'^{\alpha}(x') = \sum_{\beta=1,2} (a^{-1})^{T\alpha}{}_{\beta}\xi^{\beta}(x) \tag{D.61}$$

のように変換する．

ここで，

$$(a^{-1})^{T\alpha}{}_{\beta} \equiv \left[\exp\left(-i\boldsymbol{\varphi}\cdot\frac{\boldsymbol{\sigma}^*}{2} - \boldsymbol{\omega}\cdot\frac{\boldsymbol{\sigma}^*}{2}\right)\right]^{\alpha}_{\ \beta} \tag{D.62}$$

である．すなわち，$\boldsymbol{A} = -\boldsymbol{\sigma}^*/2$, $\boldsymbol{B} = \boldsymbol{0}$($\boldsymbol{J} = -\hbar\boldsymbol{\sigma}^*/2$, $\boldsymbol{K} = i\hbar\boldsymbol{\sigma}^*/2$) である．$(a^{-1})^{T\alpha}{}_{\beta}$ も $SL(2, \boldsymbol{C})$ の元である．

$(A, B) = (1/2, 0)$, $(0, 1/2)$ がそれぞれ左巻き，右巻きのワイルフェルミオンに対応し，**ワイルスピノル**とよばれる．さらに $(1/2, 0) + (0, 1/2)$ が，**ディラックスピノル**とよばれるディラックの 4 成分波動関数に対応する．また，$(0, 0)$ はスカラー，$(1/2, 1/2)$ は 4 元ベクトル，$(1, 0)$, $(0, 1)$ はそれぞれ反自己双対，自己双対な 2 階反対称テンソルに対応する．なお，付録 E.2 節で $(A, B) = (1/2, 1/2)$, $(1, 0)$, $(0, 1)$ について説明する．

さて空間反転の下で，

$$\widehat{\boldsymbol{J}} \rightarrow \widehat{\boldsymbol{J}}, \quad \widehat{\boldsymbol{K}} \rightarrow -\widehat{\boldsymbol{K}}, \text{ つまり, } \widehat{\boldsymbol{A}} \rightarrow \widehat{\boldsymbol{B}}, \quad \widehat{\boldsymbol{B}} \rightarrow \widehat{\boldsymbol{A}} \tag{D.63}$$

と変換するので，(A, B) が (B, A) に変換する．これは，左巻きのワイルフェルミオン $(1/2, 0)$ が空間反転により，右巻きのワイルフェルミオン $(0, 1/2)$ に変換されることを意味する．よって，左巻き（あるいは右巻き）のワイルフェルミオンだけでは空間反転不変性を有していない．

D.3　ポアンカレ群の表現　— 状態の分類 —

状態の分類（$U(\Lambda, a)$ の既約表現）について考察する．ポアンカレ群は，並進群とローレンツ群を部分群として含む．並進群の表現は $U(I, a) = \exp\left(\frac{i}{\hbar} a^\mu \widehat{P}_\mu\right)$ と表記され，4元運動量演算子 $\widehat{P}_\mu$ の固有値を p_μ，固有状態を $|p\rangle$ とすると，

$$U(I, a)\,|p\rangle = \exp\left(\frac{i}{\hbar} a^\mu p_\mu\right)|p\rangle \tag{D.64}$$

が成り立つ．

ポアンカレ群の既約表現は，並進群の表現とそれに直交する表現 $U(\Lambda_l, 0)$ の積から構成される．$U(\Lambda_l, 0)$ は，p^μ を不変に保つようなローレンツ変換（$\Lambda^\mu_{l\nu} p^\nu = p^\mu$, $\eta_{\mu\nu} \Lambda^\mu_{l\alpha} \Lambda^\nu_{l\beta} = \eta_{\alpha\beta}$）が成す群の元で，このような群は p^μ に関する**リトルグループ**とよばれている．リトルグループはポアンカレ群の部分群で p^μ に依存するが，ローレンツ変換により結びつく p^μ に関するリトルグループ同士は同型であるため，物理的には等価である．

よって，p^μ はローレンツ変換により結びつかない4つの場合

$$\left.\begin{array}{c} (1)\ p^\mu = 0, \qquad (2)\ \text{時間的 } p^2 > 0 \\ (3)\ \text{光的 } p^2 = 0\ (p^\mu \neq 0), \qquad (4)\ \text{空間的 } p^2 < 0 \end{array}\right\} \tag{D.65}$$

に分けることができる．ここで $p^2 \equiv p^\mu p_\mu$ は，ポアンカレ群の第1種カシミール演算子 (first Casimir operator) $\widehat{P}^2 \equiv \widehat{P}^\mu \widehat{P}_\mu$ の固有値である．なお，**カシミール演算子**とは全ての生成子と可換な演算子で，表現を分類する際に有用なものである．

以下の**パウリ－ルバンスキーベクトル (Pauli－Lubanski vector)**

$$\widehat{W}_\mu \equiv -\frac{1}{2}\varepsilon_{\mu\nu\alpha\beta}\widehat{P}^\nu\widehat{J}^{\alpha\beta} \tag{D.66}$$

を用いて，ポアンカレ群のもう一つのカシミール演算子を，

$$\widehat{W}^2 \equiv \widehat{W}^\mu\widehat{W}_\mu \tag{D.67}$$

のように構成することができる．実際に，$\widehat{P}^2$ と $\widehat{W}^2$ はポアンカレ代数の全ての元 $(\widehat{P}_\mu, \widehat{J}_{\mu\nu})$ と可換である．

$\widehat{W}_\mu$ を含む交換関係として，

$$\left.\begin{array}{c}[\widehat{W}_\mu,\ \widehat{W}_\nu] = -i\hbar\varepsilon_{\mu\nu\rho\sigma}\widehat{P}^\rho\widehat{W}^\sigma, \qquad [\widehat{J}_{\mu\nu},\ \widehat{W}_\rho] = -i\hbar(\eta_{\mu\rho}\widehat{W}_\nu - \eta_{\rho\nu}\widehat{W}_\mu) \\ [\widehat{P}_\mu,\ \widehat{W}_\nu] = 0\end{array}\right\} \tag{D.68}$$

が成立する．また，$\widehat{W}_\mu\widehat{P}^\mu = 0$ ($\widehat{W}^\mu$ と $\widehat{P}^\mu$ の直交性) が成り立つ．$[\widehat{P}_\mu,\ \widehat{W}_\nu] = 0$ なので，$\widehat{P}^\mu$ と $\widehat{W}^\mu$ は同時対角化可能で，$\widehat{P}^\mu$ の固有値 p^μ をもつ固有状態についてここで考えてみる．p^0 はエネルギーを光の速さ c で割ったものであるから，$p^0 > 0$ とする．$\widehat{W}^\mu$ は p^μ を不変に保つ変換の生成元となるため，$\widehat{W}^\mu$ の成すリー代数からリトルグループを知ることができる．

以下，(D.65) のそれぞれの場合に対して，そのリトルグループについて考察する．

（1）　$p^\mu = 0$

任意のローレンツ変換に対して $p^\mu = 0$ が保たれるので，リトルグループは $O_+^\uparrow(3, 1)$ (空間反転や時間反転を含めると $O(3, 1)$) である．$p^\mu = 0$ の物理状態 (場の量子論では真空状態で $|0\rangle$ と表す) がローレンツ変換の下で不変な場合，$|0\rangle$ は $O_+^\uparrow(3, 1)$ の 1 重項に相当する．

（2）　時間的 $p^2 > 0$

$p^2 = m^2c^2$，$m > 0$ であるような 1 粒子状態について考える．ここで，m は粒子の質量である．静止系 $p^\mu = (mc, 0, 0, 0)$ を選んだ場合，

$$\widehat{W}_\mu = (0,\ -mc\widehat{J}^{23},\ -mc\widehat{J}^{31},\ -mc\widehat{J}^{12}) \tag{D.69}$$

であるから，$\widehat{W}^\mu = (0,\ mc\widehat{J}^{23},\ mc\widehat{J}^{31},\ mc\widehat{J}^{12})$，つまり $\widehat{\boldsymbol{W}} = mc\widehat{\boldsymbol{J}}$ が成り立つ．

ここで，$\hat{\boldsymbol{J}}=(\hat{J}^{23},\hat{J}^{31},\hat{J}^{12})$ である．$\hat{\boldsymbol{J}}$ は角運動量代数に従うため，$\widehat{W}^2=\widehat{W}_\mu\widehat{W}^\mu=-m^2c^2\hat{\boldsymbol{J}}^2$ の固有値 w^2 は

$$w^2=-m^2c^2\hbar^2 s(s+1)\quad (s=0,\,1/2,\,1,\,\cdots) \tag{D.70}$$

となる．なお，s はスピンの自由度と考えられる．

実際に全角運動量 $\hat{J}_{\mu\nu}$ を，軌道角運動量 $\hat{L}_{\mu\nu}$ とスピンに関する角運動量 $\hat{S}_{\mu\nu}$ に分けた場合，$\widehat{W}_\mu$ に関与するのは $\hat{S}_{\mu\nu}$ で $\widehat{W}_\mu=-(1/2)\,\varepsilon_{\mu\nu\alpha\beta}\hat{P}^\nu\hat{S}^{\alpha\beta}$，つまり，$\widehat{\boldsymbol{W}}=(mc\hat{S}^{23},\,mc\hat{S}^{31},\,mc\hat{S}^{12})$ となる．

角運動量演算子は回転を生成するので，$p^2>0$ の場合のリトルグループは回転群と関係すると予想される．事実，$p^\mu=(mc,\,0,\,0,\,0)$ を不変に保つ変換は，$e^{\frac{i}{\hbar}\varphi\cdot J}$ を元とする空間回転（と空間反転）であるから，リトルグループは $SO(3)$（空間反転を含めると $O(3)$）となる．

（3）　光的 $p^2=0$

光速で運動する質量0の粒子について考える．粒子の運動方向を z 軸の正の向きに選ぶと，$p^\mu=(p^0,\,0,\,0,\,p^0)\ (p^0>0)$ となる．この場合，

$$\begin{aligned}\widehat{W}_\mu&=(p^0\hat{J}^{12},\,-p^0(\hat{J}^{23}+\hat{J}^{02}),\,p^0(\hat{J}^{13}+\hat{J}^{01}),\,-p^0\hat{J}^{12})\\&=(p^0\hat{J}^3,\,-p^0(\hat{J}^1+\hat{K}^2),\,-p^0(\hat{J}^2-\hat{K}^1),\,-p^0\hat{J}^3)\end{aligned} \tag{D.71}$$

であるから，$\widehat{W}^\mu=(p^0\hat{J}^3,\,p^0(\hat{J}^1+\hat{K}^2),\,p^0(\hat{J}^2-\hat{K}^1),\,p^0\hat{J}^3)$ および $\widehat{W}^2=-(p^0)^2\,[(\hat{J}^1+\hat{K}^2)^2+(\hat{J}^2-\hat{K}^1)^2]$ が導かれる．ここで，$\hat{\boldsymbol{K}}=(\hat{J}^{01},\,\hat{J}^{02},\,\hat{J}^{03})$ である．また，$\hat{J}^i$ および $\hat{K}^i$ は (D.42) を満たす．

$\widehat{W}^\mu$ から3次元ベクトル $\hat{\boldsymbol{Y}}$ を，

$$\hat{\boldsymbol{Y}}\equiv\frac{\widehat{\boldsymbol{W}}}{p^0}=(\hat{J}^1+\hat{K}^2,\,\hat{J}^2-\hat{K}^1,\,\hat{J}^3) \tag{D.72}$$

と定義すると，$\hat{\boldsymbol{Y}}$ は交換関係

$$[\hat{Y}^1,\,\hat{Y}^2]=0,\qquad [\hat{Y}^2,\,\hat{Y}^3]=i\hbar\hat{Y}^1,\qquad [\hat{Y}^3,\,\hat{Y}^1]=i\hbar\hat{Y}^2 \tag{D.73}$$

に従う．(D.73) は

$$Y^1\equiv-i\hbar\frac{\partial}{\partial x},\qquad Y^2\equiv-i\hbar\frac{\partial}{\partial y},\qquad Y^3\equiv-i\hbar\left(x\frac{\partial}{\partial y}-y\frac{\partial}{\partial x}\right) \tag{D.74}$$

で定義された微分演算子の間に成立する代数と同じである．Y^1 が x 軸方向の並進，Y^2 が y 軸方向の並進，Y^3 が xy 平面内の回転を生成するので，$\boldsymbol{Y}$ は 2 次元ユークリッド群 $E(2)$ のリー代数の元である．

$p^\mu = (p^0, 0, 0, p^0)$ を不変に保つ変換は，

$$e^{\frac{i}{\hbar}[\theta^1(J^1+K^2)+\theta^2(J^2-K^1)+\theta^3 J^3]} = e^{\frac{i}{\hbar}\boldsymbol{\theta}\cdot\boldsymbol{Y}} \tag{D.75}$$

で，リトルグループは $E(2)$ である．

$\widehat{W}^2$ の固有値については，$p^2 > 0$ の場合のような制限は存在しない．$p^2 = m^2c^2 > 0$ のとき $\widehat{W}^2 = -m^2c^2\widehat{\boldsymbol{J}}^2 = -p^2\widehat{\boldsymbol{J}}^2$ だったので，m が 0 の極限で $p^2 = 0$ に連続的につながるとして，以下では $\widehat{W}^2 = 0$ の場合のみを考察する．

まず $\widehat{W}_\mu \widehat{P}^\mu = 0$ なので，$p^\mu = (p^0, 0, 0, p^0)$ に対して，

$$\widehat{W}^\mu = (\widehat{W}^0, 0, 0, \widehat{W}^0) = \hat{\lambda} p^\mu \tag{D.76}$$

が導かれる．ここで，$\hat{\lambda}$ は**ヘリシティ**とよばれる物理量で，

$$\hat{\lambda} \equiv \frac{\widehat{W}^0}{p^0} = \frac{\widehat{\boldsymbol{J}}\cdot\boldsymbol{p}}{p^0} = \frac{\widehat{\boldsymbol{J}}\cdot\boldsymbol{p}}{|\boldsymbol{p}|} \tag{D.77}$$

として定義される．(D.77) において，$\boldsymbol{L}\cdot\boldsymbol{p} = (\boldsymbol{r}\times\boldsymbol{p})\cdot\boldsymbol{p} = 0$ なので，スピンに関する角運動量 $(\widehat{S}^{23}, \widehat{S}^{31}, \widehat{S}^{12})$ のみが寄与することに注意する．

次に空間反転の下で，

$$p^0 \ \to\ p^0, \qquad \boldsymbol{p} \ \to\ -\boldsymbol{p}, \qquad \widehat{W}^0 \ \to\ -\widehat{W}^0, \qquad \widehat{\boldsymbol{W}} \ \to\ \widehat{\boldsymbol{W}} \tag{D.78}$$

$$\widehat{J}^{0i} \ \to\ -\widehat{J}^{0i}\,(\widehat{\boldsymbol{K}} \ \to\ -\widehat{\boldsymbol{K}}), \qquad \widehat{J}^{ij} \ \to\ \widehat{J}^{ij}\,(\widehat{\boldsymbol{J}} \ \to\ \widehat{\boldsymbol{J}}) \tag{D.79}$$

と変換するので，物理系が空間反転の下で不変であるならば，ヘリシティが λ の状態と $-\lambda$ の状態が共存する．ここで，λ，$-\lambda$ はヘリシティの固有値である．例えば，光はヘリシティ ± 1 を有する実体である．通常はヘリシティ $\pm\lambda$（を有する状態）に対して，便宜上，スピン λ（を有する状態）といういい方をしていることを心に留めておこう．

（4） 空間的 $p^2 < 0$

$p^2 = -\widetilde{m}^2c^2$, $\widetilde{m} > 0$ であるような 1 粒子状態（質量は純虚数 $m = \pm i\widetilde{m}$）

について考える．$p^\mu = (0, 0, 0, \widetilde{m}c)$ であるような座標系を選んだ場合，

$$\widehat{W}_\mu = (\widetilde{m}c\widehat{J}^{12}, -\widetilde{m}c\widehat{J}^{02}, \widetilde{m}c\widehat{J}^{01}, 0) = (\widetilde{m}c\widehat{J}^3, -\widetilde{m}c\widehat{K}^2, \widetilde{m}c\widehat{K}^1, 0) \tag{D.80}$$

が成り立つ．$\widehat{W}_j/(i\hbar\widetilde{m}c)$ $(j = 0, 1, 2)$ は $SO(2, 1)$ のリー代数に従い，リトルグループは $SO(2, 1)$ である．このような質量の2乗が負である粒子は**タキオン**とよばれ，矛盾のない理論を構成することが困難である．

D.4　ポアンカレ群の拡張

ポアンカレ群の拡張について紹介する．

D.4.1　共形群

共形群とは共形変換がつくる群で，**共形変換**とはスケール因子$\varphi(x)$ を除いて計量を不変に保つ変換である．具体的には，

$$ds^2 = \eta_{\mu\nu}\,dx^\mu\,dx^\nu\ (= 0) \quad \to \quad ds'^2 = \eta_{\mu\nu}\,dx'^\mu\,dx'^\nu = \varphi(x)ds^2\ (= 0) \tag{D.81}$$

となるような変換が成す群である．つまり，光円錐上を運動する物体（質量0の粒子）が関与する物理系に特有のものである．

共形変換はポアンカレ変換 $x'^\mu = \Lambda^\mu{}_\nu x^\nu + a^\mu$ の他に，**スケール変換**と**特殊共形変換**から成る．

（a）　スケール変換

スケール変換とは，文字通り，スケールを変える変換であり

$$x'^\mu = e^\rho x^\mu,\ \text{あるいは，}\ \delta_{\mathrm{D}} x^\mu = \varepsilon x^\mu \tag{D.82}$$

で与えられ $D = i\hbar x^\mu(\partial/\partial x^\mu)$ を用いて，(D.82) の第1式は

$$x'^\mu = \exp\left(-\frac{i}{\hbar}\rho D\right)x^\mu \tag{D.83}$$

と書き表される．ここで ρ は実定数，ε は無限小の実定数である．

（b）　特殊共形変換

特殊共形変換は

$$x'^{\mu} = \frac{x^{\mu} - b^{\mu}x^2}{1 - 2(bx) + b^2x^2} \tag{D.84}$$

あるいは,

$$\delta_{\mathrm{K}} x^{\mu} = -\varepsilon^{\mu}x^2 + 2(\varepsilon x)x^{\mu} \tag{D.85}$$

で与えられ, $K_{\mu} = i\hbar[2x_{\mu}x^{\nu}(\partial/\partial x^{\nu}) - x^2(\partial/\partial x^{\mu})]$ を用いて, (D.84) は

$$x'^{\mu} = \exp\left(-\frac{i}{\hbar}b^{\mu}K_{\mu}\right)x^{\mu} \tag{D.86}$$

と書き表される. ここで $x^2 = x_{\mu}x^{\mu}$, $(bx) = b_{\mu}x^{\mu}$, $b^2 = b_{\mu}b^{\mu}$, $(\varepsilon x) = \varepsilon_{\mu}x^{\mu}$ で, b^{μ} は定数ベクトル, ε^{μ} は無限小の定数ベクトルである. また (D.84) は, 次のような3つの変換を連続して行なったのと同じである.

$$x^{\mu} \xrightarrow{\text{反転}} \frac{x^{\mu}}{x^2} \xrightarrow{\text{並進}} \frac{x^{\mu}}{x^2} - b^{\mu} \xrightarrow{\text{反転}} \frac{\dfrac{x^{\mu}}{x^2} - b^{\mu}}{\left(\dfrac{x^{\mu}}{x^2} - b^{\mu}\right)^2} \tag{D.87}$$

ここで**反転** (inversion) とは, ベクトルの向きは変えずに大きさをその逆数に変えるような変換である.

共形代数とよばれる共形変換の生成子 (を $i\hbar$ 倍したもの) の間に

$$\left.\begin{aligned}
&[P_{\mu}, P_{\nu}] = 0, \qquad [L_{\mu\nu}, P_{\rho}] = -i\hbar(\eta_{\mu\rho}P_{\nu} - \eta_{\rho\nu}P_{\mu}) \\
&[L_{\mu\nu}, L_{\rho\sigma}] = -i\hbar(\eta_{\mu\rho}L_{\nu\sigma} - \eta_{\nu\rho}L_{\mu\sigma} - \eta_{\mu\sigma}L_{\nu\rho} + \eta_{\nu\sigma}L_{\mu\rho}) \\
&[P_{\mu}, D] = i\hbar P_{\mu}, \qquad [K_{\mu}, D] = i\hbar K_{\mu}, \qquad [K_{\mu}, K_{\nu}] = 0 \\
&[P_{\mu}, K_{\nu}] = 2i\hbar(\eta_{\mu\nu}D - L_{\mu\nu}), \qquad [L_{\mu\nu}, K_{\rho}] = -i\hbar(\eta_{\mu\rho}K_{\nu} - \eta_{\rho\nu}K_{\mu})
\end{aligned}\right\} \tag{D.88}$$

といった交換関係が成立する.

スケール変換の下で $p_{\mu}p^{\mu}(= m^2c^2)$ は

$$p_{\mu}p^{\mu} \quad\rightarrow\quad p'_{\mu}p'^{\mu} = e^{2\rho}p_{\mu}p^{\mu} \tag{D.89}$$

のように変換するので, 質量はスケール変換の下での不変量ではない. スケール変換が厳密に成り立つ物理系は, 質量が0の粒子を有する系あるいは連続的な質量スペクトルを有する系と考えられる. 例えば, 4元電流密度 j^{μ} が0であるような, マックスウェル方程式で記述される系は共形変換の下で不変である.

D.4.2　超ポアンカレ群

超ポアンカレ群とは，ポアンカレ変換に超対称性変換を加えて拡張された変換である，**超ポアンカレ変換**が成す群である．新たに加わる変換の生成子は**超電荷** (**supercharge**) とよばれるスピノル型のもので，ワイルスピノル Q^i_αとその複素共役量，あるいは，これらを組み合わせたマヨラナスピノル

$$Q^i_A = \begin{pmatrix} Q^i \\ -i\sigma^2 Q^{i*} \end{pmatrix} \equiv \begin{pmatrix} Q^i_\alpha \\ \bar{Q}^{i\dot{\beta}} \end{pmatrix} \tag{D.90}$$

で与えられる．ここで，$i(=1,\cdots,N)$ は超電荷の種類を表す添字で，$\alpha(=1,2)$，$\dot{\beta}(=1,2)$，$A=1,\cdots,4$ はスピノルに関する添字である．

以下，$N=1$ の場合について考察する．この場合，生成子の間に $N=1$ **超ポアンカレ代数**に関して，交換関係

$$\left.\begin{aligned} &[P_\mu, P_\nu]=0, \qquad [L_{\mu\nu}, P_\rho] = -i\hbar(\eta_{\mu\rho}P_\nu - \eta_{\rho\nu}P_\mu) \\ &[L_{\mu\nu}, L_{\rho\sigma}] = -i\hbar(\eta_{\mu\rho}L_{\nu\sigma} - \eta_{\nu\rho}L_{\mu\sigma} - \eta_{\mu\sigma}L_{\nu\rho} + \eta_{\nu\sigma}L_{\mu\rho}) \\ &\{Q_\alpha, \bar{Q}^{\dot{\beta}}\} = \frac{2}{\hbar}(\sigma^\mu)_{\alpha\dot{\alpha}}\varepsilon^{\dot{\beta}\dot{\alpha}}P_\mu, \qquad \{Q_\alpha, Q_\beta\}=0, \qquad \{\bar{Q}^{\dot{\alpha}}, \bar{Q}^{\dot{\beta}}\}=0 \\ &[P_\mu, Q_\alpha]=0, \qquad [L_{\mu\nu}, Q_\alpha] = -\frac{i\hbar}{2}(\sigma_{\mu\nu})_\alpha{}^\beta Q_\beta, \qquad [L_{\mu\nu}, \bar{Q}^{\dot{\alpha}}] = -\frac{i\hbar}{2}(\bar{\sigma}_{\mu\nu})^{\dot{\alpha}}{}_{\dot{\beta}}\bar{Q}^{\dot{\beta}} \end{aligned}\right\} \tag{D.91}$$

が成立する．

ここで

$$(\sigma_{\mu\nu})_\alpha{}^\beta \equiv \frac{i}{2}(\sigma_\mu\bar{\sigma}_\nu - \sigma_\nu\bar{\sigma}_\mu)_\alpha{}^\beta, \qquad (\bar{\sigma}_{\mu\nu})^{\dot{\alpha}}{}_{\dot{\beta}} \equiv \frac{i}{2}(\bar{\sigma}_\mu\sigma_\nu - \bar{\sigma}_\nu\sigma_\mu)^{\dot{\alpha}}{}_{\dot{\beta}} \tag{D.92}$$

$$(\sigma_\mu)_{\alpha\dot{\beta}} \equiv (I, -\boldsymbol{\sigma}), \qquad (\bar{\sigma}_\mu)^{\alpha\dot{\beta}} \equiv (I, \boldsymbol{\sigma}) \tag{D.93}$$

である．超ポアンカレ代数は，交換関係の他に反交換関係を含み反可換な量により次数つけされるので，**次数つき代数** (**graded algebra**) とよばれている．

4次元ミンコフスキー時空の座標 x^μ の他に，グラスマン数に値をもつ座標 $(\theta^\alpha, \bar{\theta}^{\dot{\alpha}})$ を加えて空間を拡張しよう．このような拡張された空間は**超空間** (**su-**

perspace）とよばれる．ここで，**グラスマン数**とは互いに反可換な数で，

$$\theta^{\alpha}\theta^{\beta} = -\theta^{\beta}\theta^{\alpha}, \qquad (\theta^{\alpha})^2 = 0, \qquad \bar{\theta}^{\dot{\alpha}}\bar{\theta}^{\dot{\beta}} = -\bar{\theta}^{\dot{\beta}}\bar{\theta}^{\dot{\alpha}}, \qquad (\bar{\theta}^{\dot{\alpha}})^2 = 0 \tag{D.94}$$

が成り立つ．超空間上で Q_α，$\bar{Q}_{\dot{\beta}} \equiv \bar{Q}^{\dot{\alpha}}\varepsilon_{\dot{\alpha}\dot{\beta}}$ は並進

$$x'^{\mu} = x^{\mu} + i(\theta\sigma^{\mu}\bar{\xi} - \xi\sigma^{\mu}\bar{\theta}), \qquad \theta'^{\alpha} = \theta^{\alpha} + \xi^{\alpha}, \qquad \bar{\theta}'^{\dot{\beta}} = \bar{\theta}^{\dot{\beta}} + \bar{\xi}^{\dot{\beta}} \tag{D.95}$$

を生成する演算子として，

$$Q_\alpha = \frac{\partial}{\partial\theta^{\alpha}} - i(\sigma^{\mu})_{\alpha\dot{\beta}}\bar{\theta}^{\dot{\beta}}\frac{\partial}{\partial x^{\mu}}, \qquad \bar{Q}_{\dot{\beta}} = -\frac{\partial}{\partial\bar{\theta}^{\dot{\beta}}} + i\theta^{\alpha}(\sigma^{\mu})_{\alpha\dot{\beta}}\frac{\partial}{\partial x^{\mu}} \tag{D.96}$$

で与えられる．

ここで，

$$\theta\sigma^{\mu}\bar{\xi} = \theta^{\alpha}(\sigma^{\mu})_{\alpha\dot{\beta}}\bar{\xi}^{\dot{\beta}}, \qquad \xi\sigma^{\mu}\bar{\theta} = \xi^{\alpha}(\sigma^{\mu})_{\alpha\dot{\beta}}\bar{\theta}^{\dot{\beta}}, \qquad (\sigma^{\mu})_{\alpha\dot{\beta}} \equiv (I,\ \boldsymbol{\sigma}) \tag{D.97}$$

である．スピノルに関する演算については付録 E.2 節を参照してほしい．

超電荷による変換の下での不変性は**超対称性**とよばれ，ボソン的な状態とフェルミオン的な状態との間の変換に関する不変性である．超ポアンカレ変換不変性を有する理論の特徴として，超電荷は P^{μ} と可換であることから

$$[P_{\mu}P^{\mu},\ Q_\alpha] = 0, \qquad [P_{\mu}P^{\mu},\ \bar{Q}_{\dot{\beta}}] = 0 \tag{D.98}$$

が成り立ち，(D.98) により，質量が同じでヘリシティが $\hbar/2$ だけ異なるような状態が必ず存在する．

このことは，以下のように示すことができる．質量 m を有するボソン的な状態 $|\phi\rangle$ が存在したとする．$|\phi\rangle$ は$P_{\mu}P^{\mu}|\phi\rangle = m^2c^2|\phi\rangle$ を満たす．超電荷を作用させることにより，フェルミオン的な状態 $|\psi\rangle = Q_\alpha|\phi\rangle$ を構成することができる．(D.98) を用いて，$P_{\mu}P^{\mu}|\psi\rangle = P_{\mu}P^{\mu}Q_\alpha|\phi\rangle = Q_\alpha P_{\mu}P^{\mu}|\phi\rangle = Q_\alpha m^2c^2|\phi\rangle = m^2c^2|\psi\rangle$ が導かれ，$|\psi\rangle$ も質量 m を有する状態であることがわかる．Q_α はヘリシティ $-\hbar/2$ を有するワイルスピノルなので，$|\phi\rangle$ と $|\psi\rangle$ のヘリシティの差は $\hbar/2$ である．

ポアンカレ群に関する他の拡張として，余剰次元の導入による高次元ミンコフス

キー時空への拡張が考えられる．さらに，共形不変性や超対称性と組み合わせることにより，より高い対称性を有する枠組みを構築することができる．D次元ミンコフスキー時空におけるスピノルについては，付録F.1節を参照してほしい．

この項で超対称性を天下り的に導入したが，ここで，ポアンカレ不変性を出発点にして超対称性の意義を再考してみよう．ポアンカレ群の拡張に際し，次に述べる定理が強い制限を与える．

【コールマン－マンデゥーラの定理 (Coleman－Mandula theorem)】　相対論的場の量子論における一般的な仮定・前提条件（ポアンカレ不変性，ユニタリー性，相互作用の存在など）の下で，S行列と可換な変換の生成子から構成される群はポアンカレ群と内部対称性に関する群の直積に限る．ただし，変換の生成子の間に成り立つ関係式は交換関係に関するものとする．

つまり，S行列が有する対称性はポアンカレ不変性とそれに独立な内部対称性のみである．

変換の生成子の間に成り立つ関係式として反交換関係に関するものを許すならば，上記の定理は適用されず，ポアンカレ群と非自明に関係する対称性が存在する．それが超対称性である．

付録 E　スピノル解析

E.1　回転群とスピノル

平坦な時空上で空間回転

$$x'^i = \sum_{j=1}^{3} R^i{}_j x^j \tag{E.1}$$

により，$\boldsymbol{r}^2 = \sum_{i=1}^{3} (x^i)^2$ が不変に保たれる．ここで $\boldsymbol{r} = (x^1, x^2, x^3)$ は位置ベクトル，$R^i{}_j$ は

$$\sum_{i=1}^{3} R^i{}_j R^i{}_k = \delta_{jk}, \qquad \sum_{k=1}^{3} R^i{}_k R^j{}_k = \delta^{ij}, \qquad \det R^i{}_j = 1 \tag{E.2}$$

を満たす実定数を成分にもつ 3 行 3 列の行列である．$R^i{}_j$ を R と略記すると，(E.1) は $\boldsymbol{r}' = R\boldsymbol{r}$，(E.2) はそれぞれ $R^T R = I$，$RR^T = I$，$\det R = 1$ (R^T は R の転置行列) と表される．空間回転は群を成し，**回転群** (3 次元特殊直交群) とよばれ $SO(3)$ と表記される．

単位ベクトル $\boldsymbol{n}$ の方向を軸とする角度 φ の回転は $SO(3)$ の元の 1 つで，$\boldsymbol{\varphi} = \varphi\boldsymbol{n}$ を用いて，

$$R(\boldsymbol{\varphi}) = \exp\left(\frac{i}{\hbar}\boldsymbol{\varphi}\cdot\boldsymbol{J}\right) \tag{E.3}$$

で与えられる．

また，$\boldsymbol{J} = (J^1, J^2, J^3)$ は $SO(3)$ の生成子 (を $i\hbar$ 倍したもの) で，

$$[J^i, J^j] = i\hbar \sum_{k=1}^{3} \varepsilon^{ijk} J^k \quad (i, j = 1, 2, 3) \tag{E.4}$$

に従う．(E.4) を満たす行列として，

$$(J^i)^j{}_k = -i\hbar\varepsilon^{ijk} \tag{E.5}$$

が存在する．(E.5) を成分表示すると，

$$J^1 = i\hbar\begin{pmatrix}0 & 0 & 0\\ 0 & 0 & -1\\ 0 & 1 & 0\end{pmatrix},\qquad J^2 = i\hbar\begin{pmatrix}0 & 0 & 1\\ 0 & 0 & 0\\ -1 & 0 & 0\end{pmatrix},\qquad J^3 = i\hbar\begin{pmatrix}0 & -1 & 0\\ 1 & 0 & 0\\ 0 & 0 & 0\end{pmatrix} \tag{E.6}$$

である．(E.5) は**随伴表現**の表現行列である．この場合，z 軸に関する回転の表現行列は

$$R(\boldsymbol{\varphi}) = \exp\left(\frac{i}{\hbar}\varphi J^3\right) = \begin{pmatrix}\cos\varphi & \sin\varphi & 0\\ -\sin\varphi & \cos\varphi & 0\\ 0 & 0 & 1\end{pmatrix} \tag{E.7}$$

で与えられる．$R(\boldsymbol{\varphi})$ が作用する 3 成分をもつ対象が 3 次元ベクトルである．

(E.4) を満たす，2 行 2 列の行列 (2 次元表現行列) として $\hbar\boldsymbol{\sigma}/2$ が存在する．ここで，$\boldsymbol{\sigma} = (\sigma^1, \sigma^2, \sigma^3)$ はパウリ行列である．これを用いて，表現行列

$$U(\boldsymbol{\varphi}) = \exp\left(i\boldsymbol{\varphi}\cdot\frac{\boldsymbol{\sigma}}{2}\right) \tag{E.8}$$

を構成することができる．$\boldsymbol{\sigma}$ はトレースが 0 のエルミート行列であるから，$U(\boldsymbol{\varphi})$ は 2 次元特殊ユニタリー群 $SU(2)$ の元である．

$SO(3)$ と $SU(2)$ のリー代数は同じなので，この 2 つの群は単位元の近傍で同じ構造をしている (局所同型である) と考えられる．両者の関係を明らかにするために，$SU(2)$ について考察する．$SU(2)$ の元 U は

$$UU^\dagger = U^\dagger U = I,\qquad \det U = 1 \tag{E.9}$$

を満たす複素数を成分にもつ 2 行 2 列の行列で，(E.8) のように表すことができる．また，$|a|^2 + |b|^2 = 1$ を満たす複素数 a，b を用いて，

$$U = \begin{pmatrix}a & b\\ -b^* & a^*\end{pmatrix} \tag{E.10}$$

と表すこともできる．

一般に，ユニタリー行列 V によるユニタリー変換

$$H \ \rightarrow\ H' = VHV^\dagger \tag{E.11}$$

により，エルミート性が保持される．また，ユニタリー変換の下でトレースの値も

不変である．これらを式で表すと，次のようになる．

$$H^{\dagger} = H \quad \to \quad H'^{\dagger} = H', \qquad \mathrm{Tr}\,H' = \mathrm{Tr}\,H \tag{E.12}$$

さらに，$\det V = 1$のとき，ユニタリー変換の下で行列式の値も

$$\det H' = \det H \tag{E.13}$$

のように不変である．

$\boldsymbol{r} = (x^1, x^2, x^3)$ と $\boldsymbol{\sigma}$を用いて，

$$X \equiv \boldsymbol{r} \cdot \boldsymbol{\sigma} = \begin{pmatrix} x^3 & x^1 - ix^2 \\ x^1 + ix^2 & -x^3 \end{pmatrix} \tag{E.14}$$

を定義する．X は 2 行 2 列のエルミート行列で，$\mathrm{Tr}X = 0$ および $\det X = -\sum_{i=1}^{3}(x^i)^2 = -\boldsymbol{r}^2$ が成り立つ．「$\boldsymbol{r}^2$ が $SO(3)$ 変換 ($\boldsymbol{r}' = R\boldsymbol{r}$) の下で不変であること」と「特殊ユニタリー変換に関する性質 (E.13)」を組み合わせることにより，R と Uの間の関係において

$$\boldsymbol{r} \cdot \boldsymbol{\sigma} \quad \to \quad \boldsymbol{r}' \cdot \boldsymbol{\sigma} = R\boldsymbol{r} \cdot \boldsymbol{\sigma} = U\boldsymbol{r} \cdot \boldsymbol{\sigma} U^{\dagger}, \text{ つまり, } U^{\dagger}\sigma^i U = \sum_{j=1}^{3} R^i{}_j \sigma^j \tag{E.15}$$

が示唆される．[†]

実際，$R^i{}_j$ が $R(\boldsymbol{\varphi}) = \exp[(i/\hbar)\,\boldsymbol{\varphi} \cdot \boldsymbol{J}]$ ($(J^i)^j{}_k = -i\hbar\varepsilon^{ijk}$) で与えられるとき，単位元の近傍で (E.15) を満たす U は，$U(\boldsymbol{\varphi}) = \exp[i\boldsymbol{\varphi} \cdot (\boldsymbol{\sigma}/2)]$ であることを示すことができる．2π 回転 ($\varphi \to \varphi + 2\pi$) の下で，$R^i{}_j$ は不変であるが U は符号を変える．よって，U と $-U$ は R の同じ元に対応する．つまり，$SU(2)$ の元と $SO(3)$ の元は次のような 2 対 1 対応の関係にあり，

$$U(\boldsymbol{\varphi}) = \pm\exp\left(i\boldsymbol{\varphi} \cdot \frac{\boldsymbol{\sigma}}{2}\right) \iff R(\boldsymbol{\varphi}) = \exp\left(\frac{i}{\hbar}\boldsymbol{\varphi} \cdot \boldsymbol{J}\right) \tag{E.16}$$

のように $SU(2)$ の表現は $SO(3)$ の**二価表現**になる．

$U(\boldsymbol{\varphi})$ が作用する 2 成分をもつ対象は，回転群の**基本スピノル**または**パウリスピノル**とよばれている．(E.16) より，スピノルは二価関数である．スピノル

† 「任意の R に対して，(E.15) を満たす U が存在する」という定理が知られている．

$$\xi = \begin{pmatrix} \xi_1 \\ \xi_2 \end{pmatrix} \tag{E.17}$$

が $SU(2)$ の下で，

$$\xi \;\to\; \xi' = U\xi, \qquad \xi^\dagger \;\to\; \xi'^\dagger = \xi^\dagger U^\dagger \tag{E.18}$$

と変換されるとする．$\xi^\dagger\xi$ は実数で $SU(2)$ の下で不変で，

$$\xi^\dagger\xi = |\xi_1|^2 + |\xi_2|^2, \qquad \xi^\dagger\xi \;\to\; \xi'^\dagger\xi' = \xi^\dagger U^\dagger U\xi = \xi^\dagger\xi \tag{E.19}$$

が成り立つ．一方 $\xi\xi^\dagger$ は，エルミート行列で $SU(2)$ の下でユニタリー変換を受け，

$$\xi\xi^\dagger = \begin{pmatrix} |\xi_1|^2 & \xi_1\xi_2^* \\ \xi_2\xi_1^* & |\xi_2|^2 \end{pmatrix}, \qquad (\xi\xi^\dagger)^\dagger = \xi\xi^\dagger, \qquad \xi\xi^\dagger \;\to\; \xi'\xi'^\dagger = U\xi\xi^\dagger U^\dagger \tag{E.20}$$

が成り立つ．

(E.4) を満たす 2 行 2 列の行列として $-\hbar\boldsymbol{\sigma}^*/2$ が考えられるが，これは $\hbar\boldsymbol{\sigma}/2$ と相似変換

$$-\hbar\frac{\boldsymbol{\sigma}^*}{2} = S^{-1}\hbar\frac{\boldsymbol{\sigma}}{2}S, \qquad S \equiv \begin{pmatrix} 0 & 1 \\ -1 & 0 \end{pmatrix} = i\sigma^2 \tag{E.21}$$

により結ばれているので，

$$\exp\left(-i\boldsymbol{\varphi}\cdot\frac{\boldsymbol{\sigma}^*}{2}\right) = S^{-1}\exp\left(i\boldsymbol{\varphi}\cdot\frac{\boldsymbol{\sigma}}{2}\right)S \tag{E.22}$$

が導かれ，$U^* = \exp(-i\boldsymbol{\varphi}\cdot\boldsymbol{\sigma}^*/2)$ は $U = \exp(i\boldsymbol{\varphi}\cdot\boldsymbol{\sigma}/2)$ と同値な表現であることがわかる．

この関係を用いて，$\eta \equiv S\xi^*$ は $SU(2)$ の下で ξ と同じ変換性を示すことが，

$$\eta \equiv S\xi^* = \begin{pmatrix} \xi_2^* \\ -\xi_1^* \end{pmatrix} \;\to\; \eta' = S\xi'^* = SU^*\xi^* = SU^*S^{-1}S\xi^* = U\eta \tag{E.23}$$

のようにしてわかる．

さらに，$\eta^\dagger\,(= (S\xi^*)^\dagger = (S^*\xi)^T = (S\xi)^T)$ は $\eta^\dagger \to \eta'^\dagger = \eta^\dagger U^\dagger$ のように変

換される．よって，ξ と $\eta^\dagger$ から構成される次のような量

$$\xi\eta^\dagger = \xi(S\xi)^T = \begin{pmatrix} \xi_1\xi_2 & -(\xi_1)^2 \\ (\xi_2)^2 & -\xi_1\xi_2 \end{pmatrix} \tag{E.24}$$

はトレースが0の行列で，$SU(2)$ の下で $\xi\xi^\dagger$ と同じ変換性を示す．

(E.14) と (E.24) から，$\xi\eta^\dagger$ がエルミート行列の場合，スピノル ξ を用いて実ベクトル $\boldsymbol{r} = (x^1, x^2, x^3)$ を

$$x^1 = \frac{1}{2}[(\xi_2)^2 - (\xi_1)^2], \qquad x^2 = \frac{1}{2i}[(\xi_1)^2 + (\xi_2)^2], \qquad x^3 = \xi_1\xi_2 \tag{E.25}$$

すなわち，

$$\boldsymbol{r} = \frac{1}{2}(S\xi)^T \boldsymbol{\sigma}\xi \tag{E.26}$$

のように構成することができる．

E.2 本義ローレンツ群とスピノル

一般にスピノルとは，直交群や擬直交群の既約表現（あるいはその直和）に属する量で，基本スピノルの双一次形式を用いてベクトル量を構成することができる．本義ローレンツ群 $O_+^\uparrow(3,1)$ と対応関係にあるのは，2次元複素特殊一次変換群 $SL(2, C)$ である．まず，$O_+^\uparrow(3,1)$ に関する基本スピノルの変換性をまとめておく（詳しくは付録D.2節の（例1）および（例2）を参照せよ）．

$$\left.\begin{aligned} \xi'_\alpha(x') &= a_\alpha{}^\beta\,\xi_\beta(x), & \xi'^\alpha(x') &= (a^{-1})^{T\alpha}{}_\beta\,\xi^\beta(x) \\ \eta'_{\dot\alpha}(x') &= a^{*\dot\beta}_{\dot\alpha}\,\eta_{\dot\beta}(x), & \eta'^{\dot\alpha}(x') &= (a^{*-1})^{T\dot\alpha}{}_{\dot\beta}\,\eta^{\dot\beta}(x) \end{aligned}\right\} \tag{E.27}$$

ここで，変換行列は

$$\left.\begin{aligned} a &\equiv \exp\left(i\boldsymbol{\varphi}\cdot\frac{\boldsymbol{\sigma}}{2} + \boldsymbol{\omega}\cdot\frac{\boldsymbol{\sigma}}{2}\right), & (a^{-1})^T &\equiv \exp\left(-i\boldsymbol{\varphi}\cdot\frac{\boldsymbol{\sigma}^*}{2} - \boldsymbol{\omega}\cdot\frac{\boldsymbol{\sigma}^*}{2}\right) \\ a^* &\equiv \exp\left(-i\boldsymbol{\varphi}\cdot\frac{\boldsymbol{\sigma}^*}{2} + \boldsymbol{\omega}\cdot\frac{\boldsymbol{\sigma}^*}{2}\right), & (a^{*-1})^T &\equiv \exp\left(i\boldsymbol{\varphi}\cdot\frac{\boldsymbol{\sigma}}{2} - \boldsymbol{\omega}\cdot\frac{\boldsymbol{\sigma}}{2}\right) \end{aligned}\right\} \tag{E.28}$$

で定義され，全て $SL(2, \boldsymbol{C})$ の元である．なお，スピノルの添字としてギリシア文字の最初のもの ($\alpha, \beta, \cdots$) を用いるが，ベクトルの添字 ($\mu, \nu, \cdots$) と混同しないように注意してほしい．(E.27) において，スピノルの添字に関する和の記号を省略した．以後も簡略化のため和の記号を省略する．また，(E.28) において簡略化のためスピノルの添字を省略した．

$\varepsilon^{\alpha\beta}\xi_\beta(x)$ はローレンツ変換の下で，

$$\begin{aligned}\varepsilon^{\alpha\beta}\xi'_\beta(x') &= \varepsilon^{\alpha\beta}a_\beta{}^{\beta'}\xi_{\beta'}(x) = \varepsilon^{\alpha\beta}a_\beta{}^{\beta'}\varepsilon_{\gamma'\beta'}\varepsilon^{\gamma'\gamma}\xi_\gamma(x)\\ &= (a^{-1})^{T\alpha}{}_\beta\varepsilon^{\beta\gamma}\xi_\gamma(x)\end{aligned} \tag{E.29}$$

のように変換する．よって，$\xi^\alpha(x)$ と同じ変換性を示すことがわかる．ここで，$\varepsilon^{\alpha\beta}$ および $\varepsilon_{\alpha\beta}$ は $SL(2, \boldsymbol{C})$ の不変テンソルで，

$$\varepsilon^{\alpha\beta} = \varepsilon_{\alpha\beta} = \begin{pmatrix} 0 & 1 \\ -1 & 0 \end{pmatrix} = i\sigma^2 \tag{E.30}$$

である．

また，(E.29) の変形において，公式

$$\varepsilon^{\alpha\beta}M_\beta{}^{\beta'}\varepsilon_{\gamma\beta'} = \det M\cdot(M^{-1})^{T\alpha}{}_\gamma \tag{E.31}$$

を用いた．ここで，$M_\alpha{}^\beta$ は行列式が 0 でない任意の 2 行 2 列の行列である．(E.31) は成分表示

$$\left.\begin{aligned}&\begin{pmatrix} 0 & 1 \\ -1 & 0 \end{pmatrix}\begin{pmatrix} a & b \\ c & d \end{pmatrix}\begin{pmatrix} 0 & -1 \\ 1 & 0 \end{pmatrix} = \begin{pmatrix} d & -c \\ -b & a \end{pmatrix}\\ &\begin{pmatrix} a & b \\ c & d \end{pmatrix}^{-1} = \frac{1}{ad-bc}\begin{pmatrix} d & -b \\ -c & a \end{pmatrix}, \qquad \det\begin{pmatrix} a & b \\ c & d \end{pmatrix} = ad-bc\end{aligned}\right\} \tag{E.32}$$

から容易に理解できる．同様にして，$\varepsilon^{\dot\alpha\dot\beta}\eta_{\dot\beta}(x)$ はローレンツ変換の下で $\eta^{\dot\alpha}(x)$ と同じ変換性を示すことがわかる．ここで，$\varepsilon^{\dot\alpha\dot\beta}$ および $\varepsilon_{\dot\alpha\dot\beta}$ は $SL(2, \boldsymbol{C})$ の不変テンソルで以下のようになる．

$$\varepsilon^{\dot\alpha\dot\beta} = \varepsilon_{\dot\alpha\dot\beta} = i\sigma^2 \tag{E.33}$$

これらの不変テンソルを用いて，スピノルの添字の上げ下げを行うことができる．例えば，

$$\xi^{\alpha}=\varepsilon^{\alpha\beta}\xi_{\beta}, \qquad \eta^{\dot{\alpha}}=\varepsilon^{\dot{\alpha}\dot{\beta}}\eta_{\dot{\beta}}, \qquad \xi_{\alpha}=\xi^{\beta}\varepsilon_{\beta\alpha}, \qquad \eta_{\dot{\alpha}}=\eta^{\dot{\beta}}\varepsilon_{\dot{\beta}\dot{\alpha}} \quad \text{(E.34)}$$

のように行われる．よって，反変スピノルの変換性を，

$$\xi'^{\alpha}(x')=\xi^{\beta}(x)\,(a^{-1})_{\beta}{}^{\alpha}, \qquad \eta'^{\dot{\alpha}}(x')=\eta^{\dot{\beta}}(x)\,(a^{*-1})_{\dot{\beta}}{}^{\dot{\alpha}} \qquad \text{(E.35)}$$

のように書きかえることができる．したがって，スピノルの添字が縮約された量，例えば，$\xi^{\alpha}\eta_{\alpha}(=\varepsilon^{\alpha\beta}\xi_{\beta}\eta_{\alpha}=-\varepsilon^{\beta\alpha}\xi_{\beta}\eta_{\alpha}=-\xi_{\beta}\eta^{\beta})$，$\xi^{\dot{\alpha}}\eta_{\dot{\alpha}}(=\varepsilon^{\dot{\alpha}\dot{\beta}}\xi_{\dot{\beta}}\eta_{\dot{\alpha}}=-\varepsilon^{\dot{\beta}\dot{\alpha}}\xi_{\dot{\beta}}\eta_{\dot{\alpha}}$ $=-\xi_{\dot{\beta}}\eta^{\dot{\beta}})$ がスカラー量であることは，スピノルの変換性 (E.27)，(E.35) から読み取れる．

次に，点なしスピノル ξ_{α} と点つきスピノル $\eta^{\dot{\beta}}$ を合体させた量 $(A, B)=(1/2, 1/2)$ について考察しよう．ここで，A，B はそれぞれ $\boldsymbol{A}$ スピンの大きさ，$\boldsymbol{B}$ スピンの大きさを表す（付録 D.2 節を参照せよ）．スピンの合成を思い出すと，ベクトル量を構成することができると予想される．

対応関係を明確にするために，4 次元化したパウリ行列

$$(\sigma^{\mu})_{\alpha\dot{\beta}}\equiv(I, \boldsymbol{\sigma}), \qquad (\bar{\sigma}^{\mu})^{\dot{\alpha}\beta}\equiv(I, -\boldsymbol{\sigma}) \qquad \text{(E.36)}$$

$$(\sigma_{\mu})_{\alpha\dot{\beta}}\equiv(I, -\boldsymbol{\sigma}), \qquad (\bar{\sigma}_{\mu})^{\dot{\alpha}\beta}\equiv(I, \boldsymbol{\sigma}) \qquad \text{(E.37)}$$

を導入する．$(\sigma^{\mu})_{\alpha\dot{\beta}}$ の複素共役は，$(\bar{\sigma}^{\mu})^{\dot{\alpha}\beta}$ の添字を下げたものと一致することが次のようにしてわかる．

$$\begin{aligned}(\bar{\sigma}^{\mu})_{\dot{\alpha}\beta}&=\varepsilon_{\dot{\alpha}\dot{\alpha}'}\,\varepsilon_{\beta\beta'}(\bar{\sigma}^{\mu})^{\dot{\alpha}'\beta'}=(i\sigma^{2})_{\dot{\alpha}\dot{\alpha}'}(\bar{\sigma}^{\mu})^{\dot{\alpha}'\beta'}(-i\sigma^{2})_{\beta'\beta}\\&=(I, \sigma^{1}, -\sigma^{2}, \sigma^{3})=(I, \boldsymbol{\sigma}^{*})=[(\sigma^{\mu})_{\alpha\dot{\beta}}]^{*}\end{aligned} \qquad \text{(E.38)}$$

(E.36)，(E.37) に関して，

$$\mathrm{Tr}(\bar{\sigma}^{\mu}\sigma_{\nu})=2\delta^{\mu}{}_{\nu} \qquad \text{(E.39)}$$

$$(\sigma^{\mu})_{\alpha\dot{\beta}}\,(\bar{\sigma}_{\mu})^{\dot{\gamma}\delta}=2\delta_{\alpha}{}^{\delta}\delta_{\dot{\beta}}{}^{\dot{\gamma}} \qquad \text{(E.40)}$$

$$(\sigma^{\mu})_{\alpha\dot{\beta}}\,(\bar{\sigma}^{\nu})^{\dot{\beta}\gamma}+(\sigma^{\nu})_{\alpha\dot{\beta}}\,(\bar{\sigma}^{\mu})^{\dot{\beta}\gamma}=2\eta^{\mu\nu}\delta_{\alpha}{}^{\gamma} \qquad \text{(E.41)}$$

$$(\bar{\sigma}^{\mu})^{\dot{\alpha}\beta}\,(\sigma^{\nu})_{\beta\dot{\gamma}}+(\bar{\sigma}^{\nu})^{\dot{\alpha}\beta}\,(\sigma^{\mu})_{\beta\dot{\gamma}}=2\eta^{\mu\nu}\delta^{\dot{\alpha}}{}_{\dot{\gamma}} \qquad \text{(E.42)}$$

が成り立つ．

また，

$$(\sigma^{\mu\nu})_{\alpha}{}^{\beta}\equiv\frac{i}{2}(\sigma^{\mu}\bar{\sigma}^{\nu}-\sigma^{\nu}\bar{\sigma}^{\mu})_{\alpha}{}^{\beta}, \qquad (\bar{\sigma}^{\mu\nu})^{\dot{\alpha}}{}_{\dot{\beta}}\equiv\frac{i}{2}(\bar{\sigma}^{\mu}\sigma^{\nu}-\bar{\sigma}^{\nu}\sigma^{\mu})^{\dot{\alpha}}{}_{\dot{\beta}}$$

(E.43)

$$(\sigma_{\mu\nu})_\alpha{}^\beta \equiv \frac{i}{2}(\sigma_\mu\bar{\sigma}_\nu - \sigma_\nu\bar{\sigma}_\mu)_\alpha{}^\beta, \qquad (\bar{\sigma}_{\mu\nu})^{\dot{\alpha}}{}_{\dot{\beta}} \equiv \frac{i}{2}(\bar{\sigma}_\mu\sigma_\nu - \bar{\sigma}_\nu\sigma_\mu)^{\dot{\alpha}}{}_{\dot{\beta}} \tag{E.44}$$

を用いて，変換行列を，

$$\left.\begin{aligned} a_\alpha{}^\beta &= \left[\exp\left(i\boldsymbol{\varphi}\cdot\frac{\boldsymbol{\sigma}}{2} + \boldsymbol{\omega}\cdot\frac{\boldsymbol{\sigma}}{2}\right)\right]_\alpha{}^\beta = \exp\left(-\frac{i}{4}\omega^{\mu\nu}\sigma_{\mu\nu}\right)_\alpha{}^\beta \\ (a^{*-1})^{T\dot{\alpha}}{}_{\dot{\beta}} = (a^{-1\dagger})^{\dot{\alpha}}{}_{\dot{\beta}} &= \left[\exp\left(i\boldsymbol{\varphi}\cdot\frac{\boldsymbol{\sigma}}{2} - \boldsymbol{\omega}\cdot\frac{\boldsymbol{\sigma}}{2}\right)\right]^{\dot{\alpha}}{}_{\dot{\beta}} = \exp\left(-\frac{i}{4}\omega^{\mu\nu}\bar{\sigma}_{\mu\nu}\right)^{\dot{\alpha}}{}_{\dot{\beta}} \end{aligned}\right\} \tag{E.45}$$

と表すことができる．

ここで，$\boldsymbol{\varphi} = (-\omega^{23}, -\omega^{31}, -\omega^{12})$，$\boldsymbol{\omega} = (\omega^{01}, \omega^{02}, \omega^{03})$ である．また，$(\sigma_{23}, \sigma_{31}, \sigma_{12}) = \boldsymbol{\sigma}$，$(\bar{\sigma}_{23}, \bar{\sigma}_{31}, \bar{\sigma}_{12}) = \boldsymbol{\sigma}$，$(\sigma_{01}, \sigma_{02}, \sigma_{03}) = i\boldsymbol{\sigma}$，$(\bar{\sigma}_{01}, \bar{\sigma}_{02}, \bar{\sigma}_{03}) = -i\boldsymbol{\sigma}$（スピノルの添字は省いた）を用いた．この $\sigma_{\mu\nu}$ をディラックスピノルのときの $\sigma_{\mu\nu} \equiv (i/2)[\gamma_\mu, \gamma_\nu]$ と混同しないようにしてほしい．

次に，4元ベクトル x^μ と4次元化されたパウリ行列 $(\sigma_\mu)_{\alpha\dot{\beta}}$ との縮約

$$X_{\alpha\dot{\beta}} \equiv x^\mu(\sigma_\mu)_{\alpha\dot{\beta}} = \begin{pmatrix} x^0 - x^3 & -x^1 + ix^2 \\ -x^1 - ix^2 & x^0 + x^3 \end{pmatrix} \tag{E.46}$$

について考えよう．x^μ が実数の量ならば，$X_{\alpha\dot{\beta}}$ はエルミート行列である．

さらに(E.39) を用いて，

$$x^\mu = \frac{1}{2}\mathrm{Tr}(\bar{\sigma}^\mu X) = \frac{1}{2}(\bar{\sigma}^\mu)^{\dot{\beta}\alpha}X_{\alpha\dot{\beta}} \tag{E.47}$$

を導くことができる．(E.47) は，x^μ と $X_{\alpha\dot{\beta}}$ との間の対応関係を表している．$X_{\alpha\dot{\beta}}$ の行列式は

$$\det(X_{\alpha\dot{\beta}}) = x^\mu x_\mu \tag{E.48}$$

となり，ローレンツ不変量である．また，(E.13) で説明したように，$\det V = 1$ である V によるユニタリー変換の下で行列式は不変である．よって，$X_{\alpha\dot{\beta}}$ は適切なユニタリー行列により，ローレンツ変換を実現するようなユニタリー変換を受けると予想される．

実際に，ローレンツ変換 $x'^{\mu} = \Lambda^{\mu}{}_{\nu} x^{\nu}$ の下で，$X_{\alpha\dot{\beta}}$ は

$$X'_{\alpha\dot{\beta}} = x'^{\mu} (\sigma_{\mu})_{\alpha\dot{\beta}} = a_{\alpha}{}^{\gamma} X_{\gamma\dot{\delta}} a^{*\dot{\delta}}_{\dot{\beta}} \tag{E.49}$$

のように変換する．ここで，公式

$$\Lambda^{\mu}{}_{\nu}\,(\sigma_{\mu})_{\alpha\dot{\beta}} = a_{\alpha}{}^{\beta}\,(\sigma_{\nu})_{\beta\dot{\gamma}}\,(a^{\dagger})^{\dot{\gamma}}{}_{\dot{\beta}} \tag{E.50}$$

を用いた．同様にして以下が成り立つ．

$$\left.\begin{array}{r} \Lambda_{\mu}{}^{\nu}\,(\sigma_{\nu})_{\beta\dot{\gamma}} = (a^{-1})_{\beta}{}^{\alpha}\,(\sigma_{\mu})_{\alpha\dot{\beta}}\,(a^{-1\dagger})^{\dot{\beta}}{}_{\dot{\gamma}} \\ \text{すなわち，}\Lambda^{\mu}{}_{\nu}\,(\sigma^{\nu})_{\beta\dot{\gamma}} = (a^{-1})_{\beta}{}^{\alpha}(\sigma^{\mu})_{\alpha\dot{\beta}}(a^{-1\dagger})^{\dot{\beta}}{}_{\dot{\gamma}} \end{array}\right\} \tag{E.51}$$

(E.50) に対して，(E.39) を用いることにより，

$$\Lambda^{\mu}{}_{\nu} = \frac{1}{2}\,\mathrm{Tr}(\bar{\sigma}^{\mu} a \sigma_{\nu} a^{\dagger}) \tag{E.52}$$

を導くことができる．(E.52) より，

$$\Lambda^{0}{}_{0} = \frac{1}{2}\,\mathrm{Tr}(\bar{\sigma}^{0} a \sigma_{0} a^{\dagger}) = \frac{1}{2}\,\mathrm{Tr}(a a^{\dagger}) > 0 \tag{E.53}$$

である．また，$SL(2, \boldsymbol{C})$ の連結性と $\det X = \det X'$ より $\det\Lambda = 1$ である．よって，(E.52) の $\Lambda^{\mu}{}_{\nu}$ は本義ローレンツ変換の変換行列である．

点なしスピノル ξ^{α} と点つきスピノル $\eta^{\dot{\beta}}$，および $(\sigma_{\mu})_{\alpha\dot{\beta}}$ から構成される量

$$V_{\mu} \equiv \xi^{\alpha}\,(\sigma_{\mu})_{\alpha\dot{\beta}}\,\eta^{\dot{\beta}} \tag{E.54}$$

は，ローレンツ変換の下で共変ベクトルとして振舞うことが，

$$\begin{aligned} V'_{\mu} &= \xi'^{\alpha}\,(\sigma_{\mu})_{\alpha\dot{\beta}}\,\eta'^{\dot{\beta}} = (a^{-1})^{T\alpha}{}_{\beta}\,\xi^{\beta}(\sigma_{\mu})_{\alpha\dot{\beta}}\,(a^{*-1})^{T\dot{\beta}}{}_{\dot{\gamma}}\,\eta^{\dot{\gamma}} \\ &= \xi^{\beta}\,(a^{-1})_{\beta}{}^{\alpha}\,(\sigma_{\mu})_{\alpha\dot{\beta}}\,(a^{-1\dagger})^{\dot{\beta}}{}_{\dot{\gamma}}\,\eta^{\dot{\gamma}} = \Lambda_{\mu}{}^{\nu}\,\xi^{\beta}(\sigma_{\nu})_{\beta\dot{\gamma}}\,\eta^{\dot{\gamma}} \end{aligned} \tag{E.55}$$

のようにしてわかる．最後の式変形において (E.51) を用いた．

点なしスピノルから成る 2 階の対称スピノル $t_{\alpha\beta}((A, B) = (1, 0))$，および点つきスピノルから成る 2 階の対称スピノル $\bar{t}_{\dot{\alpha}\dot{\beta}}((A, B) = (0, 1))$ について考察しよう．対称性 $(t_{\alpha\beta} = t_{\beta\alpha},\ \bar{t}_{\dot{\alpha}\dot{\beta}} = \bar{t}_{\dot{\beta}\dot{\alpha}})$ のため，独立な成分の数はそれぞれ 3 である．3 成分をもつローレンツ共変な (複素) 量として，自己双対あるいは反自己双対な 2 階反対称テンソル $T^{(\pm)}_{\mu\nu}$ が存在する．ここで，$T^{(\pm)}_{\mu\nu}$ は

$$T^{(\pm)\mu\nu} = \pm\frac{i}{2}\varepsilon^{\mu\nu\rho\sigma}T^{(\pm)}_{\rho\sigma} \tag{E.56}$$

を満たすテンソルで，$T^{(+)}_{\mu\nu}$ は**自己双対テンソル**，$T^{(-)}_{\mu\nu}$ は**反自己双対テンソル**とよばれている．

例えば，$t_{\alpha\beta}$ と $T^{(-)}_{\mu\nu}$，$\bar{t}_{\dot{\alpha}\dot{\beta}}$ と $T^{(+)}_{\mu\nu}$ を，

$$t_{\alpha\beta} = -\frac{i}{2}(\sigma^{\mu\nu}\varepsilon)_{\alpha\beta}T^{(-)}_{\mu\nu}, \qquad T^{(-)}_{\mu\nu} = -\frac{i}{4}(\varepsilon\sigma_{\mu\nu})^{\alpha\beta}t_{\alpha\beta} \tag{E.57}$$

$$\bar{t}_{\dot{\alpha}\dot{\beta}} = \frac{i}{2}(\varepsilon^T\bar{\sigma}^{\mu\nu})_{\dot{\alpha}\dot{\beta}}T^{(+)}_{\mu\nu}, \qquad T^{(+)}_{\mu\nu} = \frac{i}{4}(\bar{\sigma}_{\mu\nu}\varepsilon^T)^{\dot{\alpha}\dot{\beta}}\bar{t}_{\dot{\alpha}\dot{\beta}} \tag{E.58}$$

のように関係づけることができる．なお，$(\sigma^{\mu\nu}\varepsilon)_{\alpha\beta} = (\sigma^{\mu\nu})_\alpha{}^\gamma\varepsilon_{\gamma\beta}$，$(\varepsilon^T\bar{\sigma}^{\mu\nu})_{\dot{\alpha}\dot{\beta}} = \varepsilon_{\dot{\gamma}\dot{\alpha}}(\bar{\sigma}^{\mu\nu})^{\dot{\gamma}}{}_{\dot{\beta}}$ である．また $\sigma^{\mu\nu}$，$\bar{\sigma}^{\mu\nu}$，$\sigma_{\mu\nu}$，$\bar{\sigma}_{\mu\nu}$ に対して，

$$\sigma^{\mu\nu} = -\frac{i}{2}\varepsilon^{\mu\nu\rho\sigma}\sigma_{\rho\sigma}, \qquad \bar{\sigma}^{\mu\nu} = \frac{i}{2}\varepsilon^{\mu\nu\rho\sigma}\bar{\sigma}_{\rho\sigma} \tag{E.59}$$

$$(\sigma^{\mu\nu}\varepsilon)_{\alpha\beta} = [(\varepsilon^T\bar{\sigma}^{\mu\nu})_{\dot{\alpha}\dot{\beta}}]^*, \qquad (\sigma^{\mu\nu}\varepsilon)_{\alpha\beta} = (\sigma^{\mu\nu}\varepsilon)_{\beta\alpha} \tag{E.60}$$

$$\frac{1}{2}\mathrm{Tr}(\sigma^{\mu\nu}\sigma_{\rho\sigma}) = \delta^\mu_\rho\delta^\nu_\sigma - \delta^\mu_\sigma\delta^\nu_\rho - i\eta_{\rho\kappa}\eta_{\sigma\lambda}\varepsilon^{\mu\nu\kappa\lambda} \tag{E.61}$$

$$\frac{1}{2}\mathrm{Tr}(\bar{\sigma}^{\mu\nu}\bar{\sigma}_{\rho\sigma}) = \delta^\mu_\rho\delta^\nu_\sigma - \delta^\mu_\sigma\delta^\nu_\rho + i\eta_{\rho\kappa}\eta_{\sigma\lambda}\varepsilon^{\mu\nu\kappa\lambda} \tag{E.62}$$

が成り立つ．

さて，実数成分を有する2階反対称テンソル $F_{\mu\nu}$ については，

$$F_{\mu\nu} = F^{(+)}_{\mu\nu} + F^{(-)}_{\mu\nu}, \qquad F^{(-)}_{\mu\nu} = (F^{(+)}_{\mu\nu})^* \tag{E.63}$$

$$F^{(\pm)}_{\mu\nu} \equiv \frac{1}{2}(F_{\mu\nu} \pm \tilde{F}_{\mu\nu}), \qquad \tilde{F}^{\mu\nu} \equiv \frac{i}{2}\varepsilon^{\mu\nu\rho\sigma}F_{\rho\sigma} \tag{E.64}$$

のようにして，互いに，複素共役な自己双対部分 $F^{(+)}_{\mu\nu}$ と反自己双対部分 $F^{(-)}_{\mu\nu}$ に分解することができる．このとき，$f_{\alpha\beta} = -(i/2)(\sigma^{\mu\nu}\varepsilon)_{\alpha\beta}F^{(-)}_{\mu\nu}$ および $\bar{f}_{\dot{\alpha}\dot{\beta}} = (i/2)(\varepsilon^T\bar{\sigma}^{\mu\nu})_{\dot{\alpha}\dot{\beta}}F^{(+)}_{\mu\nu}$ で関係づけられる対称スピノルも，互いに複素共役の関係 $\bar{f}_{\dot{\alpha}\dot{\beta}} = (f_{\alpha\beta})^*$ にある．

一般の既約表現について考察しよう．スピン s の既約表現は $2s$ 階の完全対称

スピノルにより記述されるので，$(A, B) = (j, i)$ に関する場は

$$\phi^{\dot{\beta}_1 \cdots \dot{\beta}_{2i}}{}_{\alpha_1 \cdots \alpha_{2j}}(x) \tag{E.65}$$

のように表記される．$2i$ 個の添字 $\dot{\beta}_1, \cdots, \dot{\beta}_{2i}$ の間に，同じように $2j$ 個の添字 $\alpha_1, \cdots, \alpha_{2j}$ の間に，それぞれ添字の入れかえに関する完全対称性が存在する．(E.54) のようにして，$(\sigma_\mu)_{\alpha\dot{\beta}}$ を用いてスピノルの点なしの添字と点つきの添字の対を，ベクトルの添字に変更することができる．

例えば $(A, B) = (1, 1/2)$ のとき，$\psi^{\dot{\beta}}{}_{\alpha_1\alpha}(x)$ を $\psi_{\mu\alpha}(x)$ に対応づけることにより，ベクトルの添字をもった量に変更することができる．ここで $\psi_{\mu\alpha}(x)$ は，スピン 3/2 をもつ場で**ラリタ-シュウィンガー場** (**Rarita-Schwinger field**) とよばれている．

また，スピノルの点なしの添字 α, β に対しては，(E.57) の 2 番目の式のように，$(\sigma^{\mu\nu}\varepsilon)^{\alpha\beta}$ を掛けて反対称テンソルの添字 $[\mu, \nu]$ をもった量に変更することができる．同様にして，スピノルの点つきの添字 $\dot{\alpha}, \dot{\beta}$ に対しては，(E.58) の 2 番目の式のように，$(\varepsilon^T\bar{\sigma}^{\mu\nu})^{\dot{\alpha}\dot{\beta}}$ を掛けて反対称テンソルの添字 $[\mu, \nu]$ をもった量に変更することができる．

E.3　相対論的波動方程式

スピノル場に関する相対論的波動方程式を求めよう．スピノルの添字をもつ微分演算子を，

$$\partial_{\alpha\dot{\beta}} \equiv (\sigma_\mu)_{\alpha\dot{\beta}}\partial^\mu, \qquad \partial^{\dot{\alpha}\beta} \equiv (\bar{\sigma}^\mu)^{\dot{\alpha}\beta}\partial_\mu \tag{E.66}$$

のように定義する．逆に，

$$\partial^\mu = \frac{1}{2}(\bar{\sigma}^\mu)^{\dot{\beta}\alpha}\partial_{\alpha\dot{\beta}}, \qquad \partial_\mu = \frac{1}{2}(\sigma_\mu)_{\beta\dot{\alpha}}\partial^{\dot{\alpha}\beta} \tag{E.67}$$

が成り立つ．(E.40) を用いて，

$$\begin{aligned}\partial_{\alpha\dot{\beta}}\partial^{\dot{\beta}\gamma} &= (\sigma_\mu)_{\alpha\dot{\beta}}\partial^\mu(\bar{\sigma}^\nu)^{\dot{\beta}\gamma}\partial_\nu = \frac{1}{2}(\sigma_\mu\bar{\sigma}^\nu + \sigma_\nu\bar{\sigma}^\mu)_\alpha{}^\gamma\partial^\mu\partial_\nu \\ &= \delta_\alpha{}^\gamma\delta_\mu{}^\nu\partial^\mu\partial_\nu = \delta_\alpha{}^\gamma\Box\end{aligned} \tag{E.68}$$

を導くことができる．

相対論的波動方程式が満たすべき性質として，「特殊相対性原理に従うこと」と「自由粒子は4元運動量の関係式 ($E^2 = \boldsymbol{p}^2c^2 + m^2c^4$) に従うこと」が挙げられる．

特殊相対性原理に従うためには，波動方程式の各項がローレンツ変換の下で同じように変換する必要がある．そのためには，テンソルの場合と同じように方程式の各項が同じ添字を有する量であればよい．

また，4元運動量の関係式に従うためには，場 $\phi^{\dot{\beta}_1\cdots\dot{\beta}_{2i}}{}_{\alpha_1\cdots\alpha_{2j}}(x)$ が自由場の場合において，クライン－ゴルドン方程式を満足すればよい．すなわち，

$$\left(\Box + \frac{m^2c^2}{\hbar^2}\right)\phi^{\dot{\beta}_1\cdots\dot{\beta}_{2i}}{}_{\alpha_1\cdots\alpha_{2j}}(x) = 0 \qquad \text{(E.69)}$$

が成り立てばよい．

一般的な場 $\psi^{\dot{\beta}_1\cdots\dot{\beta}_{2k}}{}_{\alpha_1\cdots\alpha_{2l+1}}(x)$，$\varphi^{\dot{\beta}_1\cdots\dot{\beta}_{2k+1}}{}_{\alpha_1\cdots\alpha_{2l}}(x)$ が，場の方程式

$$\partial^{\dot{\beta}\alpha}\,\psi^{\dot{\beta}_1\cdots\dot{\beta}_{2k}}{}_{\alpha\alpha_1\cdots\alpha_{2l}}(x) = i\kappa_1\,\varphi^{\dot{\beta}\dot{\beta}_1\cdots\dot{\beta}_{2k}}{}_{\alpha_1\cdots\alpha_{2l}}(x) \qquad \text{(E.70)}$$

$$\partial_{\alpha\dot{\beta}}\,\varphi^{\dot{\beta}\dot{\beta}_1\cdots\dot{\beta}_{2k}}{}_{\alpha_1\cdots\alpha_{2l}}(x) = i\kappa_2\,\psi^{\dot{\beta}_1\cdots\dot{\beta}_{2k}}{}_{\alpha\alpha_1\cdots\alpha_{2l}}(x) \qquad \text{(E.71)}$$

に従い，$\kappa_1\kappa_2 = m^2c^2/\hbar^2$ が成り立つとき，これらの場はクライン－ゴルドン方程式を満たす．

場が，本義ローレンツ変換の下で既約表現に従うとすると，点つきの添字に関して完全対称であり，点なしの添字に関しても完全対称である．$\varphi^{\dot{\beta}_1\cdots\dot{\beta}_{2k+1}}{}_{\alpha_1\cdots\alpha_{2l}}(x)$ の点つきの添字に関する完全対称性と (E.70) より，付加条件

$$\begin{aligned}\partial^{\dot{\beta}\alpha}\,\psi^{\dot{\beta}_1\cdots\dot{\beta}_{2k}}{}_{\alpha\alpha_1\cdots\alpha_{2l}}(x) &= \partial^{\dot{\beta}_1\alpha}\,\psi^{\dot{\beta}\cdots\dot{\beta}_{2k}}{}_{\alpha\alpha_1\cdots\alpha_{2l}}(x)\\ &= \cdots = \partial^{\dot{\beta}_{2k}\alpha}\,\psi^{\dot{\beta}_1\cdots\dot{\beta}}{}_{\alpha\alpha_1\cdots\alpha_{2l}}(x)\end{aligned} \qquad \text{(E.72)}$$

が導かれる．同様にして，$\psi^{\dot{\beta}_1\cdots\dot{\beta}_{2k}}{}_{\alpha_1\cdots\alpha_{2l+1}}(x)$ の点なしの添字に関する完全対称性と (E.71) より，付加条件

$$\begin{aligned}\partial_{\alpha\dot{\beta}}\,\varphi^{\dot{\beta}\dot{\beta}_1\cdots\dot{\beta}_{2k}}{}_{\alpha_1\cdots\alpha_{2l}}(x) &= \partial_{\alpha_1\dot{\beta}}\,\varphi^{\dot{\beta}\dot{\beta}_1\cdots\dot{\beta}_{2k}}{}_{\alpha\cdots\alpha_{2l}}(x)\\ &= \cdots = \partial_{\alpha_{2l}\dot{\beta}}\,\varphi^{\dot{\beta}\dot{\beta}_1\cdots\dot{\beta}_{2k}}{}_{\alpha_1\cdots\alpha}(x)\end{aligned} \qquad \text{(E.73)}$$

が導かれる．

さらに，粒子の質量が0でない場合，粒子が静止して見える系を選ぶことができる．この場合，自由粒子に対して $\partial_{\alpha\dot{\beta}} = (\sigma_0)_{\alpha\dot{\beta}}\partial^0 = \delta_{\alpha\dot{\beta}}\partial^0$ となり，点つきの添字と点なしの添字が関連して区別されなくなる．よって，$\psi^{\dot{\beta}_1\cdots\dot{\beta}_{2k}}{}_{\alpha_1\cdots\alpha_{2l+1}}(x)$，

$\varphi^{\dot{\beta}_1\cdots\dot{\beta}_{2k+1}}{}_{\alpha_1\cdots\alpha_{2l}}(x)$ はいずれも，$2k+2l+1$ 個の添字に関して完全対称性を有する場であることがわかる．**これがスピン $(k+l+1/2)$ に相当する．**

$(A, B) = (1/2, 0)$ の場 $\xi_\alpha(x)$ と，$(A, B) = (0, 1/2)$ の場 $\eta^{\dot{\alpha}}(x)$ に関する方程式

$$\partial^{\dot{\beta}\alpha}\,\xi_\alpha(x) = -i\frac{mc}{\hbar}\,\eta^{\dot{\beta}}(x), \qquad \partial_{\alpha\dot{\beta}}\,\eta^{\dot{\beta}}(x) = -i\frac{mc}{\hbar}\,\xi_\alpha(x) \tag{E.74}$$

はクライン - ゴルドン方程式を満足する．(E.66) を用いて，(E.74) は

$$\left.\begin{aligned} i\hbar\,(\bar{\sigma}^\mu)^{\dot{\beta}\alpha}\partial_\mu\,\xi_\alpha(x) - mc\,\eta^{\dot{\beta}}(x) = 0 \\ i\hbar\,(\sigma_\mu)_{\alpha\dot{\beta}}\partial^\mu\,\eta^{\dot{\beta}}(x) - mc\,\xi_\alpha(x) = 0 \end{aligned}\right\} \tag{E.75}$$

と書きかえることができる．

$\xi_\alpha(x)$ と $\eta^{\dot{\beta}}(x)$ から 4 成分のスピノル $\psi(x)$ を，4 次元化されたパウリ行列から 4 行 4 列の行列 γ^μ を，それぞれ

$$\psi(x) = \begin{pmatrix} \xi_\alpha(x) \\ \eta^{\dot{\beta}}(x) \end{pmatrix}, \qquad \gamma^\mu = \begin{pmatrix} 0 & (\sigma^\mu)_{\alpha\dot{\beta}} \\ (\bar{\sigma}^\mu)^{\dot{\beta}\alpha} & 0 \end{pmatrix} \tag{E.76}$$

のように構成すると，γ^μ はクリフォード代数 $\gamma^\mu\gamma^\nu + \gamma^\nu\gamma^\mu = 2\eta^{\mu\nu}$ を満たし，(E.75) はまさにディラック方程式

$$(i\hbar\gamma^\mu\partial_\mu - mc)\,\psi(x) = 0 \tag{E.77}$$

であることがわかる．

最後に，マックスウェル方程式について考察しよう．4 元電磁ポテンシャル $A^\mu(x)$ から，(E.46) を用いて

$$a_{\alpha\dot{\beta}}(x) \equiv A^\mu(x)\,(\sigma_\mu)_{\alpha\dot{\beta}} \tag{E.78}$$

を定義する．$a_{\alpha\dot{\beta}}(x)$ は，$(A, B) = (1/2, 1/2)$ のエルミートな場である．

(E.78) の複素共役を取り，添字の位置を変えることにより，

$$\bar{a}^{\dot{\beta}}{}_\gamma(x) = A^\mu(x)\,(\bar{\sigma}_\mu)^{\dot{\beta}}{}_\gamma \tag{E.79}$$

となる．$\bar{a}^{\dot{\beta}}{}_\gamma(x)$ に微分演算子 $\partial_{\alpha\dot{\beta}}$ を作用させると，

$$\partial_{\alpha\dot{\beta}}\,\bar{a}^{\dot{\beta}}{}_\gamma(x) = (\sigma_\mu)_{\alpha\dot{\beta}}\,(\bar{\sigma}_\nu)^{\dot{\beta}}{}_\gamma\,\partial^\mu A^\nu(x) \tag{E.80}$$

が導かれる．付加条件 $\partial_{\alpha\dot{\beta}}\,\bar{a}^{\dot{\beta}}{}_\gamma(x) = \partial_{\gamma\dot{\beta}}\,\bar{a}^{\dot{\beta}}{}_\alpha(x)$ は $\varepsilon^{\alpha\gamma}\partial_{\alpha\dot{\beta}}\,\bar{a}^{\dot{\beta}}{}_\gamma(x) = 0$ を意味し，

$$\begin{aligned}\varepsilon^{\alpha\gamma}\partial_{\alpha\dot{\beta}}\,\bar{a}^{\dot{\beta}}{}_{\gamma}(x) &= \varepsilon^{\alpha\gamma}(\sigma_\mu)_{\alpha\dot{\beta}}\,(\bar{\sigma}_\nu)^{\dot{\beta}}{}_{\gamma}\,\partial^\mu A^\nu(x)\\ &= (\sigma_\mu)_{\alpha\dot{\beta}}\,(\bar{\sigma}_\nu)^{\dot{\beta}\alpha}\,\partial^\mu A^\nu(x)\\ &= \mathrm{Tr}(\sigma_\mu\bar{\sigma}_\nu)\partial^\mu A^\nu(x) = 2\partial^\mu A_\mu(x) = 0 \end{aligned}\tag{E.81}$$

となり，ローレンス条件 $\partial^\mu A_\mu(x) = 0$ が導かれる．

また，(E.80) の右辺の $(\sigma_\mu)_{\alpha\dot{\beta}}(\bar{\sigma}_\nu)^{\dot{\beta}}{}_{\gamma}$ を μ，ν に関して対称な部分と反対称な部分に分けた場合，対称な部分はローレンス条件を課すことにより 0 になる．よって，付加条件の下で，

$$\begin{aligned}\partial_{\alpha\dot{\beta}}\bar{a}^{\dot{\beta}}{}_{\gamma}(x) &= \frac{1}{4}(\sigma_\mu\bar{\sigma}_\nu - \sigma_\nu\bar{\sigma}_\mu)_{\alpha\gamma}(\partial^\mu A^\nu(x) - \partial^\nu A^\mu(x))\\ &= -\frac{i}{2}(\sigma_{\mu\nu}\varepsilon)_{\alpha\gamma}F^{\mu\nu}(x) = -\frac{i}{2}(\sigma_{\mu\nu}\varepsilon)_{\alpha\gamma}F^{(-)\mu\nu}(x) = f_{\alpha\gamma}(x)\end{aligned}\tag{E.82}$$

が導かれる．

2 番目から 3 番目の式変形において，(E.44) の 1 番目の式から派生する公式 $(i/2)(\sigma_\mu\bar{\sigma}_\nu - \sigma_\nu\bar{\sigma}_\mu)_{\alpha\gamma} = (\sigma_{\mu\nu})_{\alpha}{}^{\beta}\varepsilon_{\beta\gamma} = (\sigma_{\mu\nu}\varepsilon)_{\alpha\gamma}$ と $F^{\mu\nu}(x) \equiv \partial^\mu A^\nu(x) - \partial^\nu A^\mu(x)$ を用いた．3 番目から 4 番目の式変形において，$F^{(\pm)}_{\mu\nu} \equiv (1/2)(F_{\mu\nu} \pm \tilde{F}_{\mu\nu})$，$\tilde{F}^{\mu\nu} \equiv (i/2)\varepsilon^{\mu\nu\rho\sigma}F_{\rho\sigma}$ で，$\sigma_{\mu\nu}\tilde{F}^{\mu\nu}(x) = -\sigma_{\mu\nu}F^{\mu\nu}(x)$，すなわち $\sigma_{\mu\nu}F^{(-)\mu\nu}(x) = \sigma_{\mu\nu}F^{\mu\nu}(x)$，$\sigma_{\mu\nu}F^{(+)\mu\nu}(x) = 0$ を用いた．また，$f_{\alpha\gamma}(x)$ は，電磁場の強さ $F^{\mu\nu}(x)$ から構成された，反自己双対テンソルに対応するスピノルである．

$f_{\alpha\gamma}(x)$ に $\partial^{\dot{\beta}\alpha}$ を作用させたものは $\partial_\mu F^{(-)\mu\nu}(x)$ に比例し，自由場に関するマックスウェル方程式 $\partial_\mu F^{\mu\nu}(x) = 0$ および恒等式 $\partial_\mu\tilde{F}^{\mu\nu}(x) = 0$ を用いると，$\partial^{\dot{\beta}\alpha}f_{\alpha\gamma}(x)$ が 0 になることがわかる．

よって，電磁場を記述する波動方程式は対応するスピノルを用いて，

$$\partial^{\dot{\beta}\alpha}f_{\alpha\gamma}(x) = 0, \qquad \partial_{\alpha\dot{\beta}}\bar{a}^{\dot{\beta}}{}_{\gamma}(x) = f_{\alpha\gamma}(x)\tag{E.83}$$

あるいは，

$$\partial^{\dot{\beta}\alpha}\,a_{\alpha}{}^{\dot{\gamma}}(x) = \bar{f}^{\dot{\beta}\dot{\gamma}}(x), \qquad \partial_{\alpha\dot{\beta}}\,\bar{f}^{\dot{\beta}\dot{\gamma}}(x) = 0\tag{E.84}$$

と表すことができる．なお，(E.83) と (E.84) は互いに複素共役の関係にある．

付録F　さまざまな時空におけるスピノル

本書において，4次元ミンコフスキー時空を舞台として量子力学が整備され，それに基づいて精密実験と整合する結果が導かれることを示した．よって，時空構造の変更を迫られているわけではないが，4次元ミンコフスキー時空以外の時空で理論を展開することは無意味なことではない．主な動機は以下の通りである．

まず，①空間が，実質的に1次元あるいは2次元と見なすことができる物体中において，構成粒子がディラック方程式と同形の方程式に従うような物理系（グラフェン，有機導体など）が存在する．次に，②さまざまな時空上の理論を比較検討することにより，4次元ミンコフスキー時空の優位性（「なぜ，我々の世界は4次元ミンコフスキー時空なのか」という問いに関するヒント）が見い出されるかもしれない．最後に，③重力の効果が無視できない状況（ブラックホールのような強い重力場が作用する系や高エネルギー状態）で，一般相対性理論と融和するような理論に変更される可能性がある．

これらの動機と次のような疑問を念頭において，さまざまな時空におけるスピノルについて考察しよう．

（1）　D次元ミンコフスキー時空に，どのようなスピノルが存在するのか．

（2）　曲がった時空においてスピノルはどのように定式化されるのか．

F.1　*D*次元ミンコフスキー時空におけるスピノル

D次元ミンコフスキー時空において，世界間隔の2乗ds^2は

$$ds^2 \equiv \eta_{MN}\,dx^M\,dx^N \tag{F.1}$$

で定義される．ここで，x^M $(M=0, 1\cdots, D-1)$はD次元座標であり，η_{MN}はD次元計量テンソル

$$\eta_{MN} = \begin{pmatrix} 1 & 0 & \cdots & 0 \\ 0 & -1 & \cdots & 0 \\ \vdots & \vdots & \ddots & \vdots \\ 0 & 0 & \cdots & -1 \end{pmatrix} \tag{F.2}$$

である．ここで，M, N に関する和の記号を省略した．以後も同様に和の記号を省く．4 元運動量の関係式 $p^M p_M = m^2c^2$ を要請すると，質量 m の自由なフェルミオン $\psi(x)$ に関して，D 次元のディラック方程式

$$\left(i\hbar\Gamma^M \frac{\partial}{\partial x^M} - mc\right)\psi(x) = 0 \tag{F.3}$$

が成立する．

ただし，$\psi(x)$ は D 次元のディラックスピノルである．また，Γ^M は D 次元の γ 行列でクリフォード代数 $\{\Gamma^M, \Gamma^N\} = 2\eta^{MN}I$ を満たす．$\psi(x)$ は D 次元の本義ローレンツ変換の下で，

$$\psi'(x') = \exp\left(-\frac{i}{4}\omega^{MN}\Sigma_{MN}\right)\psi(x) \tag{F.4}$$

のように変換する．ここで ω^{MN} は実定数，$\Sigma_{MN} = (i/2)[\Gamma_M, \Gamma_N]$ である．$\hbar\Sigma_{MN}/2$ が，$\psi(x)$ に関する本義ローレンツ変換の生成子である．以後，必要な場合を除いて D 次元といういい回しは省くことにする．

まずは，γ 行列に関する具体的な表式を与えずに，一般的な考察を行う．偶数次元においてカイラリティ Γ_D は

$$\Gamma_D \equiv (-i)^{\frac{D}{2}+1}\Gamma^0\Gamma^1\cdots\Gamma^{D-1} \tag{F.5}$$

で定義され，次のような性質を満たす．

$$(\Gamma_D)^2 = I, \qquad \Gamma_D^* = \Gamma_D, \qquad \{\Gamma_D, \Gamma^M\} = 0, \qquad [\Gamma_D, \Sigma_{MN}] = 0 \tag{F.6}$$

ここで，$*$ は複素共役を表す．

(F.6) の第 1 式より，Γ_D の固有値は 1 あるいは -1 であることがわかる．Γ_D が対角型になる表示において，その対角成分は 1 あるいは -1 である．ワイルスピノルは Γ_D の固有状態として与えられ，次のような 2 種類のスピノル

$$\psi_+ \equiv \frac{1+\Gamma_D}{2}\psi, \qquad \Gamma_D\psi_+ = \psi_+ \tag{F.7}$$

$$\psi_- \equiv \frac{1-\Gamma_D}{2}\psi, \qquad \Gamma_D\psi_- = -\psi_- \tag{F.8}$$

で定義される．

(F.6) の第 4 式より，ψ_+，ψ_- はそれぞれ Σ_{MN} の固有状態でもあり，本義ローレンツ群の下でディラックスピノルよりも基本的な表現になる（ワイルスピノルの成分数はディラックスピノルの半分である）ことがわかる．奇数次元においては，$\Gamma^0\Gamma^1\cdots\Gamma^{D-1}$ が全ての Γ^M と可換なのでシューアの補題により単位行列に比例する．よって，**奇数次元において，カイラリティおよびワイルスピノルは存在しない．**

電磁相互作用を受けた電荷 q の荷電粒子 $\psi(x)$，およびその反粒子 $\psi^c(x)$ に関するディラック方程式は，それぞれ

$$\left[i\hbar\Gamma^M\left(\frac{\partial}{\partial x^M}+i\frac{q}{\hbar}A_M(x)\right)-mc\right]\psi(x)=0 \tag{F.9}$$

$$\left[i\hbar\Gamma^M\left(\frac{\partial}{\partial x^M}-i\frac{q}{\hbar}A_M(x)\right)-mc\right]\psi^c(x)=0 \tag{F.10}$$

である．7.2 節で行なったのと同様にして，全ての Γ^M に関して，

$$B\Gamma^{M*}B^{-1} = -\Gamma^M,\ \text{すなわち，}\ B^{-1}\Gamma^M B = -\Gamma^{M*} \tag{F.11}$$

を満たす行列 B が存在するならば，$\psi^c(x)$ は以下のように与えられる．

$$\psi^c(x) = B\,\psi^*(x) \tag{F.12}$$

ここで，B は 7.2 節における $C\gamma^0$ に相当する．$\psi^c(x)$ に関する本義ローレンツ変換は

$$\begin{aligned}\psi^{c'}(x') &= B\,\psi'^*(x') = B\exp\left(\frac{i}{4}\omega^{MN}\Sigma^*_{MN}\right)\psi^*(x)\\ &= B\exp\left(\frac{i}{4}\omega^{MN}\Sigma^*_{MN}\right)B^{-1}B\,\psi^*(x) = \exp\left(-\frac{i}{4}\omega^{MN}\Sigma_{MN}\right)\psi^c(x)\end{aligned} \tag{F.13}$$

となり，$\psi(x)$ と同じように変換することがわかる．ここで，$B\Sigma^*_{MN}B^{-1} = -\Sigma_{MN}$

を用いた．

マヨラナ条件 $\psi^c(x) = \psi(x)$ を満たすスピノルが，マヨラナスピノル $\psi_{\rm M}(x)$ である．(F.12) を用いて，

$$\psi_{\rm M}(x) = B\,\psi_{\rm M}^*(x), \qquad \psi_{\rm M}^*(x) = B^*\,\psi_{\rm M}(x) \tag{F.14}$$

が成り立つので，これらを連立させて

$$B^*B = I, \qquad BB^* = I \tag{F.15}$$

が導かれる．質量が 0 の場合，(F.11) の他に

$$B\Gamma^{M*}B^{-1} = \Gamma^M,\ \text{すなわち},\ B^{-1}\Gamma^M B = \Gamma^{M*} \tag{F.16}$$

も許される．よって，(F.11) および (F.15)，あるいは (F.16) および (F.15) を満たす B の存否がマヨラナスピノルの存否に係わる．[†]

マヨラナ条件を満たすワイルスピノルは，**マヨラナワイルスピノル**とよばれている．ワイルスピノル $\psi_\pm$ がマヨラナ条件

$$B\left(\frac{1 \pm \Gamma_D}{2}\psi\right)^* = \frac{1 \pm \Gamma_D}{2}\psi \tag{F.17}$$

を満たすとする．$\Gamma_D^* = \Gamma_D$ を用いて，(F.17) の左辺は

$$B\left(\frac{1 \pm \Gamma_D}{2}\psi\right)^* = B\frac{1 \pm \Gamma_D}{2}\psi^* = B\frac{1 \pm \Gamma_D}{2}B^{-1}B\psi^* = \frac{1 \pm B\Gamma_D B^{-1}}{2}\psi \tag{F.18}$$

のように変形される．よって，マヨラナワイルスピノルが存在するための条件式は

$$B\Gamma_D B^{-1} = \Gamma_D \tag{F.19}$$

で与えられる．参考までに，B と Γ_D が反可換 ($B\Gamma_D B^{-1} = -\Gamma_D$) な場合，$B\psi_\pm^* = \psi_\mp$ となり，荷電共役変換により別のワイルスピノルに移り変わるため，マヨラナワイルスピノルは存在しない．

次に，γ 行列に関する具体的な表示に基づいて，どんな次元にどのようなスピノルが存在するか調べてみよう．ウォームアップとして，低次元 ($D = 2, 3$) ミンコフスキー時空における考察から始める．

---

† (F.16) および (F.15) が満たされるスピノルを，擬マヨラナスピノルとよぶことがある．

（1） 2 次元ミンコフスキー時空におけるスピノル

γ 行列として，

$$\Gamma^0 = \sigma^1 = \begin{pmatrix} 0 & 1 \\ 1 & 0 \end{pmatrix}, \qquad \Gamma^1 = i\sigma^2 = \begin{pmatrix} 0 & 1 \\ -1 & 0 \end{pmatrix} \tag{F.20}$$

を選ぶと，カイラリティは

$$\Gamma_2 = -\Gamma^0\Gamma^1 = \sigma^3 = \begin{pmatrix} 1 & 0 \\ 0 & -1 \end{pmatrix} \tag{F.21}$$

となり，ワイルスピノルは複素 1 成分で 2 種類存在する．(F.11) および (F.15) を満たす B として，$B = \sigma^3 = \Gamma_2$ が存在し B と Γ_2 が同一なので，(F.19) が満たされマヨラナワイルスピノルが存在する．

実際に，マヨラナ条件

$$\begin{pmatrix} \psi_+^* \\ -\psi_-^* \end{pmatrix} = \begin{pmatrix} \psi_+ \\ \psi_- \end{pmatrix} \tag{F.22}$$

より，ψ_+ は実 1 成分，ψ_- は純虚 1 成分であるようなマヨラナワイルスピノルであることがわかる．

（2） 3 次元ミンコフスキー時空におけるスピノル

γ 行列として，

$$\Gamma^0 = \sigma^1, \qquad \Gamma^1 = i\sigma^2, \qquad \Gamma^2 = i\sigma^3 \tag{F.23}$$

を選ぶと，$\Gamma^0\Gamma^1\Gamma^2 = -iI$ となり，カイラリティは存在しないことがわかる．よって，3 次元ミンコフスキー時空においてワイルスピノルは存在しない．一方，(F.11) および (F.15) を満たす B として，$B = \sigma^3$ が存在しマヨラナスピノルは存在する．

$D = 2, 3$ の具体例から類推されるように，$2k+1$ 次元における γ 行列として，Γ^0 から Γ^{2k-1} までは $2k$ 次元における γ 行列をそのまま用い，Γ^{2k} については $2k$ 次元のカイラリティに i を掛けた $i\Gamma_D$ を使用することにより，Γ^M $(M = 0, 1, \cdots, 2k-1, 2k)$ を構成することができる．よって，$2k+1$ 次元におけるディラックスピノルの成分数は $2k$ 次元におけるものと等しい．

次に，一般次元の γ 行列の構成法について一例を紹介する．4 次元ミンコフス

キー時空における γ 行列は，2次元の γ 行列，および2行2列の単位行列にパウリ行列を直積の形で作用させることにより，

$$\Gamma^0 = \sigma^1 \otimes \sigma^3, \qquad \Gamma^1 = i\sigma^2 \otimes \sigma^3, \qquad \Gamma^2 = iI \otimes \sigma^2, \qquad \Gamma^3 = iI \otimes \sigma^1 \tag{F.24}$$

のように構成することができる．

同様にして，$2k$ 次元で γ 行列 Γ^d $(d = 0, 1, \cdots, 2k-1)$ が構成されたとして，これを $\tilde{\Gamma}^d$ と表記すると，$2k+2$ 次元ミンコフスキー時空における Γ^M $(M = 0, 1, \cdots, 2k+1)$ は，

$$\Gamma^d = \tilde{\Gamma}^d \otimes \sigma^3, \qquad \Gamma^{2k} = iI \otimes \sigma^2, \qquad \Gamma^{2k+1} = iI \otimes \sigma^1 \tag{F.25}$$

のように構成することができる．ここで，I は $\tilde{\Gamma}^d$ と同じ次元の単位行列である．

このような構成法から，D 次元における γ 行列は $2^{[D/2]} \times 2^{[D/2]}$ 行列であることがわかる．ここで，$[D/2]$ はガウス記号で $D/2$ を越えない最大の整数を表す．よって，ディラックスピノルの成分数は $2^{[D/2]}$ で，ワイルスピノルの成分数は $2^{[D/2]-1}$ である．また，この構成法で得られた Γ^M は，その成分が全て実数または0を除いて純虚数のいずれかである．具体例を挙げると，

$$\{\Gamma^0, \Gamma^1, \Gamma^2, \Gamma^4, \cdots, \Gamma^{2k}\} \quad (\text{成分は全て実数}) \tag{F.26}$$

$$\{\Gamma^3, \Gamma^5, \Gamma^7, \Gamma^9, \cdots, \Gamma^{2k+1}\} \quad (0\text{でない成分は全て純虚数}) \tag{F.27}$$

で，それぞれ $k+2$ 個，k 個存在する．

次に，偶数次元と奇数次元に場合分けして，マヨラナスピノルおよびマヨラナワイルスピノルの存否について考察する．

（a）　$2k+2$ 次元ミンコフスキー時空におけるスピノル

(F.25) の構成法に基づいて得られた全ての Γ^M に対して，(F.11) または (F.16) を満たす行列 B として，次のような2種類のものを構成することができる．

$$B_1 \equiv \Gamma^3 \cdots \Gamma^{2k+1}, \qquad B_2 \equiv \Gamma_D B_1 \tag{F.28}$$

ここで，B_1 は0でない成分が全て純虚数であるような Γ^M の積，B_2 は成分が全て実数であるような Γ^M の積に，i のベキ乗を含む定数因子が掛かった

ものである．また，Γ_D は $2k+2$ 次元のカイラリティである．実際に，

$$B_1^{-1}\Gamma^M B_1 = (-1)^k \Gamma^{M*}, \qquad B_2^{-1}\Gamma^M B_2 = (-1)^{k+1}\Gamma^{M*} \tag{F.29}$$

が成立する．$B_1^* B_1$ および $B_2^* B_2$ を具体的に計算すると，

$$\begin{aligned} B_1^* B_1 &= (\Gamma^3 \cdots \Gamma^{2k+1})^* \Gamma^3 \cdots \Gamma^{2k+1} = (-1)^k \Gamma^3 \cdots \Gamma^{2k+1} \Gamma^3 \cdots \Gamma^{2k+1} \\ &= (-1)^k (-1)^{(k-1)+(k-2)+\cdots+1} (-1)^k I = (-1)^{\frac{k(k-1)}{2}} I \end{aligned} \tag{F.30}$$

$$\begin{aligned} B_2^* B_2 &= (\Gamma_D B_1)^* \Gamma_D B_1 = \Gamma_D B_1^* \Gamma_D B_1 = (-1)^k B_1^* (\Gamma_D)^2 B_1 \\ &= (-1)^k B_1^* B_1 = (-1)^k (-1)^{\frac{k(k-1)}{2}} I = (-1)^{\frac{k(k+1)}{2}} I \end{aligned} \tag{F.31}$$

となる．(F.30) の 3 番目から 4 番目の式変形は，$\Gamma^M\Gamma^N = -\Gamma^N\Gamma^M$ $(M \neq N)$ を用いて，Γ^M $(M=3,5,\cdots,2k+1)$ が $(\Gamma^M)^2$ $(=-I)$ になる位置まで移動させ，この操作を全ての Γ^M がなくなるまで行った．(F.31) の 3 番目から 4 番目の式変形において，$\{\Gamma_D, \Gamma^{M*}\}=0$ を用いた．

よって，マヨラナスピノルが存在するのは，$B_1^* B_1 = I$ という条件より，

$$k = 0, 1 \pmod 4,\ \text{つまり，}\ D = 2k+2 = 2, 4 \pmod 8 \tag{F.32}$$

である．ここで $a = b \pmod d$ は，a と b が d を法（除数）として等しいこと（$a = b + nd$（n は整数））を表す．また，$B_2^* B_2 = I$ という条件より，

$$k = 0, 3 \pmod 4,\ \text{つまり，}\ D = 2k+2 = 2, 0 \pmod 8 \tag{F.33}$$

である．さらに，

$$B_1\Gamma_D B_1^{-1} = (-1)^k \Gamma_D B_1 B_1^{-1} = (-1)^k \Gamma_D \tag{F.34}$$

$$B_2\Gamma_D B_2^{-1} = \Gamma_D B_1 \Gamma_D B_1^{-1} \Gamma_D^{-1} = (-1)^k \Gamma_D \Gamma_D B_1 B_1^{-1} \Gamma_D^{-1} = (-1)^k \Gamma_D \tag{F.35}$$

となり，k が偶数のときに (F.19) を満たす．よって，マヨラナワイルスピノルは，

$$k = 0 \pmod 4,\ \text{つまり，}\ D = 2k+2 = 2 \pmod 8 \tag{F.36}$$

においてのみ存在することがわかる．

(b)　$2k+3$ 次元ミンコフスキー時空におけるスピノル

$2k+3$ 次元における γ 行列は，$2k+2$ 次元におけるものに $\Gamma^{2k+2} \equiv i\Gamma_D$ を加えて構成される．ここで，Γ_D は $2k+2$ 次元のカイラリティである．荷電共役変換に関する行列は，(F.28) で定義された B_1 あるいは B_2 で，

$$\left.\begin{aligned} B_1^{-1}\Gamma^{\widehat{M}}B_1 &= (-1)^k\Gamma^{\widehat{M}*}, & B_2^{-1}\Gamma^{\widehat{M}}B_2 &= (-1)^{k+1}\Gamma^{\widehat{M}*} \\ B_1^{-1}\Gamma^{2k+2}B_1 &= (-1)^{k+1}\Gamma^{2k+2*}, & B_2^{-1}\Gamma^{2k+2}B_2 &= (-1)^{k+1}\Gamma^{2k+2*} \end{aligned}\right\} \tag{F.37}$$

が成り立つ．ここで，$\widehat{M} = 0, 1, \cdots, 2k+1$ である．

$\Gamma^{\widehat{M}}$ と Γ^{2k+2} が，B_1 あるいは B_2 の下で同じ変換性を示さなければ，荷電共役変換およびマヨラナ条件がローレンツ共変性と整合しなくなる．(F.37) より，B_2 の下で $\Gamma^{\widehat{M}}$ と Γ^{2k+2} が同じ変換性を示し，さらに $B_2^* B_2 = I$ という条件を課すことにより，マヨラナスピノルは

$$k = 0, 3 \pmod 4), \text{つまり}, D = 2k+3 = 3, 1 \pmod 8) \tag{F.38}$$

においてのみ存在することがわかる．

以上のような考察により，12次元以下のミンコフスキー時空において，存在が許されるスピノルとその成分数（複素なものを1とする）は表F.1の通りである．表F.1において，1/2は実1成分を，-は存在しないことを表す．表F.1からは，（残念ながら）4次元ミンコフスキー時空の優位性を読み取ることはできない．

表F.1　D次元ミンコフスキー時空におけるスピノルとその成分数

スピノル/次元	2	3	4	5	6	7	8	9	10	11	12
ディラック	2	2	4	4	8	8	16	16	32	32	64
ワイル	1	-	2	-	4	-	8	-	16	-	32
マヨラナ	1	1	2	-	-	-	8	8	16	16	32
マヨラナワイル	1/2	-	-	-	-	-	-	-	8	-	-

最後に，D次元ミンコフスキー時空における電磁場とその成分数について考察しよう．D次元電磁ポテンシャル $A^M(x)$ を用いて，電磁場の強さ $F^{MN}(x)$ は，$F^{MN}(x) \equiv \partial^M A^N(x) - \partial^N A^M(x)$ で定義される．4次元の場合を参考にして，F^{i0} が電場（を c で割った量）で，F^{ij} が磁束密度と考えられる．ここで，$i, j = 1, 2, \cdots, D-1$ である．

よって，電場は実 $D-1$ 成分であり，磁場は実 ${}_{D-1}C_2$ 成分（実$(D-1)(D-2)/2$ 成分）であることがわかる．電場の成分数と磁場の成分数が一致するのは $D=4$

のときのみで，これが電場と磁場の間に双対性（電磁双対性）のある素地となっている．

F.2　曲がった時空におけるスピノル

重力の存在を考慮すると，我々の時空は，4次元リーマン空間（正確には不定計量を有するため擬リーマン空間）とよばれる曲がった4次元時空と考えられる．この空間において，世界間隔の2乗 ds^2 は

$$ds^2 \equiv g_{\mu\nu}(x)\, dx^\mu\, dx^\nu \tag{F.39}$$

で定義される．ここで，x^μ $(\mu = 0, 1, 2, 3)$ は4元座標，$g_{\mu\nu}(x)$ は計量テンソルである．

重力の導入に伴い，一般相対性理論が特殊相対性理論に取って代わる．一般相対性理論は次のような要請を満たす理論である．

【要請1】　重力が存在しない場合，特殊相対性理論に従う．

【要請2】　重力が十分弱く，非相対論的極限において，ニュートンの重力理論に帰着する．

ここで非相対論的極限とは，物体の速さが光の速さに比べて十分小さい極限である．これらの要請は，2つの理論が整合するための条件である．

さらに一般相対性理論は，以下のような2つの原理に基づいて構築される．

【一般相対性原理】　物理法則はあらゆる座標系に対して同等に表現される．

【等価原理】　適切な座標系を選択することによって，局所的に（着目する時空点の近傍で）重力を消し去ることが可能である．

一般相対性原理は特殊相対性原理の自然な拡張で，それを数学的に表現するならば，**物理法則を数式化すると，一般的な座標変換（一般座標変換）に対して共変な等式で表される**となる．よって，一般相対性理論で取り扱われる対象の多くは，一般座標変換の下で共変に変換する量（スカラー，ベクトル，テンソル）である（テンソルではない重要な量としては，レビ - チビタ接続係数がある）．いくつかの場と，

その一般座標変換 $x'^{\mu} = x'^{\mu}(x)$ の下での変換性について紹介する．

（a）スカラー場 $\Theta(x)$

$$\Theta'(x') = \Theta(x) \tag{F.40}$$

（b）反変ベクトル場（その成分を $V^{\mu}(x)$ とする）：その成分が dx^{μ} と同じ変換性を有するベクトル場である．

$$V'^{\mu}(x') = \frac{\partial x'^{\mu}}{\partial x^{\nu}} V^{\nu}(x) \tag{F.41}$$

（c）共変ベクトル場（その成分を $W_{\mu}(x)$ とする）：その成分が $\partial/\partial x^{\mu}$ と同じ変換性を有するベクトル場である．

$$W'_{\mu}(x') = \frac{\partial x^{\nu}}{\partial x'^{\mu}} W_{\nu}(x) \tag{F.42}$$

（d）i 階反変 j 階共変テンソル場（その成分を $T^{\mu_1\cdots\mu_i}{}_{\nu_1\cdots\nu_j}(x)$ とする）

$$T'^{\mu_1\cdots\mu_i}{}_{\nu_1\cdots\nu_j}(x') = \frac{\partial x'^{\mu_1}}{\partial x^{\alpha_1}} \cdots \frac{\partial x'^{\mu_i}}{\partial x^{\alpha_i}} \frac{\partial x^{\beta_1}}{\partial x'^{\nu_1}} \cdots \frac{\partial x^{\beta_j}}{\partial x'^{\nu_j}} T^{\alpha_1\cdots\alpha_i}{}_{\beta_1\cdots\beta_j}(x) \tag{F.43}$$

なお，計量テンソル $g_{\mu\nu}(x)$ は2階の共変テンソル場である．$g^{\mu\nu}(x)\,g_{\nu\lambda}(x) = \delta^{\mu}{}_{\lambda}$ を満たす $g^{\mu\nu}(x)$ は，2階の反変テンソル場である．**レビ-チビタ接続係数** $\begin{Bmatrix} \lambda \\ \mu\nu \end{Bmatrix}$ とは $g_{\mu\nu}(x)$ から構成される3つの添字をもつ量で，

$$\begin{Bmatrix} \lambda \\ \mu\nu \end{Bmatrix} \equiv \frac{1}{2} g^{\lambda\rho}(\partial_{\mu} g_{\rho\nu} + \partial_{\nu} g_{\mu\rho} - \partial_{\rho} g_{\mu\nu}) \tag{F.44}$$

と定義され，一般座標変換の下で

$$\begin{aligned} \begin{Bmatrix} \lambda \\ \mu\nu \end{Bmatrix}' &= \frac{\partial x'^{\lambda}}{\partial x^{\gamma}} \frac{\partial x^{\alpha}}{\partial x'^{\mu}} \frac{\partial x^{\beta}}{\partial x'^{\nu}} \begin{Bmatrix} \gamma \\ \alpha\beta \end{Bmatrix} - \frac{\partial^2 x'^{\lambda}}{\partial x^{\alpha} \partial x^{\beta}} \frac{\partial x^{\alpha}}{\partial x'^{\mu}} \frac{\partial x^{\beta}}{\partial x'^{\nu}} \\ &= \frac{\partial x'^{\lambda}}{\partial x^{\gamma}} \frac{\partial x^{\alpha}}{\partial x'^{\mu}} \frac{\partial x^{\beta}}{\partial x'^{\nu}} \begin{Bmatrix} \gamma \\ \alpha\beta \end{Bmatrix} + \frac{\partial x'^{\lambda}}{\partial x^{\gamma}} \frac{\partial^2 x^{\gamma}}{\partial x'^{\mu} \partial x'^{\nu}} \end{aligned} \tag{F.45}$$

のように変換する．非斉次項の存在により $\begin{Bmatrix} \lambda \\ \mu\nu \end{Bmatrix}$ はテンソルではない．

上記のような変換性から，ディラックフェルミオンは一般座標変換の下でスカラー場として振舞うことがわかる．スピノルは，直交群あるいは擬直交群において

定義される基本的な量（その双一次形式を用いて，ベクトル量が構成されるような量）で，一般座標変換を含む群においてそのような対応物が存在しないことに注意しよう．

それでは，「リーマン空間において，フェルミオンを含む理論をどのように定式化すればよいのか」という疑問が湧いてくる．等価原理を用いた考察が，その回答を与えてくれることを以下で見る．

等価原理は，「慣性質量と重力質量が比例関係にあること（比例係数はあらゆる物体について一定で，通常，1に選ぶ）が，高い精度で確かめられている」という実験事実に基づく．実際，等価原理を用いると，次のような推論により「慣性質量 = 重力質量」を容易に説明することができる．

まず座標変換により，一般に見かけの力（慣性力）が生じる．見かけの力は慣性質量に比例する．任意の物体に対して，重力質量に比例する重力を見かけの力により（局所的に）消し去るためには，慣性質量が重力質量（に普遍的な比例定数を掛けたもの）に一致していればよい．

これらを以下に数式を用いて補足説明する．慣性質量 $m_{\rm I}^{(a)}$ の物体 a に重力 $F_{\rm G}^{\lambda}$ が作用していて，

$$m_{\rm I}^{(a)} \frac{d^2 x^{\lambda}}{d\tau^2} = F_{\rm G}^{\lambda} \tag{F.46}$$

に従って運動しているとする．なお，τ は物体の固有時である．そして，一般座標変換 $x'^{\mu} = x'^{\mu}(x)$ により，(F.46) は

$$m_{\rm I}^{(a)} \frac{d^2 x'^{\lambda}}{d\tau^2} + m_{\rm I}^{(a)} \frac{\partial x'^{\lambda}}{\partial x^{\sigma}} \frac{\partial^2 x^{\sigma}}{\partial x'^{\mu} \partial x'^{\nu}} \frac{dx'^{\mu}}{d\tau} \frac{dx'^{\nu}}{d\tau} = \frac{\partial x'^{\lambda}}{\partial x^{\sigma}} F_{\rm G}^{\sigma} \tag{F.47}$$

と書きかえられる．上式において，左辺の第2項が座標変換により生ずる見かけの力に相当する．一般相対性原理により，(F.47) は $m_{\rm I}^{(a)} \dfrac{d^2 x'^{\lambda}}{d\tau^2} = F'^{\lambda}_{\rm G}$ のように書き表されるはずである．よって，

$$F'^{\lambda}_{\rm G} = \frac{\partial x'^{\lambda}}{\partial x^{\sigma}} F_{\rm G}^{\sigma} - m_{\rm I}^{(a)} \frac{\partial x'^{\lambda}}{\partial x^{\sigma}} \frac{\partial^2 x^{\sigma}}{\partial x'^{\mu} \partial x'^{\nu}} \frac{dx'^{\mu}}{d\tau} \frac{dx'^{\nu}}{d\tau} \tag{F.48}$$

が成り立つ．重力が十分弱く非相対論的極限において，物体 a にはたらく重力は

$$\boldsymbol{F}_{\mathrm{G}} = -m_{\mathrm{G}}^{(a)} \boldsymbol{\nabla} \phi_{\mathrm{N}} \tag{F.49}$$

である．ここで，$m_{\mathrm{G}}^{(a)}$ は物体 a に関する重力質量，ϕ_{N} はニュートンの重力ポテンシャルである．

よって，F_{G}^{λ} が $m_{\mathrm{G}}^{(a)}$ に比例し，$m_{\mathrm{I}}^{(a)}/m_{\mathrm{G}}^{(a)}$ が物体の種類によらずに一定である（普遍性を有する）場合，

$$F_{\mathrm{G}}^{\lambda} = m_{\mathrm{I}}^{(a)} \frac{\partial^2 x^{\lambda}}{\partial x'^{\mu} \partial x'^{\nu}} \frac{dx'^{\mu}}{\partial \tau} \frac{dx'^{\nu}}{d\tau} \tag{F.50}$$

が成り立つ時空点において，あらゆる物体に対して重力の効果を消去することができる．(F.45) と (F.48) を比較することにより，F_{G}^{λ} が $-m_{\mathrm{G}}^{(a)} \left\{ \begin{matrix} \lambda \\ \mu\nu \end{matrix} \right\} \frac{dx^{\mu}}{d\tau} \frac{dx^{\nu}}{d\tau}$ に相当することが予想され，$\left\{ \begin{matrix} \lambda \\ \mu\nu \end{matrix} \right\}$ が重力場と解釈される．(F.45) における非斉次項の存在により，座標変換を通して重力場を局所的に消去できることに注目しよう．また，(F.44) と (F.49) を比較することにより，$g_{\mu\nu}(x)$ は重力ポテンシャルと解釈される．

等価原理により，時空の任意の点で局所的な慣性系（**局所ローレンツ系**）を設定することができる．局所ローレンツ系では，重力が消えているため局所的に特殊相対性理論が成立すると考えられる．よって，そこで相対論的量子力学を展開することができるに違いない．局所ローレンツ系の座標を X^k ($k = 0, \cdots, 3$)，γ 行列を γ^k，ディラックスピノルを $\psi(X)$ とする．γ^k はクリフォード代数 $\{\gamma^k, \gamma^l\} = 2\eta^{kl}I$ を満たすとする．

手始めに重力が作用していない場合について復習する．この場合，局所ローレンツ系は大局的な慣性系になり，質量 m の自由なディラックフェルミオンはディラック方程式

$$\left(i\hbar \sum_{k=0}^{3} \gamma^k \frac{\partial}{\partial X^k} - mc \right) \psi(X) = 0 \tag{F.51}$$

に従い，本義ローレンツ変換の下で，

$$\psi'(X') = \exp\left(-\frac{i}{4} \sum_{k,l} \omega^{kl} \sigma_{kl} \right) \psi(X) \tag{F.52}$$

のように変換する．ここで ω^{kl} は実定数，$\sigma_{kl} = (i/2)[\gamma_k, \gamma_l]$ である．

次に，重力が作用している場合について考察しよう．一般座標変換により重力を局所的にしか消すことができない場合，時空の各点 x^μ に設けられた局所ローレンツ系は一般に異なる．つまり，X^k は x^μ に依存する．よって，時空の各点で行われる本義ローレンツ変換も一般に異なると考えられる．これらの変換の下で理論が不変であるという要請を加えよう．すなわち，重力を含む理論は，時空点に依存する本義ローレンツ変換（局所ローレンツ変換）の下で不変である（局所ローレンツ不変性を有する）とする．

局所ローレンツ変換

$$X'^k(x) = \sum_l \Lambda^k{}_l(x)\, X^l(x) \tag{F.53}$$

の下で，$\psi(X)$ は

$$\psi'(X') = \exp\left[-\frac{i}{4}\sum_{k,l}\omega^{kl}(x)\,\sigma_{kl}\right]\psi(X) \equiv U(x)\,\psi(X) \tag{F.54}$$

のように変換する．ここで，$\omega^{kl}(x)$ は任意の実関数である．(F.54) の下で，(F.51) は共変ではないため修正する必要がある．電磁相互作用を含むディラック方程式

$$\left[i\hbar\gamma^\mu\left(\frac{\partial}{\partial x^\mu} + i\frac{q}{\hbar}A_\mu(x)\right) - mc\right]\psi(x) = 0 \tag{F.55}$$

が有するゲージ対称性を参考にして，以下のように修正を施す．

(F.55) は，ゲージ変換とよばれる時空点に依存する変換

$$A'_\mu(x) = A_\mu(x) + \partial_\mu f(x), \qquad \psi'(x) = e^{-i\frac{q}{\hbar}f(x)}\,\psi(x) \tag{F.56}$$

の下で共変に振舞う．ここで，$f(x)$ は任意の実関数である．次のような**ゲージ原理**とよばれる理論を構築するための指導原理が，ゲージ対称性の考察から生み出された．

【ゲージ原理】　時空の各点で独立な変換を行っても物理法則は変わらない．

実際，自由なディラック方程式を出発点にして，ゲージ原理に基づき $\psi'(x) = e^{-i\frac{q}{\hbar}f(x)}\,\psi(x)$ の下での共変性を実現するために，$A_\mu(x)$ を導入し，そのゲージ変換性を利用して，(F.55) を導くことができる．同様にして本義ローレンツ変換に対

して，ゲージ原理を採用することにより，局所ローレンツ変換の下での共変性が実現できると予想される．

具体的には，局所ローレンツ変換の下で，

$$\sum_{k,l} A'^{kl}{}_{\mu}(x)\,\frac{\sigma_{kl}}{4} = U(x)\sum_{k,l} A^{kl}{}_{\mu}(x)\,\frac{\sigma_{kl}}{4}\,U^{-1}(x) + i\,U(x)\,\partial_{\mu}\,U^{-1}(x) \tag{F.57}$$

のような変換をするゲージ場 $A^{kl}{}_{\mu}(x)$ を導入し，ディラック方程式を

$$\left[i\hbar\sum_{k'=0}^{3}\gamma^{k'}\,e^{\mu}{}_{k'}(x)\left(\frac{\partial}{\partial x^{\mu}} - \frac{i}{4}\sum_{k,l} A^{kl}{}_{\mu}(x)\,\sigma_{kl}\right) - mc\right]\psi(x) = 0 \tag{F.58}$$

のように変更すればよい．なお，$e^{\mu}{}_{k}(x) \equiv \partial\,x^{\mu}/\partial\,X^{k}$ である．参考までに $e^{k}{}_{\mu}(x) \equiv \partial\,X^{k}/\partial\,x^{\mu}$ は**四脚場** (**vier Bein**) とよばれる場で，2つの座標系 ($\{x^{\mu}\}$ と $\{X^{k}\}$) を関係づける．

ds^2 が，座標系によらず不変であるという性質から，$g_{\mu\nu}(x)$ と $e^{k}{}_{\mu}(x)$ あるいは $e^{\mu}{}_{k}(x)$ の間に，

$$g_{\mu\nu}(x) = \sum_{k,l} e^{k}{}_{\mu}(x)\,e^{l}{}_{\nu}(x)\,\eta_{kl}, \qquad \eta_{kl} = e^{\mu}{}_{k}(x)\,e^{\nu}{}_{l}(x)\,g_{\mu\nu}(x) \tag{F.59}$$

が成り立つ．また，$A^{kl}{}_{\mu}(x)$ は重力場 $\begin{Bmatrix}\lambda\\ \mu\nu\end{Bmatrix}$ と

$$\begin{Bmatrix}\lambda\\ \mu\nu\end{Bmatrix} = \sum_{k} e_{k}{}^{\lambda}\left(\partial_{\mu}e^{k}{}_{\nu} - \sum_{l} A^{k}{}_{l\mu}e^{l}{}_{\nu}\right) \tag{F.60}$$

のような関係にある．(F.60) は $\partial_{\mu}e^{k}{}_{\nu} - \sum_{l} A^{k}{}_{l\mu}e^{l}{}_{\nu} - \begin{Bmatrix}\lambda\\ \mu\nu\end{Bmatrix} e^{k}{}_{\lambda} = 0$ と等価で，$\begin{Bmatrix}\lambda\\ \mu\nu\end{Bmatrix}$ を接続係数とする平行移動の下で ds^2 が不変であるという条件式と両立する．

(F.58) は，

$$\left[i\hbar\,\tilde{\gamma}^{\mu}(x)\left(\frac{\partial}{\partial x^{\mu}} - \frac{i}{4}\sum_{k,l} A^{kl}{}_{\mu}(x)\,\sigma_{kl}\right) - mc\right]\psi(x) = 0 \tag{F.61}$$

のように書き表すことができる．ここで，$\tilde{\gamma}^{\mu}(x) \equiv \sum_{k}\gamma^{k}e^{\mu}{}_{k}(x)$ で (F.59) および $g^{\mu\nu}(x)\,g_{\nu\lambda}(x) = \delta^{\mu}{}_{\lambda}$ を用いることにより，

$$\{\tilde{\gamma}^{\mu}(x),\,\tilde{\gamma}^{\nu}(x)\} = 2\,g^{\mu\nu}(x)\,I \tag{F.62}$$

を満たすことがわかる．

このようにして，一般座標変換と局所ローレンツ変換の下での共変性を有したディラックスピノルに関する波動方程式 (F.58)，あるいは (F.61) を得ることができた．

重力場はアインシュタイン方程式に従う．この付録の主役はフェルミオンなので，アインシュタイン方程式に関する記述は割愛する．ただし一般相対性理論は，古典論の枠内でさまざまな実験により精密に検証されていること，重力場を含む量子論は満足な形で定式化されていないこと，その主な原因は，重力場が関与する量子補正の取り扱いが (電磁場の場合とは異なり) 一筋縄ではいかないことを指摘しておく．

付録G　正 則 化

パウリ‐ビラース正則化法を用いて,「真空偏極」,「電子の自己エネルギー」,「頂点の補正」に関する1ループの寄与を計算する．すなわち，(14.31)，(14.46)，(14.47)，(14.49)，(14.61) を導出する．

G.1　パウリ‐ビラース正則化法

ウォームアップとして，クライン‐ゴルドン方程式に従う質量 m の実スカラー粒子の自己エネルギーについて考察しよう．実スカラー粒子の伝搬関数は,

$$i\tilde{\varDelta}_{\mathrm{F}}(q) \equiv \frac{i\hbar^2}{q^2 - m^2c^2 + i\varepsilon} \tag{G.1}$$

で与えられる．図G.1のような自己相互作用により，摂動の1次で，次のような自己エネルギー (あるいは自己質量) の2乗に比例する因子が現れる．

$$\varSigma(p) = \frac{-i\lambda}{2}\int \frac{d^4q}{(2\pi\hbar)^4}\frac{i\hbar^2}{q^2 - m^2c^2 + i\varepsilon} \tag{G.2}$$

ここで，λ は自己相互作用に関する結合定数である．図G.1において，実スカラー粒子の伝搬を実線で表した．自己エネルギーの2乗は $\delta E_\phi^2 = \hbar^2 c^2\,\varSigma(p)$，自己質量の2乗は $\delta m_\phi^2 = (\hbar^2/c^2)\varSigma(p)$ である．

伝搬関数に関する公式

$$\frac{i\hbar^2}{q^2 - m^2c^2 + i\varepsilon} = \hbar^2\int_0^\infty e^{iz(q^2 - m^2c^2 + i\varepsilon)}\,dz \tag{G.3}$$

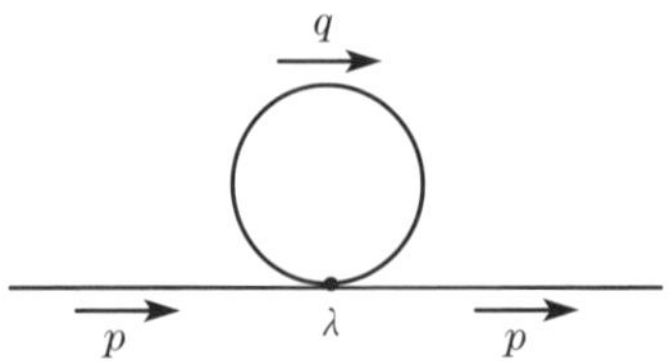

図G.1　実スカラー粒子に関する自己エネルギー

とガウス積分に関する公式[†]

$$\int \frac{d^4q}{(2\pi\hbar)^4} e^{izq^2} = \frac{1}{16\pi^2 iz^2\hbar^4} \tag{G.4}$$

を用いて，(G.2) は

$$\begin{aligned}\Sigma(p) &= \frac{-i\lambda}{2}\int \frac{d^4q}{(2\pi\hbar)^4}\hbar^2\int_0^\infty e^{iz(q^2-m^2c^2+i\varepsilon)}\,dz \\ &= \frac{-\lambda}{32\pi^2\hbar^2}\int_0^\infty \frac{e^{iz(-m^2c^2+i\varepsilon)}}{z^2}\,dz \end{aligned} \tag{G.5}$$

のように変形され，$\Sigma(p)$ は発散していることがわかる．

参考のために，運動量空間をユークリッド化して (G.2) を評価してみよう．積分変数として，q^μ の代わりに $q_{\mathrm{E}}^4 = -iq^0$，$\boldsymbol{q}_{\mathrm{E}} = \boldsymbol{q}$ とする．この場合，4 元運動量の大きさの 2 乗は $q^2 = -\sum_{a=1}^{4}(q_{\mathrm{E}}^a)^2 = -q_{\mathrm{E}}^2$，被積分関数が q^2 の関数であるような 4 元運動量積分は

$$\begin{aligned}\int_{-\infty}^\infty d^4q\, f(q^2) &= i\int_{-\infty}^\infty d^4q_{\mathrm{E}}\, f(-q_{\mathrm{E}}^2) \\ &= i\int_0^\infty q_{\mathrm{E}}^3\, dq_{\mathrm{E}}\int_0^{2\pi} d\phi\int_0^\pi \sin\theta\, d\theta\int_0^\pi \sin^2\chi\, d\chi\, f(-q_{\mathrm{E}}^2) \\ &= 2i\pi^2\int_0^\infty f(-q_{\mathrm{E}}^2)\, q_{\mathrm{E}}^3\, dq_{\mathrm{E}} \end{aligned} \tag{G.6}$$

となる．ここで (ϕ, θ, χ) は，4 元運動量空間における極座標の角度成分である．

さらに (G.6) を用い，(G.2) は

$$\begin{aligned}\Sigma(p) &= \frac{-i\lambda}{2}\frac{2i\pi^2}{(2\pi\hbar)^4}\int_0^\infty \frac{i\hbar^2 q_{\mathrm{E}}^3}{-q_{\mathrm{E}}^2 - m^2c^2 + i\varepsilon}\,dq_{\mathrm{E}} \\ &= -\frac{i\lambda}{16\pi^2\hbar^2}\int_0^\infty \frac{q_{\mathrm{E}}^3}{q_{\mathrm{E}}^2 + m^2c^2 - i\varepsilon}\,dq_{\mathrm{E}} \end{aligned}$$

† 積分公式 $\int_{-\infty}^\infty e^{\pm iaz^2}\,dz = e^{\pm i\pi/4}\sqrt{\pi/a}$ $(a>0)$ に基づいている．この公式は，コーシーの積分定理による公式 $\oint_C e^{-az^2}\,dz = 0$（$C$ は実軸 I_1 とそれを ±45 度傾けた軸 I_3，およびそれらの無限遠点を結ぶ 2 個の円弧 I_2, I_4 から成る閉じた積分経路）から，ガウス積分 $\int_{-\infty}^\infty e^{-ax^2}\,dx = \sqrt{\pi/a}$ と I_3 に関する積分に対しての変数変換 $z \to e^{\mp i\pi/4}z$，および I_2, I_4 に関する積分が 0 であることを用いて導くことができる．

$$= -\frac{i\lambda}{16\pi^2\hbar^2}\int_0^\infty \left(q_{\mathrm{E}} - \frac{m^2c^2 q_{\mathrm{E}}}{q_{\mathrm{E}}^2 + m^2c^2}\right) dq_{\mathrm{E}}$$

$$= -\frac{i\lambda}{32\pi^2\hbar^2}[q_{\mathrm{E}}^2 - m^2c^2 \ln(q_{\mathrm{E}}^2 + m^2c^2)]_0^\infty \qquad \text{(G.7)}$$

となり，2次発散と対数発散を含んでいることがわかる．発散の原因は，無限大の運動量の大きさを有する状態の寄与を加えたことによる．よって，積分変数の上限値を Λ に変えることにより，有限なもの

$$\Sigma(p) = -\frac{i\lambda}{32\pi^2\hbar^2}\left[\Lambda^2 - m^2c^2 \ln\frac{\Lambda^2 + m^2c^2}{m^2c^2}\right] \qquad \text{(G.8)}$$

にすることができる．この場合，Λ が**切断パラメータ**となる．

これ以後は，運動量空間をユークリッド化せずに，また，積分変数の上限値を切断パラメータにおきかえたりせずに，発散を含む積分を有限化（正則化）する方法を考察しよう．そのような方法として，**パウリ‐ビラース正則化法**が存在する．つまり，重い質量をもつ仮想的な粒子を導入して，その寄与を加えることにより積分を有限にする方法で，伝搬関数が修正されて運動量に関する積分の収束性が改善される．

(G.2) を正則化するために，新たに2種類の仮想的な実スカラー粒子（それぞれの質量を M_1，M_2 とする）を導入して，伝搬関数を，

$$\frac{i\hbar^2}{q^2 - m^2c^2 + i\varepsilon} + \frac{i\hbar^2 c_1}{q^2 - M_1^2c^2 + i\varepsilon} + \frac{i\hbar^2 c_2}{q^2 - M_2^2c^2 + i\varepsilon}$$

$$= \frac{i\hbar^2 (M_1^2 - m^2)(M_2^2 - m^2)c^4}{(q^2 - m^2c^2)(q^2 - M_1^2c^2)(q^2 - M_2^2c^2)} \qquad \text{(G.9)}$$

のように修正する．ここで，修正された伝搬関数の分子に q^2 が現れない形になるように，定数 c_1，c_2 を以下のように選んだ．

$$c_1 = \frac{M_2^2 - m^2}{M_1^2 - M_2^2}, \qquad c_2 = \frac{M_1^2 - m^2}{M_2^2 - M_1^2} \qquad \text{(G.10)}$$

正則化のために導入される定数（M_1，M_2，c_1，c_2 など）は，観測量（くりこみを

行った後の物理量) が，これらの定数に直接依存しない限りどのようなものを選んでも構わない．

このような伝搬関数の修正は，2 種類の仮想的な粒子が特定の重みで図 G.1 の閉線を回るような過程を導入したのと等価である．

それでは $M = M_1 = M_2 (\gg m)$ として，修正された伝搬関数を含む積分を実行しよう．(G.3) と

$$\frac{1}{(q^2 - M^2c^2 + i\varepsilon)^2} = -\int_0^\infty z'\, e^{iz'(q^2 - M^2c^2 + i\varepsilon)}\, dz' \tag{G.11}$$

および (G.4) を用いて，以下のように変形される．

$$\begin{aligned}
\Sigma(p) &= \frac{-i\lambda}{2}\int \frac{d^4q}{(2\pi\hbar)^4} \frac{i\hbar^2 (M^2 - m^2)^2 c^4}{(q^2 - m^2c^2)(q^2 - M^2c^2)^2} \\
&= \frac{i\lambda}{2}\int \frac{d^4q}{(2\pi\hbar)^4} \hbar^2 (M^2 - m^2)^2 c^4 \int_0^\infty e^{iz(q^2 - m^2c^2 + i\varepsilon)}\, dz \int_0^\infty z'\, e^{iz'(q^2 - M^2c^2 + i\varepsilon)}\, dz' \\
&= \frac{\lambda}{32\pi^2\hbar^2}(M^2 - m^2)^2 c^4 \int_0^\infty \int_0^\infty \frac{z' e^{-i(zm^2c^2 + z'M^2c^2)}}{(z + z')^2}\, dz\, dz'
\end{aligned} \tag{G.12}$$

δ 関数に関する恒等式

$$\int_0^\infty d\xi\, \delta(\xi - z - z') = \int_0^\infty \frac{d\xi}{\xi} \delta\left(1 - \frac{z + z'}{\xi}\right) = 1 \tag{G.13}$$

を挿入して，(G.12) は

$$\begin{aligned}
\Sigma(p) &= \frac{\lambda}{32\pi^2\hbar^2}(M^2 - m^2)^2 c^4 \int_0^\infty \int_0^\infty \frac{z'\, dz\, dz'}{(z + z')^2} \int_0^\infty \frac{d\xi}{\xi} \delta\left(1 - \frac{z + z'}{\xi}\right) e^{-i(zm^2c^2 + z'M^2c^2)} \\
&= \frac{\lambda}{32\pi^2\hbar^2}(M^2 - m^2)^2 c^4 \int_0^\infty \int_0^\infty \frac{z'\, dz\, dz'}{(z + z')^2} \int_0^\infty d\xi\, \delta(1 - (z + z'))\, e^{-i\xi(zm^2c^2 + z'M^2c^2)} \\
&= \frac{\lambda}{32\pi^2\hbar^2}(M^2 - m^2)^2 c^4 \int_0^1 z'\, dz' \int_0^\infty d\xi\, e^{-i\xi[(1 - z')m^2c^2 + z'M^2c^2]} \\
&= -\frac{i\lambda}{32\pi^2\hbar^2}(M^2 - m^2)^2 c^4 \int_0^1 \frac{z'\, dz'}{(1 - z')m^2c^2 + z'M^2c^2} \\
&= -\frac{i\lambda}{32\pi^2\hbar^2}(M^2 - m^2) c^2 \left[z' - \frac{m^2c^2}{(M^2 - m^2)c^2} \ln\left\{z' + \frac{m^2c^2}{(M^2 - m^2)c^2}\right\}\right]_0^1
\end{aligned}$$

$$= -\frac{i\lambda}{32\pi^2\hbar^2}\left[(M^2 - m^2)c^2 - m^2c^2 \ln\frac{M^2c^2}{m^2c^2}\right] \tag{G.14}$$

のように計算される．1行目から2行目に移るところで，変数に対するスケール変換 $z \to \xi z$，$z' \to \xi z'$ を行った．2行目から3行目に移るところで，δ関数を利用して z に関する積分を行った．具体的には，$z + z'$ が1におきかわり，z' に関する積分区間が（$z + z' = 1$，$z \geq 0$，$z' \geq 0$なので）$[0, \infty)$から$[0, 1]$になる．

この場合，Mが切断パラメータである．(G.8) と (G.14) を比較すると，Λ^2が$(M^2 - m^2)c^2$ に対応していることがわかる．

G.2　真空偏極

まず，「真空偏極」に関する積分

$$I_{\mu\nu}(q) = \int \frac{d^4p}{(2\pi\hbar)^4} \mathrm{Tr}\left(i\frac{e}{\sqrt{\hbar c\varepsilon_0}}\gamma_\mu \frac{i\hbar}{\not{p} - m_\mathrm{e}c + i\varepsilon} i\frac{e}{\sqrt{\hbar c\varepsilon_0}}\gamma_\nu \frac{i\hbar}{\not{p} - \not{q} - m_\mathrm{e}c + i\varepsilon}\right) \tag{G.15}$$

について考察する．関連するファインマンダイヤグラムは図G.2である．光子が伝搬する間に，電子と陽電子の対生成と対消滅が起こっている．光子の伝搬を波線で，電子・陽電子の伝搬を実線で表した．

伝播関数に関する公式

$$\frac{i\hbar}{\not{p} - m_\mathrm{e}c + i\varepsilon} = \frac{i\hbar(\not{p} + m_\mathrm{e}c)}{p^2 - m_\mathrm{e}^2c^2 + i\varepsilon} = \hbar(\not{p} + m_\mathrm{e}c)\int_0^\infty e^{iz(p^2 - m_\mathrm{e}^2c^2 + i\varepsilon)}\,dz \tag{G.16}$$

を用いて，(G.15) は次のように変形される．

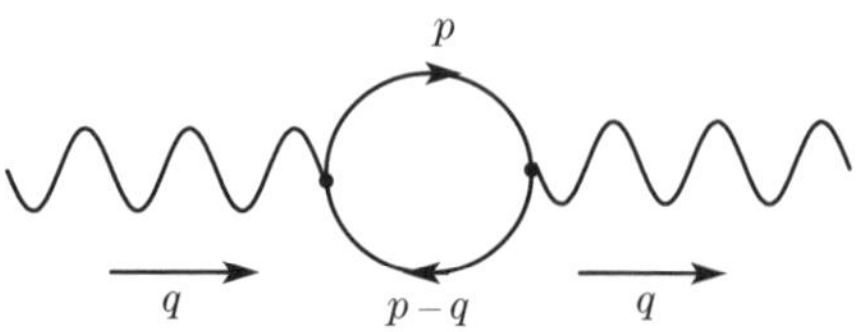

図G.2　真空偏極に関するファインマンダイヤグラム

$$
\begin{aligned}
I_{\mu\nu}(q) &= \hbar^2\left(i\frac{e}{\sqrt{\hbar c\varepsilon_0}}\right)^2\int_0^\infty dz_1\int_0^\infty dz_2\int\frac{d^4p}{(2\pi\hbar)^4}\\
&\qquad\times\mathrm{Tr}[\gamma_\mu(\not{p}+m_\mathrm{e}c+i\varepsilon)\gamma_\nu(\not{p}-\not{q}+m_\mathrm{e}c+i\varepsilon)]\\
&\qquad\quad\times\exp[iz_1(p^2-m_\mathrm{e}^2c^2+i\varepsilon)+iz_2\{(p-q)^2-m_\mathrm{e}^2c^2+i\varepsilon\}]\\
&=4\hbar^2\left(i\frac{e}{\sqrt{\hbar c\varepsilon_0}}\right)^2\int_0^\infty dz_1\int_0^\infty dz_2\int\frac{d^4p}{(2\pi\hbar)^4}\\
&\qquad\times[p_\mu(p-q)_\nu+p_\nu(p-q)_\mu-\eta_{\mu\nu}(p^2-pq-m_\mathrm{e}^2c^2)]\\
&\qquad\quad\times\exp[iz_1(p^2-m_\mathrm{e}^2c^2+i\varepsilon)+iz_2\{(p-q)^2-m_\mathrm{e}^2c^2+i\varepsilon\}]
\end{aligned}
\tag{G.17}
$$

さらに，積分変数を p から，

$$
\tilde{p}\equiv p-\frac{z_2}{z_1+z_2}q=p-q+\frac{z_1}{z_1+z_2}q \tag{G.18}
$$

に変更すると，(G.17) は以下のように変形される．

$$
\begin{aligned}
I_{\mu\nu}(q) &= 4\hbar^2\left(i\frac{e}{\sqrt{\hbar c\varepsilon_0}}\right)^2\int_0^\infty dz_1\int_0^\infty dz_2\int\frac{d^4\tilde{p}}{(2\pi\hbar)^4}\\
&\quad\times\left[2\tilde{p}_\mu\tilde{p}_\nu-\tilde{p}_\mu q_\nu-\tilde{p}_\nu q_\mu-2\frac{z_1z_2}{(z_1+z_2)^2}q_\mu q_\nu\right.\\
&\qquad\qquad\left.-\eta_{\mu\nu}\left(\tilde{p}^2+\frac{z_2-z_1}{z_1+z_2}\tilde{p}q-\frac{z_1z_2}{(z_1+z_2)^2}q^2-m_\mathrm{e}^2c^2\right)\right]\\
&\quad\times\exp\left[i\left\{(z_1+z_2)\,\tilde{p}^2+\frac{z_1z_2}{z_1+z_2}q^2+(z_1+z_2)\,(-m_\mathrm{e}^2c^2+i\varepsilon)\right\}\right]\\
&=i\frac{\alpha}{\pi\hbar^2}\int_0^\infty\int_0^\infty\frac{dz_1\,dz_2}{(z_1+z_2)^2}\exp\left[i\left\{\frac{z_1z_2}{z_1+z_2}q^2+(z_1+z_2)\,(-m_\mathrm{e}^2c^2+i\varepsilon)\right\}\right]\\
&\quad\times\left[2\,(\eta_{\mu\nu}q^2-q_\mu q_\nu)\frac{z_1z_2}{(z_1+z_2)^2}+\eta_{\mu\nu}\left\{\frac{-i}{z_1+z_2}-\frac{z_1z_2}{(z_1+z_2)^2}q^2+m_\mathrm{e}^2c^2\right\}\right]
\end{aligned}
\tag{G.19}
$$

ここで，ガウス積分に関する公式

$$
\int\frac{d^4\tilde{p}}{(2\pi\hbar)^4}e^{i(z_1+z_2)\,\tilde{p}^2}=\frac{1}{16\pi^2i(z_1+z_2)^2\hbar^4} \tag{G.20}
$$

$$\int \frac{d^4\tilde{p}}{(2\pi\hbar)^4}\,\tilde{p}_\mu e^{i(z_1+z_2)\tilde{p}^2} = 0 \tag{G.21}$$

$$\int \frac{d^4\tilde{p}}{(2\pi\hbar)^4}\,\tilde{p}_\mu \tilde{p}_\nu e^{i(z_1+z_2)\tilde{p}^2} = \frac{\eta_{\mu\nu}}{32\pi^2(z_1+z_2)^3\hbar^4} \tag{G.22}$$

を用いた．(G.19) の $\eta_{\mu\nu}$ が掛かっている波括弧内の 3 つの項（ゲージ不変性を壊す項）は，以下のような理由により寄与しない（正則化されたものが 0 である）ことが示される．

その理由は，$\eta_{\mu\nu}$ が掛かるこれら 3 つの項を仮想的な粒子の導入により正則化したものについて，

$$\begin{aligned}
&\int_0^\infty \int_0^\infty \frac{dz_1\,dz_2}{(z_1+z_2)^2} \sum_k c_k \left[\frac{-i}{z_1+z_2} - \frac{z_1 z_2}{(z_1+z_2)^2} q^2 + m_k^2 c^2\right] \\
&\qquad\qquad \times \exp\left[i\left\{\frac{z_1 z_2}{z_1+z_2} q^2 + (z_1+z_2)(-m_k^2 c^2 + i\varepsilon)\right\}\right] \\
&= i\xi \frac{\partial}{\partial \xi}\left[\int_0^\infty \int_0^\infty \frac{dz_1\,dz_2}{\xi(z_1+z_2)^3}\right. \\
&\qquad\qquad \left.\times \sum_k c_k \exp\left\{i\xi\left(\frac{z_1 z_2}{z_1+z_2} q^2 + (z_1+z_2)(-m_k^2 c^2 + i\varepsilon)\right)\right\}\right]_{\xi=1}
\end{aligned} \tag{G.23}$$

が成り立つが，積分変数を z_i から $z_i' = \xi z_i$ に変えることにより（積分の値は正則化されているため変わらないが）(G.23) の最後の表式の角括弧内の積分が ξ に依存しない形に変わり，このため，(G.23) は恒等的に 0 となるからである．ここで，c_k は定数，m_k は寄与する粒子（仮想的な粒子を含む）の質量である．

したがって，正則化された $I_{\mu\nu}(q)$ は

$$\left.\begin{aligned}
I_{\mu\nu}(q) &= -\frac{i}{\hbar^2}(\eta_{\mu\nu} q^2 - q_\mu q_\nu)\, I_{\rm PV}(q) \\
I_{\rm PV}(q) &\equiv -\frac{2\alpha}{\pi} \int_0^\infty \int_0^\infty \frac{dz_1\,dz_2\,z_1 z_2}{(z_1+z_2)^4} \\
&\qquad \times \sum_k c_k \exp\left[i\left\{\frac{z_1 z_2}{z_1+z_2} q^2 + (z_1+z_2)(-m_k^2 c^2 + i\varepsilon)\right\}\right]
\end{aligned}\right\} \tag{G.24}$$

となる．$I_{\mathrm{PV}}(q)$ を計算するために，恒等式 (G.13) を挿入し以下が導かれる．

$$
\begin{aligned}
I_{\mathrm{PV}}(q) &= -\frac{2\alpha}{\pi}\int_0^\infty\int_0^\infty \frac{dz_1\,dz_2\,z_1z_2}{(z_1+z_2)^4}\int_0^\infty \frac{d\xi}{\xi}\delta\left(1-\frac{z_1+z_2}{\xi}\right) \\
&\qquad\qquad \times\sum_k c_k \exp\left[i\left\{\frac{z_1z_2}{z_1+z_2}q^2+(z_1+z_2)(-m_k^2c^2+i\varepsilon)\right\}\right] \\
&= -\frac{2\alpha}{\pi}\int_0^\infty\int_0^\infty dz_1\,dz_2\,z_1z_2\int_0^\infty \frac{d\xi}{\xi}\delta(1-z_1-z_2) \\
&\qquad\qquad \times\sum_k c_k \exp[i\xi(z_1z_2q^2-m_k^2c^2+i\varepsilon)] \\
&= -\frac{2\alpha}{\pi}\int_0^1 dz\,z(1-z)\int_0^\infty \frac{d\xi}{\xi}\sum_k c_k \exp[i\xi\{z(1-z)q^2-m_k^2c^2+i\varepsilon\}]
\end{aligned}
\tag{G.25}
$$

2 番目の式から 3 番目の式への変形で，変数に対するスケール変換 $z_i \to \xi z_i$ を行った．また，δ 関数を考慮して z_1+z_2 を 1 におきかえた．(G.25) から，被積分関数の和の中の各項は，ξ に関する積分に対して対数発散していることがわかる．

$(c_0,\, m_0)=(1,\, m_{\mathrm{e}})$，$(c_1,\, m_1)=(-1,\, M)$ と選んで，積分公式

$$
\int_0^\infty \frac{d\xi}{\xi}\left[e^{i\xi(a+i\varepsilon)}-e^{i\xi(b+i\varepsilon)}\right]=\ln\frac{b}{a} \tag{G.26}
$$

を用いることにより，

$$
\begin{aligned}
I_{\mathrm{PV}}(q) &= \frac{2\alpha}{\pi}\int_0^1 dz\,z(1-z)\,\ln\frac{M^2c^2-z(1-z)q^2}{m_{\mathrm{e}}^2c^2-z(1-z)q^2} \\
&= \frac{2\alpha}{\pi}\int_0^1 dz\,z(1-z)\,\ln\frac{M^2c^2}{m_{\mathrm{e}}^2c^2-z(1-z)q^2}
\end{aligned}
\tag{G.27}
$$

が導かれる．1 行目から 2 行目に移る際に，M は十分大きいとして $M^2c^2-z(1-z)q^2$ を M^2c^2 におきかえた．

さらに，積分公式

$$
\int_0^1 dz\,z(1-z)=\frac{1}{6} \tag{G.28}
$$

を用いることにより，

$$I_{\rm PV}(q) = \frac{2\alpha}{\pi}\int_0^1 dz\, z(1-z)\left[\ln\frac{M^2}{m_{\rm e}^2} + \ln\frac{m_{\rm e}^2c^2}{m_{\rm e}^2c^2 - z(1-z)q^2}\right]$$
$$= \frac{\alpha}{3\pi}\ln\frac{M^2}{m_{\rm e}^2} + \frac{2\alpha}{\pi}\int_0^1 dz\, z(1-z)\,\ln\frac{m_{\rm e}^2c^2}{m_{\rm e}^2c^2 - z(1-z)q^2}$$
$$= \frac{\alpha}{3\pi}\ln\frac{M^2}{m_{\rm e}^2} - \frac{2\alpha}{\pi}\int_0^1 dz\, z(1-z)\,\ln\left[1 - \frac{q^2z(1-z)}{m_{\rm e}^2c^2}\right] \quad \text{(G.29)}$$

が導かれる．このようにして，(14.31) が導出された．

G.3　電子の自己エネルギー

次に，「電子の自己エネルギー」に関する積分

$$\Sigma(p) = i\int\frac{d^4q}{(2\pi\hbar)^4}\left(\frac{-i\hbar^2}{q^2-\mu_\gamma^2c^2+i\varepsilon}\,i\frac{e}{\sqrt{\hbar c\varepsilon_0}}\gamma_\nu\frac{i\hbar}{\not p - \not q - m_{\rm e}c + i\varepsilon}\,i\frac{e}{\sqrt{\hbar c\varepsilon_0}}\gamma^\nu\right)$$
$$= i\hbar^3\left(\frac{e}{\sqrt{\hbar c\varepsilon_0}}\right)^2\int\frac{d^4q}{(2\pi\hbar)^4}\left(\frac{i}{q^2-\mu_\gamma^2c^2+i\varepsilon}\gamma_\nu\frac{i}{\not p - \not q - m_{\rm e}c + i\varepsilon}\gamma^\nu\right)$$
$$\text{(G.30)}$$

について考察する．関連するファインマンダイヤグラムは図 G.3 である．電子が伝搬する間に，仮想光子の放出・吸収を行っている．

(G.16) および

$$\frac{i}{q^2-\mu_\gamma^2c^2+i\varepsilon} = \int_0^\infty e^{iz(q^2-\mu_\gamma^2c^2+i\varepsilon)}\,dz \quad \text{(G.31)}$$

を用いて，(G.30) は次のように変形される．

$$\Sigma(p) = i\hbar^3\left(\frac{e}{\sqrt{\hbar c\varepsilon_0}}\right)^2\int_0^\infty dz_1\int_0^\infty dz_2\int\frac{d^4q}{(2\pi\hbar)^4}\left[\gamma_\nu(\not p - \not q + m_{\rm e}c)\gamma^\nu\right]$$
$$\times\exp[iz_1(q^2-\mu_\gamma^2c^2+i\varepsilon) + iz_2\{(p-q)^2 - m_{\rm e}^2c^2 + i\varepsilon\}]$$

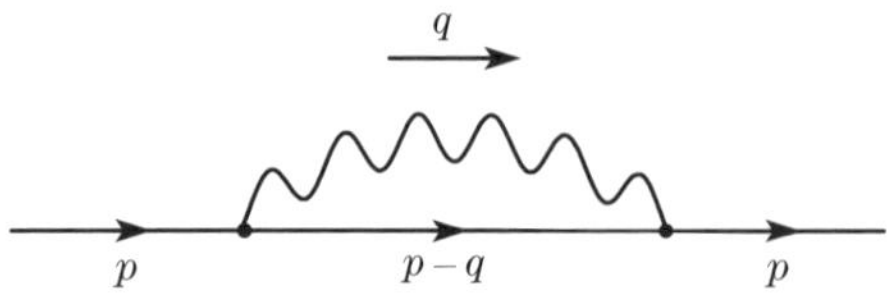

図 G.3　電子の自己エネルギーに関するファインマンダイヤグラム

$$= i\hbar^3\left(\frac{e}{\sqrt{\hbar c\varepsilon_0}}\right)^2\int_0^\infty dz_1\int_0^\infty dz_2\int\frac{d^4q}{(2\pi\hbar)^4}\left[2(\not{q}-\not{p})+4m_ec\right]$$
$$\times\exp\left[iz_1(q^2-\mu_\gamma^2c^2+i\varepsilon)+iz_2\{(p-q)^2-m_e^2c^2+i\varepsilon\}\right] \tag{G.32}$$

さらに，積分変数を q から，

$$\tilde{q}\equiv q-\frac{z_2}{z_1+z_2}p=q-p+\frac{z_1}{z_1+z_2}p \tag{G.33}$$

に変更すると，(G.32) は次のように変形される．

$$\Sigma(p)=i\hbar^3\left(\frac{e}{\sqrt{\hbar c\varepsilon_0}}\right)^2\int_0^\infty dz_1\int_0^\infty dz_2\int\frac{d^4\tilde{q}}{(2\pi\hbar)^4}\left(2\tilde{\not{q}}-2\frac{z_1}{z_1+z_2}\not{p}+4m_ec\right)$$
$$\times\exp\left[i\left\{(z_1+z_2)\tilde{q}^2+\frac{z_1z_2}{z_1+z_2}p^2-z_1\mu_\gamma^2c^2-z_2m_e^2c^2+(z_1+z_2)i\varepsilon\right\}\right] \tag{G.34}$$

(G.20)，(G.21) を用いて，$\tilde{q}$ 積分を実行すると，(G.34) は

$$\Sigma(p)=\frac{1}{16\pi^2\hbar}\left(\frac{e}{\sqrt{\hbar c\varepsilon_0}}\right)^2\int_0^\infty\int_0^\infty\frac{dz_1\,dz_2}{(z_1+z_2)^2}\left(-2\frac{z_1}{z_1+z_2}\not{p}+4m_ec\right)$$
$$\times\exp\left[i\left\{\frac{z_1z_2}{z_1+z_2}p^2-z_1\mu_\gamma^2c^2-z_2m_e^2c^2+(z_1+z_2)i\varepsilon\right\}\right] \tag{G.35}$$

のようになる．

また，恒等式 (G.13) を挿入することにより，

$$\Sigma(p)=\frac{1}{8\pi^2\hbar}\left(\frac{e}{\sqrt{\hbar c\varepsilon_0}}\right)^2\int_0^\infty\int_0^\infty\frac{dz_1\,dz_2}{(z_1+z_2)^2}\int_0^\infty\frac{d\xi}{\xi}\delta\left(1-\frac{z_1+z_2}{\xi}\right)$$
$$\times\left(-\frac{z_1}{z_1+z_2}\not{p}+2m_ec\right)\exp\left[i\left(\frac{z_1z_2}{z_1+z_2}p^2-z_1\mu_\gamma^2c^2-z_2m_e^2c^2+(z_1+z_2)i\varepsilon\right)\right]$$
$$=\frac{1}{8\pi^2\hbar}\left(\frac{e}{\sqrt{\hbar c\varepsilon_0}}\right)^2\int_0^\infty\int_0^\infty\frac{dz_1\,dz_2}{(z_1+z_2)^2}\int_0^\infty\frac{d\xi}{\xi}\delta(1-z_1-z_2)$$
$$\times\left(-\frac{z_1}{z_1+z_2}\not{p}+2m_ec\right)\exp\left[i\xi\left(\frac{z_1z_2}{z_1+z_2}p^2-z_1\mu_\gamma^2c^2-z_2m_e^2c^2+(z_1+z_2)i\varepsilon\right)\right]$$

$$= \frac{1}{8\pi^2\hbar}\left(\frac{e}{\sqrt{\hbar c\varepsilon_0}}\right)^2 \int_0^1 dz(-z\not{p} + 2m_{\rm e}c)\int_0^\infty \frac{d\xi}{\xi}$$
$$\times \exp[i\xi(z(1-z)p^2 - z\mu_\gamma^2 c^2 - (1-z)m_{\rm e}^2 c^2) + i\varepsilon)] \tag{G.36}$$

が導かれる．

なお，2 番目の式から 3 番目の式への変形で，変数に対するスケール変換 $z_i \to \xi z_i$ を行った．また，δ 関数を考慮に入れて $z_1 + z_2$ を 1 におきかえた．(G.36) は，ξ に関する積分に対して対数発散しているので，真空偏極の場合と同じように（ただし，光子に対して）重い質量を有する仮想的な粒子を導入して，(今度は) $(c_0, m_0) = (1, \mu_\gamma)$，$(c_1, m_1) = (-1, M)$ と選んで正則化する．

積分公式 (G.26) を用いることにより，

$$\Sigma_{\rm PV}(p) = \frac{1}{8\pi^2\hbar}\left(\frac{e}{\sqrt{\hbar c\varepsilon_0}}\right)^2 \int_0^1 dz(-z\not{p} + 2m_{\rm e}c)\int_0^\infty \frac{d\xi}{\xi}$$
$$\times \sum_k c_k \exp[i\xi\{z(1-z)p^2 - zm_k^2 c^2 - (1-z)m_{\rm e}^2 c^2) + i\varepsilon\}]$$
$$= \frac{e^2}{8\pi^2\hbar^2 c\varepsilon_0}\int_0^1 (2m_{\rm e}c - z\not{p})\ln\frac{zM^2c^2}{(1-z)m_{\rm e}^2c^2 + z\mu_\gamma^2 c^2 - (1-z)zp^2}dz \tag{G.37}$$

が導かれる．このようにして，(14.46) が導出された．

(G.37) を用いて，

$$\delta m_{\rm e} = \frac{\hbar}{c}\Sigma_{\rm PV}(p)\Big|_{\not{p}=m_{\rm e}c,\,\mu_\gamma=0} = \frac{e^2 m_{\rm e}}{8\pi^2\hbar c\varepsilon_0}\int_0^1 (2-z)\ln\frac{zM^2}{(1-z)^2 m_{\rm e}^2}dz$$
$$= \frac{e^2 m_{\rm e}}{8\pi^2\hbar c\varepsilon_0}\int_0^1 (2-z)\left[\ln z - 2\ln(1-z) + \ln\frac{M^2}{m_{\rm e}^2}\right]dz$$
$$= \frac{3e^2 m_{\rm e}}{16\pi^2\hbar c\varepsilon_0}\left(\ln\frac{M^2}{m_{\rm e}^2} + \frac{1}{2}\right) = \frac{3\alpha}{4\pi}m_{\rm e}\left(\ln\frac{M^2}{m_{\rm e}^2} + \frac{1}{2}\right) \tag{G.38}$$

が導かれる．ここで，対数に関する積分公式

$$\int_0^1 dz\, z^n \ln z = -\frac{1}{(n+1)^2} \tag{G.39}$$

を用い，$\alpha = e^2/(4\pi\varepsilon_0\hbar c)$ とした．また，$p^2 = \not{p}^2$ として (G.37) を用いて，

$$Z_2 - 1 = \hbar \frac{\partial}{\partial \not{p}} \Sigma_{\mathrm{PV}}(p)\Big|_{\not{p}=m_{\mathrm{e}}c}$$
$$= \frac{e^2}{8\pi^2\hbar c\varepsilon_0}\int_0^1 \left[-z\ln\frac{zM^2}{(1-z)^2 m_{\mathrm{e}}^2}\right]dz$$
$$-\frac{e^2 m_{\mathrm{e}}c}{8\pi^2\hbar c\varepsilon_0}\int_0^1 (2-z)\frac{-(1-z)z2\not{p}}{(1-z)m_{\mathrm{e}}^2c^2 + z\mu_\gamma^2c^2 - (1-z)zp^2}dz\Big|_{\not{p}=m_{\mathrm{e}}c}$$
$$= -\frac{e^2}{8\pi^2\hbar c\varepsilon_0}\int_0^1 \left[z\ln\frac{zM^2}{(1-z)^2 m_{\mathrm{e}}^2} - \frac{2m_{\mathrm{e}}^2(2-z)(1-z)z}{m_{\mathrm{e}}^2(1-z)^2 + \mu_\gamma^2 z}\right]dz$$
$$\approx -\frac{e^2}{16\pi^2\hbar c\varepsilon_0}\left(\ln\frac{M^2}{m_{\mathrm{e}}^2} + 2\ln\frac{\mu_\gamma^2}{m_{\mathrm{e}}^2} + \frac{9}{2}\right) \tag{G.40}$$

が導かれる．なお，次のような積分公式を用いた．

$$-2\int_0^1 \frac{(2-z)(1-z)z}{(1-z)^2 + \tilde{\mu}_\gamma^2 z}dz = 1 + \ln\tilde{\mu}_\gamma^2 + O(\tilde{\mu}_\gamma^2) \tag{G.41}$$

このようにして，(14.47) および (14.49) が導出された．

G.4 頂点の補正

最後に，「頂点の補正」に関する積分

$$\Lambda_\mu(p', p) = \int \frac{d^4k}{(2\pi\hbar)^4}\left(\frac{-i\hbar^2}{k^2 + i\varepsilon} i\frac{e}{\sqrt{\hbar c\varepsilon_0}}\gamma_\nu \frac{i\hbar}{\not{p}' - \not{k} - m_{\mathrm{e}}c + i\varepsilon}\gamma_\mu \times \frac{i\hbar}{\not{p} - \not{k} - m_{\mathrm{e}}c + i\varepsilon} i\frac{e}{\sqrt{\hbar c\varepsilon_0}}\gamma^\nu\right) \tag{G.42}$$

について考察する．関連するファインマンダイヤグラムは図 G.4 である．

(G.16) および (G.31) を用いて，(G.42) は

$$\Lambda_\mu(p', p) = -\hbar^4\left(i\frac{e}{\sqrt{\hbar c\varepsilon_0}}\right)^2 \int_0^\infty dz_1 \int_0^\infty dz_2 \int_0^\infty dz_3 \int \frac{d^4k}{(2\pi\hbar)^4} e^{iX} Y_\mu \tag{G.43}$$

のように変形される．

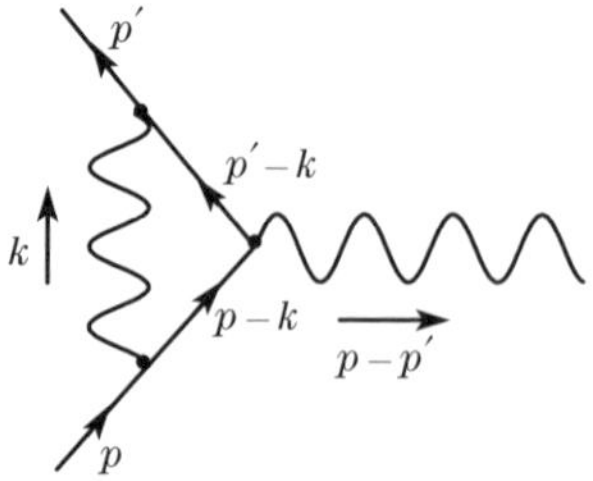

図 G.4　頂点の補正に関するファインマンダイヤグラム

ここで，

$$X = z_1(k^2 - \mu_\gamma^2 c^2 + i\varepsilon) + z_2[(p'-k)^2 - m_e^2 c^2 + i\varepsilon] + z_3[(p-k)^2 - m_e^2 c^2 + i\varepsilon]$$

$$= (z_1+z_2+z_3)\tilde{k}^2 + \frac{z_2 z_3 q^2}{z_1+z_2+z_3} - \frac{(z_2+z_3)^2 m_e^2 c^2}{z_1+z_2+z_3} - z_1\mu_\gamma^2 c^2 + (z_1+z_2+z_3)i\varepsilon \tag{G.44}$$

$$Y_\mu = \gamma_\nu(\not{p}' - \not{k} - m_e c)\gamma_\mu(\not{p} - \not{k} - m_e c)\gamma^\nu$$

$$= 4\left[\gamma_\mu\left\{(p'-k)(p-k) - \frac{k^2}{2}\right\} + (p'+p-k)_\mu \not{k} - m_e c k_\mu\right]$$

$$= 4\gamma_\mu\left[(p'p) - \frac{1}{2}\frac{(z_2+z_3)(p'+p)^2}{z_1+z_2+z_3} + \frac{1}{2}\tilde{k}^2 + \frac{1}{2}\frac{(z_2+z_3)^2 m_e^2 c^2 - z_2 z_3 q^2}{(z_1+z_2+z_3)^2}\right]$$

$$- 4\tilde{k}_\mu \tilde{k}_\nu \gamma^\nu + 2m_e c\frac{z_1(z_2+z_3)}{(z_1+z_2+z_3)^2}(p'+p)_\mu + (\tilde{k}\text{ に関する 1 次の項}) \tag{G.45}$$

である．

ただし，(G.44) および (G.45) を変形する際に，

$$\tilde{k}_\mu \equiv k_\mu - \frac{z_2 p'_\mu + z_3 p_\mu}{z_1+z_2+z_3}, \qquad q_\mu \equiv p'_\mu - p_\mu \tag{G.46}$$

と定義し，必要に応じて $\not{p}'$ および $\not{p}$ を $m_e c$ (p'^2 および p^2 を $m_e^2 c^2$，$(p'p)$ を $m_e^2 c^2 - q^2/2$) におきかえた．また，

$$z_2 p'_\mu + z_3 p_\mu = \frac{1}{2}(z_2+z_3)(p'+p)_\mu + \frac{1}{2}(z_2-z_3)(p'-p)_\mu \tag{G.47}$$

および$f(z_2, z_3) = f(z_3, z_2)$ (z_2 と z_3 の入れかえの下で対称な関数) に対して,

$$\int_0^\infty dz_2 \int_0^\infty dz_3\,(z_2 - z_3)\,f(z_2, z_3) = 0 \tag{G.48}$$

という性質を用いて, $z_2 p'_\mu + z_3 p_\mu$ を $(1/2)(z_2 + z_3)(p' + p)_\mu$ におきかえた. 次に (G.20), (G.21) を用いて, $\tilde{k}$ 積分を実行すると (G.43) は

$$\Lambda_\mu(p', p) = \frac{i}{16\pi^2}\left(i\frac{e}{\sqrt{\hbar c \varepsilon_0}}\right)^2 \int_0^\infty \int_0^\infty \int_0^\infty \frac{dz_1\,dz_2\,dz_3}{(z_1 + z_2 + z_3)^2} e^{iX_0} Y_{0\mu} \tag{G.49}$$

のようになる.

なお,

$$X_0 = \frac{z_2 z_3 q^2}{z_1 + z_2 + z_3} - \frac{(z_2 + z_3)^2 m_e^2 c^2}{z_1 + z_2 + z_3} - z_1 \mu_\gamma^2 c^2 + (z_1 + z_2 + z_3) i\varepsilon \tag{G.50}$$

$$\begin{aligned} Y_{0\mu} = 4\gamma_\mu \Bigg[(p'p) - \frac{1}{2}\frac{(z_2 + z_3)(p' + p)^2}{z_1 + z_2 + z_3} \\ + \frac{1}{2}\frac{(z_2 + z_3)^2 m_e^2 c^2 - z_2 z_3 q^2}{(z_1 + z_2 + z_3)^2} + \frac{i}{2(z_1 + z_2 + z_3)} \Bigg] \\ + 2m_e c \frac{z_1(z_2 + z_3)}{(z_1 + z_2 + z_3)^2}(p' + p)_\mu \end{aligned} \tag{G.51}$$

である.

さらに, δ 関数に関する恒等式

$$\int_0^\infty d\xi\,\delta(\xi - z_1 - z_2 - z_3) = \int_0^\infty \frac{d\xi}{\xi}\delta\left(1 - \frac{z_1 + z_2 + z_3}{\xi}\right) = 1 \tag{G.52}$$

を (G.49) に挿入し, 変数に対するスケール変換 $z_i \to \xi z_i$ を行うことにより,

$$\begin{aligned} \Lambda_\mu(p', p) = \frac{i}{16\pi^2}\left(i\frac{e}{\sqrt{\hbar c \varepsilon_0}}\right)^2 \int_0^\infty \int_0^\infty \int_0^\infty \frac{dz_1\,dz_2\,dz_3}{(z_1 + z_2 + z_3)^3} \\ \times \int_0^\infty d\xi\,\delta(1 - z_1 - z_2 - z_3)\, e^{i\xi X_0} \widetilde{Y}_{0\mu} \end{aligned}$$

$$= \frac{i}{4\pi^2}\left(i\frac{e}{\sqrt{\hbar c\varepsilon_0}}\right)^2 \int_0^\infty dz_1 \int_0^\infty dz_2 \int_0^\infty dz_3$$
$$\times \int_0^\infty d\xi\, \delta(1 - z_1 - z_2 - z_3)\, e^{i\xi\widetilde{X}_0}\widetilde{Y}_{0\mu} \tag{G.53}$$

のようになる．

ここで，

$$\widetilde{X}_0 = z_2 z_3 q^2 - (z_2 + z_3)^2 m_\mathrm{e}^2 c^2 - z_1 \mu_\gamma^2 c^2 + i\varepsilon \tag{G.54}$$

$$\begin{aligned}
\widetilde{Y}_{0\mu} &= \gamma_\mu \Bigg[(p'p) - \frac{1}{2}\frac{(z_2+z_3)(p'+p)^2}{z_1+z_2+z_3} \\
&\qquad + \frac{1}{2}\frac{(z_2+z_3)^2 m_\mathrm{e}^2 c^2 - z_2 z_3 q^2}{(z_1+z_2+z_3)^2} + \frac{i}{2\xi(z_1+z_2+z_3)}\Bigg] \\
&\qquad + 2m_\mathrm{e}c\frac{z_1(z_2+z_3)}{(z_1+z_2+z_3)^2}(p'+p)_\mu \\
&= \gamma_\mu \left[(p'p) - \frac{1}{2}(z_2+z_3)(p'+p)^2 + \frac{1}{2}(z_2+z_3)^2 m_\mathrm{e}^2 c^2 - \frac{1}{2}z_2 z_3 q^2 + \frac{i}{2\xi}\right] \\
&\qquad + 2m_\mathrm{e}c z_1(z_2+z_3)(p'+p)_\mu \\
&= \gamma_\mu \Bigg[m_\mathrm{e}^2 c^2 - \frac{q^2}{2} - (z_2+z_3)\left(2m_\mathrm{e}^2 c^2 - \frac{q^2}{2}\right) \\
&\qquad + \frac{1}{2}(z_2+z_3)^2 m_\mathrm{e}^2 c^2 - \frac{1}{2}z_2 z_3 q^2 + \frac{i}{2\xi} + z_1(z_2+z_3) m_\mathrm{e}^2 c^2 \Bigg] \\
&\qquad - \frac{i}{2} m_\mathrm{e} c z_1 (z_2+z_3)\sigma_{\mu\nu} q^\nu
\end{aligned} \tag{G.55}$$

である．上式において，δ 関数を考慮して $z_1 + z_2 + z_3$ を 1 とした．

また，$\widetilde{Y}_{0\mu}$ の最後の変形で $(p'p)$ を $m_\mathrm{e}^2 c^2 - q^2/2$ に，$(p'+p)^2$ を $4m_\mathrm{e}^2 c^2 - q^2$ におきかえ，さらに $(p'+p)_\mu$ を含む項に対して，ゴルドン分解

$$\bar{u}(p')\,\gamma_\mu\, u(p) = \frac{1}{2m_\mathrm{e}c}\bar{u}(p')\,[(p'+p)_\mu + i\sigma_{\mu\nu}q^\nu]\,u(p) \tag{G.56}$$

を用いた．(G.53) で与えられた $\Lambda_\mu(p', p)$ は対数発散しているので，

$$\Lambda_\mu^R(p', p) \equiv \Lambda_\mu(p', p) - \Lambda_\mu(p, p) = \gamma_\mu F_1(q^2) + \frac{i}{2m_e c}\sigma_{\mu\nu}q^\nu F_2(q^2) \tag{G.57}$$

により，有限な部分を取り出す．

ここで，

$$\begin{aligned}F_1(q^2) = \frac{\alpha}{\pi}\int_0^\infty dz_1\int_0^\infty dz_2\int_0^\infty dz_3\,\delta(1-z_1-z_2-z_3)\\ \times\Bigg[\bigg\{m_e^2c^2 - \frac{q^2}{2} - (z_2+z_3)\left(2m_e^2c^2 - \frac{q^2}{2}\right) + \frac{1}{2}(z_2+z_3)^2 m_e^2c^2\\ -\frac{1}{2}z_2z_3q^2 + z_1(z_2+z_3)m_e^2c^2\bigg\}\{z_2z_3q^2 - (z_2+z_3)^2m_e^2c^2 - z_1\mu_\gamma^2c^2\}^{-1}\\ -\frac{1}{2}\ln\{(z_2+z_3)^2m_e^2c^2 + z_1\mu_\gamma^2c^2 - z_2z_3q^2\} - (q^2=0)\Bigg]\end{aligned} \tag{G.58}$$

である．積分を実行することにより，低エネルギー極限 $(-q^2c^2 \ll m_e^2c^4)$ で，

$$F_1(q^2) \simeq \frac{\alpha}{3\pi}\frac{q^2}{m_e^2c^2}\left(\ln\frac{m_e}{\mu_\gamma} - \frac{3}{8}\right) \tag{G.59}$$

が導かれる．

一方，

$$\begin{aligned}F_2(q^2) &= \frac{i\alpha}{\pi}\int_0^\infty dz_1\int_0^\infty dz_2\int_0^\infty dz_3\,\delta(1-z_1-z_2-z_3)\int_0^\infty d\xi\, e^{i\xi\tilde{X}_0}m_e^2c^2z_1(z_2+z_3)\\ &= \frac{\alpha}{\pi}\int_0^\infty dz_1\int_0^\infty dz_2\int_0^\infty dz_3\,\delta(1-z_1-z_2-z_3)\\ &\qquad\times\frac{-m_e^2c^2z_1(z_2+z_3)}{z_2z_3q^2 - (z_2+z_3)^2m_e^2c^2 - z_1\mu_\gamma^2c^2}\end{aligned} \tag{G.60}$$

である．$q^2 = 0$ に対して，($\mu_\gamma^2 = 0$ でも) 有限な値

$$
\begin{aligned}
F_2(0) &= \frac{\alpha}{\pi}\int_0^\infty dz_1\int_0^\infty dz_2\int_0^\infty dz_3\,\delta(1-z_1-z_2-z_3)\,\frac{z_1}{z_2+z_3} \\
&= \frac{\alpha}{\pi}\int_0^1 dz_2\int_0^{1-z_2} dz_3\frac{1-z_2-z_3}{z_2+z_3} \\
&= \frac{\alpha}{\pi}\int_0^1 dz_2\,[\ln(z_2+z_3)-z_3]_0^{1-z_2} = \frac{\alpha}{\pi}\int_0^1 dz_2\,(-\ln z_2 - 1 + z_2) \\
&= \frac{\alpha}{\pi}\left[-z_2\ln z_2 + z_2 - z_2 + \frac{1}{2}z_2^2\right]_0^1 = \frac{\alpha}{2\pi} \qquad \text{(G.61)}
\end{aligned}
$$

を得ることができる．

このようにして，(14.61) が導出された．

付録H　表記法，公式集

本書で使用する主な物理定数，表記法，公式を記載する．

【物理定数】（有効数字3桁で記載．詳しくは付録Aの表A.1を参照．）

光の速さ：$c = 3.00 \times 10^{8}\,\mathrm{m/s}$，換算プランク定数：$\hbar \equiv \dfrac{h}{2\pi} = 1.05 \times 10^{-34}\,\mathrm{J \cdot s}$

電気素量：$e = 1.60 \times 10^{-19}\,\mathrm{C}$，電子の質量：$m_{\mathrm{e}} = 9.11 \times 10^{-31}\,\mathrm{kg}$

陽子の質量：$m_{\mathrm{p}} = 1.67 \times 10^{-27}\,\mathrm{kg}$，ボーア半径：$\dfrac{4\pi\varepsilon_0\hbar^2}{m_{\mathrm{e}}e^2} = 5.29 \times 10^{-11}\,\mathrm{m}$

微細構造定数：$\alpha \equiv \dfrac{e^2}{4\pi\varepsilon_0\hbar c} = 7.30 \times 10^{-3} \approx \dfrac{1}{137}$

本書では，一般的な粒子の質量を m**，その電荷を** $q\ (= eQ)$**，電子の質量を** m_{e}**，電子の電荷を** $-e$ **と記した．**（いくつかの著書では電子の電荷を負符号を含めて e と表記しているので（$e < 0$ なので），e を含む式の符号が本書のと異なることに注意せよ．）

【4元ベクトルなどに関する表記法】

$$\text{世界間隔の2乗：} ds^2 = \eta_{\mu\nu}\, dx^{\mu}\, dx^{\nu} \tag{H.1}$$

$$\text{計量：} \eta_{\mu\nu} = \begin{pmatrix} 1 & 0 & 0 & 0 \\ 0 & -1 & 0 & 0 \\ 0 & 0 & -1 & 0 \\ 0 & 0 & 0 & -1 \end{pmatrix}, \qquad \eta^{\mu\nu} = \begin{pmatrix} 1 & 0 & 0 & 0 \\ 0 & -1 & 0 & 0 \\ 0 & 0 & -1 & 0 \\ 0 & 0 & 0 & -1 \end{pmatrix} \tag{H.2}$$

$$\text{4元座標：} x^{\mu} = (x^0, \boldsymbol{x}) = (ct, x, y, z), \qquad x_{\mu} = \eta_{\mu\nu}\, x^{\nu} = (x_0, -\boldsymbol{x}) \tag{H.3}$$

$$\text{4元運動量：} p^{\mu} = \left(\frac{E}{c}, \boldsymbol{p}\right), \qquad p_{\mu} = \left(\frac{E}{c}, -\boldsymbol{p}\right) \tag{H.4}$$

$$\text{4元運動量の関係式：} p^2 \equiv p^{\mu}p_{\mu} = \frac{E^2}{c^2} - \boldsymbol{p}^2 = m^2c^2 \tag{H.5}$$

$$\text{内積}：a^\mu b_\mu = \eta_{\mu\nu}\, a^\mu b^\nu = a^0 b^0 - \boldsymbol{a}\cdot\boldsymbol{b} = a^0 b^0 - \sum_{i=1}^{3} a^i b^i \tag{H.6}$$

$$\text{偏微分}：\partial^\mu = \frac{\partial}{\partial x_\mu} = \left(\frac{\partial}{\partial(ct)},\ -\boldsymbol{\nabla}\right), \qquad \partial_\mu = \frac{\partial}{\partial x^\mu} = \left(\frac{\partial}{\partial(ct)},\ \boldsymbol{\nabla}\right) \tag{H.7}$$

$$\text{ダランベルシアン}：\Box \equiv \partial^\mu \partial_\mu = \frac{1}{c^2}\frac{\partial^2}{\partial t^2} - \boldsymbol{\nabla}^2 \tag{H.8}$$

$$\left.\begin{aligned} \text{4 元運動量演算子}：\hat{p}^\mu &= i\hbar\partial^\mu = \left(i\hbar\frac{\partial}{\partial(ct)},\ -i\hbar\boldsymbol{\nabla}\right) \\ \hat{p}_\mu &= i\hbar\partial_\mu = \left(i\hbar\frac{\partial}{\partial(ct)},\ i\hbar\boldsymbol{\nabla}\right) \end{aligned}\right\} \tag{H.9}$$

$$\varepsilon^{\mu\nu\lambda\sigma} = -\varepsilon_{\mu\nu\lambda\sigma} \quad (\text{完全反対称テンソルで } \varepsilon^{0123} = 1) \tag{H.10}$$

【電磁場に関する公式】

$$\text{4 元電磁ポテンシャル}：A^\mu = \left(\frac{\Phi}{c},\ \boldsymbol{A}\right), \qquad A_\mu = \left(\frac{\Phi}{c},\ -\boldsymbol{A}\right) \tag{H.11}$$

$$\text{磁束密度}：\boldsymbol{B} = \boldsymbol{\nabla}\times\boldsymbol{A}, \qquad \text{電場}：\boldsymbol{E} = -\frac{\partial \boldsymbol{A}}{\partial t} - \boldsymbol{\nabla}\Phi \tag{H.12}$$

$$\text{マックスウェル方程式}：\Box A^\mu - \partial^\mu \partial_\nu A^\nu = \mu_0 j^\mu \tag{H.13}$$

【パウリ行列に関する公式】

$$\text{パウリ行列}：\sigma^1 = \begin{pmatrix} 0 & 1 \\ 1 & 0 \end{pmatrix}, \qquad \sigma^2 = \begin{pmatrix} 0 & -i \\ i & 0 \end{pmatrix}, \qquad \sigma^3 = \begin{pmatrix} 1 & 0 \\ 0 & -1 \end{pmatrix} \tag{H.14}$$

$$\{\sigma^i,\ \sigma^j\} \equiv \sigma^i\sigma^j + \sigma^j\sigma^i = 2\delta^{ij} \tag{H.15}$$

$$[\sigma^i,\ \sigma^j] \equiv \sigma^i\sigma^j - \sigma^j\sigma^i = 2i\sum_{k=1}^{3} \varepsilon^{ijk}\sigma^k \quad (\varepsilon^{ijk}\text{ は完全反対称で } \varepsilon^{123} = 1) \tag{H.16}$$

$$(\boldsymbol{\sigma}\cdot\boldsymbol{a})(\boldsymbol{\sigma}\cdot\boldsymbol{b}) = (\boldsymbol{a}\cdot\boldsymbol{b})I + i\boldsymbol{\sigma}\cdot(\boldsymbol{a}\times\boldsymbol{b}) \tag{H.17}$$

【ディラック方程式のさまざまな表記】

自由な電子に関して，

$$i\hbar\frac{\partial}{\partial t}\psi(x) = (-i\hbar c\boldsymbol{\alpha}\cdot\nabla + \beta m_{\mathrm{e}}c^2)\psi(x) \tag{H.18}$$

$$\left(i\hbar\gamma^\mu\frac{\partial}{\partial x^\mu} - m_{\mathrm{e}}c\right)\psi(x) = 0 \tag{H.19}$$

$$(i\hbar\partial\!\!\!/ - m_{\mathrm{e}}c)\psi(x) = 0 \tag{H.20}$$

電磁相互作用を受けた電子に関して，

$$i\hbar\frac{\partial}{\partial t}\psi(x) = \left[-i\hbar c\boldsymbol{\alpha}\cdot\left(\nabla + i\frac{e}{\hbar}\boldsymbol{A}(x)\right) + \beta m_{\mathrm{e}}c^2 - e\Phi(x)\right]\psi(x) \tag{H.21}$$

$$\left[i\hbar\gamma^\mu\left(\frac{\partial}{\partial x^\mu} - i\frac{e}{\hbar}A_\mu(x)\right) - m_{\mathrm{e}}c\right]\psi(x) = 0 \tag{H.22}$$

$$\left[i\hbar\left(\partial\!\!\!/ - i\frac{e}{\hbar}A\!\!\!/(x)\right) - m_{\mathrm{e}}c\right]\psi(x) = 0 \tag{H.23}$$

【γ 行列に関する公式】

γ 行列（クリフォード代数の元）：$\gamma^\mu = (\beta,\ \beta\boldsymbol{\alpha})$，　$\{\gamma^\mu,\ \gamma^\nu\} = 2\eta^{\mu\nu}$ (H.24)

$$\gamma_5 \equiv i\gamma^0\gamma^1\gamma^2\gamma^3, \qquad \sigma^{\mu\nu} \equiv \frac{i}{2}[\gamma^\mu,\ \gamma^\nu] \tag{H.25}$$

ディラック表示：

$$\left.\begin{array}{l}
\alpha^i = \begin{pmatrix} 0 & \sigma^i \\ \sigma^i & 0 \end{pmatrix}, \qquad \beta = \begin{pmatrix} I & 0 \\ 0 & -I \end{pmatrix} \\
\gamma^0 = \begin{pmatrix} I & 0 \\ 0 & -I \end{pmatrix}, \qquad \gamma^i = \begin{pmatrix} 0 & \sigma^i \\ -\sigma^i & 0 \end{pmatrix}, \qquad \gamma_5 = \begin{pmatrix} 0 & I \\ I & 0 \end{pmatrix} \\
\sigma^{0i} = \begin{pmatrix} 0 & i\sigma^i \\ i\sigma^i & 0 \end{pmatrix}, \qquad \sigma^{ij} = \begin{pmatrix} \sum_{k=1}^{3}\varepsilon^{ijk}\sigma^k & 0 \\ 0 & \sum_{k=1}^{3}\varepsilon^{ijk}\sigma^k \end{pmatrix}
\end{array}\right\} \tag{H.26}$$

$$\left.\begin{aligned}
&\text{カイラル表示：}\alpha^i=\begin{pmatrix}-\sigma^i & 0\\ 0 & \sigma^i\end{pmatrix},\qquad \beta=\begin{pmatrix}0 & I\\ I & 0\end{pmatrix}\\
&\gamma^0=\begin{pmatrix}0 & I\\ I & 0\end{pmatrix},\qquad \gamma^i=\begin{pmatrix}0 & \sigma^i\\ -\sigma^i & 0\end{pmatrix},\qquad \gamma_5=\begin{pmatrix}-I & 0\\ 0 & I\end{pmatrix}\\
&\sigma^{0i}=\begin{pmatrix}-i\sigma^i & 0\\ 0 & i\sigma^i\end{pmatrix},\qquad \sigma^{ij}=\begin{pmatrix}\sum_{k=1}^{3}\varepsilon^{ijk}\sigma^k & 0\\ 0 & \sum_{k=1}^{3}\varepsilon^{ijk}\sigma^k\end{pmatrix}\\
&\gamma^\mu=\begin{pmatrix}0 & \sigma^\mu\\ \bar{\sigma}^\mu & 0\end{pmatrix},\qquad \sigma^\mu\equiv(I,\boldsymbol{\sigma}),\qquad \bar{\sigma}^\mu\equiv(I,-\boldsymbol{\sigma})
\end{aligned}\right\}$$

(H.27)

$\bar{\Gamma}\equiv\gamma^0\Gamma^\dagger\gamma^0$ に対して，

$$\overline{\gamma^\mu}=\gamma^\mu,\qquad \overline{i\gamma_5}=i\gamma_5,\qquad \overline{\gamma^\mu\gamma_5}=\gamma^\mu\gamma_5,\qquad \overline{\gamma^{\mu_1}\gamma^{\mu_2}\cdots\gamma^{\mu_n}}=\gamma^{\mu_n}\cdots\gamma^{\mu_2}\gamma^{\mu_1}$$

(H.28)

$$\not{a}\equiv\gamma^\mu a_\mu,\qquad \not{a}\not{b}=a_\mu b^\mu-ia_\mu b_\nu\sigma^{\mu\nu},\qquad \not{a}\not{b}+\not{b}\not{a}=2a_\mu b^\mu \tag{H.29}$$

$$\mathrm{Tr}I=4,\qquad \mathrm{Tr}(\not{a}\not{b})=4a_\mu b^\mu=4(ab),\qquad \mathrm{Tr}(\gamma^\mu\gamma^\nu)=4\eta^{\mu\nu} \tag{H.30}$$

$$\mathrm{Tr}(\not{a}_1\cdots\not{a}_n)=(a_1a_2)\,\mathrm{Tr}(\not{a}_3\cdots\not{a}_n)-(a_1a_3)\,\mathrm{Tr}(\not{a}_2\not{a}_4\cdots\not{a}_n)+\cdots+(a_1a_n)\,\mathrm{Tr}(\not{a}_2\cdots\not{a}_{n-1})$$

(H.31)

$$\mathrm{Tr}(\not{a}_1\not{a}_2\not{a}_3\not{a}_4)=4[(a_1a_2)(a_3a_4)+(a_1a_4)(a_2a_3)-(a_1a_3)(a_2a_4)] \tag{H.32}$$

$$\mathrm{Tr}\gamma_5=0,\qquad \mathrm{Tr}(\gamma_5\not{a}\not{b})=0,\qquad \mathrm{Tr}(\gamma_5\not{a}\not{b}\not{c}\not{d})=4i\varepsilon_{\mu\nu\lambda\sigma}a^\mu b^\nu c^\lambda d^\sigma \tag{H.33}$$

$$\left.\begin{aligned}
&\gamma_\mu\gamma^\mu=4,\qquad \gamma_\mu\not{a}\gamma^\mu=-2\not{a},\qquad \gamma_\mu\not{a}\not{b}\gamma^\mu=4(ab)\\
&\gamma_\mu\not{a}\not{b}\not{c}\gamma^\mu=-2\not{c}\not{b}\not{a},\qquad \gamma_\mu\not{a}\not{b}\not{c}\not{d}\gamma^\mu=2(\not{d}\not{a}\not{b}\not{c}+\not{c}\not{b}\not{a}\not{d})
\end{aligned}\right\} \tag{H.34}$$

$$\mathrm{Tr}(\not{a}_1\not{a}_2\cdots\not{a}_{2n})=\mathrm{Tr}(\not{a}_{2n}\cdots\not{a}_2\not{a}_1) \tag{H.35}$$

$$\text{ディラック共役：}\bar{\psi}(x)\equiv\psi^\dagger(x)\gamma_0 \tag{H.36}$$

$$\text{ゴルドン分解：}c\bar{\psi}_2\gamma^\mu\psi_1=\frac{1}{2m}(\bar{\psi}_2\hat{p}^\mu\psi_1-(\hat{p}^\mu\bar{\psi}_2)\psi_1)-\frac{i}{2m}\hat{p}_\nu(\bar{\psi}_2\sigma^{\mu\nu}\psi_1)$$

(H.37)

【δ 関数に関する公式】

$$\int_{-\infty}^{\infty} \delta(x)\,dx = 1, \qquad \int_{-\infty}^{\infty} f(x)\,\delta(x-a)\,dx = f(a) \tag{H.38}$$

$$\int_{-\infty}^{\infty} f(x)\,\frac{d\delta(x)}{dx}\,dx = -\left.\frac{df(x)}{dx}\right|_{x=0} \tag{H.39}$$

$$\frac{1}{2\pi}\int_{-\infty}^{\infty} e^{ikx}\,dk = \delta(x), \qquad \frac{1}{2\pi\hbar}\int_{-\infty}^{\infty} e^{\frac{i}{\hbar}px}\,dp = \delta(x) \tag{H.40}$$

$$\delta(ax) = \frac{1}{|a|}\delta(x), \qquad \delta(-x) = \delta(x), \qquad x\,\delta(x) = 0 \tag{H.41}$$

$$\delta(f(x)) = \sum_i \left|\frac{df}{dx}\right|_{x=a_i}^{-1} \delta(x-a_i) \quad （ここで，a_i は f(x)=0 の解） \tag{H.42}$$

$$\delta(x^2-a^2) = \frac{1}{2a}[\delta(x-a)+\delta(x+a)] \quad (a>0) \tag{H.43}$$

【ガウス積分に関する公式】（$a>0$，$p^2 = p_\mu p^\mu$ とする．）

$$\int_{-\infty}^{\infty} e^{-ax^2}\,dx = \sqrt{\frac{\pi}{a}}, \qquad \int_{-\infty}^{\infty} e^{\pm iax^2}\frac{dx}{2\pi} = \frac{e^{\pm\frac{i\pi}{4}}}{2\sqrt{\pi a}} \tag{H.44}$$

$$\int_{-\infty}^{\infty}\frac{d^4p}{(2\pi)^4}\,e^{iap^2} = \frac{1}{16\pi^2 ia^2}, \qquad \int_{-\infty}^{\infty}\frac{d^4p}{(2\pi)^4}\,p_\mu\,e^{iap^2} = 0 \tag{H.45}$$

$$\int_{-\infty}^{\infty}\frac{d^4p}{(2\pi)^4}\,p_\mu p_\nu\,e^{iap^2} = \frac{\eta_{\mu\nu}}{32\pi^2 a^3} \tag{H.46}$$

参考文献

本書を作成するに当たって，参考にした文献を中心に紹介する．紹介されていない著書の中にも優れたものがたくさんある．各自，自分にあった書籍を選んで勉強を進めてもらいたい．

第Ⅰ部，第Ⅱ部は以下の文献を参考にさせていただいた．

[1] J. D. Bjorken, S. D. Drell：*Relativistic Quantum Mechanics* (McGraw-Hill, 1964)

[2] C. Itzykson, J. B. Zuber：*Quantum Field Theory* (McGraw-Hill, 1980)

さらに，次の文献を参考にした．

[3] W. Greiner：*Relativistic Quantum Mechanics*, 3rd ed. (Springer, 2000)

[4] W. Greiner, J. Reinhardt：*Quantum Electrodynamics*, 3rd ed. (Springer, 2003)

付録Bに関する参考文献は以下の通りである．

[5] 内山龍雄 著：「相対性理論」(岩波書店，1977年)

[6] 窪田高弘，佐々木 隆 共著：「相対性理論」(裳華房，2001年)

付録Cに関する参考文献は以下の通りである．

[7] ガシオロウィッツ 著，林 武美，北門新作 共訳：「量子力学Ⅰ，Ⅱ」(丸善出版，1998年)

付録Dに関する参考文献は以下の通りである．

[8] 大貫義郎 著：「ポアンカレ群と波動方程式」(岩波書店，1976年)

[9] 佐藤 光 著：「群と物理」(丸善出版，1992年)

付録Eに関する参考文献は以下の通りである．

[10] 湯川秀樹，小林 稔 共編：「素粒子論」(共立出版，1951年)

[11] 九後汰一郎 著：「ゲージ場の量子論Ⅰ，Ⅱ」(培風館，1989年)

[12] L. H. Ryder：*Quantum Field Theory*, 2nd ed. (Cambridge Univ. Press,

1996)

付録Fに関する参考文献は以下の通りである.

[13] 太田信義 著:「超弦理論・ブレイン・M理論」(シュプリンガー・ジャパン, 2002年)

[14] 内山龍雄 著:「一般ゲージ場論序説」(岩波書店, 1987年)

付録Gは, 上記の文献[1], [2], [4]を参考にした.

「相対論的量子力学」に関する他のテキストとしては,

[15] J. J. Sakurai: *Advanced Quantum Mechanics* (Addison - Wesley, 1967)

[16] ベレステツキー, リフシッツ, ピタエフスキー 共著, 井上健男 訳:「相対論的量子力学1, 2」(東京図書, 1969年)

[17] 西島和彦 著:「相対論的量子力学」(培風館, 1973年)

[18] 和田純夫 著:「相対論的物理学のききどころ」(岩波書店, 1996年)

「素粒子の散乱過程の計算」に関するテキストとしては,

[19] ハルツェン, マーチン 共著, 小林澈郎, 広瀬立成 共訳:「クォークとレプトン」(培風館, 1986年)

[20] エイチスン, ヘイ 共著, 藤井昭彦 訳:「ゲージ理論入門I 第2版」(講談社, 1992年)

[21] ファインマン 著, 大場一郎 訳:「素粒子物理学」(丸善出版, 1992年)

「量子電磁力学」に関するテキストとしては,

[22] 中西 襄 著:「場の量子論」(培風館, 1975年)

また,「相対論的量子力学」に関する入門的な話は「入門書」や「場の量子論」のテキストの序論や付録に記載されている場合が多い.

「入門書」に関しては, 例えば,

[23] 朝永振一郎 著:「スピンはめぐる」(中央公論社, 1974年)

「場の量子論」のテキストに関しては, 例えば,

[24] S. Weinberg: *The Quantum Theory of Fields I* (Cambridge Univ. Press, 1995)

[25]　坂井典佑 著：「場の量子論」(裳華房，2002 年)

[26]　日置善郎 著：「相対論的量子場」(吉岡書店，2008 年)

「ゲージ場の量子論」に関するテキストとしては，[11] および

[27]　藤川和男 著：「ゲージ場の理論」(岩波書店，2001 年)

最後に，「相対論的量子力学」および「場の量子論」を基礎にした「素粒子物理学」に関するテキストをいくつか列挙する.

[28]　坂井典佑 著：「素粒子物理学」(培風館，1993 年)

[29]　牧 二郎，林 浩一 共著：「素粒子物理」(丸善出版，1995 年)

[30]　原 康夫，稲見武夫，青木健一郎 共著：「素粒子物理学」(朝倉書店，2000 年)

[31]　戸塚洋二 著：「素粒子物理」(岩波書店，2000 年)

[32]　渡邊靖志 著：「素粒子物理入門」(培風館，2002 年)

[33]　川村嘉春 著：「例題形式で学ぶ 現代素粒子物理学」(サイエンス社，2006 年)

[34]　井上研三 著：「素粒子物理学」(共立出版，2011 年)

索　　引

著者略歴

かわ むら よし はる
川 村 嘉 春

1961 年　滋賀県生まれ
1985 年　名古屋大学理学部物理学科卒業
1990 年　金沢大学大学院自然科学研究科物質科学専攻修了，学術博士
　　　　信州大学理学部物理学科助手
1999 年　信州大学理学部物理科学科助教授
2006 年　同教授
2014 年　信州大学学術研究院（理学系）教授，現在に至る．
専攻　素粒子物理学

量子力学選書　**相対論的量子力学**

2012 年 10 月 25 日　第 1 版 1 刷発行
2021 年 4 月 30 日　第 4 版 1 刷発行
2023 年 5 月 25 日　第 4 版 2 刷発行

検印省略

定価はカバーに表示してあります．

著作者　川 村 嘉 春
発行者　吉 野 和 浩
発行所　東京都千代田区四番町 8-1
電話　03-3262-9166（代）
郵便番号　102-0081
株式会社　裳 華 房
印刷所　三報社印刷株式会社
製本所　株式会社 松 岳 社

一般社団法人
自然科学書協会会員

ISBN 978-4-7853-2510-7